China Agriculture
Research System
现代农业产业技术体系

中国现代农业产业
可持续发展战略研究

蜂业分册

国家蜂产业技术体系　编著

中国农业出版社

内容简介

　　本书遵照国务院对"十二五"期间农业、农村工作的总体要求，系统总结我国多年来蜂业生产经验、存在问题，谋划发展方向与对策，推动蜂产业生产方式转变与可持续发展，促进农业增效、农民增收。为此，我们组织蜂产业技术体系内的专家、教授，集国内外先进理论与技术，从战略高度精心编写了本书。其内容包括蜂业发展战略框架、中国与世界蜂业发展概况，以及蜂产业的生产、授粉、育种、蜂具、加工贸易、人才培养及政策等，内容丰富翔实，论据充分可靠，技术先进，方法实用，言简意赅，属宏观指导、顶层设计类图书，可供蜂业各级领导干部与专业人员阅读和使用。

本 书 编 委 会

主　　编　吴　杰

编　　委　（以姓氏拼音顺序排列）

　　　　　　陈黎红　刁青云　高夫超　胡福良

　　　　　　吉　挺　梁　勤　刘之光　缪晓青

　　　　　　石　巍　邵有全　吴　杰　吴黎明

　　　　　　胥保华　余林生　张中印　赵　静

　　　　　　赵芝俊　周冰峰　周　婷

特约审稿　张中印

出 版 说 明

　　为贯彻落实党中央、国务院对农业农村工作的总体要求和实施创新驱动发展战略的总体部署，系统总结"十二五"时期现代农业产业发展的现状、存在的问题和政策措施，进一步推进现代农业建设步伐，促进农业增产、农民增收和农业发展方式的转变，在农业部科技教育司的大力支持下，中国农业出版社组织国家现代农业产业技术体系对"十二五"时期农业科技发展带来的变化及科技支撑产业发展概况进行系统总结，研究存在问题，谋划发展方向，寻求发展对策，编写出版《中国现代农业产业可持续发展战略研究》。本书每个分册由各体系专家共同研究编撰，充分发挥了现代农业产业技术体系多学科联合、与生产实践衔接紧密、熟悉和了解世界农业产业科技发展现状与前沿等优势，是一套理论与实践、科技与生产紧密结合、特色突出、很有价值的参考书。

　　本书出版将致力于社会效益的最大化，将服务农业科技支撑产业发展和传承农业技术文化作为其基本目标。通过编撰出版本书，希望使之成为政府管理部门的政策决策参考书、农业科技人员的技术工具书及农业大专院校师生了解与跟踪国内外科技前沿的教科书，成为农业技术与农业文化得以延续和传承的重要馆藏图书，实现其应有的出版价值。

出版说明

导　言

第一节　发展养蜂产业的意义

一、促进现代农业可持续发展

著名科学家爱因斯坦曾经预言："当蜜蜂从地球上消失的时候，人类将最多在地球上存活四年。没有蜜蜂，就没有授粉，没有植物，没有动物，没有人类……"。爱因斯坦的预言意义深远，他不仅明确地指出了蜜蜂在大自然中的地位和作用，而且表明了其不可替代性。没有蜜蜂授粉，大量植物无法繁殖和生存，并将导致动物食物来源不足，生态平衡将受到严重的破坏。2006 年，《Nature》杂志公布了蜜蜂基因组序列，同时提出"如果没有蜜蜂及其授粉行为，整个生态系统将会崩溃"的警示。然而，近年来蜂群数量锐减，蜂群崩溃失调病（CCD）在全球范围内多次暴发，导致欧洲、美国和南美多个地区的蜜蜂大量死亡和消失，不仅使养蜂业蒙受了巨大损失，而且对依靠蜜蜂授粉的农业构成了严重威胁。这一现象引起了人们对蜜蜂生存状态的关注，以及对全球生态环境变化的警惕。

（一）蜜蜂授粉的必要性

1. 规模种植与集中授粉同行

随着我国农业现代化步伐的迈进，农业向集约化、规模化、产业化发展已呈必然趋势。随着大规模农田的开垦，生态环境受到严重破坏，生物多样性受到严重影响，野生授粉昆虫数量锐减。据统计，2009 年全国苹果种植面积达到 212.70 万 hm^2，较 2008 年增加 6.78％左右；西瓜、甜瓜播种面积达到 212.66 万 hm^2，比 2008 年增加 1.5％。尤其是果树种植面积的迅速增加，造成授粉昆虫数量相对不足，不能满足授粉的需要，已经成为制约果树产业健康发展的重要因素。由于授粉昆虫数量不足，在一定程度上限制了果树产量和质量的提高。虽然有些地方采用人工授粉或增加授粉树的办法来增加果树的授粉概率，但是从效果上看都无法与昆虫授粉相比。因此，发展蜜蜂授粉是从根本上解决授粉昆虫数量不足问题的良好途径。

现代农业发展过程中，杀虫剂、除草剂被广泛使用，造成蜜蜂大量被毒杀，特别是高浓度、大剂量使用农药，造成了自然界授粉昆虫大量死亡，致使授粉昆虫数量急剧下降；需要授粉的虫媒花作物对人为引入授粉昆虫的依赖性更大。在生物多样性的保护中，昆虫传粉的作用是重要因素之一，蜜蜂是生物群落的组成部分，随着现代农业的发展，蜜蜂在生态平衡中将显示出越来越重要的作用。

由于保护地栽培农作物可以产生较高的经济效益，因此，保护地栽培技术在我国发展很快，已由 1997 年的 84 万 hm^2 发展到目前的 200 万 hm^2。随着种植业结构的调整和农业园区的建设，设施农业迅速发展，越来越多的果蔬植物在温室内得到广泛栽培。但由于温室是个相对独立的小环境，几乎没有自然授粉昆虫，作物授粉直接受到影响，造成结实率低、果实质量差等现象。例如，西红柿、西葫芦若不经人工或昆虫授粉，根本无法自行受精结实。目前，大多采用给花朵涂抹植物生长激素 2，4-D 来保花保果。但是，采用激素涂抹的方法所生产的果实畸形果率较高、口感差，而且涂抹激素费工费时，劳动成本高，同时也会给果实造成化学激素污染。由于蜜蜂的生物学特性与植物的花期、颜色、香味、构造等在长期的协同进化过程中形成了非常默契的吻合性，使得其在设施农业作物授粉中具有不可替代的作用。把蜜蜂引入温室授粉，不仅可以降低人工辅助授粉的费用，而且可大幅度提高坐果率和产量。

2. 蜜蜂授粉经济高效

蜜蜂授粉省工、省时、效率高、效果好。蔬菜制种和温室栽培黄瓜、西红柿、果树等，以前多采用人工授粉的方法来提高坐果率和增加产量。但是，由于近年来人员工资的提高，致使生产成本大幅度上升，而且，由于人工授粉不均匀，授粉时间不好掌握，费工费力，许多地区的农户已改用蜜蜂为作物授粉来增加产量和提高品质。

无论是追加肥料、增加灌溉，还是改进耕作措施，都不能代替蜜蜂授粉的作用。蜜蜂与植物在长期的协同进化中，蜜蜂的形态结构及生理与植物的花器形成高度的相互适应，在遗传上形成了它们之间的内在联系。如果没有花粉、花蜜，蜜蜂就不能繁衍；反之，如果没有传粉昆虫，植物就不能传授花粉，显花植物也不能传宗接代。蜜蜂授粉在提高作物产量和改善品质方面更是效果显著，因此，蜜蜂授粉在现代农业生产中具有不可替代的作用。

（二）蜜蜂授粉的重要性

1. 蜜蜂是授粉的主力军

地球上目前已经发现的显花植物约有 25 万种（约占全部植物种类的 50%），其中约 85%（21 万种）属于虫媒花植物。在长期的协同进化过程中，每种虫媒花植物与少数几种（甚至单一种）传粉昆虫形成了极强的互惠共生关系。蜜蜂作为传粉昆虫中的优势种，是最理想的授粉昆虫。这是世人所公认的事实。在为人类直接或间接提供食物的 1 300 多种作物当中，有 1 000 多种需要蜜蜂授粉。例如：粮食作物、油料作物、经济作物、蔬菜瓜果、果树、牧草等。据报道在北美 90% 以上的作物需要蜜蜂授粉；在澳大利亚 65％左右的园林植物、农作物和牧草是依靠蜜蜂授粉的（2003年）。1899 年尤纳斯观察到，在 395 种植物上所采到 838 种传粉昆虫中，膜翅目占43.7％，而蜜蜂总科又占膜翅目总数的 55.7％。中国科学院吴燕如教授曾在调查猕猴桃花期的昆虫种类和数量时，共鉴定出 16 种访花昆虫，其中蜜蜂 11 种，食蚜蝇 4种，金龟子 1 种；对其传粉行为和访花频率的统计分析表明，中华蜜蜂和意大利蜜蜂是花粉的最佳传授者，其他昆虫活动次数少，携带花粉量少，其授粉效果远不如蜜蜂。此外，蜜蜂为药用植物和野生植物授粉所产生的生态效益更加不可估量。与其他物种相比，蜜蜂是授粉工作中的主力军。

2. 蜜蜂授粉提高产量和品质

蜜蜂是农业增产的重要传媒，世界上与人类食物密切相关的作物有 1/3 以上属虫媒植物，需要进行授粉才能繁殖和发展。蜜蜂分布广泛（自赤道至南北极圈都有），且全身密布绒毛便于黏附花粉，后足进化出专门携带花粉的花粉筐；加上蜜蜂具有群居习性和食物囤积行为，可以随时迁移到任何一个需要授粉的地方。由于具有上述其他昆虫望尘莫及的优点，因而蜜蜂成为人类能够控制的为农作物进行授粉的理想授粉者。

国内外大量科学研究及农业生产实践证明，蜜蜂授粉可使农作物的产量得到不同程度的提高。更为重要的是，蜜蜂授粉可以改善果实和种子品质、提高后代的生活力，因而成为世界各地农业增产的有力措施。据美国农业部统计，美国 1998 年用于租赁授粉的蜂群达到 250 万群，授粉增产价值达到 146 亿美元；在欧洲蜜蜂为农作物授粉的年增产价值为 142 亿欧元；苏联利用蜜蜂为农作物授粉，年增加收入 20 亿卢布，由于蜜蜂授粉而增加的产值是养蜂业自身产值的 143 倍。我国疆域辽阔，地形复杂，农业集约化和机械化程度相对较低，因而养蜂业为农业增产增收的潜力很大。

3. 蜜蜂授粉促进生态平衡

生态平衡（Ecological balance）是指在某一特定条件下，能适应环境的生物群体，相互制约，使生物群体之间，以及生态环境之间维持着某种恒定状态，也就是生态系统内部的各个环节（成分）彼此保持一定的平衡关系。植物群落成为昆虫群落存在的一个重要条件，如显花植物与传粉昆虫协同进化，传粉昆虫以花的色、香、味作为食物的信号趋近取食或采集花蜜和花粉，在取食或采集花蜜、花粉过程中，也完成其传粉过程，让植物不断繁育发展。在众多的传粉昆虫中，蜜蜂由于形态结构特殊、分布广泛、可训练等特点，成为人类与植物群落相联系，且唯一可以控制的、理想的昆虫，在人类保护生态平衡中显示出越来越重要的作用。

养蜂业是生态农业必不可少的内容。在农业生产中，无论是增加肥料，还是改善耕作条件，都不能代替蜜蜂授粉的作用。蜜蜂授粉对提高植物（农作物）的产量和质量，是一项不扩大耕地面积，不增加生产投资的有效措施，是解决人口增长与食物供应矛盾的一项重要途径，也是提高人们生活质量的最佳方法。蜜蜂授粉在提高作物产量和质量上，特别是在绿色食品和有机食品的开发生产中具有不可替代的作用。

在现代农业发展中，由于环境因素、生物进化因素等的改变，利用蜜蜂进行授粉，已成为一项提高经济效益、生态效益和社会效益的独特产业。目前，我国还有不少地区没有把生态经济与养蜂业相联系起来，没有认识到蜜蜂与作物生产的内在联系，以及两者相互促进和实现双赢的效果，更没有看到蜜蜂在生物群落、生态平衡中的巨大作用。

二、增加就业，帮助农民脱贫致富

（一）增加农民收入，比较效益明显

养蜂业前景广阔，是一个很好的创汇产业，发展养蜂不失为农民增收的一条好门路。根据目前市场行情，养一箱意大利蜜蜂的纯收入相当于当前农民出售一头肥猪的全部收入；一个农户饲养 100 箱蜜蜂，每年收入在 4 万～5 万元，除去蜜蜂饲养费用和人工费用以后，纯利润也在 3 万元左右，如丰产年景，纯收入则可达 5 万元以上。养蜂业是当前农业种养业生产中易管理、投资小、见效快、好上手的特色产业。养蜂既不与农业争土地、争水源、争肥料，不与畜牧业争饲料、争栏舍，又不污染环境，不受城乡限制、不受地区影响，农民只需少量资金的投入，当年就可获得经济效益。目前国内养蜂以生产蜂产品为主要目的，在正常年景下，养蜂投入与蜂产品产出比约为 1：5。如 2001—2002 年四川省实施畜牧科技助农增收的"蜂产品优质高产推广项目"，项目区参与蜂农 687 户，比上年增产蜂蜜 1 250t、蜂王浆 65t、蜂花粉 160t，新增产值 1 725 万元，户平均增收 2.6 万元，人均增收 7 500 多元。

（二）培养新型农民，形成特色产业

养蜂业是劳动密集型产业，我国养蜂业的竞争也主要体现在劳动密集型产业的优势上，如蜂王浆，由于手工操作、工艺繁琐等特点，以及生产条件和生产技术的要求，目前还难以实现机械化生产，大部分工作必须由手工完成，而我国蜂王浆的产量占世界总产量的 90% 以上，这是其他国家难以达到的。若我国的养蜂发展 2 000 万群，以每 100 群分流 3 个劳动力计，那么 2 000 万群将解决 60 万人就业问题，将使60 万农民脱贫致富。随着王浆、花粉、蜂胶和蜂毒等特色产品的逐步开发，将需要大批的专业人才，若能有计划地进行专业技术培训，使之形成一支新型的农民队伍，将对我们的养蜂业发展起到积极的作用。泰国、尼泊尔等国的农业部已特地为养蜂农设立培训中心，成立养蜂学会，组织养蜂培训，并免费借给每人 3 箱蜂群，一年后返还，生产出的蜂蜜由培训中心优先收购。

三、养蜂有益于人类身体健康

养蜂生产除为人类带来社会、生态、经济效益外，所生产的蜂产品都是健康天然

的保健品。恩格斯曾把蜜蜂称为"能用器官工具生产的动物"。中医学用"蜜蜂全身皆宝"之誉称颂它，在《神农本草经》中记载"蜂蜜可除百病，和百药"；蜂王浆被誉为"生命长青的源泉"；蜂花粉被人们称为"天然的微型营养库"；蜂胶有"血管清道夫""微循环保护神"之称；我国医学、营养保健专家对长寿职业排序进行调查分析发现，养蜂者位居第一，第2～10位依次是现代农民、音乐工作者、书画家、文艺工作者、园艺工作人员、考古学家、和尚。科学研究表明，保健品的功能因子，主要包括活性多糖类、低聚糖、皂苷类、黄酮类、功能性油脂、自由基清除剂、活性肽等，这些功能因子在蜂产品中几乎全部涵盖，因此，一只蜂箱就是一座天然的营养宝库。

古今中外数以千万计的蜂产品服用者实践证明，蜂产品能为人类提供较为全面的营养，对病人有一定的辅助治疗作用，可改善亚健康人群的身体状况，提高人们的免疫调节能力，抗疲劳，延缓机体的衰老，延长寿命，是大自然赐予人类的天然营养保健佳品，对提高人体健康水平具有重要作用。改革开放以来，我国城乡保健品消费增长速度为15%～30%，高出发达国家13%的增长率。2000年我国保健品消费支出突破500亿元，成为新世纪中国工业的八大新兴增长点之一。

蜂产品是天然保健品，在发达国家人们广泛接受了蜂产品的保健功能，人均年蜂蜜消费量为2～4kg。我国是蜂产品生产大国，但国内消费量不到年产量的50%，人均利用蜂蜜200g左右。随着我国国民经济和人民生活水平的不断提高，社会化文明程度逐步改善，这种局面将逐渐扭转。

第二节　中国蜂业发展战略

一、研究目的与宗旨

本研究以国家蜂产业技术体系为依托，通过对中国蜂业发展现状与问题的分析，比较我国与世界蜂业发达国家存在的差距，根据实际情况提出中国蜂业可持续发展战略与对策，进一步明确了蜂产业在国家生态文明建设中的重要作用，为政府主管部门制定涉及蜂业方面的政策和科学决策提供依据，为我国蜂业健康、可持续发展提供强有力的理论支持和技术保障。

加强关键技术研究，提升科研自主创新能力，大力推进养蜂业的标准化、规模化、优质化和产业化建设，坚持发展养蜂生产和推进农作物授粉并举，加快推动蜜蜂授粉产业发展，稳步提高蜂产品生产技术和质量安全水平，积极促进农业增产、农民增收和生态增效，努力实现养蜂业持续稳定健康发展。

二、研究内容与措施

我国现代蜂产业可持续发展研究，是在现有养蜂资源、生产水平的基础上，紧跟世界养蜂产业发展趋势，结合我国的实际情况，科学规划，加强人才培养、良种繁育、标准化和产业化生产、作物蜜蜂授粉、产品加工流通等研究，发现制约养蜂生产和蜜蜂授粉的问题，找出解决办法和途径。其主要内容如（图 0-1）。

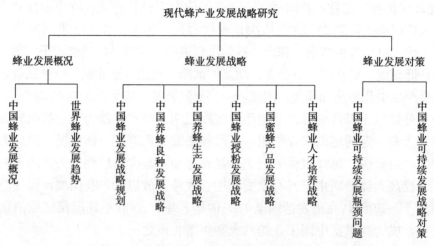

图 0-1　现代蜂产业发展战略研究内容

在研究和完善各种蜂业技术的同时，加强各种相关管理制度和标准的研究，制定规章条例办法，加大对养蜂业发展的支持与保护，出台蜜源植物保护利用政策，探索有偿授粉机制，协调有关部门在植树造林、退耕还林和还草项目中支持蜜源植物种植，提高养殖积极性。研究治安、收费、蜂产品销售、蜜蜂农药中毒、人蜂安全等问题，保护蜂农的人身权益和经济利益。密切关注和洞察养蜂业发展出现的新情况、新问题，促进养蜂生产信息的平台建设和发布，及时采取应对措施，为推进养蜂业持续健康发展保驾护航。

第三节　中国蜂业发展前景

一、蜂业发展潜力

1. 蜜源植物丰富多样

目前，我国饲养的蜜蜂 70％为西蜂，30％为中蜂。平原地区（农区）以饲养西蜂为主，山区（林区）则以饲养中蜂为主。2015 年，按照每群蜂生产 50kg 优质蜂蜜计算，生产 50 万 t 蜂蜜需要饲养 1 000 万群左右的蜜蜂。据国家统计局及国家林业局统计，2008 年我国主要的农业类蜜源植物约为 28.5 万 km^2，林业区经济林种植面积约为 20.2 万 km^2，理论上讲可承载 5 000 万群蜜蜂，即使实际利用率按照 30％计算，我国现有的蜜源植物也完全能够承载 1 000 万群以上的蜜蜂。

2. 生产水平不断提高

现在，我国蜂王浆总产量约 4 000t，500 万群意蜂平均不到 1kg，而高产蜂场，户均群年产量在 10kg 左右，高的单群可达 20kg，即我国蜂王浆的潜在产量应是现在的 10 倍以上，达到 4 万 t 左右。由此推算，蜂王幼虫的产量应在 0.8 万～1 万 t，雄蜂蛹 3 万 t 以上。随着蜂业技术的深入研究和生产水平的提高，蜂蜜、蜂胶、蜂花粉和蜂毒也都有较大的产量上升空间，养蜂生产潜力大。

3. 市场消费空间巨大

以蜂蜜为例，2001 年国内消费量约 14.4 万 t（含食品、饮料等所有用蜜，下同），人均消费蜂蜜约 110 克。随着人民生活水平的不断提高和对蜂产品保健功效认识的不断加深，人均蜂产品消费量呈增长趋势，到 2012 年，国内消费量蜂蜜 33.8 万 t，人均消费量约 200 克，十年间约翻了一番。按照十年来蜂产品消费年均增长 4% 推算，2015 年人均蜂产品潜在消费量将达到 0.35kg，届时按照全国人口 14 亿计算，则需要约 50 万 t 蜂产品，蜂产品的产量需要在目前的基础上增加 30%。近年来，我国蜂产品出口贸易额增长较快，今后一个时期将继续保持这种趋势。

4. 蜜蜂授粉方兴未艾

蜜蜂为农作物授粉可以显著提高农作物产量和品质。目前，我国蜜蜂授粉工作还处于起步阶段，其利用率还远不能满足农业生产和生态环境保护的需要。今后应研究、培育专用授粉蜂群，实现蜜蜂授粉商品化、产业化，建立健全蜜蜂授粉配套服务体系，提高农作物产量，增加农业效益，促进生态环境可持续发展。

综上所述，我国养蜂业蜜源植物丰富，作物蜜蜂授粉和蜂产品市场消费量巨大，具有很大的发展潜力。

二、蜂业发展前景

1. 经济效益显著

目前我国养蜂 800 多万群，蜂产品年产值 120 多亿元人民币，授粉贡献值 500 亿元人民币。到 21 世纪 30 年代，蜂群数量接近 1 200 万群，蜂产品的总产值将达到130 亿～160 亿元人民币，通过蜜蜂为农作物授粉所增加的产值将达到 6 500 亿～8 000 亿元人民币，年销售额超过 1 亿元的蜂业企业将达到 30 家。按我国蜜源的载蜂量计，以及需要授粉的大田作物、果树、蔬菜等，其生产总值和授粉价值将成几倍增长。

2. 社会效益明显

到 21 世纪 30 年代，我国的养蜂发展将达到 1 200 万群，可解决约 40 万人就业问题，将使 40 万户农民脱贫致富；蜂产品的种类及其保健功能将得到充分开发和利用，对人们的健康水平起到更大的作用。

3. 生态效益突出

我国生态环境十分脆弱，由于各种因素，野生昆虫和植物资源逐渐减少，进而导致整个植物群落和生态体系改变。随着水土保持，防风固沙，封山育林和退耕还林工程的推进，研究和推广蜜蜂授粉，确保显花植物的繁殖条件，实现植物和授粉昆虫的多样性，进而达到生态平衡和可持续发展。

（吴杰）

参 考 文 献

陈盛禄.2001.中国蜜蜂学［M］.北京：中国农业出版社.

吴杰.2013.蜜蜂学［M］.北京：中国农业出版社.

吴杰.2004.授粉昆虫与授粉增产技术［M］.北京：中国农业出版社.

吴杰，刁青云.2008.中国蜂业供需矛盾及发展对策研究［M］.北京：中国农业出版社.

吴杰，刁青云.2010.中国蜂业可持续发展战略研究［M］.北京：中国农业出版社.

吴杰，邵有全.2011.奇妙高效的农作物增产技术——蜜蜂授粉［M］.北京：中国农业出版社.

第一章 中国蜂业发展概况

第一节 蜂业资源概况与利用现状

一、蜜源资源

蜜源植物是指具有蜜腺而且能分泌甜液并被蜜蜂采集酿造成蜂蜜的植物。粉源植物是指能产生较多的花粉，并为蜜蜂采集利用的植物。蜜粉源植物是指既有花蜜又有花粉供蜜蜂采集的植物。在养蜂生产中，常把蜜源植物、蜜粉源植物或粉源植物统称为蜜源植物。

（一）蜜源植物资源概况

我国地域辽阔，蜜源植物种类多、分布广，资源丰富。据调查，目前我国能被蜜蜂利用的蜜源种类有 10 000 种以上，能取到商品蜜的蜜源植物也有 100 多种。春、夏、秋、冬四季都有相应的蜜源植物开花泌蜜。因此，了解并掌握蜜源植物的种类、分布、开花泌蜜规律是科学制定养蜂生产计划、合理利用蜜粉源和保证蜂群稳产、高产的必要条件。

据调查，我国 24 种最主要的蜜源植物分布面积约 2 700 万 hm^2，其中农田栽培蜜源约占 60%，林地、牧草和山地蜜源约占 30%。按四季蜜源占有量区分，春季蜜源占 35.8%，夏季蜜源占 21.5%，秋季蜜源占 27.4%，冬季蜜源占 15.3%。依据所处地理位置的不同，蜜源植物在开发利用上大致可划分为 4 个区域：第一，长江以南地区以春季蜜源植物为主，兼有初夏、秋、冬蜜源植物，但 8～9 月蜜粉源比较缺乏。第二，长江以北至长城以南的广大地区，以夏季蜜源植物为主。第三，长城以北地区和东北、西北等地，以夏季和秋季蜜源植物为主。第四，南方温暖湿润的热带亚热带山区是冬季野生蜜源植物的主要分布区。

（二）蜜源植物利用现状

1. 蜜源区划

据调查，全国各省区凡拥有 5 种以上主要蜜源植物的，都具备发展养蜂业的条件。其中，蜜源植物比较丰富、养蜂潜力大的省区有：河南、湖北、陕西、黑龙江、河北、四川、山东、内蒙古、辽宁、吉林、江苏、安徽和广东。通常，将我国分为 9 个蜜粉源基地。

（1）东北区。林区以椴树为主，农区以向日葵为主的蜜粉源基地；

（2）华北区。以枣树、荆条等为主的蜜粉源基地；

（3）黄河中下游地区。以刺槐、荆条、芝麻和枣树等为主的蜜粉源基地；

（4）黄土高原区。以春油菜、牧草和荞麦为主的蜜粉源基地；

（5）新疆区。以棉花和牧草为主的蜜粉源基地；

（6）长江中下游地区。油菜、紫云英、柑橘为主的蜜粉源基地；

（7）华南区。以荔枝、龙眼和油菜为主的蜜粉源基地；

（8）西南区。以油菜、龙眼等为主的蜜粉源基地；

（9）长江以南丘陵区。以山茶科柃木属植物、山乌桕为主的蜜粉源基地。

随着我国养蜂业的发展，蜜粉源资源不断得到开发和利用，蜂产品的产量和产值也在不断增加。为此，建设和发展我国商品蜜基地，合理并持续高效地开发利用现有蜜粉源资源，成为当前急待解决的问题。

2. 主要蜜源植物

主要蜜源植物是指数量多、分布广、花期长、泌蜜丰富、蜜蜂积极采集、能生产大量商品蜜的植物，主要有：油菜（*Brassica campestris* L.）、荔枝（*Litchi chinensis* Sonn.）、龙眼（*Dimocarpus Iongan* Lour.）、紫云英（*Astragalus sinicus* L.）、沙枣（*Elaeagnus angustifolia* L.）、刺槐（*Robinia pseudoacacia* L.）、柑橘（*Citrus reticulata* Blanco）、苕子（*Vicia cracca* L.）、柿树（*Diospyros kaki* L.F.）、枣树［*Ziziphus jujuba* Mill; *var inermis* (Bunge) Rehd]、白刺花（*Sophor vieiifolia* Hance）、紫苜蓿（*Medicago sativa* L.）、大叶桉（*Eucalyptus robusta* Smith）、柠檬桉（*Eucalyptus citriodora* Hook f.）、乌桕［*Sopium sebiferum* (L.) Roxb.］、山乌桕［*Sapium discolor* (Champ) Muell.-Arg.］、荆条［*Vitex negundo* L. var. *Heteropohylla* (Franch.) Rehd)、老瓜头［*Cynanchum komarovii* AL. Iljinski]、紫椴（*Tilia amurensis* Rupr.）、白香草木樨（*Melitous albus* Desr.）、向日葵（*Helianthus annuus* L.）、芝麻（*Sesamum orientale* L.）、棉花（*Gossypium hirsutum* L.）、荞麦（*Fagopyrum esculentum* Moench.）、鹅掌柴［*Schefflera ocaophylla* (Lour.) Harms]、野坝子（*Elsholtzia rugulosa* Hemsl.）、枇杷［*Eriobotrya japonica* (Thunb.) Lindl.]、柃属（*Eurya* spp.）。

3. 辅助蜜源植物

辅助蜜源植物是指具有一定数量，能够分泌花蜜、产生花粉，能被蜜蜂采集利用，提供蜜蜂本身维持生活和繁殖之用的植物。主要有：

马尾松（*Pinus massoniana* Lamb.）、油松（*Pinus tabulaeformis* Carr.）、杉木［*Cunninghamia lanceolata* (lamb.) Hook.]、钻天柳［*Chosenia macrolepis* (Turcz.) Kom.]、山杨（*Populus davidiana* Dode）、杨梅［*Myrica rubra* (Lour.) Sieb. et. Zucc]、胡桃（*Juglans regia* L.）、白桦（*Betula platyphylla* Suk.）、鹅耳枥（*Carpinus turczaninovii* Hance）、榛（*Corylus heteophylla* Fisch）、板栗（*Castanea mollissima* BI.）、石栎 [*Lithocarpus glaber*（Thunb）Nakai]、榆（*Ulmus pumila* L.）、水蓼（*Polygonum hydropiper* L.）、葎草 [*Humulus scandens*（Lour.）Merr.]、甜菜（*Beta vulgaris* L.）、鹅掌楸 [*Liriodendron chinense*（Hemsl.）Sarg.]、五味子 [*Schisandra chinensis*（Turcz.）Baill]、山鸡椒 [*Litsea cubeba*（Lour.）Pers.]、侧金盏花（*Adonis amurensis* Regel et. Radde）、唐松草（*Thalictrum aquilegitolium* L.）、升麻（*Cimicifuga foetida* L.）、莲（*Nelumbo nucifera* Gaertn）、白屈菜（*Chelidonium majus* L.）、甘蓝（*Brassica caulorapa* Pasq.）、萝卜（*Raphanus sativus* L.）、白菜（*Brassic pekinensis* Rupr.）、女贞（*Ligustrum lucidum* Ait.）、西瓜 [*Citrullus Lanatus*（Thunb.）Mansfeld]、南瓜（*Cucurbita moschata* Duch.）、黄瓜（*Cucumis sativus* L.）、甜瓜（*Cucumis melo* L.）、柚子 [*Citrus grandis*（L.）Osbeck]、藜檬（*Citrus Limonia* Osbeck）、黄檗（*Phellodendron amurense* Rupr.）、臭椿（*Ailanthus altissima* Swingle）、楝树（*Melia azedarach* L.）、粗糠柴 [*Mallotus philippinensis*（Lam.）Muell.-Arg.]、余甘子（*Phyllanthus embica* L.）、漆树（*Rhus verniciflus* Stokes）、盐肤木（*Rhus chinensis* Mill.）、地锦槭（*Acer mono* Maxim.）、栾树（*Koelreuteria paniculata* Laxm.）、文冠果（*Xanthoceras sorbifolia* Bunge.）、酸枣（*Ziziphus jujuba* Mill.）、葡萄（*Vitis vinifera* L.）、中华猕猴桃（*Actinidia chinensis* Planch.）、柽柳（*Tamarix chinensis* Lour.）、珍珠梅 [*Sorbaria sorbifolia*（L.）A.Br.]、蚊子草 [*Filipendula palmata*（Pall.）Maxim]、委陵菜（*Potentilla chinensis* Ser.）、草莓（*Fragaria ananassa* Duchesnea）、苹果（*Malus pumila* Mill）、李（*Prunus salicina* Lindl）、杏（*Prunus armeniaca* L.）、山桃 [*Prunus davidiana*（Carr.）Franch]、樱桃（*Prunus pseudocerasus* Lindl.）、梅（*Prunus mume* Sieb. et Zucc.）、紫穗槐（*Amorpha fruticosa* L.）、合欢（*Albizzia julbrissin* Durazz.）、槐树（*Sophora japonic* L.）、大豆 [*Glycine hispida*（Moench.）Maxim]、蚕豆（*Vicia faba* L.）、田菁 [*Sesbania cannabina*（Retz.）Pers.]、锦鸡儿 [*Caragana sinica*（Buehoz）Rehd.]、沙棘（*Hippophae rhamnoides* L.）、仙人掌 [*Opuntia ficus-indica*（L.）Mill.]、瓦松 [*Orostachys fimbriatus*（Turcz.）Berger.]、芫荽（*Coriandrum Sativum* L.）、小茴香（*Foeniculum Vulgare* Mill.）、乌饭树（*Vaccinium bracteatum* Thunb.）、中华补血草 [*Limonium sinense*（Girald.）O. Kuntze]、甘薯（*Ipomoea batatas* Lam.）、紫苏 [*Perilla frutescens*（L.）Britton]、益母草 [*Leonurus artemisia*（Lour.）S. Y. Hu]、薄荷（*Mentha haplocalyx* Briq.）、白里香（*Thymus mongolicus* Ronn.）、枸杞（*Lycium chinense* Mill.）、梓树（*Catalpa ovata* Don）、水锦树（*Wendlandia uvariifolia* Hance）、金银花（*Lonicera japonica* Thunb.）、金银忍冬 [*Lonicera maackii*（Rupr.）Maxim.]、蒲公英（*Taraxacum mongolicum* Hand.-Mazz.）、一枝黄花（*Solidago decurrens* Lour.）、大蓟（*Cnicus japonicus* Maxim.）、红花（*Carthamus tinctorius* L.）、棕榈 [*Trachycapus fortunei*（Hook. f.）H. Wendl.]、葱（*Allium fistulosum* L.）、黄花（*Hemerocallis* citrina Baroni）、韭菜（*Allium tuberosum* Rottler ex Sprengel）、雨久花（*Monochoria korsakowii* Reg. el & Maack）、香蕉（*Musa sapientum* L.）。

4. 蜜粉源植物

我国的蜜粉源植物资源丰富。除油菜、向日葵、荞麦、紫云英、草木樨、芝麻、柑橘蜜粉都丰富外，目前，养蜂者能够组织蜜蜂大量生产商品蜂花粉的植物有：玉米（*Zea mays* L.）、党参（*Codonopsis pilosula* Nannf.）、芝麻菜（*Eruca sativa* Mill.）、高粱（*Sorghum vulgare* Pers.）、水稻（*Oryza sativa* L.）、大叶章 [*Deyeuxia laugsdorffii* (Link) Kunth]、芒 [*Miscanthus sinensis* Anderss.]、马尾松（*Pinus Massoniana* Lamb.）、小叶杨（*Populus simonii* Carr.）、旱柳（*Salix matsudana* Koidz.）、板栗（*Castanea mollissima* Bl.）、翅碱蓬（*Suaeda heteroptera* Kitagawa）、莲（*Nelumbo nucifera* Gaertn.）、蚕豆（*Vicia faba* L.）、紫穗槐（*Amorpha fruticosa* L.）、柠檬（*Citrus limonia* Osbeck）、南瓜 [*Cucurbita moschata* (Duch.)]、西瓜 [*Citrullus lanatus* (Thunb.) Mansfeld]、椰子（*Cocos nucifera* L.）和茶树（Camellia sinensis）等。

5. 有毒蜜源植物

有一些蜜源植物所产生的花蜜、蜜露或花粉，能使人或蜜蜂出现中毒症状，这些植物称为有毒蜜源植物。主要有：雷公藤（*Tripterygium wilfordii* Hook. f.）、藜芦（*Veratrum nigrum* L.）、紫金藤 [*Tripterygium hypoglaucum* (levl.) Hutch]、苦皮藤（*Celastrus angulatus* Maxim.）、博落回 [*Macleaya cordata* (Willd.) R. Br.]、乌头（*Aconitum carmichaele* Debx.）、羊踯躅（*Rhododendron molle* G. Don.）、八角枫 [*Alangium chinense* (Lour.) Harms]、钩吻 [*Gelsemium elegans* (Gardn. et Champ.) Benth.]、曼陀罗（*Datura stramonium* L.）、油茶（*Camellia oleifera* Abel.）、喜树（*Camptotheca acuminata* Decne.）、狼毒（*Stellera chamaejasme* L.）。

二、蜜蜂资源

我国的蜜蜂资源十分丰富，在世界公认的蜜蜂属9种蜜蜂中，我国境内就有6种。它们分别是大蜜蜂（*Apis dorsata* Fabr.）、小蜜蜂（*Apis florae* Fabr.）、黑大蜜蜂（*Apis Laboriosa* Smith）、黑小蜜蜂（*Apis andreniformis* Smith）、东方蜜蜂（*Apis cerana* Fabr.）、西方蜜蜂（*Apis mellifera* L.）。其中，最有经济价值、被广泛应用于蜂产品生产和为农作物授粉的蜂种主要是西方蜜蜂和东方蜜蜂。

（一）东方蜜蜂（*Apis cerana* Fabr.）

1. 东方蜜蜂概况

东方蜜蜂是Fabricius于1793年发现并定名的，主要分布于南亚及东亚，是世界上现已发现的 9 个蜂种之一。长期以来，东方蜜蜂由于对我国各地气候、蜜源条件具有良好的适应性，对当地的不良因素抗逆性强而形成了许多优良的地方蜂种。目前我国的东方蜜蜂有 200 多万群，大部分处于半野生、半家养状态。由于分布地区不同，气候条件、地理环境也存在诸多差异，因而东方蜜蜂在个体大小、体色上呈不同变化，产蜜量和行为也存在着一定的差异。威尔玛（1986）在喜马拉雅山区海拔 1 300m 的苹果花期观察到东方蜜蜂每只工蜂每日授粉的时间比西方蜜蜂长 1h，每次出巢飞翔时间比西方蜜蜂短 6min，而在每朵花上传粉的时间也比西方蜜蜂短 1s，即每只东方蜜蜂每天为苹果授粉的效率比西方蜜蜂高 1/3 左右，而且带回的花粉团比西方蜜蜂少，使花粉充分地落在不同的花朵上。

近年来，由于人为因素导致生态环境的恶化，对野生蜜蜂蜂蜜的过度猎取和盲目引进西方蜜蜂等已经使我国这一宝贵的资源遭到不同程度的损害。调查显示，20 世纪 80 年代曾经设有繁殖场或生产基地的一些地区，其中蜂群数量也已急剧减少，有些地区已近灭绝，这无疑对中国及世界的养蜂产业都将造成巨大的损失。

中华蜜蜂（Apis cerana cerana）简称中蜂，是东方蜜蜂的一个亚种，广泛分布于我国华南、西南、中南、西北、华北及东北等地，是我国南方主要饲养的土著蜂种。我国大部分植物群落的发育都留下中华蜜蜂的痕迹，如许多被子植物花管的长度和中华蜜蜂的吻长相近。茶科、五茄科、紫苏科等许多植物都在秋季开花，或者早春开花。这时气温较冷，而中华蜜蜂却能够出外采集传粉。我国大部分地区属于季风型气候带，温度变化大，早晚温差大，中华蜜蜂非常适应这种气候环境。我国蜜源植物种类繁多，但不集中，这种情况培育了中华蜜蜂能够利用零星蜜源的独有特性。此外，对森林中捕食性昆虫——胡蜂科、马蜂科和寄生性敌害的各种螨类等，中华蜜蜂在与其长期对抗演化过程中，具备了很强的适应能力，因此，中华蜜蜂是我国自然生态体系中不可缺少的物种，具有重要的生态价值。

2. 饲养价值

中华蜜蜂是高级社会性昆虫，是我国土生土长的当家品种，具有发达的通讯能力，作为一个群体能够对蜜源源植物开花泌蜜作出迅速反应，而且具有其自身的生物学特性：首先，在采集行为上能利用零星蜜源植物；其次，中蜂的耐寒性较意蜂强，气温低于 7℃ 仍能大量出勤，而意蜂个体安全飞行的临界温度要求在 13℃ 以上，且中蜂早出晚归，日采集时间较长，因此，中蜂适宜为冬季及早春温度较低状态下的大棚草莓、果菜授粉。罗建能等（2002）对中蜂和意蜂为大棚草莓授粉效果进行研究，结果表明，中蜂授粉组比意蜂授粉组增加草莓果实产量 0.35kg/m^2，畸形果发生率减少 1.8%，中蜂授粉效果较意蜂理想，差异达极显著水平（$p<0.01$）。而且，中蜂在一天的采粉活动中会采集多种植物的花粉。在不同的时间内中蜂采粉具有相对的专一性，每一次出巢采粉具有单一性。黄昌贤等（1984）利用中华蜜蜂为糯米糍荔枝品种授粉，结果表明，网内强化蜜蜂授粉区和蜜蜂自由授粉区的坐果数比网隔无蜂授粉区分别提高 2.48 倍和 2.9 倍。因此，利用中蜂进行授粉不仅可以提高果实产量，而且

可以提高坐果率和降低畸形果率。

由于中蜂本身具有的生物学特性和中蜂活框饲养技术的推广应用，中蜂成为一种重要的授粉昆虫，可以有效地为果树、水稻、籽莲等多种作物授粉，并取得明显的增产效果；而且，中蜂善于利用零星蜜源，能节约饲料，适应性强，抗寒耐热，环境恶劣时能节制产卵量，适宜果园定地饲养，可用于为果树和温室各类蔬菜授粉。因此，中蜂是我国一种授粉性能优良的蜂种。

（二）西方蜜蜂

1. 西方蜜蜂概况

我国饲养的西方蜜蜂大多是意大利蜜蜂。此外，还有一部分其他蜂种，如喀尔巴阡蜂、卡尼鄂拉蜂、高加索蜂、东北黑蜂、新疆黑蜂等。

20世纪20年代我国引进了意大利蜜蜂（*Apis mellifera ligustica* Spin，简称意蜂），经过多年的驯化饲养，发展很快，现在已广泛分布于全国各地。目前我国饲养意蜂的总群数远远超过中华蜜蜂，成为养蜂业的主要蜂种。由于意蜂的竞争作用，导致饲养历史悠久、分布范围广、数量多的中蜂面临着群体数量锐减、分布区域缩小、群体密度骤减的严重局面。目前，我国人工饲养的蜜蜂中将近2/3为意大利蜜蜂，分布于全国各地，其余1/3为中华蜜蜂，主要分布于华南及西南的山区和丘陵地带。

意蜂群体大，喙长和易于管理，对地势平缓的大宗集中蜜源植物有较高采集力，能够采集到大量的蜂产品，如蜂胶、蜂王浆、蜂蜜、花粉，因此，意蜂成为我国主要的饲养蜂种之一。

2. 饲养价值

意大利蜜蜂是国内外利用的主要授粉蜂种，其群势大、性情温驯、善于利用大宗蜜源、可获得丰厚的蜂产品。目前，意蜂除了能为露地果树及其他作物授粉增产外，还能成功地应用于温室内蔬菜授粉，并取得明显的效果。我国应用意蜂及其杂交种为大田作物和温室保护地植物授粉，均取得明显的增产效果。罗建能等利用意大利蜜蜂和中华蜜蜂为草莓授粉，结果表明，利用蜜蜂授粉其坐果率比人工授粉提高25%以上；商品果产量提高3.37%～64.97%，优质商品果产量提高5.21%～30.94%，二者差异均达到显著水平。余林生等利用意大利蜜蜂为棚栽草莓授粉的试验结果表明：草莓产量平均提高65.6%～74.3%，畸形果率下降60.7%～63.1%，净效益增长率为69.85%～79.02%，且草莓甜度增加，品质改善。邵有全等利用蜜蜂对日光节能温室种植的西葫芦进行授粉，结果表明，蜜蜂授粉能使西葫芦增产14.06%～34.9%，平均为22.1%，每300m²的温室，一个生产周期可节约人工75个，节省劳务工资750元。畸形果率降低了31%，每千克西葫芦提高商品价值0.2元，避免了生长激素污染和大量使用农药，让市民尝到真正无公害蔬菜。从以上研究结果可以看出，利用意大利蜜蜂为农作物授粉，不仅可以提高产量，而且可以降低果实的畸形果率，提高商品的附加值。

（三）大蜜蜂

该种为蜜蜂属中体躯较大的一种，单脾成排，俗称排蜂，分布于我国云南南部、广西南部、海南岛和台湾的一种大型野生蜜蜂。

大蜜蜂体大、吻长、飞行速度快，是热带地区的一种宝贵的授粉蜜蜂资源。印度已成功地将其箱养，可以转地。大蜜蜂可以为多种植物授粉，尤其是对砂仁授粉效果特别显著。Batra报道，在喜马拉雅山区附近果树的主要授粉昆虫中包括大蜜蜂。大蜜蜂是一种潜在可利用的授粉昆虫，虽其性情比较凶暴，其被开发利用还比较少，但是其在一些野生植物的传粉中起到重要的作用。

（四）小蜜蜂

该种是蜜蜂属中体形较小的一种，常营巢于草丛或灌木丛中，故云南俗称之为小草蜂。其分布于南亚及东南亚，西部边界为阿曼北部和伊朗南部。在中国以北纬26°40′为界线，主要分布于云南中部以南地区、广西西南部。

小蜜蜂属于社会性小型蜜蜂，数量多，体积小而灵活，可以深入花管为植物授粉。据报道，小蜜蜂可在短期内进行人工饲养，但当外界蜜源缺乏时，常弃巢飞逃。Batra报道，在喜马拉雅山区附近果树的主要授粉昆虫中包括小蜜蜂。可以进一步研究进行人工驯化，利用其为作物和果树授粉。Abrol研究表明，小蜜蜂是胡萝卜主要授粉昆虫，其占有的比例为94%。

（五）黑大蜜蜂

蜜蜂属中体型最大的一种，栖息在海拔1 000～3 000m之间。

其抗寒性好，个体耐寒性强，攻击性强，具有季节性迁飞的习性。主要分布在云南省西双版纳傣族自治州、思茅地区、临沧地区、保山地区、怒江傈僳族自治州、丽江地区、迪庆藏族自治州、昭通地区；四川的金阳；广西西部；西藏南部。

每群黑大蜜蜂一年可猎取蜂蜜20～40kg，同时，黑大蜜蜂也是多数植物的授粉者，是一种经济价值较大的野生蜜蜂资源。

（六）黑小蜜蜂

其体型小，栖息在海拔1 000m以下次生草坡的小乔木上。性机警凶猛，对温度敏感。主要分布在云南南部地区。

根据蜜源季节，每年可以采收2～3次，每群每次可获取蜂蜜0.5kg。此外。黑小蜜蜂体小灵活，是热带经济作物的重要传粉昆虫。

（吴杰）

第二节　蜂业生产发展历程与现状

一、养蜂发展历史

我国是中华蜜蜂的发源地，我们的祖先从事养蜂业历史悠久，源远流长。有的专家认为，公元前11世纪，殷墟出土的甲骨文中有"蜜"字，说明当时已有人采蜜。我国最早的诗歌总集《诗经·周颂》是最早提到"蜂"字的典籍。公元前3世纪《礼记·内则》记载人们用蜂蜜、蜜蜂虫蛹孝敬父母和向君王进贡。大约著于战国时期的《山海经·中次六经》中有"平逢之山……实惟蜂蜜之庐（即蜂巢），其祠之，用一雄鸡，攘而勿杀。"这是最早确认"蜂蜜"的文献和原始养蜂的记载。由此可知，我国养蜂至少已有2 300多年的历史了。

东汉时原始养蜂业有所发展，当时教授调蜂已成为一种专门的学问。据西晋皇甫谧所著《高士传》记载：东汉延熹（158—167年）时，汉阳上邽人姜歧，隐居山林，以养蜂、豕（猪）为业，"教授者满于天下，营业者三百余人……民从而居之者数千家"。可以说，姜歧是我国历史上第一位养蜂专家和从事传授养蜂技术的专业人员。

魏晋南北代时期，养蜂技术有了较大的进步，西晋张华的《博物志》首次记载了当时的养蜂者将山野中住有蜂群的空心木（即原始蜂箱）带回住地，安置在屋檐下或庭中以木器饲养，蜜蜂由野生状态开始半野生生活。有人说这就是我国最早的木桶养蜂法。

晋代时人们对蜜蜂生活习性的观察更加细致。如郭噗在《蜜蜂赋》中有"繁布金房，迭构玉室"之句，形象地描述了蜂巢结构的美妙情景；"应青阳而启户"，说明了蜜蜂喜暖，巢门四季均应向阳。同时认识到蜂蜜是蜜蜂"咀嚼华滋（花粉、花露），酿以为蜜"的。在蜂产品的加工和利用方面，已能将蜜蜡分开提取，确切地形容"散似甘露，凝如割脂"的液态和固态蜂蜜。这时蜂蜡被用来制作蜜印、蜜章和蜜玺等，蜂子、蜂蜜除了食用和药用以外，还能作"艳颜"美容的化妆品。

南代刘宋时，在西晋"蜜蜡涂器"诱入野生蜂的基础上，又发明了在家中"以蜜涂桶"收容分蜂群的技术。《永嘉地记》中生动地记录了这一过程：七、八月时，经常有蜂群飞过，人们事先预备好木桶，并在桶内涂上蜜，有一蜂闻到蜜香就会飞来停下，经过三、四回，便把全部蜂群引来了。这说明南代时半野生状态蜜蜂已逐渐向家养过渡。

唐代时，粗放的家庭养蜂业已经由山地向丘陵、平原地区逐步扩大，段成式在《酉阳杂俎》中说，他的家中不仅养有蜜蜂，而且还配有果树等蜜源植物。顾祝著《采蜡一章》中对猎获蜂巢描述形象："采蜡，怨奢也。荒岩之间，有以纩蒙其身，腰藤造险。"在蜂产品的加工利用方面，据葛洪的《西京杂记》著录，以蜂蜡为原料的蜡烛、蜡丸为唐代始用。蜂蜡还用于蜡染手工业，蜡缬布在唐时已很流行。有1 300

年历史的蜡缬布在 20 世纪 80 年代又风靡于世。

宋代的养蜂技术比唐代又有很大进步，养蜂业也有较大的发展。代表宋代养蜂技术水平的文献是王禹偁的《小畜集·记蜂》，文中所说要点是：①蜂王体色青苍，比常蜂稍大，无毒；②王生幼王于王台之中；③王在蜂安，王失蜂乱；④棘刺王台，可以控制分蜂；⑤取蜜不可多，"多则蜂饥而不蕃（繁殖）"，又不可少，"少则蜂惰（懒惰）而不作"。这些都是前所未有的对蜂群生物学认识上的发展，特别是"棘刺王台"（使其一群不留二王）控制自然分蜂的方法是历史上首次记载，对于养蜂业的发展有重要意义。

南宋罗愿在《尔雅翼》中还记录了多种蜜源植物，蜂蜜种类更是繁多，有"色黄而味小苦"的黄连蜜、"色如凝脂"的梨花蜜、"色小赤"的桧花蜜和色更赤的何首乌蜜，等等。据陆游的《老学庵笔记》载：亳州（今安徽亳县一带）太清宫，桧树很多，每当桧花盛开时节，数不清的蜜蜂飞来飞去，酿成的蜜极香，叫做桧花蜜，所以曾任亳州太守的欧阳修有"蜂采桧花村落香"的诗句。

元代是我国古代养蜂业的兴旺时期，当时三大农书（《农桑辑要》、《农桑衣食撮要》、《王祯农书》）中均载有养蜂技术，其进步性主要表现在：第一，除发明了土窝蜂箱和砖砌蜂箱以外，还发明了荆编蜂箱和独木蜂箱，时至今日在生产中仍有使用。第二，蜂群管理水平有很大提高。当时著名的养蜂家刘基在其《郁离子·灵丘丈人》中，详细地描述了父子两代经营一个蜂场盛衰演变的情况，仅用 147 字就扼要系统地概括了整个蜂群管理法的原则，总结出选址建场、蜂群排列、箱具要求、四季管理、蜂群增殖、敌害防治以及取蜜原则等一整套经验，时至今日，仍有重要参考价值。比德国人齐从（J. Dzierzon，1845 年）所发表的 13 条养蜂原则还要早 500 多年。由此可知，早在 700 多年前，专业性蜂场在我国已相当普遍。

由上述可知，我国劳动人民对蜜蜂的认识及蜜蜂饲养管理技术至宋、元时期已达到相当高的水平。

明清时代，除有专业蜂场外，以养蜂为生计的专业户逐渐增多，养蜂业又有所发展。在蜜蜂生物学认识上也有进步，如李时珍在《本草纲目》中指出："蜜蜂嗅花则以须代鼻"，说明当时人们已认识到蜂须不仅是蜜蜂的触觉器官，而且还是嗅觉器官。此外，著名农学家徐光启在《农政全书》中提出了预测当年蜂蜜产量和质量的方法是："看当年雨水何如，若雨水调匀，花木茂盛，其蜜必多；若雨水少，花木稀，其蜜必少。"总结了雨水—花木—蜂蜜的相互关系。

清代在养蜂技术及养蜂理论上没有大的改革，但在蜂产品加工和利用的技艺等方面有很多发展，特别是这时我国第一部养蜂专著——《蜂街小记》的问世，对历史上的养蜂技术作了比较系统的总结。

在 19 世纪中叶，即 1857 年中俄瑷珲条约签署之后，随着沙俄势力的扩张和大量移民入境，从而将远东的西方蜜蜂连同活框养蜂技术带入我国的黑龙江省，但因俄罗斯和我国的养蜂者当时以获取蜂蜜为主，所以未对我国养蜂生产的发展产生重要影响。直到 20 世纪 30 年代，黄子固等人在北京北新桥香饵胡同创办了"李林园养蜂场"，为我国活框养蜂的开端。他们引进国外先进养蜂技术，结合我国条件，研制养蜂用具，引进优良蜂种。创办刊物，发表文章和撰写专著，宣传推广科学养蜂。开发利用蜂王浆，为振兴和发展我国现代养蜂事业，做出了奠基性的贡献。由于养蜂业不与农争地、不与人争粮，立足生态、投入少见效快，极适合我国地少人多的国情，因此，在 20 世纪中叶我国的养蜂生产出现了爆炸式的增长，意蜂数量由 30 年代的 10 万群，到 40 年代末期发展到 50 万群。

一些养蜂书籍、杂志也陆续开始出版。黄子固 1934 年于北平创刊的《中国养蜂杂志》，1956 年，为中国农业科学院所接办，后改为《中国养蜂》《中国蜂业》。1958 年，成立了"中国农业科学院蜜蜂研究所"这一全国性的养蜂专业研究机构，各地也相继建立了一些养蜂研究机构和蜜蜂良种繁育场。福建农学院（现为福建农林大学）及西南农学院（现为西南大学），先后开办了养蜂专业，培养了一批养蜂科学技术人才，养蜂科研展现出崭新的局面。中蜂推广了新法饲养；意蜂研究推广了王浆生产技术；开展了蜜蜂杂种优势的研究和利用；进行了中蜂品种资源和蜜粉源调查；突破了蜂王人工授精技术；初步探索出防治蜂螨、孢子虫病、中蜂囊状幼虫病等主要蜂病的药物和综合防治方法；制成了电子数控巢础母机；试制改革了取蜜、采浆等新机具；进一步验证了蜜蜂为棉花、油菜、苕子、向日葵、果树等作物授粉增产的效果；蜜蜂产品在医疗应用上的研究也有新的进展。另外，1979 年中国养蜂学会成立，1989 年中国蜂产品协会成立。

二、养蜂生产现状

我国养蜂生产大多采用精细化管理，手工操作，这与我国国情以及养蜂从业人员的文化水平有着极大的关系。从单群饲养技术和收益看，我国的养蜂技术水平是较高的，收益也是位列国际前列。截至目前，我国养蜂从业人员有 30 多万之众，饲养着 800 万群蜜蜂，每年生产蜂产品的种类与产量大致为：蜂蜜 40 万 t、蜂王浆 4 000t、蜂花粉 4 000 多 t、蜂蜡 5 000 多 t、蜂胶 400t、商品蜂王幼虫 60t 和 30～50t 的雄蜂蛹。由此推断，我们是养蜂大国。但是，从发展规模化养蜂获取规模效益，以及蜂蜜生产等器具的发展等方面，我国蜂业生产还是相对落后。

现在，我国养蜂生产与蜂业发展水平相一致，同时也受到我国工业整体技术水平的影响。生产蜂蜜多数利用两框换面式摇蜜机，采集蜂王浆也多是手工操作，而免移虫蜂王浆生产配套技术及设备、自动挖浆机等还没有大量应用于生产。随着国家蜂产业技术体系工作的开展，一些新型的适合我国蜂业发展水平的工具和机械设备将不断涌现出来，比如蜂王浆生产用的台基由人工蜡盏台基发展为塑料台基，手工移虫向免移虫技术方向发展，蜂王浆分离由手工挖取向真空吸取、离心分离及机械挖取等方向发展；在蜂蜜生产方面，一些自动切蜜盖机、吹蜂机、电动摇蜜机等都逐渐开发投放入场。此外，还有一些新型的蜂胶集胶器、防治蜂螨的气雾剂器械等，蜂毒采取器也是较先进的工具。在养蜂员生活和工作条件改善方面也有了较大的进步，蜂群的搬运机械设施不断更新，新型养蜂车的研制取得了极大的成功，出现了为养蜂人员提供电能的专用太阳能电池板、微型电视信号接收器等。

目前，我国蜜蜂良种化率不断提高，大、小蜂螨已被有效预防与控制，并通过饲养管理和药物预防限制了疫病的暴发与流行。所有这些都标志着我国养蜂科学技术在不断地发展。

（高夫超）

第三节　蜜蜂授粉与生态发展概况

一、蜜蜂授粉的贡献

昆虫是全球植物最主要的传粉媒介，全世界仅蜜蜂传粉的植物就达 2.5 万～3 万种，在已知的开花植物中 65％ 为虫媒花，美国约 1/3 经济作物依靠访花昆虫的授粉才能结实。授粉昆虫在自然界中所起的作用主要是将花粉从植物的雄蕊传到雌蕊的柱头上以帮助完成受精，从而保证植物结出果实或种子，它们对全球生态具有重要影响。在数千万年的历史进程中，它们形成了相互依赖、相互适应的协同进化关系：植物为昆虫提供食物来源和生存环境，影响昆虫的地理分布和对食物的选择，对昆虫还具有生态保护作用；若没有传粉受精这一活动，生态系统中很多相互关联的物种就会丧失，因此，蜜蜂的生存和发展依赖于植物及其提供的生境，一旦植被受到破坏，蜜蜂种群数量必将锐减，有些物种甚至将面临灭绝的危机。可见，传粉对促进生态自然平衡、全面保持生物多样性来说至关重要。

自然界中，被子植物的繁殖和种群的延续依赖昆虫的传粉作用。在所有传粉昆虫中，研究得最多、传粉作用最为突出的是膜翅目的蜜蜂。由于蜜蜂与被子植物的长期协同进化，蜜蜂总科中的很多昆虫进化成适宜传粉的生理、行为及形态特征，这些都利于人类利用它们来为作物授粉。

（一）蜜蜂授粉对植物多样性的贡献

在生物多样性保护中，蜜蜂的传粉作用往往是被考虑的重要因素之一。近年来，珍稀濒危种子植物和农林经济作物的传粉生物学研究也引起了人们的重视，作物经过人类的长期选择性育种后会丧失遗传多样性，而昆虫授粉有助于扭转这种丧失的趋势。植物接受昆虫等媒介的授粉作用是一种采用选择性影响来保持遗传多样性的办法。一项在肯尼亚进行的关于葫芦的研究表明，传粉媒介的多样性对保持极为多样的葫芦外形十分重要；再如，在墨西哥西部为生产龙舌兰酒而大面积种植了蓝叶龙舌兰，但该地区种植的所有蓝叶龙舌兰都是经过人工长期复杂选育的两株植物的克隆，加之缺乏传粉昆虫的充分授粉，因而其遗传多样性程度很低，因此，遇到严重的病虫害后，蓝叶龙舌兰大面积毁灭。

蜜蜂对植物多样性的贡献的另一个例子体现在对兰花的授粉上。兰科植物多为珍稀濒危植物，全世界所有野生兰科植物都被列入《野生动植物濒危物种国家贸易公约》的保护范围，约 60% 兰花种类依靠蜜蜂传粉。兰花的传粉具有很强的专一性，许多种类的兰花依赖特定的昆虫传粉。比如中华蜜蜂是兔耳兰、莎叶兰、春兰、蕙兰、足茎毛兰等唯一的有效传粉者，特定传粉者的失去将导致植物有性繁殖的失败，这些都体现了蜜蜂（尤其是野生蜜蜂）对兰科植物保护和进化的重要作用。

（二）蜜蜂授粉在杂交制种上的贡献

在传统植物育种中，并未重视对授粉昆虫有吸引力植物的选育，很多植物遗传材料会影响植物被授粉的水平。一般情况下，尽管同一植物的不同品种非常相似，但很多授粉昆虫喜好一个品种而不喜好另一个品种。农民们可以得益于这种多样性现象，例如将不同品种的辣椒交错种植，可以保证授粉昆虫对两个有不同吸引力的品种进行有效传粉，促进杂交，提高果实和种子产量。此外，一些没有花蜜的瓜类栽培品种对传粉昆虫吸引力较小甚至没有吸引力，但只要将其种植在有花蜜的品种地里，便可得到充分的授粉，提高后代的遗传力。

（三）蜜蜂授粉在生境恢复和保护上的贡献

许多生境的恢复工作开始利用到蜜蜂与植物的相互作用和关系，尤其是优势物种和关键物种的传粉生物学研究。据报道，中华蜜蜂和中华回条蜂对片断化生境中濒危植物黄梅秤锤树的生殖成功率具有重要意义，这说明加强对相关传粉昆虫赖以生存的生态环境的保护和恢复有利于这些濒危植物的保护。中华蜜蜂具有耐寒和抗热性能、善于采集零星蜜源、抗胡蜂、抗螨等优良特性，适合在山区养殖；在高原、荒漠等寒冷干旱地区，物种丰度和多度都相对较低，访花昆虫的种类亦有限，中华蜜蜂等野生蜜蜂对这些地区显花植物的杂种优势的保持和有性繁殖的实现，往往具有不可替代的作用。

二、蜜蜂授粉与基因流

（一）基因流的概念

基因流（gene flow），是指一个孟德尔遗传群体的遗传物质（基因）向另一个孟德尔遗传群体移动的现象，包括使基因从一个居群到另一个居群或从一个亚居群到另一个亚居群成功运动的所有机制。基因流可以发生在一个群体的个体之间、同一地域相邻近的不同群体之间、不同地域的群体之间和具有不同亲缘关系的物种之间。在生物安全领域，基因流也称为"基因逃逸"，是生物安全问题的一种重要发生机制。由于基因流可以导致同一物种内的不同个体间或不同物种之间遗传物质的交换，因此，基因流可以造成转基因植物的外源基因向非转基因植物品种和其野生近缘种（包括杂草类型）中逃逸，因而产生不可预测的生态风险。基因流的出现，很可能是花粉漂流的结果，也可能是蜜蜂传粉或其他动物搬运种子或花粉的结果。

（二）蜜蜂授粉的花粉流和基因流

在植物中，基因流是借助于花粉、种子、孢子、营养体等遗传物质，通过携带者的迁移或运动来实现的，其中花粉和种子的扩散是两种最主要的形式，而蜜蜂授粉是传播花粉的主要途径之一。单纯地靠种子传递遗传物质，其结果只能是遗传物质的空间位置发生改变；而花粉对基因的扩散却受花粉运动、种子扩散和自交率的影响。在植物中，以花粉扩散为主要的基因流形式的植物种类居多，花粉扩散是自然植物居群最主要的基因流形式，基因流的存在与否对植物的进化有着重要的影响。

传粉者（如蜜蜂）从一朵花上带走的花粉，不一定全部或部分落置在下一访问的花的柱头上，那么，传粉者携带的花粉可能来自多朵花，也有可能多朵花的柱头接受同一朵花的花粉，这一现象被称为花粉滞落。报道表明，花粉扩散对基因间的交换是不可避免的，花粉的传播确实会引起从转基因作物到非转基因作物之间的基因漂流，或从转基因作物到杂草的基因漂流。当开花株分散分布时，花粉流至少可达几百米，大大超过邻近的繁殖个体；相反，当开花株成簇分布时，近距离的花粉流导致主要的交配在邻近的个体之间。基因漂移是一个复杂的过程，受很多因素的影响，如环境条件、植物品种、昆虫行为及植物密度等。基因漂流在油菜田间也确实存在，在种植转基因油菜的过程中应予以考虑不同品种间的间隔距离。

（三）基因流的潜在风险

基因流的潜在风险之一是杂草化，即转基因通过基因流进入常规植物、野生近缘种或者性亲和的杂草中出现新的杂草型。一般杂草的特点是生长繁殖快、适应能力强、难以彻底根除，从而引发一系列的恶性杂草问题。有很多的研究已证明转基因作物与其野生近缘种或杂草之间存在基因流并且可能会产生可育的杂种，还没有足够的证据能够确定这一类杂交的生态后果，但可以确定的是任何基因多样性的丧失将会导致基因渗入区域群落结构的变化。

基因流还可造成生物多样性降低。转基因作物与普通作物或者野生近缘种进行杂交，杂交体适应能力变低，产生杂交沉默，使得一些不适合生存基因库的基因灭绝，进而导致等位基因多样性的降低。从社会因素来说，转基因的推广也迫使许多农民放弃了传统作物的种植，威胁着传统作物的多样性。

三、蜜蜂授粉主要影响因子

蜜蜂授粉的效果受到很多因素的影响，主要是蜂群因素和环境因素。环境因素对蜂群授粉影响较大，如气候、植物属性、施用农药等。另外，在授粉应用中，微环境的变化也会影响授粉效果。要提高蜜蜂的授粉效果，首先必须对影响蜜蜂授粉的主要因素有一个较全面的认识，有针对性地制订出提高蜜蜂授粉效果地技术措施才能最大限度地发挥蜜蜂授粉的优势。

（一）蜂群因素

蜜蜂是一种高级社会性昆虫，当蜂群的群势强大时，工蜂采集积极性就会增强，因此，选择群势强大的蜂群为农作物授粉，才能获得理想的授粉效果。由于采集蜂日龄、采集时间、蜜源的远近及蜜蜂采集行为也会影响授粉效率，因此，需综合各方面因素提高蜜蜂传粉的效率。

1. 蜂群群势

群势的大小，直接影响授粉效率的高低。蜂群里能够外出采集粉、蜜的青壮年蜂越多，授粉的效率就越高。据报道，1个8足框蜂的强群，其出勤的工蜂要比4框群的多7～10倍。强群与弱群出现蜜蜂出勤数量的差异，其根本原因在于强群中适龄采集蜂——适龄授粉蜂数量多，即使在流蜜不大时，也有蜜蜂出巢采集，一旦流蜜增加，就有大量的适龄采集蜂投入采集，显而易见，强群是提高授粉效果的保证。出租授粉蜂群的蜂场，应该适时地把蜂群培养成强大的授粉群势，并保持它们的健康和正常工作。正常的状况下，1群蜜蜂能够租用授粉2次。因为授粉的作物不一定能够供应足够的花粉或花蜜，所以蜂群授粉次数不可过多，否则群势减弱后不易恢复，影响蜂群繁殖。

2. 采集蜂日龄

蜜蜂开始采集工作的日龄会随着外界环境及蜂群状况而自动调整。一般情况下，成蜂17d以后才担负外出采蜜及采粉工作，但在蜜源植物的大流蜜期间，如果天气适宜而且流蜜情况良好，强群中5d以上成年蜂也会投入采集工作。低龄工蜂参与采集，增加了授粉蜜蜂的数量，从而提高了蜂群的授粉能力。

3. 蜜蜂采集的时间

蜜蜂外出采集工作的日期长短，也随蜜源植物开花流蜜的特性而改变。一般情况下，中蜂在气温达到10℃以上，意蜂在气温达到13℃以上才能正常出勤。一天内最早外出采集的时间，随夜间及清晨的温度而改变。当夜间及清晨的温度较高，蜜蜂外出时间就早，因为花里的花蜜累积，发出强烈的香味，吸引蜜蜂更早出巢采集。温度越低，外出时间越晚。一天内气温最高的时刻是蜜蜂外出最少、甚至完全停止的时段，因为此时花内的花蜜分泌停止，或被高温蒸发浓度太高，蜜蜂无法采集。此外，有些植物在傍晚流蜜，蜜蜂飞出后天黑前无法返回，往往会有外宿的情形。

4. 蜜蜂采集的距离

蜜蜂采集的半径通常在 2～3km 内，如果蜂场附近缺乏蜜源，蜜蜂能飞到 6～7km 以外采集，最远飞行的距离约 14km。据观察，在 1 000～2 000hm² 的草木樨田区中央放置蜂群，蜜蜂的采集距离在 0.75km 处最多，远的达 3.4～4.2km。

5. 蜜蜂的觅食行为

蜜蜂觅食喜好由近及远，附近食物不足后再到远处采集。花蜜中含糖量高的优先选择，含糖量低的留待最后取食。有大面积的蜜粉源，就会放弃附近的小量蜜粉源。蜂群中的食物存量及未封盖的幼虫数量，也影响蜜蜂采集食物的选择性。蜂群中的贮蜜充足，蜜蜂加强采集花粉，未封盖的幼虫数量多，蜜蜂采集花粉积极。新组成的小蜂群虽然没有未封盖的幼虫，蜜蜂也采集花粉但是数量较少。

然而，不同的蜂群即使有相同的未封盖幼虫数，蜜蜂采集的花粉量也不完全相同，其间仍有影响的因素存在，例如，在强盛的蜂群中，如果蜜蜂存蜜充足，又有足够的未封盖幼虫，此时适当使用蜂花粉采集器脱粉会促使蜜蜂增加采集花粉。注意：不可连续不断地取走蜜蜂的花粉团，因为这样会减低采集花粉的兴趣。又如，在田间花粉源充足时，蜂群中仍喂饲补充花粉等，也会减少花粉的采集。另据报道，玉米田开花时期，蜂群内喂饲新鲜玉米花粉，蜜蜂采集花粉率为 4.3%；喂饲补助花粉，采集花粉率为 40%；不喂饲花粉的对照组，采集花粉率为 53.4%，差异很明显。

（二）气候影响

天气是影响蜜蜂活动的主要因素。只有在适宜的天气条件下，植物花粉才能成熟并释放，蜜蜂才能正常出巢采集，发挥理想的授粉效果。

天气的好坏，是蜜蜂授粉作用能否充分发挥的关键。尤其在温带地区，春季作物的授粉时期更是如此。只有在温暖晴朗的天气下，授粉工作才能有效、迅速地进行。若气温低于 16℃ 或高于 40℃，蜜蜂的飞行将显著减少。强群在 13℃ 以下、弱群在 16℃ 以下，授粉几乎停止。在风速达 24km/h 以上时，蜜蜂的活动大大减弱；当 34～40km/h 时，飞翔完全停止。寒冷有云的天气和雷暴雨，也会大大影响蜜蜂的飞行。恶劣的气候，对植物也会造成损害。晚霜会冻坏花器；4～10℃ 的低温会延缓花粉的萌发和花粉管的生长，导致受精失败。如果天气炎热、刮风，会使柱头过于干燥，影响花粉的萌发。若长期阴雨，又会阻碍雄蕊的散粉。为避免恶劣气候的影响，必须正确地间种授粉树和准备充足的蜂群。这样，就可以最大限度地利用哪怕只有几小时的适宜天气进行授粉，以获得较好收成。若准备不周，将导致授粉失败。

（三）植物属性

对于风媒花植物如水稻、小麦等，蜜蜂授粉的增产效果相对不是很明显。但对于虫媒植物，尤其是雌雄异株、雌雄异熟、雌雄蕊异位、雌雄蕊异长和自花不孕的异花授粉植物，蜜蜂授粉的效果较为突出。另外，花色、花香及花粉和花蜜的营养也会影响蜜蜂的传粉效率。

1. 花色

昆虫对于花色有不同喜好，蜜蜂偏好蓝色及黄色。它们能区分紫外线的吸收光谱，对能吸收紫外线的黄素母酮及黄碱醇特别敏感，此2种化合物是在白色花及青蓝色花的共色中存在。蜜蜂虽然对红色不敏感，但因红色花中有黄素母酮，能吸收紫外线，也能看到红色花而采集。蜜蜂对某些植物有特别偏好，如对玄参科、唇形科及豆科等的蓝色及黄色花特别喜好，对菊科黄色的花也有喜好。蜜蜂对颜色的偏好会受季节的影响，它们虽然偏好蓝色及黄色，但是在蜜源短缺的季节，会到其他颜色的花朵上采集。蜜蜂对颜色的选择会影响植物的繁殖，例如蜜蜂采蓝色风信子的花，为它们授粉。当风信子突变为白色花时，蜜蜂很少采集，影响结子率而被自然淘汰。

2. 花香

花香是植物吸引昆虫授粉的重要因素。虫媒花不但有鲜艳的颜色，还有香气。许多花的香气与花粉的成熟及花的等待授粉相配合，所以香气的产生有日夜的变化，在白天早上、中午和晚上也有差别。开花时间不同，香气产生时间也不同，如玫瑰及其他玫瑰类的花在上午8～12时开放。金银木、忍冬属等植物在早上开花，可开到下午5～7时。

有些花的香气与蜂类荷尔蒙的香气近似，对蜂类会产生特殊的吸引力。如眼眉兰属的兰花，会放出拟雌蜂性腺的气味，引诱野生蜂的雄蜂为它授粉。

3. 花蜜花粉的营养

蜜蜂的营养来自花蜜和花粉中的成分，为了取食，蜜蜂必须访花顺便为植物授粉。花蜜中的甜度越高，对蜜蜂的吸引性越强。不同植物的含氮量有显著差异，原始木本植物较进化的草本植物花蜜中的含氮量少，含氮量少的花大部分是由蜜蜂来授粉，含氮量多的花大部分是靠蝴蝶授粉。

蜜蜂也会选择花粉粒的物理性状及营养价值，它们较偏好花粉含氮量高的植物，花粉中的一些化学物质，如类固醇及游离脂肪酸特别吸引蜜蜂，而含油量多的花蜜较吸引蜜蜂。花蜜的香味固然吸引蜜蜂，花粉加花蜜都有香味的对蜜蜂的吸引力则更强烈。

4. 其他影响

蜜腺的深浅与不同亚种蜜蜂的吻长有密切关系，长吻亚种可采集较深蜜腺的花朵，为更多种类的植物授粉。短吻种及短吻亚种蜜蜂的授粉，相对的受到影响。花的聚集会影响授粉，同一种植物大面积种植同时开花，可减少蜜蜂飞行的能量消耗，授粉效率较高。同一种花连续性开放，也有同样的作用。同一地区的植物种类很多，授粉效率减低。

(四) 农药

大多数杀虫剂农药对蜜蜂都有致命性的影响。因此，为了达到最好的授粉效果，应在花期避免使用杀虫剂，而采用生物防治的办法来控制虫害。在作物花期喷洒农药，是损害蜜蜂授粉的一个重要因素。它不但会使大量授粉蜜蜂中毒死亡，甚至给蜂群以致命的打击，作物因缺乏蜜蜂授粉而降低产量，而且在花期施药还会造成花器药害而减产。对花期喷农药和不喷农药果树花的花粉发芽力的测试结果显示，喷施农药降低了花粉的萌发力，并且减少花中子房数。花期施药使蜜蜂和作物两方面受到巨大的损失。为确保蜜蜂安全授粉，种植者与养蜂者之间必须密切配合，做到花期一律不施用农药，若需喷药，应事先通知养蜂者；平时喷药时不要污染水源，并注意不喷洒到相邻地段等。

（五）微环境因素

对于露地植物而言，处于避风、平坦的地理位置时，蜜蜂授粉效果较好。而处于风口或山顶上的植物，授粉昆虫采集困难。对于温室植物而言，温度过低时，花粉难以成熟，蜜蜂也不会出巢活动；温度过高、湿度过大时，不利于花粉的释放，同时蜜蜂也不会出巢采集，还会使蜂群的授粉寿命缩短。

（六）授粉时间

蜂群能否适时地运达授粉目的地，对授粉的成败关系很大。对于大田作物的授粉，一般情况下，在作物开花之前 10d 将授粉蜂群运达授粉地带，蜜蜂有时间调整飞行觅食的行为和建立飞行模式。但对于花蜜含糖量较低的作物，因其对蜜蜂的引诱性弱，田间如有其他蜜源植物开花，蜜蜂会选择含糖量高的植物采集，而冷落要授粉的作物，在这种情况下，要在授粉作物花开达 10%～15% 或更多时移入授粉蜂群。对于大棚或温室作物的授粉，应根据具体作物的花期情况确定授粉蜂群进棚室的时间。对花期短、开花期较集中的作物，如果树，授粉蜂群应在开花前 5d 入室，让蜜蜂有几天时间试飞、排泄和适应环境，并同时补喂花粉，奖励糖浆，刺激蜂王产卵，待果树开花时蜂群已进入积极授粉状态。而对初花期花少、开花速度慢、花期较长的作物，如蔬菜，授粉蜂群的入室时间可定在蔬菜开花时。

四、蜜蜂授粉在农业生态系统中的作用

（一）蜜蜂授粉在农作物增产中的作用

蜜蜂授粉对农业增产、增收具有重要的作用，蜜蜂授粉服务目前已被广泛应用在农业中，在欧洲约 84% 种植的作物生长需要昆虫授粉（其中 70% 可以直接供人类食用）。在昆虫授粉的植物中，有 15% 植物可直接被人类食用。间接被人类利用的植物有食用油料作物、饲料作物、种子作物及绿肥作物等。国内外大量的研究证实，蜜蜂授粉可有效提高农作物、果树、牧草产量，甜瓜、梨、樱桃等甚至可增产 2 倍以上。这些作物由于昆虫授粉而增加产量、改善品质。据报道，传粉昆虫授粉后的咖啡产量

能提高 20％，可见，传粉昆虫对农作物产量的影响非常大。

（二）蜜蜂授粉在提高农作物品质中的作用

蜜蜂授粉在作物品质的提高上发挥了重要作用，蜜蜂授粉后作物果实增大、畸形果率降低、营养成分增加，并能提高油料作物的出油率，促进果实和种子的发育和成熟，间接增加了作物的收益。这种对质量的考虑已经体现在市场份额和市场价格中。例如在加拿大，若苹果园授粉较好，大约会使每个苹果多增加一个籽，从而使苹果更大更匀称，与授粉不足的果园相比，这种得到改进的苹果估计能带来 5％～6％ 的收益。昆虫授粉的农产品有助于以较高的反季节价格上市，提高农民收入。另外，良好的授粉在商品种子生产和增产中也有着重要的意义。

（三）蜜蜂授粉在世界粮食安全中的作用

在农业生态系统中，农作物对授粉昆虫的依赖性不容忽视。昆虫授粉对农作物、果树、园艺、饲料、草业生产以及许多块根和纤维作物的种子生产极为重要。蜜蜂等传粉昆虫对世界 35％ 作物生产都有影响，可使全世界 87 种主要粮食作物的产量、质量得以较大幅度的提高。授粉昆虫对很多食物具有重要意义，这些食物（主要是蔬菜和水果）为人类提供了关键营养素和矿物质，这些营养物质在工业化的世界里正从人们饮食中减少，从粮食安全的角度来看，这不仅是发达国家也是发展中国家关心的问题。以蜜蜂为主的授粉昆虫在作物增产中发挥了巨大作用，并在世界粮食安全中做出了巨大的贡献。

我国是农业大国，粮食安全始终是我国社会经济发展中的首要问题。在粮食生产中，利用蜜蜂等授粉昆虫为作物充分授粉是提高粮食单产的关键技术之一。我国饲养的蜜蜂数量居世界第一位，因此，蜜蜂授粉对我国农业的发展及粮食安全的贡献不容忽视。

（四）蜜蜂授粉可减少农药和激素物质的使用

众多研究证明，蜜蜂不仅可用以授粉，还可作为生物防治作物病害的媒介。Dedej 等经过 3 年的试验，发现通过在蜂箱中配置盛放 Serenade（含枯草杆菌）的配合器，使作为授粉昆虫的蜜蜂携带生物防治剂——枯草杆菌到蓝莓的雌蕊上，在实现授粉的同时还可有效抑制蓝莓病害。相似地，Kapongo 等利用熊蜂为温室作物（番茄和甜椒）授粉时携带传播球孢白僵和粉红螺旋聚孢霉，从而对作物起到防治有害昆虫和灰霉菌的作用。在番茄作物的应用，温室粉虱的致死率达 49％，花和叶的灰霉菌抑制率分别为 57％ 和 46％；在甜椒的应用结果为：美国牧草盲蝽的致死率达 73％，花和叶的灰霉菌抑制率分别为 59％ 和 47.6％。蜜蜂授粉的同时作为病虫害防治的媒介，不仅提高了作物产量，还起到了作物病害防治的作用，减少了农药和激素的使用量，降低了成本，具有重要的推广价值。

（五）蜜蜂授粉与畜牧业的关系

从全球角度来讲，畜牧业中的苜蓿是最重要的饲料作物之一，其种子的生产几乎完全依赖访花昆虫。许多其他人工种植的牧草作物，如被人类认为是自花授粉的三叶草，当蜜蜂授粉后，种子的产量显著增加。此外，就阔叶草本植物、牲畜食用嫩叶植物及草食动物食用的树荚果而言，也特别依赖传粉昆虫。在非洲很多干旱牧区，牲畜食用的短生长期嫩叶植物木兰，也是骆驼的基本食物，观察表明，至少有5种野生蜜蜂为其授粉。在同一地区，金合欢的种子荚是一种很有潜能的资源，其主要用途是用作牲畜的饲料，还是干旱时期牧民的主要食物来源。其果荚产量依赖于各种各样的访花昆虫，如蜜蜂、蚂蚁、黄蜂、蝴蝶、蛾及甲虫等。因此，传粉昆虫是与畜牧业息息相关的一种媒介。

很多学者还考虑到昆虫授粉、种子传播及动、植物相互作用在生态系统健康与恢复中的作用，并通过利用它们之间的关系来促进牧场成功恢复植被。例如，许多多年生阔叶草本植物和灌木需要昆虫等传粉媒介进行授粉，从而保持一些地方物种的延续。蜜蜂作为畜牧业中的一个重要分支，目前也面临着很多威胁，主要是在害虫防治计划中被作为非目标物种被杀死。一项来自塞内加尔的报道表明，在进行空中喷药治理蝗虫之后，因蜜蜂死亡而造成的授粉危机，每年估计损失约两百万美元。

总之，蜜蜂授粉对生态农业的建设意义重大，生态平衡的核心是植物，而蜜蜂是最理想、最重要的授粉昆虫。蜜蜂作为重要的生物因子，其作用是不可替代的。蜜蜂的生物授粉可有效调节植物的生殖生长和营养生长，大幅度提高农作物的产量和品质，同时减少化肥和农药的使用，是建设生态农业不可或缺的一部分。

（吴杰）

第四节　蜂业科技发展历程与现状

一、养蜂科研教学发展概况

（一）养蜂教学发展概况

我国养蜂教学起源于古代民间师徒相传，有数千年历史，魏晋南北朝时期张华著《博物志》，晋朝皇甫谧著《高士传》，276～324年间，郭美著《蜜蜂赋》等都有记载，直至近代著名养蜂先驱张品南、黄子固、冯焕文等引进西方活框饲养新技术，正式开班培训养蜂新技术，开办《中国养蜂》杂志等，此期特别是由沈化奎译著的《实用养蜂新书》、顾树屏和华堂合译的《最近实验饲育法》、张品南的《养蜂大意》、冯焕文编著的《实验养蜂学》等著作对推动、指导当时养蜂教学与生产都起到有力推动作用。

养蜂教学规范化发展，被正式纳入到中国高等教学范畴，是农业部于 1960 年委托全国三所农业高校（福建农学院、宜春农学院和西南农学院）开办"养蜂专业"专科班，除福建农学院养蜂专业外，其余两所高校办 1 届养蜂专业后就停办了。

福建农学院养蜂专业在龚一飞教授等多代蜂学教师的努力下，坚持发展养蜂教学。1980 年福建农学院养蜂专业专科改为本科，并于 1981 年成立养蜂系，于 1987 年改养蜂系为蜂学系，在 2001 年 4 月成立蜂学学院。蜂学学院在 2001—2007 年增加三年制专科"临床康复医学（蜂疗）"新专业，2004 年建立硕士点，2009 年蜂学被教育部认定为国家一、二类特色专业，同时建立了教育部蜂产品工程研究中心和农业部福建蜜蜂生物学科学观测实验站，2010 年以蜂产品作为中药资源建立"中药资源与开发"新本科专业，2011 年 10 月建立了以蜜蜂毒开发为主的天然生物毒素国家与地方联合工程实验室（国家发改委批准），2012 年建立"蜂学"博士点，同时，还建立了省级院士专家合作工作站。成为具备蜂学本科、硕士、博士等培养条件的全国唯一的蜂学学院。

云南农业大学东方蜜蜂研究所利用当地丰富的蜜蜂资源，于 1988 年开办了养蜂专科班，2005 年起改为蜂学本科；陕西省农林学校于 1979 年创办了我国第一个中等专业学校养蜂专业；牡丹江农校 1972 年开始设养蜂专业，1985 年正式建立养蜂学科；河南等地也开办过养蜂中等专业教学等，甚至个别蜂企业也办起内部养蜂技术学校，如 2013 年北京市蜂业公司开办"蜂商业学院"。使我国养蜂教学系统化走在世界前列。

（二）养蜂科研发展概况

1. 养蜂科研的现状

关于蜜蜂的科学研究在我国已有数千年的历史记载，如，公元前 16—11 世纪殷商甲骨文中有"蜜"字记载，就说明我们祖先很早就注意到蜜蜂的生活习性。汉代已将蜂蜡用于蜡染，蜡染纺织品成为历代皇宫的贡品；魏晋南北朝时期，张华著《博物志》与郭璞著《蜜蜂赋》等中记载了山区以木为器养蜂和蜂群为社会性昆虫等，就已经了解蜜蜂基础生物学与饲养技术；宋、元代已有记载总结出根据蜜源选择场地、蜜蜂的四季管理和防治蜜蜂病虫与敌害的经验；《黄帝内经》与《神农本草经》等中记载了蜂蜇疗法和将蜂蜜应用于医疗保健的事例；1819 年，清代著名学者郝懿行编著的《蜂衙小记》对蜜蜂生物学特性、养蜂技术、经验均作了记载。近代，在张品南、黄子固等养蜂先驱的带动下，我国养蜂科研发展大大加快。特别是 1950 年后我国加强了蜜蜂科学研究的力度，中国农业科学院在朱德等老一辈革命家亲自关怀和支持下，于 1958 年创建了唯一国家级养蜂研究所——中国农业科学院蜜蜂研究所，该所目前是世界蜂业科技学科设置最全、规模最大的蜂业研究机构。此后，全国许多重点养蜂省份也纷纷成立了各类养蜂研究机构。如：以蜜蜂育种著称的吉林省养蜂科学研究所，建立于 1983 年；江西省养蜂研究所是我国最早建立的省级养蜂机构，建立于 1960 年，曾经是国家级养蜂研究所下放承接单位，以研发蜂机具闻名；另外，还有甘肃省蜜蜂研究所、云南省农业科学院蚕蜂研究所、重庆市农业科学院蜜蜂研究所、以研究蜂产品医疗保健功效及蜂产品加工新技术为主的福建农林大学蜂疗研究所和中国台湾省立苗栗蚕蜂改良站（研究所）等七家省级蜜蜂专业研究机构；地方高校设蜜蜂研究机构的有云南农业大学东方蜜蜂研究所（以东方蜜蜂为主）、江西农业大学蜜蜂研究所（以蜜蜂生物学、取浆机械为主）、浙江大学蜂产品研究所（以蜂产品加工为主）、福建农林大学蜜蜂研究所（以蜜蜂饲养为主）、扬州大学蜜蜂产品研究所（以蜂产品加工、育种为主）、安徽农业大学蜂业研究所（以蜂病预防、风险评估为主）和河南科技学院蜜蜂研究所（以蜜蜂饲养和取浆机械为主），这些研究所研究方向各有侧重，有些还承担着养蜂学科的教学任务。除此之外，市县级和民办蜜蜂研究机构多达数百家。我国蜂业科技有史以来最重大的改革是国家蜂产业技术体系的建立，由20名来自全国蜂业各自不同的研究方向的专家，组成各自不同的学科的专家团队，以及来自全国蜂业主产区的21个综合实验站，组成对接协同、研究开发团队，其投资规模与人才聚集的深度与广度是空前的，蜂业科技研究的凝聚力得到加强，将充分发挥团队协同作战水平，对我国蜂业发展将产生巨大的的作用。

目前从事蜜蜂科学研究的人员中，有院士1人，国家二级技术职称3人，享受国务院政府特殊津贴专家12名，省优秀专家5个，省杰出人才1名，博士生导师15名，硕士生导师63名。蜂学科研成果获国家级成果奖有6项，省、部级奖有80多项；申报并授权发明专利蜂蜜类495项，蜂胶类、王浆类196项，蜂花粉类107项，蜂毒类44项，其他共计247项。

2. 养蜂科技的贡献

（1）蜜蜂生物学研究重心的转移与成果转化。近年来随着国家科研经费投入力度的增大，我国蜜蜂生物科学研究重心由早期的以形态学、行为、发育等生物学基础研究，逐渐向基因、分子生物学、蛋白组学、生态、授粉效能和蜂产品功能因子开发及蜂产品制药深化研究等较高层次转移，发表成果论文占高水平SCI论文的大多数，在申报国家自然基金项目与重大科研项目方面也占大部分。

其实蜜蜂生物学新的重大发现，往往会给养蜂带来变革性的发明与技术进步，就像蜜蜂生物学中"蜂路"的发现就促进了蜜蜂活框饲养技术的产生，推动养蜂业进步，也给蜂机具创新应用创造发展空间。

（2）生物学育种技术重大成果转化效果显著。蜜蜂生物学与育种学科研方面有些原创性发明成果的转化，近二十年来发展效果很好。"浙农大1号意蜂品种培育"，1995年获得国家技术发明二等奖，而且在生产转化中，还带动研发成功"王浆高产全塑台基条"产品也获国家科技进步三等奖，使我国蜂王浆产量从原有的200～300g/（群·年）上升到约20kg/（群·年），产量增长近百倍，为我国蜂王浆产量高达全球90％以上做出重大贡献，同时，也引发了对蜜蜂王浆组蛋白分子水平与基因性状等的深入研究。

（3）蜜蜂种群生物学研究成果转化。吉林蜜蜂研究所主持研究的"黑环系蜜蜂"获1992年度国家科技进步二等奖，并且其通过三十年成果转化，已形成了全国最庞大的蜜蜂种质资源基因库，同时，带动产生了部、省级科技奖 29 项。

（4）蜜蜂电生物行为学基础研究成果转化。二十多年来，蜜蜂电生物学自然基金资助项目成果转化发展产生较大影响。福建农林大学主持的自然基金项目"蜜蜂电生物学研究"，1988 年形成了 QF-1 型蜜蜂电子自动取毒器的发明专利，获得 1996 年度国家发明四等奖，成果转化不仅大大提高了蜂毒的采集纯度与不伤害蜜蜂，而且发现了蜜蜂对蜂毒报警作用会产生疲劳效应与混淆群味及认巢记忆部分丢失等，出现蜜蜂生物学行为"变异"等有趣现象。特别是成果技术转化促进了蜂毒开发，带动创建了福建农林大学蜂疗研究所、福建蜂疗医院、福建省神蜂科技开发有限公司、天然生物毒素工程实验室、教育部蜂产品加工与应用工程研究中心、福建省蜂产品加工工程技术研究中心及福建省神蜂科技院士专家合作工作站等科研平台与蜂疗新专业。开发出蜜蜂毒新药品"神蜂精"等一系列新蜂疗产品，同时，也深入推进蜂毒等蜂产品的功能因子及制药技术研发，产生了较好的经济与社会效益。

（5）国家级蜜蜂研究机构的引领作用。中国农业科学院蜜蜂研究所十分重视蜜蜂生物科学研究，近年在生物学研究水平与深度方面越来越引领我国蜜蜂生物科技发展方向，特别是蜜蜂授粉生物学研究成果卓著，在蜜蜂基因、蛋白组学技术方面发表了大量高影响因子论文，蜜蜂育种生物技术研究成果显著，成果推广至全国大部分地区，在蜂产品质量安全建设方面独树一帜，率先开展了蜂产品质量溯源研究工作，牵头制定了大量的部颁蜂产品质量安全检测标准，为保障我国蜂产品质量安全做出了重大贡献。此外，还在产品生物检测等多方面也具有一定引领作用。

二、蜂机具的创新与应用

（一）取浆机具的创新与应用

生产王浆的蜂机具创新与应用发展十分有成效，特别是高产浆蜂种选育后，工蜂吐浆踊跃，改革原有锥形底小容量塑台基条为平而大底的大容量王浆高产全塑台基条，可使王浆台基单产量大幅提高。目前市面上还出现双并排全塑台基条，使得台基条宽度与巢框相近，方便饲养管理，且使台基条框单产又翻一番。当然，这里除了高产蜂种选育外，还需有充足营养条件。曾志将与苏松坤两位蜂体系岗位科学家与蜂机具制造商合作，研发成功全排自动采浆机，不仅速度增加数十倍，节省了采浆劳力，更重要的是采浆过程可能的人为污染得到一定程度避免。若能将免移虫与自动镶移浆虫技术设备完备起来，离实现自动化生产蜂王浆就不远了。当然，挖抠式采浆是否最合理，如何避免蜡屑与残余浆虫污染蜂王浆等问题还尚未能彻底解决。

（二）节能保鲜加工创新与应用

蜂产品的浓缩干燥技术，与农产品浓缩干燥一样，目前还停留在热风浓缩干燥，或冷冻真空浓缩干燥，或热风结合真空浓缩干燥，既耗能大，且破坏活性，香味走失严重。特别是蜂蜜浓缩采用热风结合真空浓缩，能耗大，香味走失极为严重，使得消费者对真假蜜无法辨别，严重影响蜂产业发展。为此，蜂产业体系产品保健功能开发岗位专家们，经过多年的研究开发出"叠压高能保鲜浓缩干燥"新技术及设备，该项创新技术不仅解决了蜂蜜及其他蜂产品的高节能、高保香味与鲜活度的浓缩干燥技术难题，而且能充分有效利用有限的蜜蜂与蜜源资源，客观上也大大节省蜜蜂劳力，为蜜蜂创造必要"福利"，提高养蜂效益。

（三）放蜂车的创新与应用

我国从 20 世纪 80 年代就开始研发与应用流动放蜂车，近年来山东省东营市蜜蜂研究所所长宋心仿研究员，极力推行流动放蜂车研发与推广应用，取得较好的成效，一些养蜂大户已经开始使用流动放蜂车，比如新疆的梁朝友蜂场（现有 3 000 多群）等部分使用流动放蜂车，能感受到休闲养蜂的轻便与乐趣。

三、生产方式的变革

生产技术的创新与应用，不仅会带来效益的提高，也会引导生产方式的变革，因地制宜选择正确的生产方式以适应其技术创新与应用，是行业发展的导向，蜂业近年来生产方式的变革有以下几个比较突出的趋势。

（一）从产蜂蜜为主转向产王浆或其他产品为主的生产方式

我国蜂业长期以来经营总体上还是蜂蜜为主（占养蜂直接收入的 70% 以上），但随着其他蜂产品生产技术的提高，有些地区生产方式发生较大改变。比如，江浙一带蜂王浆生产技术已经十分成熟，蜂王浆产值已经达到甚至超过蜂蜜生产的收入，就转变成以生产蜂王浆为主，生产蜂蜜为辅的生产方式；又如梁朝友蜂场，充分利用新疆蜜源充足、气候干燥的生产环境，改变以常规离心方式生产蜂蜜为主的生产经营模式，以机械化生产巢蜜为主，经济效益高，成为又一养蜂生产典型。特别是近年国家重视养蜂授粉技术的推广，授粉专业性蜂场兴起，出现了以专业授粉为主的养蜂生产模式；另外，我国养蜂相当大面积为山区养蜂，如大别山、西藏林芝等山区养蜂，仍然保持大量木圆桶式原始养蜂，结合发挥生态养蜂价值，也能产生较常规养蜂高得多的经济效益；也有些局部地区利用其胶源植物多，以生产蜂胶为主业等；也有的以生产蜂毒、蜂幼虫、蛹等为主业，由于蜂毒资源价值特别高，随着今后蜂毒开采利用技术与市场开拓的提高，今后蜂毒生产很可能成为蜂业生产的又一主体；此外，还有以宠物饲养、医疗保健服务、休闲饲养等为主的养蜂模式也日渐兴起。

（二）以人工为主转向机械化为主

我国专业化养蜂，从前以人工饲养操作为主，已经开始转变为机械化方向，使专业养蜂场规模得到较大发展。以往靠人工饲养，蜂业人均养蜂数只能在 50 群左右，近年实现半机械化与自动化后，人均最高能养 300 多群，当然与国外先进养蜂人均最高达 1 000 多群还有很大距离。随着养蜂机械化与自动化进程发展，蜂机具的创新与改革，尤其是蜂王浆生产自动化，蜂蜜机械化采收等技术发展，养蜂与采收王浆会分开形成专业化服务队伍。

（三）以大转地饲养转向定地结合小转地模式

随着生产方式的变革，加上人工饲料的使用，近年来许多专业养蜂以饲养西方蜜蜂大转地追花夺蜜模式，转变为定地结合小转地生产模式，就像江浙一带以西蜂定地饲养采浆为主。

（四）单一蜂种饲养转向混合选育种饲养技术发展

养蜂由原有单一蜜蜂品种饲养蜂场（容易造成蜂种退化，生产力下降）模式，改变为多品种混合选育种饲养，不断保持优良蜂种性状的科学饲养技术模式。

（五）现代与原始相结合的多边饲养技术共存发展

我国古代养蜂都是以旧式圆木桶定地家庭饲养中蜂为主。自 20 世纪初期，福建张品南先生引进西方蜜蜂蜂种与推广活框饲养技术后，我国经历近 100 年时间的推广近代养蜂技术，使得养蜂业得到大规模发展，促使我国养蜂数量数十倍增长，精细程度与蜂产品产量也居世界之首位。目前，养蜂现代化饲养技术不断普及，加之生态消费理念的抬头、东方蜜蜂饲养特点的不同，中蜂原始饲养技术还是得到一定程度上保留与发展，这点在广大山区养蜂尤其突出，形成了现代技术结合原始饲养技术的多边饲养共存发展态势，也催生养蜂技术的多元化创新发展。

（六）单纯生产性养蜂向休闲养蜂发展

蜜蜂饲养以前单纯以生产蜂产品为主的专业养蜂，近年已经渐趋以宠物饲养结合保健服务和授粉服务为主的休闲式养蜂，其所产生的效益要来得更高，这就面临养蜂机具与蜂种选择甚至饲养方式的技术改造与更新，特别是现代农业授粉日益需要蜜蜂帮助，以及蜜蜂为人类健康服务的市场也越来越大，单纯生产性养蜂将会不断被调整，其可能带动的养蜂科技创新会不断涌现。据不完全统计，休闲养蜂的经济收入目前在某些地区已占养蜂总收入的30％左右，今后可能也催生休闲养蜂技术创新发展的一个主要技术分支。

四、蜂产品功能科学的研究与发展

（一）蜂产品功能研发的历史

蜂蜜、蜂王浆、蜂毒等蜂产品自古以来都被人们用作食疗和传统医疗用品。渔猎社会的游牧人时常采集野生蜂蜜和蜂蜡，并把它们用于日常生活和宗教仪式。公元 3 世纪的《神农本草经》已将石蜜、蜂子、蜜蜡列为医药"上品"，指出蜂蜜有"除百病，和百药"的作用。而且发现蜂子有抗衰老、滋润皮肤的美容功效，"久服（蜂子）令人光泽好，颜色不老"。三国时期蜂蜜用于制作清凉饮料和浸渍果品。《吴志·孙亮传》有"使黄门中藏取蜜渍梅"的记载。《魏志·袁术传》记载，时盛暑，袁术欲得"蜜浆"，但无蜜，乃呕血而死。其时的蜜浆用于解暑，以蜜羼水而成。西晋能将混合的蜜蜡分开提炼，分别利用。除将蜂、蜜、蜡食用、药用外，开始试制防衰、增白的美容剂。晋代女子直接用天然蜂蜜抹面。《名医别录》记载了用"酒渍蜂子敷面，令人悦白"的美容方法。

（二）现代蜂产品功能科学研究

现代蜂产品的功能因子研究成了热点，对蜂产品中的蛋白质（包括多肽与酶类）、多糖、黄酮类、脂肪酸等进行分离纯化，研究它们的功能和作用机理成为蜂产品功能科学研究主要内容。比如，目前对蜂毒多肽（有 40 多种）中的蜂毒肽（melittin）研究较为深入，我国已能够充分利用其一定量时所特有的溶血栓与细胞壁吸附（与胞壁修补）作用，结合中药配方研制成"神蜂精"外擦剂（已获得使用许可证）等并开始大批使用，显示极强的细胞损伤恢复与溶血栓作用（活血作用），对多种疑难病具有显著疗效。此外，研究发现使用神蜂精较大剂量时，能产生细胞壁垂直打洞作用，甚至纳米化后会打穿许多病毒外鞘杀死病毒，体现出蜂毒开发应用良好的巨大前景。此外，蜂毒中其他功能因子与其他蜂产品的不同功能因子的研究开发也十分活跃，这方面是蜂产品研发潜力最大的部分，是蜂业最重要的新经济增长点。

（三）蜂产品应用学科的发展

传统医药采用蜂蜇的方法，配合服用蜂产品治疗关节炎等疾病。随着科研的深入和科技的进步，蜂产品的应用得以扩展，蜂产品以片剂、胶囊、口服液等形式更方便有效保障人类的食用与健康及医疗服务。目前已有多种蜂产品制品获国药准字与国健食号及国卫妆特字号，例如现有蜂产品：蜂毒（31 种针剂）、蜂蜜（2 种）、蜂胶（6 种）、王浆（30 种）、花粉（13 种）、蜂蜡（2 种）、蜂王幼虫（1 种）等制品获得国药准字；蜂胶（298 种）、王浆（167 种）、蜂花粉（69 种）、蜂蜜（4 种）为国健食号；蜂胶（2 种）、蜂花粉（3 种）、蜂蜜（1 种）为国卫妆特字号。蜂疗产品医疗保健品研发与生产，我国现有 69 家生产药厂可以生产国药准字号蜂制品，但蜂产品专业制药研发生产单位很少。蜂毒等蜂产品药效学研究已进入到分子药理药效学研究及相关的应用开发研究，出现许多论文与新成果，特别是自主研制先进的高活生物制药加工新技术与新设备。

1. 蜂毒针剂

临床上使用的蜂毒针剂主要有 3 种类型，即水针剂、油针剂和冻干粉针剂。

（1）水针剂型。早在 1927 年德国就生产出了蜂毒针剂（Apicosan），此后还有法国的蜂疗（Apicur）和蜂维安（Apiven）、瑞士的蜜蜂素（Apisin）、英国的 British Bee Venom、日本的 Forgerine 和捷克生产的真蜂素（Varapin）等。1962 年我国研制成功蜂毒注射液。

（2）油针剂型。20 世纪 50 年代苏联用核桃仁油调制蜂毒注射液，如蜂毒灵（Venapiolin，KF 制剂）。德国马克公司曾生产过一种称为"赋尔安平"的针剂。

我国也曾用麻油或杏仁油调制过同类制剂。由于蜂毒若干有效成分可能被脂肪酸衍生物激活，因此，天然蜂毒亲油制剂的研制和应用有可能成为今后的发展趋势。

（3）粉针剂型。我国连云港蜂疗医院与南京药学院制药厂协作研制蜂毒加赋形剂制成无菌冻干粉（"风湿安"），封装在安瓿瓶中，每瓶含纯净干蜂毒 1mg 或 3mL/g，临用前加水溶解即可应用，用于皮下注射。

2. 蜂毒外擦剂

福建农林大学利用蜂毒与中药配伍研发出了蜂毒外擦剂"神蜂精"。

3. 蜂毒软膏剂

蜂毒软膏剂即在蜂毒中加入能软化表皮角质层的物质，从而刺激局部充血，促进皮肤对蜂毒的吸收，以达到治病的目的。蜂毒软膏剂常用于肌肉、关节及神经痛、慢性风湿症、动脉内膜炎和皮肤干性溃疡等病症。主要产品有赋尔安平软膏（Forapin），其配方为：标准蜂毒 90 蜂单位、烟酸苄酯 0.1g、水杨酸龙脑酯 1.5g 烷基樟脑 3g、氯仿 25g、乳化基质加到 100g 均质后装瓶，每瓶 30g。此外，还有蜂毒眼药膏，制法是将 1g 羊毛脂和 9g 凡士林混合，灭菌，再加入浓缩后的蜂毒原液 100 蜂单位，搅匀即可。

蜂毒外用药与局部按摩、超声波和电离子导入法相配合，可以得到更好的治疗效果。

4. 蜂毒片剂

1962 年杭州胡庆余堂制药厂研制出蜂毒口含片，其规格为每片 0.3g，配方为蜂毒原液 5 个蜂单位、淀粉 75mg、蔗糖粉 225mg、硬脂酸镁适量。具体制作方法是：将蜂毒原液浓缩至适量，与蔗糖粉和淀粉充分搅拌，混匀后制成颗粒，再进行干燥，最后加入适量硬脂酸镁，压片。

苏联曾生产过专供电离子导入的蜂毒片剂，用中性物质作为填充剂，每片含冻干蜂毒 1mg，临用前每片以 20mL 无菌水或生理盐水调制，用电疗机导入，但是蜂毒片极易吸潮，需要密封、干燥、避光保存。

（缪晓青）

第五节　蜂业流通贸易历程与现状

目前，我国的蜂蜜和蜂王浆中有一半出口到国际市场。蜂蜜是我国传统的出口产品，也是我国出口创汇的重要产品。2004 年我国出口蜂蜜 8.64 万 t，其出口量在统计的 155 类植物和动物产品中排第 44 位，在动物和水产中排在第 10 位。出口价值为 99.04 百万美元，在全部统计产品中排在第 26 位，在动物和水产中排在第 6 位，仅次于猪肉、鸡肉、可食用内脏、全脂鲜奶（包括牛、水牛、绵羊、山羊、骆驼的奶）和牛肉（包括牛和水牛）（联合国粮农组织统计数据库）。

一、蜂种的进出口情况

我国自 1896 年引进西方蜜蜂，100 多年来，曾多次引进不同品种的西蜂，虽然这些在不同时期引进的蜜蜂品种（系）很少保存下来，但是众多的蜜蜂种质基因或多或少地留存在我国的西蜂资源中，并以生产性杂交和更新复壮等形式，在我国蜜蜂育种业未形成之际发挥着良种推广作用。20 世纪 50 年代以后，特别是 70 年代以后，蜜蜂育种工作随着养蜂生产的发展逐渐形成高潮，从事育种科研和良种选育推广的机构和专业人员初步形成体系，育种工作取得了较大的进展，对全国养蜂生产的发展起到了积极的推动作用。

1973 年农林部和中国土产畜产进出口总公司从国外引进了意大利蜂等 7 个著名蜂种及其他蜜蜂种王 1 000 多只。作为蜜蜂育种素材，分配到全国 27 个省、直辖市、自治区 80 余个重点地方国营和集体蜂场，同时设立了 7 个原种场，并在重点省、直辖市成立了蜜蜂育种科研协作小组。国家还先后举办了全国性蜜蜂育种训练班和两期蜜蜂人工授精技术训练班。随后，先后有不同层次的蜜蜂育种会议召开。蜜蜂优良蜂种不断地进入中国的蜂产业。

截至目前，中国的蜂王还没有出口到国外。2006 年 4 月 19 日，中国本地培育的 800 群（480 万只）意大利蜜蜂首次从福州长乐国际机场乘专机出口到马来西亚。此次出口的销售额为 3.2 万美元。这批蜜蜂是我国蜜蜂首次出口。

二、蜂蜜的进出口历史与现状

（一）蜂蜜出口历史与现状

我国蜂蜜出口记录始于 1956 年，当时出口量为 0.39t。改革开放以前，我国蜂蜜年出口量最多为 1969 年的 2.45 万 t，创历史纪录。1990 年中国出口蜂蜜 8.8 万 t，创汇 7 171 万美元；1991 年下降为 7.0 万 t，1994 年首次突破 10 万 t，达 10.2 万 t，1996 年下降为 8.3 万 t，1997 年由于阿根廷蜂蜜的出口，美国不合理"参考价"的封冻，日本与欧洲的大肆压价和走私出口的冲击，中国蜂蜜出口严重受阻，出口量仅为 4.8 万 t，比 1996 年减少 42%。1998 年蜂蜜出口量有所回升，达到 7.87 万 t，创汇 8 307 万美元，平均出口价格为 1 056 美元/t。1999 年共出口蜂蜜 8.72 万 t，比 1998 年增长 10.8%；创汇仅 7 476 万美元，比 1998 年减少 10.0%；出口均价自 1995 年以来首次跌至 1 000 美元/t 以下，仅为 857 美元/t。1999 年我国蜂蜜主要出口到日本、美国、西班牙、比利时、加拿大、荷兰、英国和德国等国；其中出口日本 3.16 万 t，出口美国 2.24 万 t。2000 年蜂蜜出口量高达 10.3 万 t，但出口均价继续下降至 810 美元/t。2001 年出口蜂蜜约 11 万 t，其中出口欧洲约 4.3t，日本 3.9 万 t，美国 2 万 t，其他地区约为 0.5 万 t，比 2000 年有所增长。

2002 年以前中国蜂蜜的出口量一直是世界首位，2002 年之后阿根廷取代中国的地位，成为世界第一蜂蜜出口大国。2007 年中国蜂蜜出口 6.4 万 t，出口金额 9 438 万美元，蜂蜜出口单价为 1 470 美元/t。2002 年由于受欧盟、美国等对我国包括蜂蜜在内的动物源性产品进口实施严格的抗生素等残留的监控，使中国蜂蜜出口严重受阻，2002 年出口量下降为 7.6 万 t。2003 年出口蜂蜜 8.5 万 t，2004 年出口蜂蜜 8.1 万 t，出口创汇 8 900 万美元，平均单价 1 094 美元/t，2005 年出口 8.85 万 t，出口创汇 8 763 万美元，平均单价 990 美元/t。

2011 年中国蜂蜜出口全球 58 个国家和地区，出口量近 10 万 t，出口总额为 2.01 亿美元。平均出口单价为 2 017 美元/t，创历史新高。2012 年中国蜂蜜出口达到了创历史的 11.015 8 万 t（最高数量）。2012 年中国蜂蜜出口总额为 2.15 亿美元，平均单价 1 952 美元/t。与 2011 年相比，蜂蜜出口数量增长 10.28%，出口额增加 6.24%，出口单价下降 3.21%。2012 年中国对欧洲的英国、比利时、西班牙、荷兰、德国、葡萄牙、波兰、意大利、法国、爱尔兰、罗马尼亚（按出口数量排序）11 国出口 64 670t，总金额 1.209 亿美元。对欧洲出口的蜂蜜占总出口量的 58.70%。2012 年中国蜂蜜出口单价平均 1 952 美元/t，按 1 美元 6.2 元人民币汇率，折合人民币 12 102 元/t；对欧洲平均卖价 1 869.69 美元/t，折合人民币 11 592 元/t。

2012 年蜂蜜对外贸易中，日本共从中国进口了 29 117.8t，平均单价 2 156 美元/t，折合人民币 13 367 元/t。分省计算，2012 年安徽省超过湖北跃居蜂蜜出口第一大省，共出口 23 060t，平均卖价 1 814 美元/t；湖北位居第二，出口 21 023t，单价 1 962 美元/t；第三是浙江省，出口 16 762t，单价 1 943 美元/t；第四为山东省，出口 13 932t，单价 2 249 美元/t；江苏居五，出口 9 791t，单价 1 839 美元/t。

中国蜂蜜的主要出口市场是日本、美国和德国，出口量占出口总量的 70% 以上。日本是中国最大的蜂蜜出口市场。

（二）蜂蜜进口历史与现状

2005 年以来，中国进口蜂蜜呈现快速发展趋势。2005 年，中国仅进口蜂蜜 361.66t，进口额为 101.69 万美元。2009 年蜂蜜进口数量达 2 419.85t，进口额为 532.54 万美元，分别增长了 569.10% 和 423.69%。2010 年蜂蜜进口数量为 2 188.66t，进口额为 959.91 万美元。

2012 年 1～11 月，中国共进口蜂蜜 2 699.19t，价值 2 268.55 万美元，平均单价达 8 404 美元/t，比上年同期增长了 68.80%，是同期我国蜂蜜出口均价的 4.3 倍。

进口蜂蜜的价格一直在上涨，更是普遍高于中国出口蜂蜜价格。2010年进口蜂蜜价格是出口蜂蜜价格的2倍以上。其中进口蜂蜜价格最高的是新西兰，2010年平均进口价格为10.96美元/kg，其次是德国，为10.20美元/kg。日本和澳大利亚分别为6.75美元/kg和6.31美元/kg。在国内销售市场上，普通进口蜂蜜零售价格大都在200元/kg左右，新西兰、加拿大等的进口蜂蜜销售价格甚至达到1000~2000元/kg，是国产蜂蜜价格的数十倍。

中国进口的蜂蜜来自于全球30多个国家和地区。其中，新西兰是中国进口蜂蜜最多的国家。2010年，中国进口新西兰蜂蜜327 381kg，进口额为3 589 075美元，分别占中国蜂蜜进口总量和进口额的14.96%和37.39%。其次是澳大利亚。2010年，中国进口澳大利亚蜂蜜243 123kg，进口额为1 534 777美元。作为世界主要蜂蜜进口国的德国已经成为中国进口蜂蜜最多的国家之一。2010年中国进口德国蜂蜜59 724kg，进口额为609 008美元。此外，加拿大、墨西哥、美国、日本等也是中国的主要蜂蜜进口国。

三、蜂王浆的进出口历史与现状

（一）蜂王浆的出口历史与现状

蜂王浆出口记录始于1975年，当时出口量仅为10t，之后随产量的增加，出口量也不断增加，1982年达120t，1990年增加到300t。1991年蜂王浆出口增加至474t，创汇2 492万美元。1994年出口蜂王浆550t。1997年蜂王浆出口量下降为400多t。1998年我国蜂王浆出口量为573t（鲜王浆420t，王浆冻干粉51t），出口额为1 149万美元。1999年我国出口鲜王浆522t，出口创汇757万美元；出口干粉126t，创汇524万美元；浆粉累计出口折算成浆共计900t，创汇累计1 281万美元。我国蜂王浆主要销往日本、欧洲、美国和东南亚等地。

1999年我国出口日本鲜王浆310t、干粉78t，占总出口量60%；出口德国、意大利鲜王浆达到了30t以上；出口美国、澳大利亚的干粉分别为21t和9t。2000年出口鲜王浆626t，干粉155t，鲜浆和干粉折算后总出口量为1 091t，出口总值达1 687万美元；鲜王浆平均出口价格为15.3美元/kg。2001年全年鲜王浆出口519t，干粉193t，浆粉累计出口折算共计1 098t，出口总值为1 652万美元。近几年蜂王浆出口基本趋于平稳的状态。2004年出口鲜蜂王浆665t，出口额为979万美元，单价为14.72美元/kg；出口蜂王浆干粉205t，出口额为869万美元，平均单价为42.4美元/kg。2005年蜂王浆共出口33个国家，出口795t，比2004年增加19.53%，出口金额1 224万美元，平均为15.40美元/kg，比2004年单价增加4.56%，蜂王浆冻干粉168t，出口金额734万美元，单价43.68美元/kg。2005年，把蜂王浆干粉折算成鲜蜂王浆合计出口1 299t，占我国蜂王浆总产量2 500t左右的一半。2007年，中国蜂王浆鲜浆出口量为823t，出口金额为1 439万美元；干粉出口量为955t，出口金额为

1 098 万美元。2008 年中国鲜蜂王浆出口总量为 895t，同比增加 8.75%；出口金额为 1 902 万美元，同比增长 32.18%。蜂王浆冻干粉出口量达 230t；出口金额达 1 482 万美元，同比增长 3%。然而，蜂王浆制剂出口自进入 21 世纪以来首次出现负增长，出口数量减少 23.94%，出口金额减少 10.60%，只有 982 万美元。蜂王浆制剂在很多出口市场都出现了数量和金额双下降的局面。

2008 年在我国鲜蜂王浆的主要出口市场中，对美国、德国、西班牙、沙特阿拉伯出口有较为明显的下滑，其余出口国家或地区都保持了两位数的增长甚至更高。蜂王浆冻干粉的出口对所有出口国家或地区均以两位数乃至三位数的速度增长，从而使全年的出口金额达到了同比增长 47.11% 的好成绩。日本仍然稳坐我国蜂王浆出口市场的霸主地位，对其出口金额同比增长 10.79%。值得关注的是，韩国首次出现在我国蜂王浆出口市场的前十之列，对其出口金额翻了一番。

2011 年中国蜂王浆总体出口情况平稳，出口总额为 3 674 万美元，占保健品总出口额的 18%。其中鲜蜂王浆出口 620t，同比增长 3%；出口额为 1 431 万美元，同比增长 17%。蜂王浆冻干粉出口 205t，同比下降 7%；出口额 1 433 万美元，同比增长 6%。蜂王浆制剂出口 566t，同比减少 18%；出口额 808 万美元，同比减少 9%。

2012 年我国蜂王浆产品（鲜蜂王浆、蜂王浆冻干粉、蜂王浆制剂）出口打破了近 3 年的平稳情况，呈现出大幅增长的态势，出口总量达 1 579t，同比增长 9.3%；出口额创近 10 年来最高，达到 5 178 万美元，同比增长 41%，占保健品出口总额的 24%。除蜂王浆制剂出口额略有下降外，其他两种产品均量价齐升。其中，鲜蜂王浆出口 682t，同比增长 10%；出口额为 1 985 万美元，同比增长 38.7%。蜂王浆冻干粉出口 256t，同比增长 24.9%；出口额为 2 400 万美元，同比增长 67.5%。蜂王浆制剂出口 641t，同比增长 13.3%；出口额 792 万美元，同比减少 2%。在国内，出口王浆产品和蜂蜡的企业主要集中在浙江。

虽然我国蜂王浆出口量占国际市场总贸易量的 90% 以上，在国际市场占垄断地位，但蜂王浆出口价格总趋势在逐年下跌，1982 年每千克蜂王浆出口价（FOB）为 108 美元，到 1987 年降为 50 美元，而 2001 年为 15～20 美元。2005 年蜂王浆平均出口单价为 42.3 美元/kg。而在欧洲及日本等地，蜂王浆零售价高达每千克 500～700 美元，有的甚至是上千美元。

分析近十年中国蜂王浆产品的出口情况可以发现，中国蜂王浆出口市场遍及世界五大洲，但主要市场一直是日本。王浆产品在日本的出口额占中国保健品出口日本总额的 90.56%。中国蜂王浆出口对日本市场的依存度很高。2005 年出口日本的鲜蜂王浆为 506t，占中国出口蜂王浆的 63.6%，出口金额达 825 万美元，单价为 16.3 美元/kg，单价是主要出口国中最高的。蜂王浆冻干粉 102t，占中国出口总量的 64.8%，出口金额 468 万美元，占中国出口蜂王浆冻干粉总金额的 63.7%，单价为 45.8 美元/kg。2008 年，我国蜂王浆出口到 28 个国家和地区，出口额在 10 万美元以上的市场有 12 个，在百万美元以上的国家只有日本。2011 年中国出口日本的蜂王浆总量为 512t，占出口全球总量的 37％，总金额为 1 872 万美元，占全球的 50.9％。其中鲜王浆出口 327t，同比增长 14％，蜂王浆冻干粉出口 106t，同比下降 2.7％，蜂王浆制剂出口 79t，同比下降 26％。2012 年我国蜂王浆产品对日本和欧盟出口量继续下降，尽管已经连续两年下降，但是日本仍是中国蜂王浆产品最大出口国，占出口总量的 45％。2012 年中国鲜王浆粉日本出口额为 1 327 万美元，同比增长 62.85％。其原因主要是蜂王浆国际标准制定工作取得突破性进展，中国蜂王浆在产业发展、质量监督、科学研究等方面都在发生巨大变化，尤其是国际价格主导权增强。另外，由于鲜浆的收购价同比上涨近 60％，王浆产品价格走高趋势将维持一段时期，受上述因素影响，中国王浆对日出口大幅增长。

2011 年中国出口非洲保健品涨势迅猛，2011 年中国出口非洲保健品 243 万美元，同比增长 357％。其中，蜂王浆制剂 51t，同比增长 215％，出口额 14 万美元，同比增长 201％。多哥、尼日利亚和突尼斯是主要出口国。继 2011 年中国出口非洲保健品涨势迅猛之后，2012 年中国蜂王浆产品对非洲和中东国家出口继续保持良好态势。其中，对中东出口量为 72t，同比增长 37％；对非洲出口量达 60t，同比增长 200％。值得一提的是，中国蜂王浆产品对非洲出口价格相对较高。

（二）蜂王浆的进口历史与现状

目前，我国蜂王浆产品进口量很小，但增长很快。2005 年进口蜂王浆 5 561kg，进口额 248 365 美元。2006 年进口蜂王浆 4 431kg，进口额 174 783 美元。2007 年进口蜂王浆 8 674kg，进口额 332 609 美元。2008 年进口蜂王浆 35 875kg，进口额 403 119 美元。2009 年进口蜂王浆 10 652kg，进口额 309 267 美元。2010 年进口蜂王浆 9 817kg，进口额 373 880 美元。2011 年鲜蜂王浆进口 2 700kg，蜂王浆冻干粉 700kg，总进口额为 58.2 万美元。虽然蜂王浆进口量不大，但是价格明显高于中国出口价格，其中进口最多的是蜂王浆制剂，主要来自日本、德国、新西兰、澳大利亚，大部分是用中国出口的原料加工而成。

2012 年蜂王浆制剂进口量为 3 200kg，同比增长 120％；进口额为 23 万美元，同比增长 362％。进口价格明显高于出口价格，几乎达到出口价格的 2 倍。主要出口国是澳大利亚、新西兰、德国和美国。我国对蜂王浆制剂的进口增长很快，2008 年进口金额达到 259 073 美元，同比增长 93.74％。

四、蜂花粉的进出口历史与现状

近几年来我国花粉产量逐年下降，出口量也随之减少。1996 年我国共生产花粉约 2 000t，外销出口 1 100t。1997 年由于东南亚金融风暴波及日本、韩国，致使我国蜂花粉出口受到影响。全年花粉产量约 1 400t，较 1996 年减产 30％；出口 600 多 t，减少 45％。1998 年花粉减产 40％，产量仅为 980t，出口数量也有所下降。1999 年，受山西、内蒙古等地气候干旱的影响，蜂花粉总产量进一步减少。至2001年美国发生"9·11事件"以前，随着世界经济包括东南亚国家经济的逐步好转，我国花粉出口量又有所增加。2007年中国蜂花粉出口829t，出口金额239万美元。

2011年中国花粉出口总额为895万美元，同比增长63%，出口花粉单价为5美元/千克。经营花粉出口的中国企业有46家。花粉制剂出口总额为808万美元，同比下降9%。出口单价为14美元/千克。从事花粉制剂出口的中国企业有40家。蜂花粉市场的价格主要由欧美及韩国的需求状况决定。

2006年蜂花粉进口量为1 418kg，进口额为6 341美元。2007年蜂花粉进口量为1 364kg，进口额为11 038美元。2008年蜂花粉进口量为91kg，进口额为1 997美元。2009年蜂花粉进口量为347kg，进口额为18 264美元。2010年蜂花粉进口量为596kg，进口额为34 516美元。进口的蜂花粉数量虽较少，但进口价格大幅上升，进口额不断提高。2005年进口蜂花粉平均单价仅为4.47美元/kg，2010年涨至57.91美元/kg，增长了1 195.53%。

五、蜂胶的进出口历史与现状

蜂胶是近年最畅销的蜂产品，国际市场对优质蜂胶的需求很旺。1996年中国蜂胶产量约为270t，1997年为300t，其中出口、内销、库存各占1/3。1998年出口约120t。2007年我国蜂胶出口53t，出口金额89万美元。

2012年1~11月，中国进口蜂胶产品44.51t，价值522.86万美元，平均单价高达11.75万美元/t，其中，仅从巴西进口的蜂胶就有32.55t，价值495.86万美元，平均进口单价更高达15.23万美元/t。

六、蜂蜡的进出口历史与现状

我国蜂蜡出口由少到多，1982年出口仅有117t，创汇323万美元；1988年增加到573t，创汇117万美元；1994年出口1 753t，创汇323万美元。1997年蜂蜡出口1 500t。1998年出口2 591t，创汇808万美元。1999年蜂蜡出口量为980t。由于国内出口企业相互低价竞争，导致1999年蜂蜡出口价下降。2000年蜂蜡出口2 400t，创汇624万美元。2011年中国蜂蜡出口总额为5 484万美元，出口企业66家。其中出口额在100万美元以上的企业为12家。出口蜂蜡和蜂花粉的企业主要集中在河南。

近年来，中国蜂蜡等进口量在逐年增加。2008年蜂蜡进口量为69 078kg，进口额为601 848美元。2009年蜂蜡进口量为65 431kg，进口额为890 768美元。2010年蜂蜡进口量为110 775kg，进口额为1 643 777美元，分别比上年增加了69.30%和84.53%。

（刁青云）

第六节 蜂产品消费水平与现状

一、产品种类与需求

蜂产品的种类较多,按其来源和产生的过程可分为三类:第一类为蜂蜜、蜂花粉(蜂粮)和蜂胶,系蜜蜂直接从植物上采集天然原料,经其简单加工而成;第二类为蜂王浆、蜂蜡和蜂毒,系蜜蜂体内某些腺体分泌的腺液;第三类为蜂幼虫、蜂蛹和蜂成虫,系蜜蜂胚后发育的躯体。

蜂产品不仅具有很高的营养价值,而且具有各自独特的生理、药理功能,因而在食品、饮料、医药、化妆品、轻工、农牧业等行业中的应用与日俱增,需求越来越大。

据不完全统计,我国以蜂产品为原、辅料加工而成的食品、药品、饮料及日化用品等已有几千种。蜂蜜还广泛应用于糕点食品、饮料和化妆品中,比较常见的有蜂蜜蛋糕、蜂蜜果脯、蜂蜜糖衣坚果、蜂蜜酸奶、蜂蜜酒、蜂蜜运动饮料,还有蜂蜜擦脸膏等。蜂胶方面,目前已成功开发了醇溶蜂胶、水溶蜂胶、蜂胶片、蜂胶软胶囊、蜂胶复方产品、蜂胶蜜、蜂胶糖、蜂胶皂、蜂胶沐浴露、蜂胶洗发水、蜂胶牙膏等数十种以蜂胶为原料的、具有一定功效的系列产品。蜂王浆作为一种经久不衰的保健品,冷冻保鲜出售始终是一种食疗最佳、效果最显著的方式,但由于冷冻不利于运输、销售,自20世纪80年代以来,各种口服液、冻干粉相继问世,扩大了蜂王浆的应用领域,近些年,随着胶囊技术在我国医药领域的进一步推广,蜂王浆软胶囊和蜂王浆冻干含片等也十分畅销。

我国是世界第一养蜂大国,不仅蜂产品的产量位居世界首位,蜂产品的种类也是全世界最多的。除生产蜂蜜、蜂王浆、蜂花粉、蜂胶、蜂蜡等大宗产品外,还生产一定数量的蜂王胎、雄蜂蛹、雄蜂幼虫和蜂毒等产品,以这些蜂产品为原料制成的各种产品真可谓琳琅满目、种类繁多。

二、产、销供求水平

我国主要几种蜂产品产销供求水平如下:

(一)蜂蜜

蜂蜜是最古老的,也是最大宗的蜂产品。自 20 世纪 60 年代起,我国将蜂蜜作为二类商品,由商业部门统一经营,规定其他部门和个人不得收购。此政策在前期促进了蜂蜜的流通,实现了供销两旺,但随着我国经济改革的推进,蜂蜜的年产量不断增长,到 80 年代就出现了"卖蜜难"的问题。因而,1983 年国家对蜂蜜的购销由商业部门统购统销,改为了议购议销,多渠道经营,国营、集体、个体共同参与,大大促进了蜂蜜的内销。目前,我国蜂蜜年产量约 40 万 t,出口约 10 万 t,另 30 万 t 左右的蜂蜜主要用于内销,供求状况基本平衡。

(二)蜂王浆

近年来,我国年产蜂王浆 3 000t,占世界总产量的 95%以上;年出口蜂王浆(含冻干粉折合成鲜蜂王浆)超过 1 000t,占世界蜂王浆贸易总量的 90%以上。

我国于 20 世纪 50 年代末开始生产蜂王浆。由于蜂王浆的生产属劳动密集型产业,十分适合我国国情,因而在我国得以迅猛发展,我国很快成为蜂王浆第一大国。蜂王浆产品也逐渐被我国消费者所认识和接受。20 世纪六七十年代,王浆口服液比较受人们青睐,曾一度热销。到了 90 年代,纯鲜王浆作为保健品逐渐被人们认识和接受。蜂王浆冻干粉由于储藏和携带上的便利深受人们的喜爱。

进入 21 世纪,人民生活水平的不断提高,加上社会的老龄化和人们保健意识的增强,为蜂王浆这一天然保健品的销售注入了生机。加之蜂业企业开始正确认识并注重运用营销手段,市场运作观念逐渐深入人心,内销呈现出前所未有的盛况,并有进一步扩大的趋势。

(三)蜂胶

由于中华蜜蜂不生产蜂胶,因而蜂胶作为蜂产品家族中被认识最晚的产品,于 20 世纪 90 年代才开始在我国内销。由于其在辅助降血脂、降血糖方面的作用明确,加之有辅助治疗部分肿瘤的功效,蜂胶很快在国内消费者,尤其是中老年消费者中得到认可。蜂胶是近十多年来蜂产品研究开发和消费的热点。目前,我国蜂胶的年产量为 300~400t,提纯蜂胶产量为 150~200t,我国蜂胶保健食品年销售额约为 30 亿元,蜂胶原料处于供不应求的状况。

(四)蜂花粉

蜂花粉中含有丰富的营养素和生物活性物质,几乎含有人体发育所必需的各种成分,被营养界公认为"营养桂冠"和"完全食品"。西欧、拉美、日本等国家和地区在 20 世纪 60 年代就兴起了花粉热,各种花粉产品不断问世。我国蜂花粉的开发始于 20 世纪 80 年代,但二十多年来发展缓慢。目前我国蜂花粉的年销售量超过 3 000t,除"前列康"等药品外,多数以原料方式出售,产品附加值低,销量平平。

三、质量安全问题

近年来,我国蜂产品的质量安全问题虽有明显改善,但仍较突出。主要表现为蜂产品总体不合格率高,产品造假、掺假现象严重,造假手段翻新,农兽药残留检出率仍然较高。

（一）蜂蜜、蜂王浆的主要理化指标不合格问题

近年来，蜂蜜中葡萄糖和果糖含量的合格率一直保持在90％以上，大多数不合格样品的麦芽糖含量较高，可能是人为掺加了麦芽糖。蜂蜜中检出蔗糖超标的现象已不太多见，超标率基本在5％以下，说明在蜂蜜中掺加蔗糖的情况已经不多见。蜂蜜淀粉酶值的不合格率约为15％。

我国蜂王浆中10-HDA含量的不合格率还是较高，约达10％，尤其值得注意的是，一些蜂王浆的10-HDA含量低于1.0％，远低于正常水平；而10-HDA含量≥1.8％的蜂王浆优等品约占15％。

（二）蜂蜜存在掺假现象，掺假手段翻新

由于蜂蜜中富含果糖，加上高果糖淀粉糖浆具有成本低、感官上不易与蜂蜜区分等特点，添加高果糖淀粉糖浆一直是蜂蜜掺假的主要方式。由于碳-4植物糖检测方法仅能检出碳-4植物（玉米或甘蔗）糖的含量，而对碳-3途径来源的植物糖浆（如大米糖浆）不能检出。一些不法企业和蜂蜜中间商利用现行国家标准的漏洞，大量利用碳-3途径来源的植物糖浆肆意造假。

（三）"蜜汁""蜜膏"等蜂蜜制品泛滥

现行蜂蜜标准关于蜂蜜产品名称和产品标识规定的不完善，使大量的"蜜膏""蜜汁"等蜂蜜制品在市场上出现，现行蜂蜜标准间接成为了这类产品的"保护伞"，使其成为了合法销售的产品，严重冲击了正常的蜂蜜产品销售秩序。

（四）蜂产品的污染问题

蜂产品污染问题仍然比较严重。主要有：

1. 药物残留问题

主要是蜂蜜和蜂王浆中的各种兽药残留，蜂胶中的农、兽药残留；

2. 重金属含量超标现象

主要为蜂胶中的铅、砷、汞等重金属超标，以及蜂蜜中的铁含量超标；

3. 微生物的介入污染

主要为花粉的霉菌污染。

（五）蜂胶掺假现象

近年来我国年产蜂胶大约有400t，但目前蜂胶的销售量远远大于生产量，这其中大量的杨树胶充当蜂胶，制成蜂胶软胶囊、蜂胶片剂或其他蜂胶制品充斥市场。

（胡福良）

第七节 蜂业生产经验与发展趋势

中国的蜂业技术有两大支撑点，科学和经验。以科学为基础的技术研发是根据相关科学理论建立的技术体系，而以经验为基础建立的技术则是在生产实践中摸索形成。由于受到蜜蜂科学的发展局限，中国的蜜蜂饲养管理技术主要还是以经验基础为主。以科学为基础的蜜蜂饲养管理技术体系的建立和完善，是中国蜂业科技工作任重道远的责任。

一、蜂业技术成就

中国的蜂业技术在世界养蜂业中是非常独特的，以勤劳为前提的精细手工管理操作，在饲养数量不多的蜂群中获取产品最大化。这与中华民族吃苦耐劳的传统有着密切关系。以中国丰富的养蜂资源和精细刻苦的养蜂精神，成就了蜂群数量世界第一，蜂蜜产量世界第一、蜂王浆产量世界第一，养蜂人数世界第一。但是众多世界第一付出了劳动密集和低效率的代价，也给中国蜂业现代化发展造成严重阻碍。

（一）蜜蜂产品生产技术

中国蜂产品产量在世界养蜂中占有绝对优势，蜂蜜产量远超世界其他养蜂大国，比世界产蜜量前2~5的国家的总和还要多，蜂王浆几乎全部由中国生产，蜂花粉和蜂胶产量也位于世界第一。

1. 蜂蜜生产技术

蜂蜜高产除了勤取蜜之外，主要来自蜜蜂转地饲养的贡献。中国幅员辽阔，蜜源资源和花期多样且丰富，为中国蜜蜂转地饲养奠定了坚实的基础。养蜂人的勤勉劳作，提早春繁、提早分群、及时转移场地、勤取蜂蜜，使蜂群的产蜜量达到极限。

巢蜜生产方兴未艾。作为蜂蜜中高档产品，受到中国养蜂生产者的重视。在借鉴国外巢蜜生产技术的基础上，根据中国养蜂生产技术特点进行了本土化改造，形成具有中国特色的巢蜜生产技术。与中国特色巢蜜生产技术相适应的相关机具也具有中国的独特性，其特点就是结构简单、成本低、实用（图1-1）。

图1-1 巢蜜盒（周冰峰 摄）

2. 蜂王浆生产技术

蜂王浆属典型的劳动密集型的技术产品，经济发达国家缺少蜂王浆的生产者，经济落后的国家缺乏蜂王浆生产的技术。中国养蜂者不怕吃苦的传统和心灵手巧的技能决定了蜂王浆生产在国际上的绝对优势。

蜂王浆生产的主要技术包括产浆群的组织和管理、适龄小幼虫培育和精巧的移虫操作。蜂王浆生产群要求强群，蜂王产卵力旺盛，蜂群育子能力强；适龄工蜂小幼虫的培育是快速人工移虫的重要环节。

中国养蜂人发明创造了一整套独特、高效、实用的小工具，形成了具有中国特色的蜂王浆生产技术。这些小工具包括移虫舌、取浆舌、台基条等（图1-2）。产浆工具的发明充分体现中国养蜂人的聪明智慧，产浆工具简单、实用、成本低。

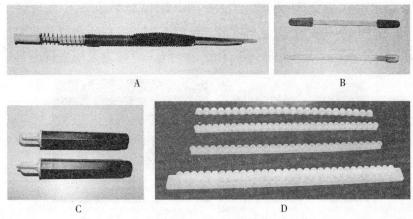

图 1-2　产浆工具（周冰峰　摄）
A　移虫舌；B　取浆舌；C　清台器；D　台基条

江浙地区西方蜜蜂饲养技术水平在中国最高。20世纪80年代江浙养蜂生产者在生产实践中自发地进行蜂王浆高产蜂种的选育，仅10多年的时间，通过蜂种的改良将蜂王浆产量提高10倍以上。在此基础上，中国蜂业科技工作者与生产者合作，培育出世界唯一的蜂王浆高产品种。

3. 蜂花粉生产技术

蜂花粉生产技术是以简便的脱粉工具发明与制作为基础的。通过借鉴国外的脱粉器设计原理，根据我国的养蜂生产实践简化了脱粉工具的制作，使生产蜂花粉的技术得到顺利的普及。最初的脱粉器可以简单到一根铁线在铁钉上缠绕制作，用图钉将这种简易的脱粉器固定在巢门前，巢门前的蜂箱下放置容器或厚纸张或白布，用于承接花粉团。通过晾晒等简单方式可将花粉团及时脱水。中国的蜂机具生产厂商现已研发制作出结构简洁、成本低廉、价格便宜、方便实用的各类脱粉器（图1-3）。

4. 蜂胶生产技术

蜂胶产品的开发，使蜂胶成为中国保健品市场中重要的蜂产品，极大地促进了中国蜂胶的生产。中国的蜂胶生产也是在借鉴国外蜂胶生产原理基础上，进行技术改

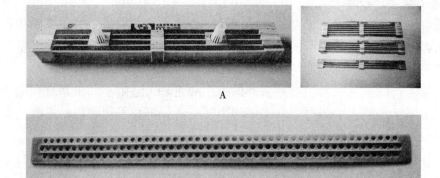

图 1-3　脱粉器（周冰峰摄）
A　木制钢丝脱粉器；B　塑料脱粉器

造，形成了具有中国特色的蜂胶生产技术。蜂胶生产由最初的从副盖和覆布上刮取收集，发展到应用简便集胶工具收取（图 1-4）。蜂胶生产能力大幅度提高。

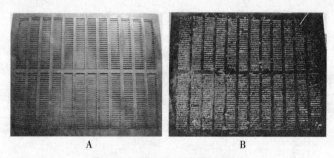

图 1-4　集胶板（周冰峰摄）
A　塑料集胶板；B　充满蜂胶的塑料集胶板

（二）蜜蜂饲养管理技术

自从 20 世纪初中国从国外引进西方蜜蜂和活框饲养管理技术以来，养蜂科技工作者和生产者在养蜂生产实践中，不断地探索和改进，形成了适应各地环境的饲养管理技术。这种技术均建立在付出较多劳动、精细管理和从每一蜂群中获取更多蜂产品的基础上。

1. 西方蜜蜂定地饲养管理技术

西方蜜蜂是从国外引进的蜂种，原产地不在中国。西方蜜蜂引进中国 100 年来，虽然在生产技术上已较完善，但对西方蜜蜂而言还没有适应中国的环境。脱离人工饲养，西方蜜蜂在中国几乎不能生存，因此，对西方蜜蜂饲养管理技术上提出了更高的要求。中国虽然总体上蜜粉源丰富，但理想的定地饲养管理西方蜜蜂的蜜粉源场地并不多。多数的定地西方蜜蜂蜂场需要通过饲养管理技术克服养蜂条件的不足。在西方蜜蜂饲养管理技术方面，主要采取强群越冬、适时春繁、蜂群饲喂、双群同箱和双王群饲养、断子取蜜等措施，以保证在蜜源不是非常丰富的条件下获得蜂蜜、蜂王浆等蜂产品的高产。

越冬是北方西方蜜蜂饲养管理的重要环节,寒冷地区养蜂生产者创造了非常成熟的室外越冬技术和室内越冬技术,保证了蜂群的安全越冬;温带地区的养蜂生产者的暗室越冬技术和室外越冬技术也已完善。蜂群的快速恢复和发展是我国西方蜜蜂饲养管理技术中的独到之处。精细到以脾为单位的管理,优化的蜂脾比,优质的蜂王,精细控制巢内的饲料贮备,精确的奖励饲喂量,高频率的更换新王,细致的蜂巢内巢脾位置的调整等技术措施,保证了蜜蜂群势最快速度的恢复和发展。通过精细的采蜜群组织、控王产卵甚至断子取蜜,达到最大限度的提高蜂蜜产量。

2. 西方蜜蜂转地饲养管理技术

中国西方蜜蜂转地饲养管理技术在世界养蜂业中也是非常独特的。10 多年前转地蜂场以家庭为基本单位,较松散却又相对固定的数家蜂场形成联合体。通过铁路主要干线由我国南方的云南、广西、广东、福建等省开始进行春繁。随着季节的改变,气温逐渐升高,转地蜂场通过东线、中线和西线 3 条主要的转地放蜂路线向北移动。

东线转地蜂场在广东和福建春繁后逐渐向江西、浙江、安徽场地继续发展蜂群和开始蜂蜜生产。上述场地蜜源花期结束后转地到江苏、山东等地进入主要蜂蜜生产阶段。然后大部分东线蜂场转地到吉林、黑龙江椴树蜜源场地恢复蜂群和发展蜂群,等待7月初的主要蜜源椴树开花泌蜜。椴树蜜源结束后,就地或在附近进行胡枝子、葵花、荞麦等秋季蜜源生产。全年花期结束后调整蜂群越半冬后,运回南方开始新的一年饲养管理。

中线转地蜂场在广东和广西春繁后,逐渐转地到湖南、湖北、江西等地继续发展蜂群和开始蜂蜜生产。上述场地蜜源花期结束后转地到湖北、河南、河北、北京等地进入主要的蜂蜜生产阶段。然后转地到山西、内蒙古等地采集秋季蜜源,越半冬后返回南方。

西线转地蜂场在广东、广西、云南等地春繁后集中到四川盆地,利用大面积的油菜蜜源继续发展蜂群和开始蜂蜜生产。四川盆地的油菜蜜源花期结束后分成5条分路线分别向陕西、宁夏、甘肃、新疆、青海等方向转地,秋季最后一个蜜源花期结束后就地越半冬或直接回到南方的春繁场地。

近年来,中国高速公路的快速发展和运输绿色通道的开通、养路费交纳方式的改变和汽车工业的发展,汽车运蜂更快捷更经济,蜜蜂转运以铁路运输为主改变为以公路运输为主。蜜蜂公路转地运输更自主、更灵活、更方便,蜜蜂运输专用车的生产和应用时机逐渐成熟,蜜蜂运输专用车的改装、设计、生产将成为主流(图 1-5)。

3. 中华蜜蜂饲养管理技术

中华蜜蜂是中国本土的优良蜂种,现实的饲养管理技术主要有两种类型,原始饲养管理技术(图1-6)和活框饲养管理技术(图1-7)。中华蜜蜂原始饲养管理技术是中国传统的养蜂方式,经历了数千年的积累,形成了成熟的粗放管理模式。活框饲养脱胎于西方蜜蜂的饲养管理技术,形成了现代的中华蜜蜂活框饲养管理技术模式。这两种中华蜜蜂饲养管理技术模式在中国并存,且都有存在的意义和价值。中华蜜蜂主要饲养分布在生态环境较好的,经济科技发展落后的地区。饲养中华蜜蜂的养蜂生产者的文化素质相对低于西方蜜蜂饲养者,因此,中华蜜蜂饲养管理技术水平总体上低于西方蜜蜂饲养管理。

A

B

图 1-5　蜜蜂放蜂专用车（周冰峰摄）

A　汽车厂商设计的改装车；B　蜂农自行设计改装的放蜂专业车

A　　　　　　　　　　　B　　　　　　　　　　　C

图 1-6　中华蜜蜂原始饲养（周冰峰摄）

A　宁夏饲养在土坯中的原始饲养的中蜂场；B　长白山饲养在树楸蜂巢中的原始饲养的中蜂场；
C　武夷山饲养在木桶中的原始中蜂蜂群

A　　　　　　　　　　　B　　　　　　　　　　C

图 1-7　中华蜜蜂活框饲养（周冰峰摄）

A　吉林长白山活框饲养中华蜜蜂蜂场；B　四川马尔康活框饲养中华蜜蜂蜂场；
C　福建饲养在继箱中的中华蜜蜂

（1）中华蜜蜂原始饲养管理技术。中华蜜蜂原始饲养管理技术历史悠久，但效率低下，这种中华蜜蜂饲养管理技术存在的最大价值在于对中华蜜蜂种质资源的保护。因此，在偏远、生态环境好、经济落后的地区可有意识地划出中华蜜蜂资源保护区，开展原始蜜蜂饲养，改良中华蜜蜂原始饲养管理技术。中华蜜蜂原始饲养管理技术的意义在于，在最大程度上减少人为影响中华蜜蜂种群遗传结构和种群遗传多样性改变的前提下，增加中华蜜蜂的种群数量。

中华蜜蜂原始饲养管理技术正处于改良中，在保证原始养蜂技术可保护中华蜜蜂资源的前提下，借助于蜜蜂活框饲养管理技术的思路进行改进。参考蜜蜂活框饲养管理技术的继箱应用，设计多层次的原始蜂巢（图1-8）。毁巢取蜜时避免对蜂群中蜂子的伤害，同时也减少了幼虫及花粉对原始饲养管理蜂蜜的污染。

图1-8　中华蜜蜂原始饲养多层蜂巢（周冰峰摄）
A　吉林长白山多层树椴原始蜂巢；B　浙江多层圆桶原始蜂巢；C　广西多层方箱原始蜂巢

收捕分蜂群是中华蜜蜂原始饲养管理技术中增加蜂群数量的主要形式，借鉴蜜蜂活框饲养管理人工分群技术，利用带蜂子脾的移动和王台的诱入，增加蜂群数量的技术由被动变为主动。借鉴蜜蜂活框饲养管理中的奖励饲养管理方面的饲喂技术，促进原始蜂群快速增长。借鉴蜜蜂活框饲养管理技术中蜂巢调整和巢脾修造技术，淘汰老旧巢脾；借鉴蜜蜂活框饲养管理技术中蜂脾比的控制，保持适宜的蜂脾比，保证巢温的维持、蜂子的正常发育，以及减少病害发生和巢虫危害。

（2）中华蜜蜂活框饲养管理技术。借鉴西方蜜蜂活框饲养管理技术，中华蜜蜂活框饲养管理技术经历了80多年的本土化的改造，在中华蜜蜂饲养管理水平较高的广东、福建等南方地区已基本成熟。但由于中华蜜蜂主要饲养分布在落后的偏远山区，相当多的中华蜜蜂饲养者技术还处于较低的水平。中华蜜蜂饲养管理技术发展相当不平衡。中华蜜蜂活框饲养管理技术已基本成熟，应加大力度在全国范围内中华蜜蜂主产区推广活框饲养技术。

4. 蜜蜂产品生产中药残的控制技术

在中国的养蜂生产中，曾经忽略了蜂产品的抗生素残留问题。对蜂病的控制和治疗片面依赖于药物。在蜜蜂饲养管理中存在滥用药物的错误理念，饲喂蜂群过程中习惯添加药物，认为可以达到有病治病、无病防病的目的。随着社会发展，食品中药物残留关注度的提高，市场对高质量蜂产品的需求，对蜂产品药物残留提出了高标准。促进了从蜜蜂饲养管理技术角度对蜂病的控制，减少用药以控制蜂产品中的药物残留。加强饲养管理，给蜜蜂创造良好的营养及发育条件，提高蜂群的健康水平，减少蜜蜂病害发生。另外，从抗病育种的角度培育蜜蜂抗病蜂种来有效控制病害发生。

蜂产品生产和流通中的可溯源技术体系，可以追踪蜂产品从蜂箱到消费各环节的质量，有利于改变养蜂生产者对药物的依赖，促进养蜂生产者提高蜜蜂饲养管理技术，以控制蜜蜂病害。国家蜂产业技术体系研发的蜂产品可溯源技术已基本成熟。

5. 数控养蜂技术

第33届国际养蜂大会评选的优秀蜂农，黑龙江省养蜂能手杨多福提出"数控养蜂"概念，并自成体系建立了"数控养蜂"技术，在中国的养蜂生产者中具有一定的影响力。"数控养蜂"技术在观念和思路上具有先进性和科学性，是蜜蜂饲养技术研究发展的方向。杨多福在"数控养蜂"中提出了许多新概念，并努力在养蜂生产的反复实践中将饲养管理操作进行量化。为中国养蜂管理技术的发展提出了新的思路和发展方向。这项技术在杨多福先生和认同"数控养蜂"理念的追随者的不断努力下，还在继续发展中。但是由于受蜜蜂生物学等相关基础科学的数据精度和系统性不足的影响，以及中国养蜂环境的多样性，"数控养蜂"技术仍存在很多不足。"数控养蜂"体系在现阶段只能是养蜂工作者为之奋斗的目标。

（三）蜜蜂授粉技术

中国的蜜蜂授粉技术正处于蓬勃发展中，随着社会的进步和科学技术的发展，社会各界对蜜蜂授粉在生态环境的保护和恢复，农业生产的优质高产等方面的作用，认识越来越深刻。蜜蜂授粉已成为一个新的朝阳产业，促进了蜜蜂授粉技术的快速发展。蜜蜂授粉技术主要分为蜜蜂大田授粉技术和蜜蜂保护地授粉技术。此外，为了满足特殊作物和特别栽培方式的要求，其他授粉蜂类昆虫的资源开发利用也在进行中。

1. 蜜蜂大田授粉技术

蜜蜂大田授粉的应用主要在中国北方大面积种植蜂媒作物的区域，如东北、华北和西北的苹果、梨、葵花、油菜、荞麦、棉花、巴旦姆等作物。蜜蜂大田授粉技术总体上还处于初级水平，即将授粉蜂群放入授粉场地，使蜜蜂自然地为作物授粉。但在授粉技术研发中，已形成初步的授粉技术体系，包括促进蜂群增长、提高蜜蜂采集积极性、调控授粉蜂群进场时机、提高蜜蜂为主要授粉作物的采集授粉率、通过诱导技术引导蜜蜂为特定的作物授粉等。

2. 蜜蜂保护地授粉技术

蜜蜂保护地授粉主要是指蜜蜂为温室大棚中的作物授粉。在寒冷季节温室大棚中的虫媒作物缺乏授粉昆虫，人工饲养的蜜蜂可以解决作物授粉不足的问题。蜜蜂为温室大棚作物授粉技术发展相对较快，基本形成了温室大棚环境下的授粉蜂群管理技术，形成了专业授粉蜂群的培育、包装、管理技术体系，形成了为作物授粉蜂群的饲养管理技术要点以及适宜于蜜蜂授粉的作物栽培管理技术。

一次性授粉蜂群培养应用技术的开发，促进了蜜蜂授粉商业化的发展。一次性授粉蜂箱、一次性授粉蜂群、简化的授粉蜂群的饲养管理技术，大幅度减少了蜜蜂授粉成本和应用的技术难度，是保护地蜜蜂授粉应用发展的趋势。

3. 其他蜂类授粉昆虫的饲养管理与应用

为了适应特殊作物和特殊栽培方式的授粉需要，弥补蜜蜂授粉的不足，其他蜂类授粉昆虫的开发正在进行中，并在我国取得了一些突破性进展。中国开发的蜂类授粉昆虫主要是熊蜂和壁蜂。

（1）熊蜂。授粉熊蜂的应用研发进展最快。在中国农业科学院蜜蜂研究所和国家蜂产业技术体系授粉昆虫繁殖岗位科学家吴杰团队的努力下，开发出适应中国环境的授粉熊蜂蜂种。在授粉熊蜂的分布、生物学特性、饲养繁育技术和熊蜂授粉技术等方面取得了突破性进展。打破了国外在熊蜂授粉应用领域的技术壁垒。

（2）壁蜂。壁蜂在我国北方的落叶果树授粉中应用较多，角额壁蜂和凹唇壁蜂是最主要的两种用于授粉的壁蜂。授粉壁蜂的培养和应用技术已基本成熟，已在部分经济技术发达的地区大面积应用。壁蜂授粉适用于低温环境下开花的北方大面积果树授粉，尤其是在春季果树开花期气候多变、授粉不良的条件下更具意义。壁蜂授粉技术简便，成本低，易于推广应用。

（四）蜂种选育

中国在蜜蜂育种和保种领域做了一些工作，也取得了一些成绩，但总体上蜜蜂育种工作进展不够。蜜蜂育种和保种领域的主要贡献在于蜂王浆高产蜂种的培育、西方蜜蜂配套系的培育，中华蜜蜂、新疆黑蜂、东北黑蜂等中国特有的蜂种资源的研究与保护等。

中国在蜜蜂育种领域最显著的成绩是高产王浆蜂种的培育。在养蜂生产者和蜜蜂育种科学工作者共同努力下，培育出产浆量提高 10～20 倍的意大利蜜蜂蜂王浆高产品种，并在养蜂生产实践中自发地得到广泛应用。这是值得中国养蜂界骄傲自豪的。但是，蜂王浆高产蜂种的培育是建立在蜂农自发的基础上，科学的选育观念不足，片面追求蜂王浆的产量，导致蜂王浆的组分有所改变。中国的蜜蜂育种科学家已充分意识到这个问题的严重性，正着手在蜂王浆高产蜂种的基础上，选育优质高产的蜂王浆生产蜂种，并已取得明显的进展。

由于在一段时间内，中国的养蜂业忽略了对蜂种资源的研究和保护，中华蜜蜂、新疆黑蜂、东北黑蜂等中国特有宝贵的蜂种资源受到不同程度的破坏。近年来，中国的蜂产业、政府相关职能部门、养蜂行业团体对蜜蜂资源的保护和利用越来越重视，采取了一些有效措施，缓解了中国蜜蜂资源问题。国家蜂产业技术体系在中华蜜蜂、新疆黑蜂、东北黑蜂资源研究、保护和应用方面发挥了重要作用。饲养与机具功能研究室和育种与授粉功能研究室指导中华蜜蜂主产区的晋中、吉林、兴城、金华、合肥、泰安、新乡、武汉、广州、南宁、儋州、重庆、成都、红河、延安、天水、固原等综合试验站开展中华蜜蜂资源的调查、保护和养蜂技术的应用，促进中华蜜蜂种群数量增加；指导牡丹江综合试验站开展东北黑蜂的调查，促进东北黑蜂保护区的建立和东北黑蜂保护技术的完善，提高饲养技术，扩大东北黑蜂种群数量；指导乌鲁木齐综合试验站开展新疆黑蜂资源的调查，寻找纯种的新疆黑蜂资源，促进新疆黑蜂保护区的建立和新疆黑蜂保护技术的完善，提高饲养技术，扩大新疆黑蜂种群数量。

（五）蜜蜂饲养管理机具的研发

中国蜜蜂饲养管理机具的研发具有小型化、简洁化和低成本特征，有利于新机具在养蜂生产中推广，降低养蜂生产成本。蜜蜂饲养管理机具主要分为饲养管理工具和蜂产品生产工具两大类。

1. 蜜蜂饲养管理工具

蜜蜂饲养保护性工具从最初的面网、蜂帽发展到养蜂工作防护服和防蜇手套，以适应蜜蜂规模化粗放式管理技术发展的需要。蜜蜂饲养管理的常用工具如简单粗糙的起刮刀、喷烟器等提升了品质和功能。起刮刀等蜂具在材质上由普通铁制品提升为不锈钢材料。设计出多功能起刮刀，用于清理巢脾和蜂箱，撬动巢脾、铁钉等，也可用于钉锤，甚至可以用于提脾。研发出电动喷烟器，使用更方便。塑料饲喂器的开发，降低了蜜蜂饲喂器的成本，在使用上更方便。研发出自动饲喂器（图1-9）和自动饲水器，提高了蜜蜂糖饲料饲喂效率和蜂群饲水工作的便捷。蜂王产卵器是中国农业科学院蜜蜂研究所研发的专利产品，能够限制蜂王在特定的巢脾上集中快速产卵，也可以避免蜂王在特定的巢脾上产卵，这一蜂具的研发在现代养蜂饲养技术的应用和蜂学研究中都具有很大的意义（图1-10）。分蜂群收捕器在养蜂人也称为收蜂笼，该蜂具在收捕分蜂群中发挥重要作用。各地养蜂人可就地取材，制作竹编、枝条编、草编、树皮、麦秸编等收蜂笼（图1-11）。

A   B   C

图1-9　蜜蜂自动饲喂器（周冰峰摄）

A　饲料桶中的糖饲料通过管道输送至各蜂箱；B　糖饲料的管道进入各蜂箱；
C　蜂箱内的饲喂器设计有糖饲料进入饲料盒中的控制装置

图 1-10　蜂王产卵控制器（周冰峰摄）

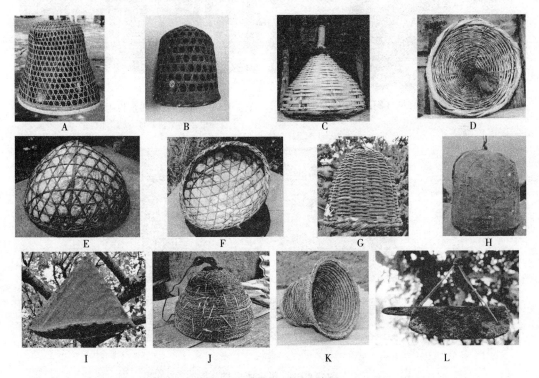

图 1-11　收蜂笼（周冰峰摄）

A　竹篾与棕榈树皮编制（浙江）；B　竹篾与棕榈树皮编制（福建）；C　竹条编制外观（重庆）；D　竹条编制内部（重庆）；E　竹篾与竹叶编制外观（浙江）；F　竹篾与竹叶编制内侧（浙江）；G　枝条编制（辽宁）；H　枝条编制用布包裹（宁夏）；I　树皮缝制（吉林）；J　草编（甘肃）K　麦秸编制（甘肃）；L　木制（海南）

2. 蜂产品生产工具

蜂产品生产工具主要包括蜂蜜、蜂王浆、蜂花粉、蜂胶、蜂毒、蜂蜡、蜜蜂虫蛹等蜂产品生产过程中使用的工具。蜂产品生产工具是养蜂生产者和蜂机具厂商在生产实践中创造的，往往具有中国特色。

（1）蜂蜜生产工具。国家蜂产业技术体系饲养与机具功能研究室转地饲养与机具岗位科学家李建科教授已研发出电动吹蜂机（图 1-12），此技术已成熟，正在推广中。分蜜机由手动向电动发展，国家蜂产业技术体系饲养与机具功能研究室蜂巢与蜂箱岗位科学家和绍禹教授已研发出太阳能电动摇蜜机（图 1-13），对解决转地放蜂机械化取蜜的能源问题有很大帮助。

（2）蜂王浆生产工具。国家蜂产业技术体系饲养与机具功能研究室西方蜜蜂饲养岗位科学家曾志将教授研发出划时代的免移虫蜂王浆生产技术的配套机具（图1-14），此项技术已基本成熟。免移虫蜂王浆生产技术对规模化蜂王浆生产的发展意义重大，是国家蜂产业技术体系促进蜂产业发展的重大突破。

图1-12　电动吹蜂机（周冰峰摄）

图1-13　太阳能电动摇蜜机组（周冰峰摄）
A 电动摇蜜机；B　太阳能机组

图1-14　免移虫蜂王浆生产机具（周冰峰摄）
A　免移虫蜂王产卵控制器；B　免移虫台基条

中国在取浆机械化方面也取得了长足的发展，研发了刮取式、抽吸式和离心式3种类型的取浆机（图1-15），从手动方式改进到电动方式。

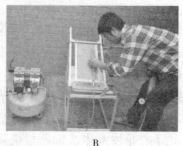

图1-15　取浆机
A 刮取式（周冰峰摄）；B　抽吸式（曾志将摄）；C　离心式（周冰峰摄）

移虫舌是重要的蜂王浆生产工具，也是中国养蜂生产者创造的简单、实用、高效的移虫工具，在世界养蜂中具有独特性。塑料台基条的研发，为高效蜂王浆生产提供了保证，也为机械化取浆奠定了基础。简单的取浆舌和清台器都是养蜂界民间发明的简单实用的蜂王浆生产工具，充分体现了中国养蜂人的智慧。

（3）蜂花粉生产工具。蜂花粉生产工具主要是脱粉器和蜂花粉干燥器。中国的脱粉器以巢门脱粉器为主，由最初的金属丝缠绕制作到现在以不锈钢丝和木材制作成规范的不同规格的巢门脱粉器。蜂花粉干燥器主要的类型有普通电热蜂花粉干燥器和远红外电热蜂花粉干燥器两种。

（4）蜂胶生产工具。中国特色蜂胶生产工具是以塑料为材料制作的副盖式集胶器，正逐步取代覆布取胶和纱盖集胶。在蜂胶生产中还常使用用竹丝制成的副盖式集胶器。

（5）蜂毒生产工具。蜂毒生产在中国 20 世纪 80 年代后期曾蓬勃发展一段时间，后因市场开发的滞后，至今没有大规模生产。但在蜂毒生产热期间，中国研发了两种类型的电取蜂毒器，一种是平板式电取蜂毒器，另一种是封闭式蜜蜂蜂毒采集器。

3. 巢础生产机具

巢础是现代蜜蜂饲养中不可缺少的材料，巢础的制作由最初的养蜂人利用自制简易的水泥巢础平面压印器，发展到巢础机制作巢础。现在巢础生产已专业化，一般不需要养蜂人自制巢础。在国外巢础机研制原理指导下，中国开发出生产中华蜜蜂巢础的轧花机。

二、蜂业发展趋势

（一）蜜蜂饲养管理技术发展趋势

蜜蜂饲养管理技术的主要发展方向是大幅度提高蜜蜂饲养规模。通过规模的扩大提高生产效率，促进大型养蜂机械的研发和应用，降低养蜂劳动生产强度，增加经济收入。在蜜蜂规模化饲养管理技术相对成熟时，将此技术进行标准化规范化处理，形成规范的蜜蜂饲养管理技术模式。规模化蜜蜂饲养与规模化农业生产相似，要求生产专一产品，完善一套技术、购置一套生产机具。为了进一步简化养蜂生产，提高养蜂生产的社会化程度，可以充分利用中国的资源条件，促进笼蜂生产和饲养，通过深入研究相关的蜜蜂生物学特性、蜜粉源泌蜜规律、蜂产品市场动态，利用计算机技术编制蜜蜂饲养技术程序，开发了蜜蜂饲养管理技术软件，形成了数字化蜜蜂饲养技术。

1. 蜜蜂规模化饲养管理技术

蜜蜂规模化饲养管理技术是中国蜜蜂饲养管理技术发展的主要方向。国家蜂产业技术体系在首席科学家吴杰研究员的带领下，全体岗位科学家和综合试验站为此努力奋斗。规模化蜜蜂饲养管理技术是改变中国养蜂业存在的劳动强度大，养蜂收入不稳定，产品质量低劣，蜜蜂易患病，养蜂人年龄老化等问题的关键。通过简化饲养管理技术、研发大型养蜂机具、培育蜜蜂良种和防控防疫蜜蜂病虫害，提高蜜蜂饲养规模，减轻养蜂人的劳动强度和蜜蜂的沉重负担，提高养蜂收入，吸引年轻人加入养蜂生产行列。规模化蜜蜂饲养管理技术体系包括西方蜜蜂规模化定地饲养管理技术、西方蜜蜂规模化转地饲养管理技术、西方蜜蜂规模化蜂王浆生产技术、中华蜜蜂规模化饲养管理技术等。

2. 蜜蜂饲养管理技术标准化

蜜蜂饲养管理技术的标准化是指在新技术研发成熟后，将各养蜂技术环节用标准的形式固化。只有形成标准的技术才是成熟的技术，才能够稳定地保证生产效率。蜜蜂饲养管理新技术的标准化是养蜂生产健康发展所必需的。

3. 养蜂生产专业化

养蜂生产专业化是养蜂高效生产的重要前提。只有专业化才能形成生产的大规模，才能最大限度地提高劳动生产率和经济效益。中国现实的养蜂技术是建立在小规模的基础上，为了在有限数量的蜂群中获取更多的效益。只能通过养蜂专业化生产的发展，促进蜜蜂饲养规模的扩大，才能提高养蜂生产效率。

4. 笼蜂的饲养管理技术与应用

养蜂行业的发展，依赖于规模和效益。大规模的养蜂生产需要社会环境的支持，养蜂生产中的技术和生产物质支持由相关的专业企业提供，有利于促进更大规模化蜜蜂饲养的发展。其中笼蜂的应用是对规模化养蜂的支持要素之一，通过购买笼蜂能够解决规模化蜜蜂饲养的蜂群来源和蜂群的补充问题。专业化的笼蜂生产也是养蜂大生产的重要组成部分。中国具有笼蜂饲养与应用所需要的环境条件，南北气候差异大，蜜粉源丰富，具备发展笼蜂生产的自然条件。但是，当前笼蜂生产的社会条件还有所欠缺，需要我们创造条件，努力改变笼蜂生产中存在的不利因素。

5. 数字化蜜蜂饲养技术

随着计算机的普及和计算机强大功能的发展，社会各领域的生产都在努力应用计算机的硬件和软件。理想的数字化蜜蜂饲养技术是开发出现代蜜蜂饲养管理技术的应用软件。只要将蜜蜂群势发展、蜜粉源情况、天气变化特点、蜂产品市场行情等相关参数输入计算机，就会自动决定生产的产品、转地路线以及形成蜜蜂饲养管理技术要点。养蜂技术不再有较高的壁垒，实现"傻瓜"式的养蜂技术。

（二）中华蜜蜂资源的保护与利用

中华蜜蜂是中国宝贵的蜂种资源，发展本土的蜜蜂蜂种饲养是未来中国养蜂生产的重要方面。中华蜜蜂的高效饲养需要地方良种作为支撑。到目前为止中华蜜蜂育种工作进展缓慢，这也是制约中华蜜蜂饲养的重要瓶颈之一。这对中国的育种工作者提出了要求，要承担起培育中华蜜蜂地方良种的责任。中华蜜蜂地方良种培育工作，建立在中华蜜蜂资源研究和保护的基础上。由于种种原因，中华蜜蜂资源的现状并不乐观，更迫切需要在中华蜜蜂资源保护和利用方面做更多的努力。

（三）蜜蜂饲料的研发

蜜蜂饲料的研发处于起步阶段，从简单大豆粉、酵母粉的蜜蜂代用蛋白质饲料，初步形成配合蜜蜂饲料。并在此基础上尝试研发适宜春繁、适宜产浆和抗螨等功能性蜜蜂蛋白质饲料。

（四）蜜蜂产品优质生产技术

中国养蜂业从紧缺蜂产品阶段形成的重产量轻质量的现象至今没有明显改变，蜜蜂饲养管理技术的发展也多以增加产量为目标，往往忽略了蜜蜂产品质量提升。甚至提高蜜蜂产品产量的技术是以降低品质为代价的，如蜂蜜的机械浓缩设备与技术。这种蜂产品低质高产的技术将会阻碍中国蜂业的健康发展。如果中国的消费市场需要高品质的蜂产品，我们现有的生产技术无法满足，国外的蜂蜜将会占领我国市场。因此，研发蜜蜂优质产品的生产技术成为现在的紧迫任务。现在中国的蜂产品市场存在"劣币"驱逐"良币"现象，这对中国的蜂业发展危害极大。

优质蜂产品的生产需要研发相应的技术，现有的技术体系将产品的品质放在高产之后，不能适应中国市场对优质蜂产品的需要。例如：优质成熟蜜的生产，并不是简单地等蜂蜜在蜂箱中成熟后再收取。如果按现在的蜜蜂饲养管理技术，蜂蜜不及时取出轻则大幅度减少蜂蜜产量，重则分蜂热导致蜂群分蜂。

保证市场上蜜蜂产品的质量，需要简便有效的检测检验技术。蜂产品检验技术判断其品质，需要解决蜂产品的真伪和新鲜度两方面的问题。在蜜蜂产品真伪判断的检测技术的发展中，常出现"道高一尺魔高一丈"的情况。在近期需要在蜜蜂产品真伪检测技术上不断地研发，以适应蜂产品品质检测的需要。在消费者对蜂产品的品质有越来越高要求的情况下，对蜂产品新鲜度的检测技术提出了新的要求。中国的科学家在蜂王浆新鲜度检测研究方面已取得较大的进展。

蜂产品的溯源体系对保证蜂产品的品质意义很大，蜂产品质量出现问题可以追溯到从蜂箱到餐桌的各环节，从理论上解决了蜜蜂产品质量的责任认定。只要能够找到影响蜂产品质量的环节，就有助于解决影响蜂产品质量的问题。国家蜂产业技术体系在蜜蜂产品溯源技术体系方面做了大量工作，此项技术基本形成。

（五）蜜蜂授粉专业化

随着中国大农业生产的发展，农作物种植的面积越来越大，机械化程度越来越高，农业高产越来越依赖于农药和化肥的使用。中国大农业的发展趋势严重破坏了授粉昆虫生存的生态环境，将导致自然界的授粉昆虫种群数量下降，引起虫媒作物的授粉不足。因此，现代大农业对蜜蜂的依赖将越来越明显，蜜蜂授粉将成为大农业生产所必需的技术支撑。相应地，蜜蜂授粉技术也将需要进一步发展，授粉蜂群的培养技术、授粉蜂群的简化管理技术，一次性授粉蜂群的培养、包装、出售、管理标准技术等都需要继续提高。熊蜂、壁蜂等蜂类授粉昆虫也需要继续开发研究，成为蜜蜂授粉的有力补充。

（周冰峰）

参 考 文 献

安建东，吴杰，彭文君，等 .2007. 明亮熊蜂和意大利蜜蜂在温室桃园的访花行为和传粉生态学比较 [J]. 应用生态学报，18（5）：1071-1076.

C. Drawin 著 .1965. 兰花的传粉 [M]. 唐进，汪缦，等译. 北京：科学出版社：1-125.

陈盛禄 .2001. 中国蜜蜂学 [M]. 北京：中国农业出版社.

陈小勇 .1996. 植物的基因流及其在濒危植物保护中的作用 [J]. 生物多样性，4（2）：97-102.

陈忠辉 .2007. 植物与植物生理学 [M]. 北京：中国农业出版社.

褚亚芳，胡福良 .2009. 蜜蜂与生态平衡 [J]. 蜜蜂杂志（3）：8-10.

郭柏寿，杨继民，许育彬 .2001. 传粉昆虫的研究现状及存在的问题 [J]. 西南农业学报，14（4）：102-108.

贺学礼 .2004. 植物学 [M]. 北京：高等教育出版社.

胡适宜 .2005. 被子植物生殖生物学 [M]. 北京：高等教育出版社.

黄双全，郭友好 .2000. 传粉生物学的研究进展 [J]. 科学通报，45（3）：225-237.

柯贤港 .1995. 蜜粉源植物学 [M]. 北京：中国农业出版社.

刘林德，王仲礼，田国伟，等 .1998. 刺五加传粉生物学研究 [J]. 植物分类学报，36（1）：19-27.

鲁先文 .2005. 中国沙棘的基因流研究 [D]. 兰州：西北师范大学.

闵宗殿，纪曙春 .1991. 中国农业文明史话 [M]. 北京：中国广播电视出版社.

钦俊德，王琛柱 .2001. 论昆虫与植物的相互作用和进化的关系 [J]. 昆虫学报，44（3）：360-365.

钦俊德 .1986. 昆虫与植物的关系——论昆虫与植物的相互作用及其演化 [M]. 北京：科学出版社.

邵有全，祁海萍 .2011. 果蔬昆虫授粉增产技术 [M]. 北京：金盾出版社.

邵有全 .2001. 蜜蜂授粉 [M]. 太原：山西科学出版社.

王勇，彭文君，吴黎明 .2005. 蜜蜂授粉与生态 [J]. 中国养蜂，56（10）：31-32.

魏伟，马克平 .2002. 如何面对基因流和基因污染 [J]. 中国农业科技导报，4（4）：10-15.

吴杰 .2012. 蜜蜂学 [M]. 北京：中国农业出版社.

邢朝柱，郭立平，苗成朵，等 .2005. 棉花蜜蜂传粉杂交制种效果研究 [J]. 棉花学报，17（4）：207-210.

徐环李，杨俊伟，孙洁茹 .2009. 我国野生传粉蜂的研究现状与保护策略 [J]. 植物保护学报，36（4）：371-376.

杨婧，薛达元，薛堃，等 .2008. 基因流——转基因生物安全性的关键问题 [J]. 中央民族大学学报：自然科学版，1.

叶振生，方兵兵 .2007. 怎样提高养蜂效益 [M]. 北京：金盾出版社.

张红玉 .2005. 虫媒植物与传粉昆虫的协同进化（二）——虫媒花的性状对昆虫传粉的适应 [J]. 四川林业科技，26：22-27.

张继澍 .2006. 植物生理学 [M]. 北京：高等教育出版社.

张青文，张巍巍，蔡青年，等 .1999. 苜蓿切叶蜂授粉扩散行为及苜蓿种子增产效应的研究 [J]. 应用生态学报，10（5）：606-608.

周云龙. 2004. 植物生物学 ［M］. 第 2 版. 北京：高等教育出版社.

African Pollinator Initiative. 2004. browse and pollination in Africa：An Initial Stocktaking ［J］. Crops，1-66.

Buchmann S L，Nabhan G P. 1996. The forgotten pollinatiors ［M］. Washington D C：Island Press.

Camphor E S W，Hashmi A A，Ritter W，Bowen I D. 2005. Seasonal changes in mite (*Tropilaelapsclareae*) and honeybee (*Apismellifera*) populations in Apistan treated and untreated colonies ［J］. Apiacta，40：34-44.

Cleland E E，Chuine I，Menzel A，Mooney H A，Schwartz M D. 2007. Shifting plant phenology in response to global change ［J］. Trends in ecology and evolution，22（7）：357-365.

Dedej S，Delaplane K S，Scherm H. 2004. Effectiveness of honey bees in delivering the biocontrol agent *Bacillus subtilis* to blueberry flowers to suppress mummy berry disease ［J］. Biological Control，31（3）：422-427.

Free J B. 1993. Insect Polination of Crops ［M］. London：Academic Press，1-684.

Gallai N，Salles J-M，Settele J，Vaissière B E. 2009. Economic valuation of the vulnerability of world agriculture confronted with pollinator decline ［J］. Ecological Economics，68（3）：810-821.

Janzen，D. H. 1980. When is it coevolution? ［J］. Evolution，34：611-612.

Kapongo J P，Shipp L，Kevan P，et al. 2008. Co-vectoring of *Beauveriabassiana* and *Clonostachysrosea* by bumble bees (*Bombus impatiens*) for control of insect pests and suppression of grey mould in greenhouse tomato and sweet pepper ［J］. Biological Control，46（3）：508-514.

Kearns C A，Inouye D W，Waser N M. 1998. Endangerd mutualisms：the conservation of plant-pollinator interactions ［J］. Annual Review of Ecology and Systematic，29：83-112.

Kevan P G. 1997. Honeybees for better apples and much higher yields：study shows pollination services pay dividends ［J］. Canadian Fruitgrower，4：14-16.

Klein A M，Vaissière B E，Cane J H，Steffan-Dewenter I.，Cunningham S A，Kremen C，Tscharntke T. 2006. Importance of pollinators in changing landscapes for world crops ［J］. Proceedings of the Royal Society B，274（1608）：303-313.

Kubisova S，Haslbachova H. 1991. Pollination of male-sterile green pepper line (Capsicum annuum L.) by honeybees ［C］. The sixth international symposium on pollination (Tilburg，The Netherlands)：364-370.

Leach A W，Mullié W C，Mumford J D，Waibel H. 2008. Spatial and Historical Analysis of Pesticide Externalities in Locust Control in Senegal- First Steps ［M］. FAO，Rome.

Medellin Lesser long-nosed bat. RAPS Case study contribution，Available at：http：//www. fao. org/ag/AGP/AGPS/C-CAB/Caselist. htm 2004 ［EB］.

Morimoto Y，Gikungu M，Maundu P. 2004. Pollinators of the bottle gourd (Lagenariasiceraria) observed in Kenya ［J］. International Journal of Tropical Insect Science，24：79-86.

Owens SJ，Rudall PJ，eds. Linder H P. 1998. Morphology and the evolution of wind pollination. In：Reproductive biology in systematics，conservation and economic botany ［J］. Kew：Royal Botanic Gardens，123-135.

Ricketts T H，Daily G C，Ehrlich P R，Michener C D. Economic value of tropical forest tocoffee production ［J］. Proceedings of the National Academy of Sciences，2004，101（34）：12579-12582.

Simon G P, Jacobus C B, Claire K, Peter N, Oliver S, William E K. 2010. Global pollinator declines: trends, impacts and drivers [J]. Trends in Ecology and Evolution, 25 (6): 345-353.

Wiebes J T. 1976. A short history of fig wasp research [J]. Gard. Bull. Straits Settlement, 29: 207-236.

Wiebes J T. 1979. Figs and their insect pollinators [J]. Ann. Rev. Ecol. Syst. 10: 1-12.

Williams I H. 1994. The dependence of crop production within the European Union on pollination by honey bees [J]. Agricultural Zoology Reviews, 6: 229-257.

Wilson E O. 2006. Genomics: How to make a social insect [J]. Nature, 443 (7114): 919-920.

第二章　世界蜂业发展趋势

第一节　世界蜂业资源概况及利用现状

一、蜜源及其利用

蜜源植物资源是养蜂业的重要基础，没有充足的蜜源植物，养蜂业就难以为继，蜜源植物的数量与质量，直接左右着养蜂业的命运。近年来，世界各国对养蜂业的重视程度逐年提升，然而由于持续不断的乱砍、乱伐、毁林种参等行为，严重影响到蜜源植物的生存。

（一）亚洲的蜜源植物

1. 主要养蜂国家

亚洲养蜂历史悠久，距今已有上千年，是世界养蜂业大洲，也是世界蜂产品生产大洲。亚洲蜂业在世界蜂业中占有重要的地位。目前，亚洲养蜂国家主要有中国、孟加拉国、印度、印度尼西亚、伊朗、以色列、日本、哈萨克斯坦、韩国、朝鲜、马来西亚、蒙古国、缅甸、巴基斯坦、菲律宾、新加坡、斯里兰卡、泰国、土耳其、叙利亚、越南等。

2. 主要蜜源植物

亚洲植被资源多，蜜源植物异常丰富，主要蜜源植物有：日本七叶树、紫云英、丝光木棉树、油菜、芥末、红合欢、含羞草、刺槐、椴树、蓝果树、甜栗、木棉花、蓟、柑橘、柚、椰、甜瓜、黄瓜、南瓜、柿子、枇杷、桉树、荷麻叶泽兰根、龙眼、荞麦、棉花、向日葵、橡胶、浆果、胡枝子、女贞子、荔枝、苹果、紫花苜蓿、苜蓿、香薷、紫苏、草木樨、豆科灌木、乌桕、柃、野坝子、老瓜头、樱桃、桃、杏、梨、漆、柳树、芝麻、安息香草、薰衣草、菩提树、酸橙、红三叶草、白三叶草、枣和苕子等。

3. 主要养蜂国家蜜源植物概述

（1）中国。中国地域辽阔，南北跨纬度 50°，自南向北分热带、亚热带、暖温带和寒温带。由于各个气候带所处地理位置和生态条件不同，气候变化千差万别，因此构成蜜源植物群落和种类名目繁多，分布也极为广泛，具有良好的养蜂物质基础，是世界第一养蜂大国。据现有调查资料推算，目前中国能被蜜蜂利用的蜜源植物种类高达 10 000 种以上，能取到商品蜜的蜜源植物有 100 多种。其中，24 种主要蜜源植物分布面积达 2 700 万 hm²，农田蜜粉源约占 60%，林地、牧草、山区蜜粉源约占 30%。全国主要的蜜源植物主要有油菜、刺槐、枣花、柑橘、荔枝、龙眼、荆条、向日葵、棉花、紫苜蓿、紫云英和桉木等。

（2）韩国。韩国主要蜜源有油菜和刺槐。油菜主要分布在南部的济州岛等地，现在济州岛以发展旅游为主，油菜面积有所下降。韩国油菜花期在 4 月底。刺槐在 5 月开花，南部刺槐花期在 5 月上旬，中部在 5 月中旬，北部在 5 月下旬。

近几十年来韩国的蜜源生态发生了很大的变化。20 世纪 60 年代以前山区、丘陵地带生长着大面积的胡枝子，当时养蜂以胡枝子为主要蜜源。20 世纪 60 年代后期，韩国政府为了解决防洪和生活燃料的迫切需要，号召人们栽培防洪林和薪炭林，人们选择了生长快、耐瘠薄的刺槐树种，在全国各地山区、河边路旁栽植刺槐，形成了现在刺槐林遍布全国的局面，为发展养蜂生产创造了有利的条件。现在刺槐已成为韩国最主要的蜜源，从 5 月开始，由南向北开花流蜜，刺槐泌蜜受气候影响较大，气温在 24℃以上流蜜，温度低的年份减产一半以上。除刺槐蜜源以外，还有少部分板栗、胡枝子蜜源。

（3）日本。日本是一个岛国、面积小、人口多、气候温和，主要的蜜源植物有 3 月的油菜、4 月的紫云英、5 月的柑橘、6 月的刺槐、7 月的苹果和荞麦，然后是七叶树、板栗、椴树等。日本在二战结束复苏后，经济进入了高度增长期，但自然环境却受到极大的破坏，大田蜜源植物总面积逐年下降，加之化肥的使用、食用油的进口、山林的砍伐或改种等，致使紫云英、油菜、七叶树、刺槐、椴树等蜜源植物濒临灭绝。

（4）泰国。泰国地处热带，气候炎热，雨量充足，蜜源植物极其丰富，具备发展养蜂的良好条件。南部有大面积椰子种植园和多种热带果树，整年都有花开放。椰子具有丰富的花蜜和花粉，花期长，不同品种的椰子开花时期不同，长年不断，其盛花期主要集中在 3～8 月。此外，南部地区还有毛丹果、榴莲、棕榈、咖啡、胡椒、香蕉等树和一些经济林木蜜源植物。

泰国北部有大面积的龙眼、荔枝和柑橘，这些蜜源均为上等蜜源。荔枝 2 月初开花，龙眼 3 月中旬开花，花期 1 个月左右，榴莲和毛丹果一般在 12 月至次年 1 月之间开花，花期近 2 个月。此外，东部和南部还有毛丹果和榴莲及野生蜜源供蜜蜂利用。

（5）印度尼西亚。印度尼西亚地处赤道，由大大小小 17 000 个岛屿组成，国土面积 190 多万 km²。全年平均气温 25～27℃，年降水量 2 000mm 以上，四季不明显，只分雨季和旱季，雨季 11 月至次年 4 月，旱季 5～10 月。优越的气候条件使印度尼西亚成为植被茂密的热带植物王国，常年林木郁郁葱葱，四季鲜花盛开，蜜源植物资源种类丰富，几乎整年都有蜜源植物开花，为养蜂业的发展提供了良好的物质基础。

主要蜜源植物有爪哇木棉、芒果、合欢、咖啡、黄檀、红毛丹、榴莲和龙眼等，辅助蜜源植物主要有凤梨、香蕉、苹果、西瓜和桉树等。此外，印度尼西亚的油棕树栽种面积大，是重要的粉源植物。

（6）印度。印度位于南亚次大陆，有500余种蜜源植物，人工栽培的蜜源植物有荔枝、柑橘、三叶草、紫苜蓿、油菜、荞麦、向日葵、桉树、刺槐、芝麻、木豆和芥菜等；野生蜜源植物主要有蒲桃、榄仁树、紫薇、缅甸椿、罗望子和鹅掌柴等。荔枝是印度最主要的蜜源。

（7）巴基斯坦。巴基斯坦位于南亚次大陆西北部，南濒阿拉伯海，东与印度、北与中国、西与阿富汗和伊朗为邻。全境五分之三为山区和丘陵地，南部沿海一带为荒漠，向北伸展则是连绵的高原牧场和肥田沃土。除南部属热带气候外，其余属亚热带气候。巴基斯坦的主要蜜源植物不多，春季有油菜和柑橘，夏季有刺槐和三叶草，秋季有枣树。

（二）欧洲的蜜源植物

1. 主要养蜂国家

欧洲养蜂业发达，以兼业养蜂为主，蜂场主整体素质和文化水平较高，注重科学养蜂技术。50％以上的欧洲国家从事养蜂业，主要有东欧的乌克兰、白俄罗斯、立陶宛、摩尔多瓦、阿尔巴尼亚和爱沙尼亚等；南欧的西班牙、葡萄牙、希腊、波兰、意大利、罗马尼亚、保加利亚、斯洛文尼亚、克罗地亚、南斯拉夫、波斯尼亚和马其顿等；西欧的法国、爱尔兰、荷兰、卢森堡、比利时和英国等；中欧的德国、匈牙利、捷克、斯洛伐克、奥地利和瑞士等；北欧的瑞典、芬兰和丹麦等。

2. 主要蜜源植物

欧洲的主要蜜源植物有油菜、刺槐、甘露、三叶草、紫花苜蓿、荞麦、向日葵、野蔷薇、柑橘、百里香、迷迭香、石楠、欧洲栗、油橄榄、薰衣草、芥菜、豆类、瓜类、车轴草、牧草、龙舌兰科、苋、漆树、欧芹、冬青、五加科、萝藦、棕榈、紫菀、菊花、紫葳、紫草、琉璃苣、金银花、柿树、石竹、可可、山柳、藤黄、螺旋子、鸭跖草、五桠果、葫芦、甜瓜、黄瓜、杜鹃、蓝莓、大戟、鼠刺、杨柳、金缕梅、樟、玉蕊、百合、千屈菜、木兰、鹅掌楸、锦葵、紫金牛、木樨、橄榄、蓼、西番莲、蔷薇、茜草、蓬、咖啡和芸香等。

3. 主要养蜂国家蜜源植物概述

（1）俄罗斯。俄罗斯养蜂历史悠久，蜜源植物丰富，森林覆盖率高，仅西伯利亚就有柳树和树莓5 000万 hm²，椴树200万 hm²，牧草3 000万 hm²。此外，在集约化程度较高的地区还种植了大量的荞麦、向日葵、棉花、豆科作物和牧草，为养蜂业发展提供了优越的自然条件。

（2）西班牙。西班牙有着悠久的养蜂历史，早在3 000～8 000年前，西班牙就有洞穴养蜂的记载。至今，养蜂业成为西班牙农业中的重要组成部分。除俄罗斯和乌克

中国现代农业产业可持续发展战略研究·蜂业分册

兰之外，西班牙是欧洲最大的养蜂国家。此外，西班牙还有许多被认为是世界上最先进的养蜂方法。

西班牙丰富的蜜源植物为养蜂业提供了良好的条件，上千种的夜蔷薇是西班牙最主要的蜜源植物，此外，柑橘、百里香、向日葵、迷迭香和石楠等是典型的单花品种蜜源植物。

（3）德国。德国蜂业也拥有悠久的历史，德国自然资源良好，蜜源植物丰富。近年来，随着农业现代化发展，蜜源植物逐渐减少，尤其是辅助蜜源植物大量缩减，主要流蜜期的间隔加长，导致蜂蜜产量下降，主要蜜源植物有油菜、刺槐和牧草等。

（4）意大利。意大利早在古罗马帝国时，在地中海沿岸地区就已有养蜂，养蜂历史十分悠久，蜂种资源远销世界各地。主要蜜源主要有油菜、刺槐、欧洲栗、椴树、车轴草、紫苜蓿、向日葵、油橄榄、薰衣草和柑橘等。

（三）北美洲的蜜源植物

1. 主要养蜂国家

北美是世界上养蜂业发达、养蜂技术先进、养蜂产业规模化、专业化、机械化程度高及蜜蜂授粉产业化程度高的地区。据 FAO 统计，北美洲蜜蜂存养量居世界第 4 位。目前北美约有 563 万群，北美洲的主要养蜂大国是美国和墨西哥，其次是加拿大，此外，还有萨尔瓦多、多米尼加共和国、牙买加、危地马拉等国。

2. 主要蜜源植物

北美洲的蜜源植物丰富，大宗的主要有紫花苜蓿、白车轴草、杂种车轴草、白香草木樨、黄香草木樨、柑橘、棉花、紫菀、一枝黄花、鬼针草、鼠尾草、柳兰、松树、海榄雌、酸木、紫树和大豆等。

3. 主要养蜂国家蜜源植物概述

（1）美国。美国是世界上养蜂业最发达、养蜂技术最先进、养蜂产业规模化、专业化、机械化程度最高及蜜蜂授粉产业化程度最高的国家，也是世界养蜂机具应用和发展最先进的国家。美国大部分地区地处温带和亚热带的山地与平原相间地域，气候类型多样化，因而蜜源植物也十分丰富，约 2 000 多种。大宗蜜源植物近 100 种，拥有典型的北美洲蜜源植物。

（2）墨西哥。墨西哥是一个高原和山地国家，其养蜂分 5 个区，各地区由于地理环境不同，蜜源植物也不尽相同。全国主要的蜜源植物有棉花、柑橘、油料红花、芝麻、紫花苜蓿、芒果及大量的野生蜜源植物等。热带山区和热带雨林地区的野生蜜源植物种类多、数量大、花期长，尤卡坦半岛是蜂蜜的主产区。

（3）加拿大。加拿大的寒冷气候对本国养蜂业影响较大，但凭着它丰富的自然资源和蜜源条件，加拿大的养蜂业发达程度与美国相近，养蜂规模化、现代化程度高和高效率是加拿大养蜂业的特点。加拿大的主要蜜源植物有白车轴草、红车轴草、杂种车轴草、草木樨和紫苜蓿。20 世纪 70 年代以来，油菜种植面积迅速扩大，成为主要蜜源植物之一。林区蜜源植物主要为椴树、柳树、柳兰，以及果树（如樱桃、桃、梨、李、草莓、越橘等）。

（四）南美洲的蜜源植物

1. 主要养蜂国家

南美洲养蜂业由于养蜂国家数量较少，而居世界第 4 位。南美洲主要养蜂国家有巴西、乌拉圭、智利和哥伦比亚。

2. 主要蜜源植物

南美洲尽管很多地域处于热带，却同样拥有丰富的蜜源植物。主要蜜源植物有：紫苜蓿、车轴草、向日葵、柑橘、桉树、咖啡、橡胶、金鸡纳霜、剑麻、卡廷加矮灌木及其他野生灌木等。

3. 主要养蜂国家蜜源植物

（1）阿根廷。阿根廷地处亚热带和温带，气候温和、雨量充沛，良好的气候条件使得阿根廷的蜜源植物丰富，也使得阿根廷成为南美洲养蜂业最发达、年产蜂蜜量最高、出口量最多的国家，是世界第三大养蜂国。阿根廷主要蜜源植物有紫苜蓿、车轴草、向日葵、柑橘、桉树等，主要流蜜期为每年 10 月至次年 3 月。全国主要有 3 个蜜源区：

东部平原地区。包括布宜诺斯艾利斯省、恩特雷里奥斯省、科尔多瓦省东部和圣菲省东部，以及拉普拉塔河和巴拉那河流域、德尔塔岛。该地区面积大、地势平坦，年降水量 800～1 000mm，适合植被生长，是阿根廷的主要产蜜区，全国 80% 以上蜂群集中于此生产蜂蜜，蜂蜜产量占全国总产量的 80%。其中，以布宜诺斯艾利斯省的气候最为适宜养蜂，蜂蜜也最为著名。蜜源植物以车轴草和柑橘为主，生产的蜂蜜是人们尤其是欧洲消费者喜爱的浅琥珀色蜜。蜂蜜群产高达 60～70kg，其产蜜量占全国总产量的 53%。该地区的蜂蜜质量上乘，大部分用于出口。

北部或亚热带地区。包括图库曼、圣地亚哥-德尔埃斯特罗、查科、科连特斯等省。该地区蜜源种类繁多，森林覆盖率高，适宜快速繁殖蜂群。专业养蜂场大多在每年春季将蜂群运到图库曼北部或圣地亚哥-德尔埃斯特罗提前育王、繁殖。但是，不利因素是非洲化蜜蜂已蔓延至该地区。

南部草原地区。包括布宜诺斯艾利斯省南部和拉潘帕省南部、西南部，气候条件复杂，生长各种本地和引进的蜜源植物，对繁殖蜂群、提高蜂蜜产量极为有利。

（2）巴西。巴西是农业大国，幅员辽阔，植被丰富，气候适宜，自然条件优越，为发展蜂业提供了得天独厚的物质基础。巴西的蜜源植物主要是无患子科植物、卡廷加灌木等其他野生灌木。其中，巴西的柑橘生产量居世界第一，人工种植的桉树面积也是世界第一，占整个国家人工造林面积的 50%。此外，东北部大面积卡廷加植被区和中西部高原漫山遍野的无患子植物"果拉娜"以及"雅野菊"等野生山花也是巴西蜂业取之不尽的蜜源宝库。

巴西绿系蜂胶的代表胶源植物是酒神菊树，主要分布在东南部米纳斯州。

（五）非洲的蜜源植物

1. 主要养蜂国家

非洲养蜂业起于北非，已经有 2400 多年的历史。北非的埃及是非洲最早开始研究蜜蜂的国家，东非的坦桑尼亚、埃塞俄比亚、西非的尼日利亚、塞内加尔等相继开始蜜蜂的研究。非洲蜂业的蜂群数量位居世界七大洲第三位，仅居于亚洲、欧洲之后，蜂蜜产量居世界第四，排北美洲之后。主要的养蜂国家有北非的阿尔及利亚、埃及、利比亚、摩洛哥、突尼斯、苏丹；东非的肯尼亚、坦桑尼亚、乌干达、埃塞俄比亚、索马尼；西非的贝宁、加纳、几内亚比绍、科特迪瓦、马里、尼日利亚、塞内加尔、多哥；南非的莫桑比克等。

2. 主要养蜂国家蜜源植物

非洲蜜源植物十分丰富，以坦桑尼亚为例，坦桑尼亚不仅拥有丰富的蜜源植物，还有很好的粉、胶源植物。大宗蜜源植物主要有金合欢属、大戟属、面包树、凤凰木、勾儿茶属、狮子尾属、破布木属、棣棠属、榄仁树属和刺槐等。此外，还有玉米、向日葵、四季豆、腰果、咖啡、椰子、剑麻、芒果、柑橘、橙、鳄梨和番石榴等农作物蜜源植物。坦桑尼亚一年四季都有鲜花盛开，供蜜蜂采集。

（六）大洋洲的蜜源植物

大洋洲的主要养蜂国家是澳大利亚，澳大利亚是个农业大国，养蜂业虽然只是其畜牧业中的一小部分，但蜂蜜质量却居世界前列。

澳大利亚具有得天独厚的自然养蜂环境和资源，拥有丰富的、大泌蜜量的蜜源植物，大面积的桉树林是澳大利亚最具特色的重要蜜源植物，也是澳大利亚品质上乘蜂蜜的源泉。

二、蜂种概况

（一）亚洲蜜蜂品种

亚洲蜂业拥有最丰富的蜜蜂品种及其亚种。目前，世界上公认的 9 种蜜蜂，如小蜜蜂（*Apis florea*）、黑小蜜蜂（*Apis andreniformis*）、大蜜蜂（*Apis dorsata*）、黑大蜜蜂（*Apis laboriosa*）、东方蜜蜂（*Apis cerana*）、沙巴蜂（*Apis koschevnikovi*）、苏拉威西蜂（*Apis nigrocincta*）、东马来西亚蜂（*Apis nuluensis*）、西方蜜蜂，亚洲均有分布。其中，东方蜜蜂、西方蜜蜂在亚洲各国都有丰富的亚种，西方蜜蜂主要亚种有：欧洲黑蜂（*Apis mellifera mellifera*）、意大利蜂（*Apis mellifera ligustica*）、卡尼鄂拉蜂（*Apis mellifera carnica*）和高加索蜂（*Apis mellifera caucasica*）、安纳托利亚蜂（*A. m. anatoliaca*）、波斯蜂（*A. m. meda*）、叙利亚蜂（*A. m. syriaca*）

等；东方蜜蜂在亚洲的主要亚种有：中华蜜蜂（*Apis cerana cerana*）、日本蜜蜂（*Apis cerana Japonica*）、喜马拉雅蜜蜂（*Apis cerana himalaya*）、缅甸蜂（*Apis cerana Burmannii*）、印度蜜蜂（*Apis cerana indica*）、巴基斯坦蜂（*Apis cerana Pakistani*）、阿富汗蜂（*Apis cerana Afghanistani*）、菲律宾蜂（*Apis cerana Phlippine*）等，这些蜜蜂亚种生活于不同国家的不同生态环境中，又繁衍着各自不同的生态品系。除蜜蜂之外，亚洲国家还有大量的熊蜂（*Bombus*）、切叶蜂（*Megachile*）、无刺蜂（*Trigona*）、壁蜂（*Osmia*）等，被广泛应用于亚洲授粉业。

（二）欧洲蜜蜂品种

欧洲主要蜜蜂品种是欧洲蜜蜂，即西方蜜蜂。其在欧洲的亚种主要有：意大利蜂（*Apis mellifera ligustica*）、卡尼鄂拉蜂（*Apis mellifera carnica*）、高加索蜂（*Apis mellifera caucasica*）、黄色高蜂（*Apis mellifera remipes*）、欧洲黑蜂、伊比利亚蜂（*A.m.iberiensis*）、塞克比亚蜂（*A.m.cecropia*）、塞浦路斯蜂（*A.m.cypria*）、马耳他蜂（*A.m.ruttneri*）、西西里蜂（*A.m.sicula*）。

（三）北美洲蜜蜂品种

北美洲的蜜蜂种类主要有：意大利蜂、卡尼鄂拉蜂、高加索蜂和欧洲黑蜂。由于欧洲黑蜂培育蜂子能力弱，春季蜂群发展缓慢，易蜇人，易感染幼虫病，易受蜡螟侵害，故逐渐被淘汰；而适应能力强的意大利蜂，发展壮大。

（四）南美洲蜜蜂品种

南美洲的主要蜜蜂种类有：意大利蜂、卡尼鄂拉蜂、喀尔巴阡蜂、非洲化蜜蜂和少量的欧洲黑蜂。非洲化蜜蜂曾经被媒体称为"杀人蜂"，由于它具有很强的适应性、抗病力、抗螨力，而颇受南美洲尤其是巴西养蜂者的喜爱，巴西养蜂者已经可以很好地饲养并管理非洲化蜜蜂。

（五）非洲蜜蜂种类

非洲蜜蜂品种主要是西方蜜蜂及其亚种。主要有：突尼斯蜂，埃及蜂，意大利蜂，卡尼鄂拉蜂，撒哈拉蜂，西非蜂，阿比西尼亚蜂，也门蜂，东非蜂，乞力马扎罗蜂，海角蜂，坦桑海滨蜂，苏丹蜂等。

除此之外，无刺蜂也是非洲的一大特色蜂种。

（六）大洋洲蜜蜂种类

澳大利亚的养蜂主要集中在澳大利亚东南部的温带区域，即从昆士兰州的南部一直延伸到维多利亚州的中部。该地区拥有全国80%的蜂群和养蜂者。大部分的出售蜂王和包装出售的蜜蜂也来自于此。澳大利亚主要以饲养意大利蜂为主，同时也饲养欧洲黑蜂、卡尼鄂拉蜂和高加索蜂。

（吴杰　陈黎红）

第二节　世界蜂业生产发展现状及趋势

一、养蜂发展历史与发展趋势

人类利用蜜蜂的历史悠久，据考证距今至少已有9 000多年。为了掌握人类养蜂业的发展规律，国内外许多学者对人类养蜂史开展了研究，其中蜜蜂饲养管理技术在养蜂业中具有重要的地位，决定着蜜蜂产品优质高产和蜜蜂高效授粉。

（一）世界养蜂发展历史

综观人类养蜂历史，蜜蜂饲养管理技术的发展呈阶梯状，即蜜蜂饲养管理技术的进步在达到一定量的积累后，出现质的飞跃。从蜜蜂饲养管理技术的角度分析，人类养蜂的发展经历了三大"台阶"。这三大"台阶"均以蜂巢蜂箱的改进为标志。由固定的树洞、岩洞、土洞等原始的天然蜂巢，到能够任意移动的空心木段、草编、陶罐、枝条编等人工制作的原始蜂巢；再从固定巢脾的原始蜂巢到巢脾可任意移动和调整的活框蜂箱。

人类蜜蜂饲养管理技术发展的第一大"台阶"，是对自然野生蜂巢的猎取，以获得蜂蜜、蜂蜡以及巢脾中的蜂粮和虫蛹。人类对野生蜂巢的猎取可追溯到公元前7000年以前，现在还有部分落后的地区，仍采取此项技术获得蜂蜜。

人类蜜蜂饲养管理技术发展的第二大"台阶"，是可移动原始蜂巢的蜜蜂饲养。它以空心树段、草编、枝条、陶罐、黏土管等制成的原始蜂巢饲养蜜蜂为特点，开始了最初的蜜蜂饲养管理。根据人类对陶瓦器皿的制造与使用，推测可移动蜂巢的蜜蜂饲养技术可能始于7 000年前的新石器时代。主要以提高诱引蜂群效率和改进蜂巢等技术为主。

人类蜜蜂饲养管理技术发展的第三大"台阶"，就是现代的活框蜂箱饲养管理。美国人 Langstroth 在 1851 年以"蜂路"概念为基础，发明了划时代的活框蜂箱。活框蜂箱促进了人们对蜜蜂生物学特性的进一步了解，使蜜蜂饲养具有了一定的科学基础。世界上出现活框蜂箱以来的 150 多年，人类对蜜蜂生物学特性的了解更加深入，蜜蜂饲养管理技术发展迅速。

（二）世界养蜂发展趋势

1. 蜜蜂饲养管理技术发展趋势

养蜂优质高产的三要素是蜂群、蜜源、天气。养蜂技术的发展，就是要不断增强驾驭蜂群的能力，使蜂群与环境（天气和蜜源等）协调。在这三要素中，蜂群管理是我们的重点。

（1）蜜蜂饲养管理技术研究的四大领域。在蜜蜂饲养管理技术的研究中，最重要也是最基本的四大技术问题是停卵阶段管理、蜂群适时快速发展、蜂产品的优质高产和蜜蜂的高效授粉。停卵阶段管理要解决蜜蜂安全度过困难季节的问题，在我国主要涉及蜜蜂的越冬和越夏，这是蜂群快速恢复和发展的基础。蜂群适时快速发展要解决适时和快速两个问题，这一领域的技术为蜜蜂产品的优质高产和高效授粉提供保证。蜜蜂产品的优质高产和蜜蜂高效授粉是我们养蜂的最终目的，在前两个领域发展的基础上，着重解决各种蜜蜂产品的生产技术和提高蜜蜂授粉应用范围和效果的方法。蜜蜂高效授粉技术领域的研究，将随着现代农业发展对蜜蜂的需要和依赖，逐步得到重视和加强。在蜜蜂饲养管理技术研究领域中，应以蜂群快速发展为中心。

（2）蜜蜂饲养管理技术研究的科学基础。现代蜜蜂饲养管理技术发展所需的基础研究，如蜜蜂生物学、蜜源植物花期及泌蜜量的预测等。

蜜蜂生物学是科学养蜂最重要的基础。综观人类养蜂历史，养蜂变革总是伴随着蜜蜂生物学研究进展而实现的。例如，在发现"蜂路"的基础上，发明了活框蜂箱，使养蜂技术实现历史上第二次大飞跃。适龄采集蜂的培育，是蜂蜜优质高产必不可少的技术。但是，蜜蜂采集花蜜与其日龄的关系问题没有解决，就不能准确判断适龄采集蜂的日龄段，因而也就不能形成培育适龄采集蜂的完善技术。

蜜蜂生态学是蜜蜂生物学的分支科学，对蜜蜂饲养管理技术进步越来越重要，其中温度对蜜蜂群体和个体的影响是重点。曾志将曾对蜜蜂生态学理论作了基本阐述，构建了该学科的基本框架。但是，由于来源于不同文献的某些数据相差甚远，使得人们在蜜蜂饲养管理中具体应用时往往感到无所适从。例如，北方越冬室温度控制，有如下数种提法："温度必须保持在 $7\sim8℃$""室温经常要保持 $0\sim2℃$""越冬室的温度一般以 $0℃\pm2℃$ 为宜""室温要控制在 $-1\sim3℃$""蜂群在室内越冬的适宜温度为 $-4\sim4℃$""越冬室温度应控制在 $-10\sim-5℃$ 之间"，等等。在养蜂的科学文献中，类似这样的问题还很多。

蜜源是养蜂高产三要素之一，蜜蜂饲养管理技术对蜜源植物学的要求是对各种主要蜜源开花泌蜜规律的揭示，能够对蜜源花期和泌蜜量做出准确的预报。这是制订蜜蜂饲养管理方案和提高蜜蜂饲养管理水平不可或缺的。

蜜源植物泌蜜规律预测。我国蜂业科技工作者对椴树、荔枝等主要蜜源植物的开花泌蜜规律进行了深入研究，为预测预报其泌蜜提供了科学基础。此外，对油菜、紫云英、柑橘类果树、向日葵、鹅掌柴、狼牙刺等主要蜜源开花泌蜜规律进行了初步观察。吴杰等用测定紫椴枝条的营养含量来预测泌蜜量的方法进行了探索。蜂农则提出春季用木段切口流出的树汁量来判断当年椴树的泌蜜情况。

蜜源植物花期预报。对于蜜源植物的花期预报，王春煦和杨国栋等都进行了通过物候学对刺槐花期预报的尝试，王春煦根据物候观察，首次公开对山东刺槐花期发出预报。

（3）未来蜜蜂饲养管理技术的发展方向。未来的蜜蜂饲养管理技术将严格建立在蜜蜂生物学基础上。在充分掌握养蜂各因素之间关系的基础上，设计蜜蜂饲养管理的数学模型，并不断完善，最终编制出蜜蜂饲养管理技术的计算机软件（蜜蜂饲养管理应用程序），实现真正的数控养蜂。

计算机在蜜蜂饲养管理技术方面的应用，是蜜蜂饲养管理技术发展的必然。之所以计算机将来能在养蜂技术领域发挥巨大的作用，就在于其具有对各种复杂数据进行快速准确处理的能力。未来养蜂人只要将蜜蜂群势、天气状况及变化趋势、蜂王产卵力、蜜源资料等基本数据输入计算机，就能得到合理的饲养管理方案和措施。这些数据多半与蜜蜂基础生物学有关。计算机在蜜蜂饲养管理技术领域的应用，将有助于养蜂生产的规模化和集约化。未来养蜂技术的发展和未来先进的养蜂机具设备，可将养蜂人从繁重的体力劳动和复杂的分析判断中解放出来。

2. 蜜蜂授粉应用发展趋势

（1）随着经济的发展，越来越多的国家重视蜜蜂授粉。对蜜蜂授粉的重视最早出现在社会经济和科学技术发达的国家，蜜蜂授粉已给这些国家创造了巨大的财富。大农业改变了自然生态环境，自然野生授粉昆虫的种群数量降低，农业增收和农产品品质提高成为农业生产的瓶颈，蜜蜂为农作物授粉成为突破这些瓶颈的出路之一。随着世界经济的发展和科学的进步，越来越多的国家重视蜜蜂授粉对农业生态系统的影响，蜜蜂授粉的作用越来越显著。

（2）蜜蜂授粉的商业化比重越来越大。蜜蜂在采集活动中为包括农作物在内的植物授粉，创造了社会效益和生态效益，但直接的经济效益不直观，因此，蜜蜂授粉一直以来没有广泛地受到关注。除了美国等西方国家将蜜蜂授粉作为一个产业发展外，大多数国家的蜜蜂授粉仍停留在少数蜂场兼营授粉业务，且也多将蜂群简单地搬运到授粉场地。中国等快速发展中的国家蜜蜂商业化授粉发展已初步显现，正在开展授粉专业蜂箱的研发，授粉蜂群的培育和授粉蜂群管理技术研究等。

（3）蜜蜂属昆虫授粉有着不可比拟的优越性，但在特别的环境和某些作物的授粉还是存在局限性，其他蜂类昆虫的应用也越来越受到重视。在授粉蜂类昆虫的选择和应用研究中，除了蜜蜂属昆虫外，正在尝试开发利用熊蜂（*Bombus*）、切叶蜂（*Megachile*）、壁蜂（*Osmia*）、无刺蜂（*Trigona*）、麦蜂（*Melipona*）、彩带蜂（*Nomia*）等蜂类授粉昆虫，为设施农业中的作物、早春寒冷地区果树、茄科植物、豆科牧草等授粉。

3. 蜜蜂产品应用研究的发展趋势

蜜蜂产品味美且营养保健、医疗功能独特，以蜂产品的功能可分为两大类——食品和药品。

（1）蜜蜂产品在保健食品中的发展。作为食品的蜂产品主要有蜂蜜、蜂王浆、蜂花粉、蜜蜂虫蛹，它们具有较强的保健功能，但均不是专治某一疾病的药物，所以这些一类的蜂产品主要功能还是食品。作为保健食品的蜂产品，在研发中需要关注的问题主要是：①保持蜂产品特有的风味和品质，需要研究蜂产品在加工、包装、贮运中相关成分的变化规律，保持蜂产品的新鲜度；②保持蜂产品特有的保健功效，研究蜂产品中具有对人体保健功能的有效成分，以及有效成分的保健生理机制，研究有效成分的降解规律和保持蜂产品功效的技术；③开发功能强效的保健产品，研究蜂产品保健成分的高效提取技术和配方。

（2）蜜蜂产品在药品中的发展。可能作为药品应用的蜂产品主要有蜂毒和蜂胶，这两种蜂产品成分复杂，作用独特。此外，蜂王浆和蜂花粉也存在能够治疗疾病的药物成分。

蜂毒是由工蜂毒腺分泌、贮存在毒囊中的毒液，在排出体外时混入易挥发的附腺物质。大多数蜂毒产品原料是挥发后的固态蜂毒，基本不含附腺物质。蜂毒的主要成分是多肽类、酶类和组胺类物质，具亲神经性、抗凝血、抗炎免疫活性、抗辐射、抗肿瘤、溶血等作用。蜂毒的这些生物活性的机理，以及蜂毒中有效成分的功能还不太清楚。研究蜂毒成分的药理功能以及各成分间的协同作用，是开发蜂毒药物制品的重要基础。

蜂胶的主要物质是蜜蜂从植物上采集来的树胶和树脂，其主要成分因不同胶源植物差别很大，因此也意味着不同蜂胶的药理作用不完全一样。蜂胶的主要成分包括黄酮类、萜烯类、醌类、酯类、醇类、醛类、酚类、氨基酸类、酶类、多糖类等有机物。主要的生物活性是抗氧化、抗病原微生物、抗炎、抗肿瘤、免疫调节、降血糖、降血脂、局部麻醉、镇痛等作用。不同蜂胶的成分差别，导致其作用有所不同，要开发有效的以蜂胶为主要成分的药品，必须研究解决以下几方面的问题：①主要蜂胶的种类和产地；②各种蜂胶的成分特点；③蜂胶有效成分和各有效成分的生理和药理功能；④蜂胶有效成分在生产、加工、贮运过程中的降解规律；⑤根据不同蜂胶成分及功能特点，研究开发突出功效的蜂胶产品；⑥研究开发提取蜂胶中某一有效成分的技术和工艺，研发各有效成分的组配，形成具有治疗特定疾病的药品。

蜂王浆是青年工蜂头部王浆腺分泌的白色浆状物质，是蜂群中蜂王和小幼虫的食物。蜂王浆具有非常独特的生物学作用。蜂王与工蜂的差别就在于蜂王整个发育阶段都取食蜂王浆，而工蜂只在小幼虫阶段取食 3d 的蜂王浆，从卵发育到成虫蜂王只需要 16d，工蜂需要 20～21d，自然寿命蜂王为 5 年以上，工蜂只有一个月。蜂王在产卵高峰期，取食蜂王浆后一昼夜所产的卵总重超过自身体重。蜂王浆什么成分如此奇特，直至现在仍未完全清楚。这个问题的解决对人类的健康的贡献有重要意义。

蜂花粉富含蛋白质、氨基酸、碳水化合物、维生素、脂类、黄酮等生物活性物质，有效成分极丰富。蜂花粉具有抗前列腺增生、抗氧化、抗疲劳、调节血脂、增强免疫等作用。来源于不同植物的花粉，有效成分会有所差异。开发蜂花粉特有功能的药品，需要深入研究特定药理功能的成分，如抗前列腺增生；研究特定成分的提出技术与工艺；研究特定功能药品的制剂与配方。

（周冰峰）

二、养蜂生产现状与发展趋势

近几十年来，世界养蜂业稳步发展，目前人工饲养蜂群数量约为7 000万群，其中以西方蜜蜂饲养为主，分布于除南极洲之外六大洲。各大洲养蜂发展极不平衡，欧洲养蜂历史悠久，养蜂现代化程度高，养蜂技术先进，但是蜂群密度最高，蜂蜜单产不高；美洲和大洋洲养蜂历史最短，但发展速度快，养蜂机械化、集约化程度高，养蜂效益突出；亚洲与非洲除了极少数国家之外，普遍使用旧法饲养蜜蜂，养蜂技术落后，生产水平与蜂蜜产量均较低。中国作为世界蜜蜂养殖量最多的国家，养蜂者为了从有限的蜜粉源资源中获得更多的经济效益，普遍选择精细的养殖方式，机械化、规模化、集约化程度相对较低。

国际养蜂发达国家普遍采用先进养蜂方式，专业蜂场规模化程度较高，蜂群数量普遍在500群以上，有的甚至拥有数千群。蜂场普遍采用多箱体蜂箱养蜂，并设置多个放蜂点，每个放蜂点饲养几十群到一百多群不等，放蜂点不需要人去看守。多箱体饲养选择两个巢箱，使用两个蜂王进行繁殖，根据工蜂数量和采集蜂蜜的情况，在巢箱上面叠加装满空脾和巢础的多个浅继箱供蜂群贮蜜。多箱体养蜂有足够的巢脾供蜂王产卵和蜂群贮蜜贮粉，蜂群繁殖迅速，群势强，蜜蜂进蜜的速度快，数量大。当巢箱上面第一个浅继箱贮满蜂蜜后，叠加第二个继箱供蜂群继续贮蜜，原有的蜂蜜让工蜂充分酿造成熟。等到第二个继箱贮满蜂蜜后，再添加第三个继箱，并依此类推。当主要蜜源花期结束后，养蜂者只收取各继箱中成熟的封盖蜜脾，拉回取蜜车间分离。此外，笼蜂生产方式在养蜂发达国家十分流行，特别在北美国家，为了减少越冬期间的饲料损耗，北方很多专业蜂场在春季向南方购买笼蜂来补充削弱的越冬蜂群，这种饲养方式往往能够使蜂群蜂蜜单产很高，使养蜂者获得很好的经济效益。

国外规模化的专业蜂场都是向专门从事蜂种培育的育王场进行购买蜂王，蜂种供给的集约化也是发达国家养蜂业的一大特点。如美国达旦父子蜂业公司在美国农业部蜜蜂品种研究中心指导下选育自交系和选配优良双交蜂种，供应给全美200多个专业蜜蜂育王场，由育王场培育双交种蜂王，并销售给美国和加拿大等国的专业蜂场使用，每年这些育王场可以生产出100万只产卵蜂王，满足规模化蜂场的需求。

蜂机具的机械化、现代化是发达国家养蜂业的另一个特点，大型规模化专业蜂场普遍实现运输与取蜜的全面机械化。规模蜂场大多都有专业的运蜂车，可轻易地将蜜蜂转运到蜜源场地，同时很多企业蜂场都建有采蜜车间，安装着割蜜盖机、辐射式分蜜机、蜜泵、压滤机、蜜蜡机、热风机等。贮蜜继箱用吹蜂机脱蜂后，运回采蜜车间进行了分离与包装。专业蜂场养蜂及蜂产品生产过程机械化，极大提高了养蜂生产效率，使规模化饲养成为可能。

总的来说，养蜂发达国家的专业蜂场基本都已实现蜂群饲养方式规模化、蜂种供应集约化及蜂机具的全面机械化。蜂种集约化和蜂机具机械化使养蜂者规模化饲养成为可能，而大型规模化蜂场又促进了蜂种集约化培育与蜂机具的全面机械化，这也是今后养蜂业发展的必然趋势。

蜜蜂授粉在养蜂发达国家普遍得到充分重视，政府采取一系列优惠政策鼓励农场和果园租蜂进行作物授粉，蜜蜂授粉已经基本实现产业化。如美国蜜蜂授粉的农作物占总量的1/3以上，全美240万群蜂，每年受雇给作物授粉的达到200万群。东欧部分国家为保证蜜蜂授粉，规定在蜜源利用上实行统一分配，动员所有蜂群有计划地转地为农作物授粉，并免费提供运输报酬。有关资料显示，美国每年蜜蜂授粉经济价值在150亿～200亿美元，比蜂产品效益高140倍，蜂群授粉服务价格逐年递增，2005年已达到每群75美元，成为养蜂者主要的收入来源。

由于蜜源条件与饲养方式的差异，很多国家专业蜂场不生产蜂王浆，蜂蜜是其最主要的产品。蜂蜜在封盖巢房中熟化的时间比较长，天然成熟，浓度比较高，水分含量普遍在17%以下。蜂蜜从蜂箱中取出后，直接进入取蜜车间分离，分离的蜂蜜只需要经过简单过滤即可装瓶上市，不需要人工进行浓缩。国外大型养蜂场基本上都有自己的销售网点，自己分装上市。中小规模蜂场所生产的蜂蜜，需要专门的大型分装公司去分装上市。这类公司收购天然成熟蜂蜜的价格很高，要求也很严格，所以国外养蜂生产的蜂蜜质量相对比较好。

近十几年来，蜂胶消费量大幅增加，其中巴西蜂胶生产发展迅速，已成为仅次于中国的蜂胶生产大国。巴西养蜂者普遍使用专门制作的集胶器生产蜂胶，同时由于当地胶源植物十分丰富，使用蜂种又是采集能力特别强的非洲化蜜蜂，故巴西群产蜂胶量较高，蜂群年采蜂胶量可以达到1 000～1 500g。巴西绿系蜂胶的胶源植物主要是酒神菊树，其蜂胶中黄酮类及多酚含量不足中国蜂胶的1/2，但是其萜烯类与β-香豆酸衍生物含量比较高，特有成分"阿替比林"的含量在43.9mg/g左右，这是其他蜂胶中所没有的。因而巴西蜂胶有其一定的独特性，市场需求和价格比中国蜂胶高出很多。

很多国家通过立法严格控制从其他国家进口蜜蜂，以杜绝蜜蜂各种传染病引入与传播，并且实施严格的蜜蜂检疫制度，减少蜜蜂疾病的危害。各国对蜜蜂疾病治疗实施休药期制度，规定在主要流蜜期前一段时间停止使用药物，以免污染蜂产品。目前各种蜜蜂疾病在各国均有存在，其中雅氏瓦螨仍是危害各国蜜蜂的主要病害。此外，2006年冬季至2007年春季，北美、欧洲及澳大利亚等国突发蜂群崩溃失调病（CCD），造成大量工蜂死亡，原因不清。

（吉挺）

三、主要发达国家蜂业概况

半个世纪以来，世界养蜂业有了长足的发展。据统计，2011 年世界蜂群总量约 7 820.2 万群，分布在五大洲。2010 年，蜂群拥有量排行前十名的国家是印度、中国、土耳其、埃塞俄比亚、伊朗、俄罗斯、阿根廷、坦桑尼亚、肯尼亚和美国。中国是世界养蜂大国，也是蜂产品生产及出口大国；阿根廷拥有丰富的资源，是目前出口蜂蜜最多的国家；美国、加拿大和澳大利亚的养蜂历史最短，但养蜂机械化水平最高；欧洲养蜂历史悠久，蜂群密度高，蜂蜜产量低，但进口量、消费量高；非洲除埃及和南非外，大多沿袭旧法饲养。20 世纪 80 年代世界蜂蜜总产量为 96 万 t，90 年代为 110 万 t，21 世纪初为 125 万 t，2011 年蜂蜜总产量达到 163 万 t。据 2011 年统计，蜂蜜产量在 5 万 t 以上的国家有中国、土耳其、乌克兰、美国、俄罗斯、印度、阿根廷、墨西哥和埃塞俄比亚。产量分别是 446 089、94 245、70 300、67 000、60 010、60 000、59 000、57 783 和 53 675t。主要蜂蜜出口国是中国、阿根廷和墨西哥；主要蜂蜜进口国是德国、美国、英国、法国、日本和意大利等。不同洲、不同国别，养蜂业的发展有着不同的特点和差异。

（一）美国蜂业生产概况

美国养蜂业发达，目前是世界第 2 大蜂蜜进口国和第 4 大蜂蜜生产国，也是世界最大的蜂蜜消费国之一，美国蜂蜜的生产和贸易在世界蜂蜜生产和贸易额中占有十分重要的地位。美国养蜂业发达，技术先进，养蜂产业规模化、专业化、机械化和蜜蜂授粉产业化程度高。政府扶持蜜蜂授粉，并对蜂业实施抵押贷款政策，促进养蜂发展。

目前，美国饲养的主要蜂种是意大利蜂，其次是卡尼鄂拉蜂，以及这两个蜂种不同品系的杂交种，也有一部分高加索蜂。2011 年有蜂 249.1 万群，生产蜂蜜 6.7 万 t，单产 26.9kg；养蜂人数约 12 万，从事商业养蜂或业余养蜂。商业养蜂拥有蜂群数量在千群之上，所生产的蜂蜜占全国总产量的 70% 以上；业余养蜂者平均拥有蜂群数多为几百群，产量占 20%；10% 的百群以下的养蜂爱好者生产的蜂蜜产量约占全国总量的 10%。养蜂者普遍采用多箱体蜂箱养蜂模式，生产转地机械化。全国有 200 多家育王场和种蜂繁殖场，每年可生产 100 万只产卵蜂王和 50 万笼笼蜂（约 500t 蜜蜂），供应美国北方和加拿大。美国通过立法禁止从其他国家进口蜜蜂，以防止蜜蜂传染病的侵入和传播，同时，各大州实施检疫制度。主要疫病是欧洲幼虫腐臭病、美洲幼虫腐臭病、孢子虫病、武氏蜂盾螨、雅氏瓦螨、白垩病等，主要蜂药是土霉素、环氧乙烷消毒剂、烟曲霉素、氟胺氰菊酯、冰醋酸。

（二）德国蜂业生产概况

养蜂是德国一项古老而重要的饲养业。早在卡罗大帝（742～814 年）时代就颁布了保护养蜂业的命令，要求官吏了解养蜂业的实际情况。《萨克逊法》规定了盗窃蜂群将处以价值 6 倍的罚款。卡罗九世（1316～1378 年）于 1350 年发布一项森林养蜂法，规定在皇家园林内的养蜂人免征商品税，而且可以砍伐生活所需的木柴。目前，德国蜂蜜质量标准及养蜂规范除了参照 CAC 标准及欧盟标准之外，还有相关的蜂蜜法律，严格执行欧盟关于蜂蜜的指令和守则：如蜂蜜检测项目 96/23/EC 指令；蜂蜜 2001/110/EC 指令；药物有效成分残留守则 2377/90；食品安全守则 178/02；农药守则 396/05；卫生守则 852/04 853/04 和 854/04 和第三国/代理决议列表 2006/208/ECTS 等，从而进一步促进了德国的养蜂发展。1857 年德国专家 J. 梅林开始用平面巢础压印器压制人工巢础，为蜜蜂造脾提供了方便，推动了德国养蜂业的发展。

目前德国主要饲养卡尼鄂拉蜂，以及本土的欧洲黑蜂。育王产业比较发达。业余饲养 6～8 群蜜蜂，放在庭院内；副业养蜂 20～120 群，以增加收入；专业养蜂 120～200 群，多数进行转地放蜂。2011 年约 10 万人养蜂 63.2 万群，单产 12kg，总产量 2.5 万 t 左右，人均消费 1kg 以上。德国不是一个养蜂大国，但是一个蜂产品消费和进口大国，是一个前景可观的蜂产品大市场。

（三）俄罗斯蜂业生产概况

俄罗斯地跨欧亚两大洲，是世界上最大的国家，面积 17 075 400 km²，人口 1.433 亿，人口密度为 8.3 人/km²。

俄罗斯饲养的蜜蜂品种为远东黑蜂，也有俄罗斯蜂和乌克兰蜂杂交蜂种，远东黑蜂对蜂螨具有抗性。自 2000 年以来，蜂群数量保持在 304 万～350 万群，均采用俄式 12 框蜂箱，部分为 24 框卧式箱，使用 4 框自动换面分蜜机摇蜜，专门放蜂车运输蜂群，年产蜂蜜 5 万～6 万 t，单产 14～19.67kg/群。主产椴树蜜、胡枝子蜜和山花蜜。另外，还生产花粉。每千克蜂蜜价格为 100～120 卢布（白糖为每千克 30～50 卢布），良好的蜂蜜价格是俄罗斯蜂业发展的基础。俄罗斯农业科学院远东分院滨海边区农科所从事蜂业科研工作，还设有养蜂生产联合体。另外，位于布拉戈维申斯克市的远东区域兽医研究所也设有蜂病研究室和中心实验室。

（四）澳大利亚蜂业生产概况

澳大利亚养蜂业由 6 个州（新南威尔士州、昆士兰州、维多利亚州、南澳大利亚州、西澳大利亚州和塔斯马尼亚岛）以及两个地区（北部地区和澳大利亚首府地区）的养蜂队伍组成，大部分是业余养蜂，少部分是专业养蜂。养蜂生产主要集中在澳大利亚东南部的温带区域，即从昆士兰州南部一直延伸到维多利亚州中部。该地区拥有全国 80% 的蜂群和养蜂者。大部分商业蜂王和包装出售的蜜蜂也来自于该地区。据澳大利亚官方不完全统计，目前，全国注册登记的蜜蜂饲养量约 60 万群，主要是意大利蜂，少量喀蜂。年蜂蜜总产量 1.5 万～1.9 万 t，通常 25%～30% 的蜂蜜年产量用于出口。另外，还生产蜂蜡、蜂花粉、蜂王，繁殖笼蜂和授粉，部分也生产蜂王浆和巢蜜。市场蜂蜜平均价格约每 500g 售价 5.43 澳元，相当于 33.66 元人民币；蜂王浆、蜂胶产品在市场上也很流行。

澳大利亚拥有丰富的蜜源植物，桉树是澳大利亚最具特色的重要蜜源植物。除此之外，常绿树、胡椒薄荷、哈克木属植物、蒲公英、大蓟、紫花苜蓿，尤其是辽阔的天然牧场上的各种各样的牧草、野花等，一年四季，鲜花竞相斗艳，为蜜蜂提供了用不完采不尽的资源。而在国家蜜源资源保护区放蜂的，规定必须是养蜂团体，而且要付税。澳大利亚是世界上唯一没有蜂螨的国家，但是，其他世界上主要的蜜蜂疾病仍存在，尤其是蜂巢小甲虫的危害比较严重。

澳大利亚政府将养蜂业视为现代农业中不可缺少的一个重要部分，积极倡导蜜蜂为农作物、果树、牧草授粉；澳大利亚农业部对养蜂实行注册登记，制定法规，按规定使用农药，以保护蜜蜂。1963 年，澳大利亚政府成立了国家蜂蜜管理局，并在各蜂蜜主产州设分处，专门监督控制蜂蜜出口，提高出口蜂蜜质量。

(五) 加拿大蜂业生产概况

加拿大位于北半球，寒冷的气候条件对其养蜂业有较大影响。但由于国内蜜源植物丰富，蜂蜜产量普遍较高。现代化、高效率和规模化是加拿大养蜂业的特点，蜂蜜平均单产在 50kg 以上，主要饲养意大利蜂和高加索蜂。20 世纪美国大量生产笼蜂以后，每年都从美国进口 30 多万笼笼蜂。主要蜜源植物在农牧区有白车轴草、红车轴草、杂种车轴草、草木樨和紫苜蓿。70 年代以来油菜种植面积迅速扩大，成为主要蜜源之一。林区蜜源主要为椴树、柳树、柳兰以及果树。

2011 年加拿大蜂群数量为 617 264 群，约有 1.13 万名养蜂者，生产蜂蜜 3.5 万 t，单产 57.54kg。

蜜蜂授粉对加拿大农业起着重要作用，在东北部的皮斯河地区是世界著名的蜂蜜高产区，那里夏季气候温暖，日照时间长，种植有大面积的紫苜蓿、三叶草、油菜和野豌豆，泌蜜量大，通常每个蜜源流蜜期每群蜂平均产蜜 90kg，最好的蜂群则高达 180kg。在不列颠哥伦比亚南部的弗雷泽山谷是葡萄和蓝莓产区，需要蜜蜂授粉。在不列颠哥伦比亚、安大略、魁北克和沿海还有樱桃、桃、梨、李、草莓、越橘、甜瓜和黄瓜以及少数需要授粉的植物。在这些省份，每到春季，都有大量的蜂群被出租用于授粉，这样每群蜂除 35~50kg 蜂蜜的收获外，还可获得因为出租蜂群授粉而获得的每群 25~45 美元的收入。

农业和农业食品部负责管理省养蜂生产。蜂场需要注册，蜂群省内跨区转地放蜂或从其他省转地而来的蜂群需持有许可证和蜂群健康检测证明，在蜂群遭受损失时，政府会给予补偿。1953 年加拿大农业部在阿尔伯达省建立了贝维尔罗哥研究站，其中的养蜂研究系研究蜜蜂行为、饲养技术和蜜蜂病理。圭尔夫大学环境生物学系研究植物的花蜜分泌、花蜜成分、果树和牧草授粉，提出了蜂蜜的采收和加工技术。马尼托巴大学昆虫系研究了蜜蜂迷巢现象，提出了防止迷巢的蜂群陈列方法、笼蜂的过箱和饲养技术、人工育王技术等。泛太华农业实验站对蜜蜂幼虫病和孢子虫病的药剂防治、巢脾消毒的研究作出了贡献。圭尔夫大学、马尼托巴大学、多伦多大学和西蒙福莱色大学培养高级养蜂科技人才，同时开展科学研究。加拿大养蜂家协会在各省都有分会。由养蜂家协会和省分会代表、蜂蜜加工厂代表、蜂具厂代表组成加拿大养蜂咨询委员会，负责向政府提出发展养蜂业的建议和措施。

（六）阿根廷蜂业生产概况

阿根廷是位于南美洲南部的一个联邦共和制国家，其自然资源丰富、受高等教育人口多，农业以出口为导向，工业基础多样，领土面积约为 278.04km²。北部属亚热带湿润气候，中部属亚热带和热带沙漠气候，南部为温带大陆性气候，大部分地区年平均温度为 16～23℃。潘帕斯草原集中了阿根廷 80% 的蜂群。阿根廷有丰富的蜜粉源资源，全国三个蜜源区为东部平原地区、北部或亚热带区和南部草原地区。东部平原地区包括布宜诺斯艾利斯省、恩特雷里奥斯省、科尔多瓦省东部和圣菲省东部，以及拉普拉塔河和巴拉那河流域、德尔塔岛。该地区面积大，地势平坦，年降水量 800～1 000mm，适合植被的生长，是阿根廷的主要产蜜区。全国 80% 以上蜂群集中于此生产蜂蜜，蜂蜜产量占全国总产量的 80%。

阿根廷养蜂历史有 400 年左右，主要饲养意大利蜂、卡尼鄂拉蜂。全国蜂群总数在 290 万群左右，约有 2.8 万养蜂者，分为业余养蜂和专业养蜂两种，其中业余养蜂者数量较多，一般拥有 50～200 群蜜蜂。49% 的养蜂者饲养蜂群在 50 群以下，22% 的饲养者饲养蜂群在 50～100 群，18% 在 100～300 群，6% 在 300～500 群，5% 的专业养蜂者拥有蜂群 500 箱以上，有的甚至拥有数千群。专业养蜂者通常雇用一定数量的雇员，使用较为先进的养蜂机具进行蜂蜜生产。

阿根廷的蜂业生产以生产蜂蜜为主，年生产蜂蜜 5.9 万～11 万 t，单产 19.87～37.93kg/群。蜂蜜主要生产时间从 10 月到次年 3 月，约 6 个月。除生产蜂蜜外，阿根廷也生产一些商品花粉，部分蜂场也兼培育蜂王。授粉的推广不太普遍，蜂农授粉时得不到授粉费用，在 Santigo 地区蜂农还要付费给农民。

蜂螨和美洲幼虫腐臭病是阿根廷蜂业生产中的主要病虫害，其中螨害最严重，美洲幼虫腐臭病只在局部地区发生。蜂农对螨害的控制主要使用双甲脒和氟氯苯菊酯。

阿根廷政府重视发展养蜂业，为养蜂业制定了很多优惠政策和补贴。阿根廷农业部负责农业、畜牧业和水产的管理。国家食品质量局（SENASA）负责监督认证动物和蔬菜产品及其副产品，也负责动物疫病。蜜蜂疾病的检疫由 SENASA 负责。阿根廷实行养蜂员登记注册制度，20 群蜂以上的蜂场必须到国家养蜂员登记处（RENABAC）注册。专业养蜂员如果转地，也需要到 RENABAC 登记。RENABAC 统一协调放蜂场地。阿根廷法律规定，每个蜂场的蜂群数量不超过 70 群，以减少疫病传播。为提高蜂蜜质量，阿根廷对蜂群已经实行可溯源管理，注册的养蜂员都有专属于自己的数字编号，这个编号由政府统一编码。蜂箱内的每个巢框框梁上和蜂箱外面均有该编号。这样，既可以防止蜂群丢失，也可以通过这个编号，查出这群蜂甚至这框蜂的主人。

阿根廷法律规定，专业养蜂要交税，不论产品是否出口，只要是专业养蜂均需交税，税率为 10%。

（刁青云）

第三节　世界养蜂授粉发展现状与趋势

在自然界长期协同进化过程中，虫媒植物和传粉昆虫逐渐形成了相互依赖的关系。传粉昆虫依赖虫媒植物获取花粉、花蜜作为食物来源，而虫媒植物则依赖传粉昆虫访花进行授粉受精。多数农作物的有性繁殖依赖于昆虫授粉，在众多传粉昆虫中，蜜蜂无疑是理想的传粉者。蜜蜂授粉可以显著提高农作物产量、改善果实品质，随着现代农业的发展，蜜蜂授粉作为一项增产措施得到越来越多的重视。

一、农作物蜜蜂授粉的依赖程度

农作物对昆虫授粉依赖性参数的引入是为了应用生物经济学的方法更准确地评估昆虫授粉对农作物产生的经济价值。Klein 等把农作物生产对授粉昆虫的依赖作用分成 5 个级别：无作用（无授粉昆虫作物不减产），作用较小（无授粉昆虫作物减产 0%～10%），作用中等（无授粉昆虫作物减产 10%～40%），作用较大（无授粉昆虫作物减产 40%～90%），不可缺少（无授粉昆虫作物减产＞90%），5 个级别作物对授粉昆虫依赖性，其依赖性 D 值分别为 0、0.05、0.25、0.65、0.95。

世界上主要农作物 85% 都依赖于蜜蜂等昆虫授粉，作物通过昆虫授粉可以提高产量，改善果实和种子品质，提高后代的生活力，尤其是油料作物、蔬菜类、水果类和坚果类等蜜蜂授粉的效果尤为显著。尽管双翅目的蝇类、鳞翅目的蝶类和鞘翅目的甲虫类等许多昆虫都可为农作物授粉。但是，膜翅目的蜂类具有独特的形态结构和生物学特性，在授粉昆虫中占绝对的主导地位，是农作物最理想的授粉者。近 20 年来，由于生态环境遭到破坏，全球授粉昆虫种群数量显著下降，引起世界各国对授粉昆虫的高度关注。同时，依赖蜜蜂授粉来提高作物的产量和品质的重要性也逐渐被人们所认识。

2007 年，Klein 等根据联合国粮农组织（FAO）的数据分析与食品直接相关的 107 种主要农作物对蜜蜂等昆虫授粉的依赖程度。结果表明，在这 107 种农作物中，有 91 种依赖于蜜蜂等昆虫授粉。2009 年，Gallai 等根据联合国粮农组织（FAO）对世界农作物种植区系的划分，分析了蜜蜂等昆虫授粉在全球农业生产中的地位。结果表明，世界各个地区的农作物生产都依赖于蜜蜂等昆虫授粉。其中，中东亚地区农作物依赖授粉的程度最高。作物种类属性不同，对蜜蜂授粉的依赖程度也不一样，其中，刺激类作物（咖啡、可可豆、可乐树和茶等）依赖蜜蜂等昆虫授粉的程度为36.8%；坚果类作物蜜蜂等昆虫授粉的贡献为31%；水果类、蔬菜类和油料作物等在全球农产品总产值中占有较大的比重，这几类作物蜜蜂等昆虫授粉的贡献为12.2%～23.1%；豆类作物昆虫授粉的贡献仅占4.3%；香料作物占2.7%；而谷类作物、糖料作物和薯类作物不依赖蜜蜂授粉。

二、世界各地蜜蜂授粉现状

(一) 美国

美国对蜜蜂授粉最为重视，应用得最好。近十几年来蜜蜂授粉工作得到迅速发展，已达专业化和产业化水平，养蜂者已将授粉收入列为养蜂的一项经济来源，其养蜂经济收入90%是依靠蜜蜂授粉。

美国依赖蜜蜂授粉程度最强，蜜蜂授粉在其农业生产中占据十分重要的地位。在美国，直接依赖昆虫授粉的作物（苹果、杏仁、蓝莓和葫芦等）种植面积（hm²）和作物产量（t）自1992年开始持续增长，到1999年基本保持不变。直接依赖昆虫授粉的作物产值从1996年142.9亿美元开始下降，2001年是106.9亿美元，随后逐年增多，到2009年已经达到151.2亿美元。到2009年，蜜蜂授粉者和非蜜蜂授粉者所获得经济价值分别达到116.8亿美元和34.4亿美元。从1992年到1999年，通过昆虫授粉的农作物（间接依赖授粉的作物：豆科干草、胡萝卜和洋葱等）的耕种面积基本保持稳定。但此后由于耕地面积开始下降，间接依赖昆虫授粉的作物经济价值从1996年的154.5亿美元下降到2004年的120亿美元，此后又呈上升趋势。间接依赖蜜蜂授粉和非蜜蜂授粉的作物，产生的经济价值从1996年开始下降，到2009年分别为53.9亿美元和11.5亿美元。

为了保护养蜂业，充分发挥蜜蜂授粉的增产作用，美国在20世纪70年代，法律规定因施用化学农药造成蜜蜂中毒死亡的，施药者给每群蜂赔偿20美元。

(二) 欧洲

欧洲对家养蜜蜂传粉的研究工作极为重视，对蜜蜂授粉的研究和利用方面起步较早，规模较大，同时许多国家还成立了蜜蜂授粉服务机构。欧洲议会STOA（Scientific and Technical Options Assesment）投入大量的人力和物力对欧洲各国授粉蜜蜂、野生蜂和其他昆虫进行了详细调查研究，对蜜蜂和其他昆虫赖以生存的环境进行了考察，对利用蜜蜂和其他昆虫进行授粉的现状也进行了研究。例如，德国全国仅果树一项，每年就投入30万群蜜蜂授粉；意大利果农租蜜蜂为果树授粉很普遍，果园农场租用蜜蜂授粉，每箱蜜蜂一个花期支付2 500～3 000里拉（100里拉约合0.051 65欧元）；苏联是世界上蜜蜂数量最多的国家，约800万群蜜蜂，早在1931年全苏列宁农业科学院养蜂研究所就把蜜蜂授粉作为农作物增产的一项措施；法国在1970年大约有20万群蜜蜂给农作物授粉，主要应用在果树和油菜上，发展很快，每群蜜蜂的租金为30法郎，蜜蜂授粉使农业增产的总价值为500万法郎。

（三）亚洲

亚洲养蜂，从早期屈指可数的几个国家，发展到20世纪60年代的14个国家，到21世纪已有30多个国家注重发展养蜂，各国蜂群数量虽不尽相同，但均呈上升趋势。据WTO统计，亚洲拥有万群蜜蜂以上的国家约有20多个。

1. 100万群蜜蜂的国家

中国877.12万群，占世界总量（64 463 016群）的13.6%，占亚洲蜂群总量（21 178 906群）的41.5%，不仅居亚洲首位而且居世界首位；土耳其488.896万群，位居亚洲第二；伊朗350.0万群，排行第三；韩国188.951 4万群，位居第四。

2. 10万～100万群的国家

叙利亚39.5万群、越南22.1万群、日本18.4万群、格鲁吉亚18.38万群、亚美尼亚17.071 6万群、巴基斯坦14.4万群、阿塞拜疆12.636 2万群、乌兹别克斯坦12.0万群、塔吉克斯坦11.864 8万群、黎巴嫩11.5万群等。

3. 10万群以下的国家

以色列9.0万群、吉尔吉斯斯坦8.012 4万群、也门5.38万群、约旦4.5万群、塞浦路斯4.0万群、阿曼3.521 7万群、东帝汶2.0万群、缅甸1.8万群、蒙古国0.261 7万群等。

4. 位居亚洲前10位的国家

步入21世纪以来，较稳定的蜂群数量位于前10位的亚洲国家主要是：中国、土耳其、印度、伊朗、韩国、叙利亚、日本、越南、巴基斯坦、格鲁吉亚。这些国家为亚洲蜂业的快速发展作出了贡献。

在亚洲蜜蜂为农作物授粉产业滞后，与欧洲、美洲相差甚远，只有少部分亚洲国家的养蜂生产主要用于授粉，如日本，是亚洲蜜蜂授粉工作开展最好的国家，日本利用蜜蜂对很多种作物，尤其是对各种水果进行授粉，大大提高了水果的产量与质量。日本蜜蜂用于草莓授粉，增产幅度最高的竟达1 000%，整个日本草莓业因蜜蜂授粉而受益。

日本在1955年颁布的《日本振兴养蜂法》就明确提出利用蜜蜂为农作物授粉，提高农作物的产量，增加收入。1984年，全国出租用于草莓授粉的蜜蜂就有74 300群，用于温室甜瓜授粉的有17 200群，为果树授粉的有20 700群，为其他温室外作物授粉的有2 360群。目前，日本出租用于授粉的蜂群有10万余群，几乎占总蜂群数的一半。用于出租的蜂群都是带有产卵王的分蜂群，群势4～6框，每箱蜂租赁费用为1.1万～1.5万日元，租用时间大约为3个月，在租用期间，养蜂者负责管理蜂群。

目前，发达国家在授粉机理的理论研究方面引入了许多新技术、新方法。触角电位技术（EAG）和之后发展起来的气相色谱——触角电位连用技术（GC-EAD）和单细胞电位记录技术把这一领域的研究推到新的高度。在蜜蜂授粉的应用（如蜂的饲养与繁殖、放蜂时间、方式、方法等）研究方面，欧美国家已建立了一整套措施，并将其广泛应用于作物、水果、牧草、花卉等各种作物。

三、蜜蜂授粉的经济价值

蜜蜂授粉具有极大的经济价值。Costanza 等（1997）对全球包括授粉在内的生态服务系统价值进行了评估，结果发现全球每年授粉服务的价值高达 1 170 亿美元。2009 年，Gallai 等则对全球 100 种人类直接食用作物的授粉服务经济价值进行了评估，发现蜜蜂等昆虫为全球农作物授粉的增产价值达 1 530 亿欧元，相当于 2005 年全球人类食用农产品价值（约为 16 180 亿欧元）的 9.5%。

（一）蜜蜂授粉经济价值的评估方法

通过对农业蜜蜂授粉的经济价值评估，研究蜜蜂授粉与农业生产的关系，为明确养蜂业在农业生产中的经济地位，推动养蜂扶持政策发展提供理论支撑。目前，评估蜜蜂授粉经济价值的方法主要有以下四种。

1. 产值估价法

通过计算授粉作物的总价值来简单地评估蜜蜂授粉的经济价值的方法。这是最初人们研究蜜蜂授粉价值常用的方法。19 世纪末 20 世纪初，学者们通过简单的观察，认为蜜蜂授粉的内在价值为产蜜的 2 倍。也有学者通过研究，提出了蜜蜂授粉内在价值为产蜜价值 5 倍的说法。由于这种方法过于简单，且主观性强，缺少科学依据，目前已经很少有人用这种方法了。

2. 蜜蜂依存度市场估价法

由于蜜蜂授粉价值的大小往往与作物生产对蜜蜂授粉的依赖程度直接相关。为了更加准确地了解蜜蜂对农作物生产的真实影响，一些学者尝试引进依存度（Dependence）这一概念，试图更加精确地评估蜜蜂授粉的经济价值。依存度是指农作物对传粉者（蜜蜂）的依赖程度。引进依存度这一概念，使评估蜜蜂授粉的经济价值更加科学。蜜蜂授粉的经济价值就等于各种作物的产值与该作物的蜜蜂授粉依存度乘积之和。Robinson 等为准确评估蜜蜂授粉对农作物的效益，构建了如下模型：

$$V_{hb} = \sum_{i=1}^{i=n} (V_i \times D_i \times P_i)$$
$$D_i = (Y_{io} - Y_{ic})/Y_{io}$$

式中，V_{hb} 为每年蜜蜂为农作物授粉产生的经济价值，V_i 为农作物的年产值，D_i

为农作物昆虫授粉依存度，P_i 为农作物有效授粉昆虫中蜜蜂所占的比例，Y_{io} 为开放授粉区农作物产量或罩网有蜂区农作物产量，Y_{ic} 为无昆虫区作物的产量。则农作物蜜蜂授粉的经济价值为：

$$V_{hb} = \sum_{i=1}^{i=n} [V_i \times P_i \times (Y_{io} - Y_{ic})/Y_{io}]$$

可见，农作物蜜蜂授粉依存度（即作物昆虫授粉依存度与授粉昆虫中蜜蜂的比重之积）是研究蜜蜂授粉经济价值的关键所在。

采用这种方法研究的关键问题，一是作物产量和作物蜜蜂授粉依存度数据的可获得性和可靠性；另一个就是还隐含一个无限需求弹性的假定（授粉缺失前后产品价格不变），并将由于蜜蜂授粉缺失造成的产量减少而造成生产成本的降低算作授粉服务价值内（其实不应该包含），造成了对蜜蜂授粉对作物的价值评估有些夸大。

3. 替代市场法

上述两种方法都存在估计结果不是过高就是不准确的问题，因此，一些学者主张采用考察昆虫授粉的替代方法（如人工辅助授粉）作为研究昆虫授粉价值的方法。替代成本法主要评估可以通过人工系统进行替代的生态系统服务，如自然湿地污水处理功能可以通过昂贵的人工处理系统来（部分）替代。但是这种方法也有其局限性，一方面一些作物没有替代授粉可替代；另一方面，替代授粉方法的产量和质量与蜜蜂授粉完全一致很难达到。因此，这类方法很难在较大范围内应用，只能限于个例。

4. 条件价值法

一些学者还采用条件价值法（意愿调查法）对蜜蜂授粉价值进行研究。条件价值法是典型的陈述偏好法，用于评估通过假想市场体现的生态系统服务，主要通过描述不同状况，然后进行社会问卷调查。

（二）主要农作物蜜蜂授粉的经济价值

一种作物能否吸引蜜蜂，与其花朵的形态、颜色以及花粉和花蜜的成分有着重要的关系。一些作物如草莓蜜蜂喜欢光顾，但有些作物雄蕊较短，花的形态或颜色对蜜蜂吸引力不强，上访的蜜蜂就少。因此，作物种类属性不同，对蜜蜂授粉的依赖程度也不一样，其中，刺激类作物（咖啡、可可豆、可乐树和茶等）依赖蜜蜂等昆虫授粉的程度为 36.8%；坚果类作物蜜蜂等昆虫授粉的贡献为 31%；水果类、蔬菜类和油料作物等在全球农产品总产值中占有较大的比重，这几类作物蜜蜂等昆虫授粉的贡献为 12.2%～23.1%；豆类作物昆虫授粉的贡献仅占 4.3%；香料作物占 2.7%；而谷类作物、糖料作物和薯类作物不依赖蜜蜂授粉。但总体而言，蜜蜂等昆虫为全球农作物授粉每年增产的价值达 1 530 亿欧元（折合 2008 年 9 月 15 日的汇率约为 2 170 亿美元），占全球食用农产品总产值的 9.5%。如果授粉昆虫消失，全球每年将减少 1 900 亿～3 100 亿欧元农产品（表 2-1）。

表 2-1 不同农作物蜜蜂等昆虫授粉的贡献

作物分类	平均价格/ (欧元/1 000kg)	农产品总产值/ ×10⁹欧元	授粉产生的价值/ ×10⁹欧元	授粉的贡献/%
刺激类作物	1 225.0	19.0	7.0	36.8
坚果类	1 269.0	13.0	4.2	31.0
水果类	452.0	219.0	50.6	23.1
油料类	385.0	240.0	39.0	16.3
蔬菜类	468.0	418.0	50.9	12.2
豆类	515.0	24.0	1.0	4.3
香料类	1 003.0	7.0	0.2	2.7
谷类	139.0	312.0	0.0	0.0
糖料类	177.0	268.0	0.0	0.0
薯类	137.0	98.0	0.0	0.0
总和		1 618.0	152.9	

在现代化农业生产中，尤其是在设施生产中，蜜蜂授粉可代替繁重的人工授粉，降低社会成本。在设施瓜果类和水果类等生产过程中，蜜蜂授粉还可以取代2，4-D（2，4-二氯苯氧乙酸）等植物生长调节剂的使用，不仅可以促进坐果，提高产量，更为重要的是蜜蜂授粉改善了果实品质，避免了激素污染，有利于消费者的身心健康。利用蜜蜂授粉还可以进行农作物病虫害的生物防治，减少化学农药的使用。因此，利用蜜蜂对农作物进行授粉，不仅经济效益显著，而且社会效益和生态效益深远。

（三）主要国家或地区蜜蜂授粉的经济价值

2009 年，Gallai 等根据联合国粮农组织（FAO）对世界农作物种植区系的划分，分析了蜜蜂等昆虫授粉在全球农业生产中的地位。结果表明，世界各个地区的农作物生产都依赖于蜜蜂等昆虫授粉。其中，中东亚地区农作物依赖授粉的程度最高，蜜蜂等昆虫授粉的贡献占农业总产值的15%；中亚地区次之，蜜蜂等昆虫授粉的贡献占农产品总产值的14%；北非、西非、东亚、欧洲和北美等地区的蜜蜂授粉贡献值占农产品总产值的10%～12%；中非、南非、大洋洲、南亚、东南亚、南美和中美等地区的蜜蜂授粉贡献值占农产品总产值的6%～7%；东非地区农作物依赖蜜蜂等昆虫授粉的程度最低，蜜蜂等昆虫授粉的贡献仅占农产品总产值的5%（表 2-2）。

表 2-2　全球不同地区蜜蜂等昆虫授粉在农业生产中的贡献

地区	地理分布	农产品总产值/×10⁹欧元	授粉产生的价值/×10⁹欧元	授粉的贡献/%
非洲	中非	10.1	0.7	7
	东非	19.6	0.9	5
	北非	39.7	4.2	11
	南非	19.2	1.1	6
	西非	48.9	5.0	10
亚洲	中亚	11.8	1.7	14
	东亚	418.4	51.5	12
	中东亚	63.5	9.3	15
	大洋洲	18.8	1.3	7
	南亚	219.4	14.0	6
	东南亚	167.9	11.6	7
欧洲	欧盟（25国）	148.9	14.2	10
	非欧盟	67.8	7.8	12
北美	加拿大、美国、百慕大	125.7	14.4	11
南美和中美	中美洲和加勒比	51.1	3.5	7
	南美洲	187.7	11.6	6

四、蜜蜂授粉的发展前景

（一）蜜蜂授粉在生物防治中的应用

众多研究证明，蜜蜂不仅可用于授粉，还可作为生物防治作物病害的媒介。详见"第一章第三节蜜蜂授粉与生态发展概况"。

（二）培育"超级"授粉蜜蜂

近年来全球多个国家或地区发生了蜜蜂蜂群数量下降现象，据统计自 2006 年以来美国有 300 多万、世界各地有数十亿蜜蜂死亡，郊区城市化、杀虫剂、农药、虫害、蜜蜂营养不良、蜂群饲养管理不当、真菌感染、免疫力不足、转基因农作物、气候变暖、电磁波辐射等均有可能是造成蜜蜂死亡的原因。联合国的数据显示，螨虫与各种病毒共杀死了欧洲 10%～30% 的蜜蜂、美国 1/3 的蜜蜂、中东 85% 的蜜蜂。螨虫个头小且体形扁平，其会紧紧依附在成年蜜蜂的身体上，吮吸蜜蜂的血液，并慢慢杀死蜜蜂。更有甚者，螨虫也会伤害蜜蜂的幼虫，导致很多蜜蜂长大后身体不健全。

为了挽救这种非常重要的授粉昆虫，科学家们正在培育新的能对抗寒冷、疾病、螨虫和杀虫剂的"超级蜜蜂"。曼尼托巴大学的科学家在加拿大温尼伯地区发现了一些特殊的蜜蜂，其对螨虫具有抵抗力，科学家们将这些蜜蜂隔离出来，进行研究和培育，发现这些蜜蜂还能耐受温尼伯的寒冬，而欧洲蜜蜂则无此能力，很多蜜蜂甚至无法活过冬天。通过将强壮的蜜蜂与生病的蜜蜂分开，将卫生习惯最好、最喜欢打扫的蜂群与最抗病的蜜蜂结合起来，培育出新的蜂种可能是缓解蜂群数量减少的有效方法之一。

（三）其他授粉昆虫利用

家养蜜蜂和其他蜂类对不同农作物传粉效率之间的差异已得到多位研究者的重视。在世界范围中，为野生蜂类提供栖息场所的自然生态区面积缩小，已成为野生蜂类种群数量和依赖昆虫传粉的农作物产量降低的主要原因。虽然不依赖于自然生态区筑巢的家养蜜蜂可能在一定程度上减缓该类农作物产量的降低，但是研究发现在不同作物授粉家养蜜蜂的传粉效率并非都最高。在多种作物中，如蓝莓、南瓜、温室番茄、温室草莓、温室黄瓜、茄子等，采用不同蜂授粉，果实产量、品质、成熟期等有所不同。首先，日本开始对壁蜂属的几种野生壁蜂进行人工驯化研究；随后美国和欧洲各国为了满足果园种植业的不断发展及对果树商业授粉用蜜蜂的需要，在20世纪70年代初期从日本引进角额壁蜂为果树授粉，效果很好；苏联的波尔塔夫农业试验站，于1973年驯化当地野生红壁蜂，采取工厂化生产方式进行繁育，年繁殖量500万头，能保证供应1 500hm²的果树授粉。荷兰首先对熊蜂进行人工驯化，为温室内的番茄授粉。研究发现熊蜂在设施环境中授粉时，日工作时间长、访花频率高、单花访问时间长、能够较好适应低温环境，鲜有撞棚发生等。目前，熊蜂授粉被荷兰、日本、韩国、中国等世界许多国家广泛应用。至2004年，世界年熊蜂群的用量达100万箱。在美国和加拿大等畜牧业发达的国家，应用切叶蜂为苜蓿授粉已成为苜蓿种子生产过程中不可缺少的措施之一。

（吴杰）

第四节　世界蜂业科技发展现状及趋势

一、养蜂科研与教学

近20年来，蜂学科技发展，日新月异，围绕着养蜂生产、蜂产品开发利用以及蜜蜂为模式生物的基础生物学研究，取得了许多可喜的研究成果。

2002年，由美国国家人类基因组研究中心和美国农业部共同出资开展蜜蜂基因组测序工作，前后历经4年时间，耗资800万美元。该项工作极大地推动了蜂学基础研究的发展。在 2006 年 10 月 26 日出版的《Nature》杂志上，来自 15 个国家、64 个实验室的 170 名科学家公布了他们对蜜蜂基因组的测序和分析结果。在同一周出版的《Science》《PNAS》《Genome Research》等国际顶尖学术刊物上同时发表了多篇有关蜜蜂的进化、社会性行为、基因结构等方面的研究论文，而《Genome Research》和《Insect Mol Biol.》更是以蜜蜂专刊的形式分别发表了十多篇论文。蜜蜂是继人、鼠等首批测序生物之后的高优先级测序生物，已成为生物学研究的热点生物之一。蜜蜂基因组测序和分析结果表明：蜜蜂的基因组约有 2.36 亿个碱基，其中 67% 为 A 和 T，比其他昆虫基因组要高得多，预计蜜蜂基因数为 10 157 个，比果蝇和库蚊少 30% 左右；蜜蜂和果蝇只有 10% 同源，这比人和鸡之间共同的 85% 要少，说明昆虫的进化速度较快；蜜蜂的气味受体基因有 163 个，比别的昆虫多；蜜蜂只有 71 个与免疫和抗病有关的基因；蜜蜂对农药和毒药的解毒基因只有 80 个。蜜蜂基因组测序的完成标志着蜂学研究进入后基因组时代，基因功能和调控机制的研究将成为新的热点。

在揭开雌性蜜蜂级型决定分子机制方面，《Science》杂志在 2008 年 3 月 28 日发表了澳大利亚科学家 Kucharski R 等利用 RNAi 技术沉默刚孵化的幼虫体内 DNA 甲基转移酶的表达，这些个体发育出了蜂王的性状。表明 DNA 甲基化用于储存表观遗传信息，此信息的利用受到摄入营养的影响，从而调控蜜蜂幼虫进入不同的级型发育轨道，最终发育成蜂王或工蜂。2011 年 2 月 18 日，《EMBO》杂志在线发表了由美国、中国和意大利研究人员组成的研究小组的一项成果。该研究发现蜂王发育这一表观遗传现象可部分地归因于蜂王浆含有的组蛋白脱乙酰酶抑制剂（HDACi）活性，蜂王浆中的 10-HDA 可能是承担这一活性的主要物质。2011 年 4 月 24 日，《Nature》杂志在线发表了日本学者 Masaki Kamakura 的一项突破性研究结果，该研究指出 Royalactin 蛋白决定了蜂王的分化。这一研究识别出了 Royalactin 这个蜂王浆中对蜂王分化起作用的物质，发现了其诱导蜂王特异性发育的分子途径，对蜜蜂级型分化研究产生了极大的推动作用，将该领域的研究带入一个新纪元。

另外，德国科学家已成功地研制成由计算机控制的"机器蜂"，对人工智能利用舞蹈指挥蜂群的生产和授粉活动有望变成可能；在蜜蜂育种方面，完全弄清蜜蜂线粒体 DNA 的一级序列及其基因组结构，利用随机扩增多态性 DNA 标记建立了西方蜜蜂的遗传连锁图，科学家试图通过转基因培育出抗农药、抗蜂螨和抗白垩病品种；在病虫害防治上，新的研究方向有抗病品种选育、蜂病生物防治及病原分子生物学技术研究等；在蜂产品开发利用上，正在更深入研究其营养价值、药理作用，为深加工和提取有效成分生产新型药物提供依据和可能；在蜂产品质量检测技术方面，各国科学家对蜂蜜碳同位素与蛋白质同位素差值等技术进行了深入研究。

二、生产方式的变革

由于世界各国历史、自然、发展情况的不同，以致饲养蜜蜂的品种、技术、蜂具等各不相同，生产方式大致可以分为：发达国家的养蜂业、发展中国家的养蜂业和传统的养蜂业。

发达国家把养蜂业视为农业发展不可缺少的重要组成部分，冠以养蜂业为"空中农业"和"农业之翼"的美誉。如在美国，租用蜜蜂授粉已成为稳产高产的必需手段，现已在100多种农作物上推广应用。发达国家专业养蜂的特点是规模大，机械化程度高，人均饲养量大，人均产值高，集规模化和机械化为一体，以机械化推动规模化养蜂的发展，以规模化带动机械化，两者相辅相成，构成了现代养蜂的模式。产蜜蜂群管理实行简化管理，多箱体饲养，浅继箱和深继箱结合采蜜，一个花期采一次封盖蜜，取的是成熟蜜。采用封闭的不锈钢全自动取蜜系统，保证了蜂蜜的卫生与质量。转地放蜂使用转地放蜂车，自动装卸或叉车装卸，减轻了劳动强度。并且，已普遍使用计算机管理。

发展中国家往往把生产蜂产品作为发展养蜂的第一目的。虽然，众多的蜂群也间接为农作物授粉做出了贡献，但大多不是主动行为。如何变被动为主动，达到产品、授粉双丰收应是发展中国家养蜂业重要的研究课题。发展中国家由于受传统的小农经济思想的束缚，加上经济不发达等因素，往往是单人饲养，规模不到百群蜂，以手工劳动为主的模式。这就在一定程度上决定了生产工具的简单落后，劳动强度大，卫生与质量不易保证。

传统的养蜂方式，在非洲或其他不发达地区常见，主要是用黏土、树枝、竹条或者圆木制作饲养蜜蜂的容器，把容器悬挂在树上，房檐下或放在地上，招引分蜂群进入。以后就等待时机采收蜂蜜。有的也加以管理，比如为了防止蜂群飞逃，给蜂王剪翅；在分蜂季节用竹制的蜂王笼将蜂王暂时关闭；将强壮的蜂群一分为二；查看蜂群时向蜂群熏烟；取蜜则采取"毁脾取蜜"的办法，以获取蜂蜜和蜂蜡。

三、蜂机具的创新与应用

蜂机具的发展水平是衡量养蜂业发展的重要标志，蜂机具的发展决定了养蜂生产的发展。

19世纪中叶以后，蜂机具出现了三大发明，即1851年美国的Langstroth L. L.发现了蜂路原理，发明了活框蜂箱；1857年德国的Mehring J.发明了平面巢础压印器；1865年奥地利的Hruschka F. D.发明了离心式分蜜机，使蜂机具发生了质的变化。蜂机具的三大发明奠定了新法养蜂的基础。其后至20世纪中叶，多种型式的活框蜂箱、分蜜机、辊筒式巢础机，以及喷烟器、隔王板和脱蜂器等蜂机具相继出现，养蜂生产具备了基本工具，但这个时期大多数蜂机具仍需手工操作，还不够完善，也不配套，它的发展仍处在传统阶段。

现代养蜂是在20世纪50年代以后发展起来的。在养蜂生产实现现代化的国家，蜂机具有明显的特点——蜂箱和其他蜂具标准化，蜂蜜采收、蜜蜂运输和蜂产品加工机械化。在蜂蜜采收方面，从脱蜂到蜂蜜净化、装瓶，全过程均采用机械取代人工操作。脱蜂采用吹蜂机，蜜盖切除采用割蜜盖机，分离蜂蜜采用大型辐射式或风车式分蜜机，蜂蜜净化采用一系列抽送设备和过滤设备，净化后的蜂蜜直接送入分装机分装。在蜂群转地运输方面，蜂场拥有专用卡车，有的还配备吊装设备搬运蜜蜂，还配备有叉车、手推升降车等搬运车辆；有的蜂场还采用放蜂车，蜂群常年置于车上转地放蜂。在巢础生产方面，采用自动巢础机生产巢础，蜂蜡熔化、巢础轧制和裁切等工序自动控制，流水生产。在蜂花粉生产方面，采用整套完善的蜂花粉采收、烘干、净化和分装机械。另外，即便是在工序十分繁琐的蜂王浆生产中，也开始采用电吸浆器、蜂王浆分装机、免移虫技术与机具、机械化取浆机等设备。总之，专业化、标准化、机械化是蜂机具发展的必由之路和必然趋势。

（胡福良）

第五节　世界蜂业流通贸易现状及趋势

一、进出口历史

（一）蜂蜜进出口情况

中国蜂蜜产量和出口量一直位居世界前列。近年来，我国蜂蜜年产量保持在40万t左右，其中20%～25%出口。1999年至2011年间蜂蜜产量年均增长率约为4.6%，远高于同期世界蜂蜜产量2%的年均增长率[①]。因此，中国既是世界蜂产品生产国、出口国，也是重要的蜂产品消费国。

蜂蜜是我国传统的出口创汇产品，在出口农产品中占有明显的优势地位，早在1996年我国蜂蜜出口额就超过1亿美元，占当年世界蜂蜜贸易量的40%～50%。从地域上看，亚洲、欧洲及北美洲是中国蜂蜜主要的常规出口市场。2002年欧盟因抗生素超标和其他质量原因对我国蜂蜜实施禁运，导致2002年至2004年我国出口到欧洲的蜂蜜量急剧萎缩，从2005年才开始出现恢复性增长并在随后几年快速回升。目前，欧洲市场又重新回到了地区出口量第一的位置。主要的蜂蜜出口贸易伙伴有比利时、英国、西班牙和德国。另外，亚洲作为中国蜂蜜长期以来的主要出口市场，市场集中度出现了逐年下滑的趋势，如最大的出口目的国日本的出口份额也在逐年下滑。亚洲其他蜂蜜进口国沙特阿拉伯、马来西亚、韩国、印度、新加坡等国的进口量每年波动幅度较大，但是数量呈现出明显的上升趋势。在北美市场由于中美和中加蜂蜜贸易摩擦时有发生，例如美国从2009年1月开始对中国蜂蜜征收每千克2.63美元的反倾销税等，近年来出口美国和加拿大的蜂蜜量也发生了急剧萎缩。

---

① 根据FAO网站数据估算。

本章使用 CI 表示中国对某国（地区）的出口市场集中度，测算出中国对该市场的出口值占中国蜂蜜出口总值的比重。结果表明，中国对日本、英国、西班牙、德国的总体市场集中度较高，不过这些常规市场的集中度都呈现出下降的趋势，总体集中度也从 2000 年的 0.92 迅速降到 2009 年的 0.55（表 2-3）。

表 2-3　2000 年至 2009 年中国蜂蜜常规市场变化情况①（％）

年份 \ 国家	日本	美国	英国	西班牙	德国	合计
	CI	CI	CI	CI	CI	CI
2000	0.39	0.24	0.11	0.06	0.10	0.92
2001	0.38	0.15	0.09	0.08	0.15	0.85
2002	0.65	0.10	0.01	0.01	0.04	0.81
2003	0.49	0.35	0.00	0.00	0.00	0.84
2004	0.46	0.33	0.00	0.00	0.00	0.80
2005	0.50	0.27	0.01	0.03	0.02	0.83
2006	0.50	0.26	0.01	0.06	0.01	0.84
2007	0.57	0.16	0.01	0.05	0.02	0.81
2008	0.42	0.00	0.00	0.00	0.02	0.44
2009	0.38	0.00	0.12	0.03	0.03	0.55

资料来源：中国海关。

中国蜂蜜出口单价长期低于同期国际市场出口平均单价，与世界主要蜂蜜出口国阿根廷、德国、墨西哥和加拿大相比，我国蜂蜜的出口单价最低，其次是阿根廷，两国出口单价都低于世界蜂蜜出口平均单价。如果分别以数量和价值计算中国蜂蜜出口占世界市场的份额，两种计算方法的结果相差 5～12 个百分点。2000 年我国出口均价与世界均价差距最小，但仍然比同期世界均价低 29％，2004 年则相差 52％。2003 年阿根廷出口单价最接近世界均价，当年出口均价仅低于世界均价 5％，而 2005 年则达到价差最低值低于世界均价 31％。墨西哥出口单价一直与世界同期单价持平，2000 年以来与世界平均单价的年均价差仅有 1％。而加拿大和德国的出口单价都高于同期世界平均单价，其中德国高出比例最多，2005 年高出世界均价 78％，平均高出比例为 58％。加拿大在 2002 年高出世界均价 44％，平均高出比例为 20％。2010 年我国蜂蜜出口均价为 1 805 美元/t，同期世界出口均价为 3 168 美元/t，阿根廷、墨西哥和巴西的出口均价分别为 3 026 美元/t、3 196 美元/t、2 955 美元/t。总体来看，主要出口国价格变化趋势与世界出口均价变化趋势基本相同（图 2-1）。

随着我国人民生活水平的不断提高，人均蜂产品消费量也逐渐增加。中国蜂产品

---

① 2008 年中国对美国、英国、西班牙、德国的蜂蜜出口量和 2009 年出口美国蜂蜜数量很少，当年 CI 小于 0.01，未进入出口量（出口额）前 50 名，在海关信息网上未能显示，所以本文近似地记作 0.00。在本文中其他来源于海关信息网的数据如无特殊解释，采用同样的表示方法。

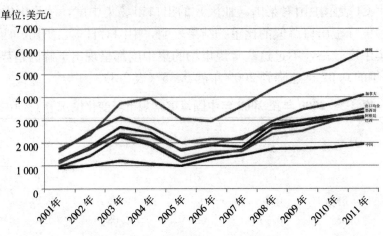

图 2-1　世界主要蜂蜜出口国单价比较

（资料来源：中国海关）

的国内消费总量已跃居世界首位，消费人数几乎是美国的 4 倍、欧洲的 2 倍，市场潜力巨大。2010 年以前，中国蜂蜜进口量占国内生产量的 2%～7%，2012 年进口量猛增至国内产量的 10%。中国进口蜂蜜单价高于世界出口均价，进口国主要有新西兰、澳大利亚、德国、泰国、加拿大（表 2-4）。

表 2-4　近年中国蜂蜜进口情况

年份	进口额（万美元）	进口量（千 t）	单价（美元/t）
2010	959.9	2.19	4 383.105
2011	1 290.6	2.47	5 225.101
2012	2 623	3.37	7 783.383

资料来源：UNCOMTRADE。

（二）蜂产品进出口情况

蜂产品是我国农产品中重要的出口创汇产品，出口量长期居世界首位，2012 年我国蜂蜜产品出口额达 2.16 亿美元。由于欧美、日韩等发达国家有早餐食用蜂蜜和饮用蜂蜜调和饮料的饮食习惯，人均消费蜂蜜量是世界平均消费量的 3～4 倍。蜂产品属于资源和劳动密集型产品，对蜜源植物、大气环境的要求较高，各国蜂产品的种类和口感不尽相同。目前，我国蜂产品出口的主要产品为蜂蜜，2011 年出口量占全球贸易量的 21.4%。蜂蜜出口额在我国蜂产品出口总值中占 79%，其次是蜂王浆（包括鲜蜂

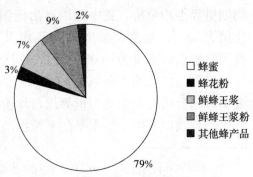

图 2-2　2012 年中国蜂产品出口结构

（资料来源：中国海关）

图例：
□ 蜂蜜
■ 蜂花粉
▨ 鲜蜂王浆
▨ 鲜蜂王浆粉
■ 其他蜂产品

王浆和鲜蜂王浆粉）占16％（图2-2）。

从目前蜂产品的国际市场结构看，形成了以中国、巴西、阿根廷、墨西哥、德国、加拿大为主要出口国，美国、日本、英国、比利时为主要进口国的出口格局（表2-5）。

表 2-5 世界蜂产品出口格局[①]

单位：百分比（％）

	2009	2009	2009	小计	2010	2010	2010	小计	2011	2011	2011	小计
蜂蜜	中国	阿根廷	墨西哥		中国	阿根廷	墨西哥		中国	阿根廷	印度	
	22.4	18	8.4	48.8	23.7	13.4	6.2	43.3	21.4	15.5	6.2	43.1
蜂王浆	美国	德国	加拿大		美国	德国	英国		美国	德国	英国	
	73	16	5	94	63	21	9	93	55	23	11	89
蜂花粉	德国	英国	沙特		德国	英国	瑞士		德国	美国	英国	
	57	13	9	79	61	12	8	81	54	12	10	76

资料来源：中国海关。

二、进出口现状

（一）蜂蜜进出口现状

1. 中国蜂蜜出口格局分析

本世纪以来中国蜂蜜出口呈现两个特点：一是长期贸易伙伴出现了进口量急剧萎缩，市场占有率快速减少的趋势。从单个市场来看，日本的市场集中度最高，在2002年一度达到了0.65，2010年则下降到了近10多年的最低点0.34。美国、英国、西班牙和德国的市场集中度下降很快，但是英国市场在2009年以后出现了快速地恢复性增长。不难发现，中国蜂蜜出口的常规市场大都是发达国家，这些国家和地区由于经济发展状况好，人民生活水平高，对蜂蜜这种兼有保健和食品添加剂作用的食品有很大的需求量。这些国家对蜂蜜的品质要求高，而且当地农民组织也很发达，中国蜂蜜大量进口若引发当地价格下降，蜂农组织会快速反应。美国、加拿大蜂农就多次联合当地政府对我国进口蜂蜜提出"反倾销"指控，在超市和卖场宣传中国蜂蜜多为不成熟蜜，质量低，对中国蜂蜜的市场口碑造成了一定影响。目前，欧盟、日本、美国和加拿大都对中国蜂蜜实施了反欺诈项目的检测，设置了氯霉素、同位素C13～23‰蜂蜜碳同位素与蜂蜜蛋白质同位素差值的绝对值小于1的标准，以及杀虫剂和抗生素等检测指标，对中国蜂蜜设置技术贸易壁垒。这些反欺诈项目检测和贸易壁垒提高了中国蜂蜜的出口成本，出口商面临的退货风险增多，中国蜂蜜出口的常规市场出现了萎缩现象（表2-6）。

---

① 出口国各类蜂产品出口量占全球该种类蜂产品出口量的比重。

表 2-6 2000—2011 中国蜂蜜常规市场变化情况[①]（%）

年份	日本	比利时	英国	西班牙	德国	美国	合计[*]
	CI	CI	CI	CI	CI	CI	CI
2000	0.39	0.01	0.11	0.06	0.10	0.24	0.92
2001	0.38	0.04	0.09	0.08	0.15	0.15	0.85
2002	0.65	0.01	0.01	0.01	0.04	0.10	0.81
2003	0.49	0.00	0.00	0.00	0.00	0.35	0.84
2004	0.46	0.00	0.00	0.00	0.00	0.33	0.80
2005	0.50	0.01	0.01	0.03	0.02	0.27	0.83
2006	0.50	0.01	0.01	0.06	0.01	0.26	0.84
2007	0.57	0.03	0.03	0.05	0.02	0.15	0.81
2008	0.42	0.00	0.00	0.00	0.00	0.00	0.44
2009	0.38	0.17	0.12	0.00	0.03	0.00	0.55
2010	0.40	0.15	0.12	0.03	0.04	0.00	0.60
2011	0.34	0.13	0.13	0.05	0.05	0.02	0.72
2012	0.29	0.16	0.14	0.04	0.03	0.00	0.66

[*] 表中各国数值均四舍五入，合计值为原数据之和。

资料来源：中国海关。

二是中国蜂蜜出口市场仍然集中度较高，一些蜂蜜出口的新兴市场虽然出现，但进口量不大。虽然经历了贸易事件，中国蜂蜜在美国、加拿大、德国等常规市场的市场份额急剧下降，但是蜂蜜出口的总体市场集中度仍然较高。这预示着出口风险比较大，出口发生大幅波动的可能性较大。我国蜂蜜生产量大，在国内消费市场开发不足时，需要开辟海外市场。自 2007 年后，中国蜂蜜出口正在向多目标市场的方向发展，特别是在亚洲、非洲、大洋洲和部分欧洲国家市场占有率提高很快，如泰国、新加坡、马来西亚、印度、澳大利亚、沙特、阿联酋、南非、摩洛哥、比利时、荷兰、波兰等，其中泰国、马来西亚、沙特、阿联酋、南非等实现了 3 年内贸易额翻两番、翻三番，虽然进口量有限，目前的上升趋势表现出了良好的市场成长性（表 2-7）。

表 2-7 2000—2012 中国蜂蜜部分出口新兴市场变化情况（%）

	马来西亚	荷兰	泰国	波兰	南非	合计[*]
2006	0.01	0.00	0.00	0.00	0.01	0.04
2007	0.02	0.02	0.00	0.01	0.00	0.06
2008	0.00	0.01	0.00	0.01	0.00	0.03
2009	0.04	0.03	0.01	0.02	0.01	0.09

---

① 2008 年中国对美国、英国、西班牙、德国的蜂蜜出口量和 2009 年出口美国蜂蜜数量很少，当年 CI 小于 0.01，未进入出口量（出口额）前 50 名，所以本章近似地记作 0.00。在本文中其他来源于中国海关的数据如无特殊解释，采用同样的表示方法。

（续）

	马来西亚	荷兰	泰国	波兰	南非	合计*
2010	0.03	0.02	0.01	0.03	0.02	0.10
2011	0.03	0.03	0.03	0.03	0.01	0.13
2012	0.02	0.04	0.04	0.04	0.02	0.16

* 表中各国数值均四舍五入，合计值为原数据之和。

资料来源：中国海关。

2. 中国蜂蜜出口价格分析

可利用中国海关的月度贸易数据[①]进行波动特征分析。对于蜂蜜出口月度数据这一时间序列的波动特征分析，先要从时间序列中消除季节因素和不规则因素，即对数据进行季节处理后，再利用趋势分解方法把趋势因素和周期要素分离开，从而找出序列潜在的趋势周期因素，真实地反映经济时间序列运动的规律。图2-3是采用HP滤波法处理后的蜂蜜出口价格周期波动与长期波动图示，从图中我国蜂蜜出口的价格趋势来看，呈现出波动上升的趋势[②]，其中2001年至2002年保持了价格的增长趋势，从2003年9月至2005年12月经历了下跌期，之后的2006年1月至2007年3月价格缓慢增长，2007年3月至2008年1月又是一个下降调整期，之后2008年1月至2009年2月紧接着又是

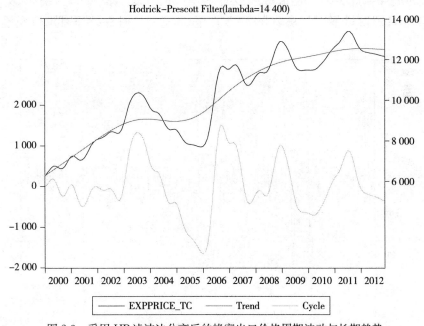

图2-3　采用HP滤波法分离后的蜂蜜出口价格周期波动与长期趋势

---

① 由于贸易数据单位为美元/t，作者利用当月的汇率（以中国人民银行公布的月平均汇率为准）进行了折算，使用人民币价格进行特征分析，同时也消除了由于汇率造成的价格波动。

② HP滤波法，是Hodrick Prescott在1980年和Kydland Prescott在1992年提出的一种分离经济波动、分析经济波动特征的方法，该方法将经济活动分解为趋势因素和周期因素，剔除趋势因素，以周期因素作为研究经济波动特性的依据。

一个上涨期，2009年2月至今价格呈现平稳上升趋势。总体来说，从2000年1月至2011年10月，我国蜂蜜出口量出现了两次价格下探继而又迅速回升的现象，2008年1月和2009年2月是我国蜂蜜出口单价从下降转而恢复性增长的转折点。

2010年至2012年我国蜂蜜出口均价[①]分别为1 805美元、2 017美元、1 952美元。同期世界出口均价为3 482美元、3 168美元、3 173美元，2011年阿根廷、墨西哥和巴西的出口均价分别为3 026美元/t、3 196美元/t、2 955美元/t。需要特别注意的是，在蜂蜜出口的常规市场和新兴市场中，出口到英国、西班牙、葡萄牙、泰国、波兰、南非、意大利、法国、摩洛哥等国家的出口单价均低于我国蜂蜜出口的平均单价。德国、加拿大蜂蜜出口单价上升快，高于世界平均出口单价水平。墨西哥、阿根廷和巴西都得益于绿色蜂药、蜜蜂福利等技术研究和推广，大大提高了蜂蜜品质，出口单价迅速上升。

3. 中国蜂蜜出口量波动

2000年1月至2011年10月我国蜂蜜出口量呈先期快速下降后期迅速恢复的趋势，在2008年1月出现了出口量的恢复性增长。与出口价格相比，出口量波动的季节性更强，蜂蜜出口集中在每年的6月份至12月份，比蜂蜜生产期滞后1个月左右。从图2-3的趋势线可以明显看出，我国蜂蜜出口价格经过了2002年至2003年和2007年两个波谷后恢复性增长，且增长速度较快。

价格的周期与此类似，但波峰和波谷呈现反向变化（图2-4）。期间2000年1月至2003年5月出口量下滑，从2003年5月至2005年8月保持原有出口规模，随后又

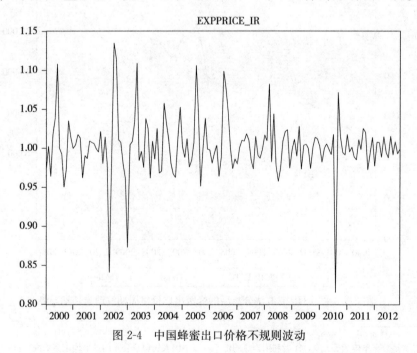

图2-4　中国蜂蜜出口价格不规则波动

---

① 出口均价单位为美元/t。

经历了一个下滑期，在 2007 年第二季度下滑至波谷，2007 年 8 月至今出口量平稳回升。

（二）蜂产品进出口现状

除蜂蜜外，蜂花粉、蜂王浆、蜂蜡、蜂胶等其他蜂产品的进出口量都呈现逐年增加的趋势。蜂花粉的出口量保持稳定，但单价上涨快，因此，出口额在 2011 年之后迅速扩大。而进口花粉的价格则出现了下跌的趋势，但进口量在 1～2 年内翻了几番（表 2-8）。

表 2-8　近年中国蜂花粉进出口情况

贸易方式	年份	数量（kg）	价值（美元）	单价（美元/t）
出口	2010	1 629 619	5 475 059	3 359.717
	2011	1 787 153	8 950 715	5 008.365
	2012	1 601 128	8 006 683	5 000.651
进口	2010	596	34 702	58 224.83
	2011	1 828	95 754	52 381.84
	2012	3 957	200 455	50 658.33

与蜂蜜的境遇一样，近年来我国蜂王浆产品出口屡屡受阻：2002 年欧盟技术标准的限制；2006 年 5 月日本实施"肯定列表制度"；2009 年至 2010 年，美国膳食补充剂行业 GMP 实施规定等技术性贸易壁垒使我国蜂王浆出口市场不容乐观。由于生产习惯所限，一些主要的蜂产品生产国并不从事大规模蜂王浆生产，因此，我国一直是世界最主要的蜂王浆生产国和出口国，但我国蜂王浆出口对日本市场依赖程度较高，出口产品以原料为主，导致产品附加值较低，日本市场波动对我国蜂王浆出口影响较大（表 2-9、表 2-10）。

表 2-9　近年中国鲜蜂王浆进出口情况

贸易方式	年份	数量（kg）	价值（美元）	单价（美元/t）
出口	2010	600 478	12 220 961	20 352.05
	2011	614 165	14 121 786	22 993.47
	2012	682 395	19 850 175	29 088.98
进口	2010	6	1 917	319 500
	2011	2 747	95 239	34 670.19
	2012	133	12 537	94 263.16

表 2-10   近年中国鲜蜂王浆粉出口情况

贸易方式	年份	数量（kg）	价值（美元）	单价（美元/t）
出口	2010	218 274	13 489 525	61 800.88
	2011	202 269	14 314 000	70 767.15
	2012	256 162	24 007 977	93 721.85

三、进出口趋势

（一）与世界蜂产品出口均价价差将会拉大

滤波图（图 2-4）表明，蜂蜜出口价格受不规则因素干扰严重。同时在全球生产资料上涨和通胀的环境和预期下，蜂蜜出口价格将保持很强劲的上升趋势。势必造成中国蜂蜜出口价格与世界出口均价，以及墨西哥、巴西、阿根廷等国的出口价格的价差拉大，相对价格存在继续走低的可能。价差大的主要原因是我国蜂产品出口竞争优势主要表现为价格低，而其浓度、比重、酶值、药物残留度、花香味、包装以及是否为成熟蜜等品质指标并没有得到国外中高端市场的认可，出口用途也多用于食品添加剂和化工原料。

此外，蜂花粉、蜂王浆、蜂胶等蜂产品由于生产不规范，加之加工企业从蜂农处收购蜂王浆时把价格压得太低，导致蜂农只能通过"薄利多销"增加蜂产品产量来获取利润，而忽视了质量。加上过度生产和摇蜜频繁使蜜蜂很容易生病，蜂农只能通过给蜜蜂喂食抗生素确保其不生病，饲喂糖补充食物。在蜂产品加工和流通环节，企业把很多资金都花在对收购上来的蜂王浆进行检测上，形成了恶性循环。

（二）蜂产品出口量将保持平稳增长

蜂蜜、蜂王浆出口经历了一系列贸易事件之后，自 2008 年以后出现了恢复性快速增长。从供给方面看，蜂产品生产属于劳动密集型产业和自然资源密集型产业，与生产地农户生产习惯相关，产量易受气候变化和自然灾害影响，供给偏紧的情况将长期存在。从需求方面看，蜂产品低端消费市场需求正逐步扩大，我国蜂产品出口亚洲、非洲等新兴市场日益增加。蜂蜜、蜂蜡、蜂胶作为食品添加剂和化工原料等用途广泛。因此，中国蜂产品出口量将保持平稳增长。

（三）国内出口企业的经营风险增加

从 2008 年至今，我国蜂蜜出口市场集中在日本、比利时和英国三大目的地，出口集中度较高。在业界，有一种"指标蜜"的说法，就是符合国家标准的掺假蜂蜜，这种"指标蜜"也可以通过国外的通关检验，或是通过联合境外合作企业的渠道出口到国外。

（赵芝俊）

第六节　世界蜂产品加工与消费现状及趋势

近半个多世纪以来，世界养蜂业稳步发展，世界蜂产品加工消费发展水平也在不断提高。在众多蜂产品中，蜂蜜是唯一一种最传统、最大宗的蜂产品，也是大多数国家唯一的商品化蜂产品。自 20 世纪五六十年代以来，虽然蜂王浆、蜂花粉、蜂胶等受到越来越多消费者的关注与喜爱，但由于受到植物来源、生产方式、生产技术等方面的限制，世界上绝大多数的蜂王浆产自中国，绝大多数的蜂胶产自中国和巴西等少数国家和地区。因此，从世界范围来说，除了中国等少数国家外，生产的蜂产品基本上就是蜂蜜，因此通常以蜂蜜来衡量蜂产品的供求水平。

一、世界蜂蜜贸易的发展

世界蜂蜜总产量，20 世纪 80 年代为 96 万 t，90 年代为 110 万 t，2000 年以后突破 120 万 t，以后呈逐年稳步增长的趋势。随着世界经济的发展和蜂蜜生产量的增加，蜂蜜出口量不断增加。在世界主要养蜂国中，中国、阿根廷、墨西哥、加拿大是蜂蜜主要出口国，而美国、日本、德国、英国是蜂蜜主要进口国，欧盟是最大的贸易方。中国蜂蜜产量一直位居世界第一，其次是美国、阿根廷分列第二、三位（在 2002 年阿根廷超过美国）。除中国产量变化稍大以外（年变化约 20%），美国、阿根廷、墨西哥和加拿大每年的产量变化不大，均在 10% 以下。

从价格上看，20 世纪 80 年代以来，世界蜂蜜出口价格年际波动较大，其变化趋势和蜂蜜出口量的变化趋势呈现相反态势。即蜂蜜出口量增加，出口价格下跌；出口量减少，出口价格上升。虽然中国蜂蜜出口量最大，但利润并不高。在中国、阿根廷、墨西哥、加拿大四大蜂蜜出口国中，平均单价最高的是加拿大，分别是中国、阿根廷、墨西哥的 2.5、1.5 和 1 倍以上，其次是墨西哥、阿根廷，中国最低。在世界主要蜂蜜进口国中，德国、美国、日本和英国分列进口量前四位。英国的进口平均单价最高，日本最低。欧盟是蜂蜜的主要需求者，在蜂产品贸易中的地位举足轻重。相当长一段时间以来，蜂蜜国际贸易均由欧盟及美国等发达国家控制着贸易规则。

二、世界蜂蜜市场的贸易结构

20 世纪 80 年代初，世界蜂蜜出口主要集中在北美洲、亚洲和欧洲，其次为南美洲和大洋洲。进入 90 年代以后，北美洲在世界蜂蜜出口中的地位不断下降，出口量相继被亚洲、南美洲和欧洲所超过。

目前，亚洲蜂蜜出口量在七大洲中居第一位，占世界蜂蜜出口总量的三成以上，其次为南美洲和欧洲。亚洲最大的蜂蜜出口国是中国，蜂蜜出口量占亚洲出口总量的

85％以上，土耳其、越南和泰国等国也有少量出口。南美洲最大的蜂蜜出口国是阿根廷，出口量占南美洲出口总量的85％以上，乌拉圭和智利等国也有部分出口。墨西哥和加拿大是北美洲的主要蜂蜜出口国，美国也有一定量的出口。目前欧洲主要蜂蜜出口国为德国、匈牙利和西班牙，罗马尼亚、法国、意大利、丹麦、英国等国也有少量出口。大洋洲最大的蜂蜜出口国是澳大利亚，其出口量占大洋洲出口总量的85％以上。

世界蜂蜜进口市场主要集中在欧洲，其次为北美洲和亚洲。欧洲蜂蜜进口量占世界蜂蜜进口总量的一半以上。德国是欧洲最大的蜂蜜进口国，蜂蜜进口量占欧洲蜂蜜进口总量的近一半。自20世纪80年代以来，欧洲一直是蜂蜜净进口地。南美洲、亚洲和大洋洲一直是蜂蜜的净出口地。

三、世界蜂产品需求

随着科技的发展和社会的进步，人类"回归自然"的呼声日益高涨，人们正在追求养生环境的天然化，崇尚天然食品、天然织物、天然化妆品、天然保健品、天然药品，形成一种世界性"回归自然"和"返璞归真"的大趋势。蜂产品在食品、饮料、医药、化妆品、轻工和农牧业等行业中的应用与日俱增，越来越受到人们的关注和重视，发展空间巨大，前景十分广阔。

以蜂蜜为例，目前发达国家人均蜂蜜消费量较高，其中以加拿大人均消费蜂蜜量最大，平均每人年消费700g蜂蜜。美国人均年消费量为558～620g。以全世界人均蜂蜜消费量200g计算，蜂蜜消费的国际市场至少还有100万t的发展潜力。从总体上看，国际市场对蜂蜜、蜂王浆、蜂花粉、蜂胶等主要蜂产品的需求量在稳步增长，随着蜂产品深加工技术的开发利用，蜂产品不断向医药保健品、化妆品方向发展，其附加值得以不断提高。

（胡福良）

第七节　世界养蜂主产地产业政策研究

一、美　国

（一）蜂蜜价格支持政策

美国是世界上对农业进行补贴和给予政策支持较多的国家，早在1933年，美国就开始对部分农产品实施价格支持政策，并且将支持政策列入农业法案。蜂蜜在1949年被纳入到农产品价格支持政策体系，其原因一方面是为了有足够数量的蜂群为农作物授粉，保障农业生产正常进行，进而维持经济稳定；另一方面是由于第二次世界大战结束后，食糖配给政策取消，使得食糖的替代品——蜂蜜的生产供过于求，价格下跌。

美国 1949 年的《农业法案》（Agricultural Act of 1949）将蜂蜜纳入到农产品价格支持政策（Price Support Program）体系的范围，从 1950 年起正式生效。

从 1952 年起美国农业部向蜂蜜生产者（包括养蜂者和养蜂合作社）提供无追索权的销售援助贷款（Marketing Assistant Loan，MAP）。

1952—1985 年间，蜂蜜销售援助贷款的贷款率（Loan Rate）为浮动比例，为蜂蜜平价（Parity Price）的 60%～90%。

此后，美国在 1985 年制定的《食品安全法案》（Food Security Act of 1985），在此基础上，1987 年通过的《预算调整法案》（Budget Reconciliation Act of 1987）和 1990 年的《食物，农业，保护与贸易法案》（Food Agricultural Conservation and Trade Act of 1990，FACT），均对蜂蜜价格支持政策做出了调整，最终将蜂蜜销售援助贷款率定为 53.80 美分/磅，并允许对蜂蜜生产者施行贷款差价支付项目。

受预算赤字的影响，1996 年的《农业法案》终止了蜂蜜价格支持政策，但 1999 年的《综合统一与紧急拨款法案》（Omnibus Consolidated and Emergency Appropriations Act）决定在 1998 年生产年度设立蜂蜜有追索权贷款，向蜂蜜生产者提供临时贷款，但贷款必须在一定期限内偿还。

2001 年美国农业部的《财政拨款法案》除了向蜂蜜生产者提供 2000 年生产年度无追索权销售援助贷款外，还对蜂蜜生产者施行贷款差价支付项目。

2002 年的《农场安全与农村投资法案》（Farm Security and Rural Investment Act of 2002，FSRI）继续向蜂蜜生产者提供为期 9 个月的无追索权销售援助贷款和贷款差价支付项目，执行期限为 2002—2007 年的生产年度。

2008 年的《食品、保护和能源法案》（The Food，Conservation，and Energy Act of 2008）仍继续向蜂蜜生产者提供无追索权销售援助贷款和贷款差价支付项目，执行期限为 2008—2012 年生产年度。

美国蜂蜜无追索权销售援助贷款和贷款差价支付项目的其他相关条款见表 2-11。

表 2-11　蜂蜜价格支持政策的其他相关条款

项目	内　容
1. 对贷款者的要求	·在美国国内生产蜂蜜，并且在申请年度的 12 月 31 日之前将蜂蜜提取出来；在贷款期内对蜂蜜有受益权； ·承担养蜂和生产蜂蜜的财务风险； ·符合条件的贷款者的非农收入超过 50 万美元的，可以申请销售援助贷款，但是必须偿还本金和利息，并且不允许申请贷款差价支付项目
2. 对蜂蜜的要求	·由合格的蜂蜜生产者生产，产自合格的蜜源； ·在申请年度内在美国国内生产和提取，不能使用进口的蜂蜜； ·达到商品信贷公司认可的可销售的品质； ·在符合商品信贷公司要求的容器中储藏

（续）

项　目	内　　容
3. 每个生产者享受蜂蜜价格支持政策限额	·以蜂蜜抵偿的贷款总额：1991 年生产年度不超过 20 万美元，1992 年不超过 17.5 万美元，1993 年不超过 15 万美元，1994 年之后各年不超过 12.5 万美元，2001 年不超过 15 万美元； ·获得贷款差价支付总额：1991—1996 年不超过 20 万美元，1997 年和 1998 年均不超过 5 万美元
4. 贷款申请地	·如果蜂蜜储藏地与生产地为同一地点，则向商品信贷公司在当地的县级代表机构——农业服务局（Farm Service Agency，FSA）提出申请，如果蜂蜜储藏地与生产地不同，则申请人可向其蜂蜜储藏地或其主要生产经营地的农业服务局提出申请
5. 其他条款	·贷款发放当时即收取一定的贷款服务费； ·还款率为商品信贷公司从国库借款的利息加 1%； ·贷款前进行检查，确保蜂蜜储藏在合格的容器中并核实蜂蜜的数量

在 1979 年之前，由于美国国内蜂蜜市场价格较高，让商品信贷公司没收蜂蜜以抵偿贷款的情况较少发生，因此 1979 年前美国蜂蜜价格支持的财政支出为零。而到了 80 年代初，蜂蜜市场价格下滑，蜂蜜支持价格高于国内批发均价和国际市场价格，因此，美国商品信贷公司没收的用于抵偿蜂蜜销售援助贷款的蜂蜜越来越多。通过蜂蜜价格支持政策没收的抵押蜂蜜大多通过捐赠的形式分发给特定人群，因此，政府除了负担蜂蜜贷款本金和差价支付资金成本外，还需要承担将大桶散装蜂蜜分装成小包装蜂蜜的包装成本、运输成本和其他处理成本。政府财政支出由 1980 年的 870 万美元迅速增加到 1988 年的 1 亿美元，1988 年蜂蜜销售援助贷款的发生数达到了 1.5 万件，抵押蜂蜜总量达到了 2.07 亿 lb，接近美国总产量的 98%。

（二）蜂业科研支持

根据美国 2008 年的《食品、保护与能源法案》，与保护授粉媒介（以蜜蜂为主体）相关的科研推广工作被列为财政拨款优先安排的领域。主要包括以下内容：

1. 科研与推广工作

2008—2012 年每个财政年度拨款 1 000 万美元，经费主要用于：①调查收集蜂群生产情况和健康状况数据；②研究授粉生物学、免疫学、生态学、基因组学和生物信息学；③主持研究蜂群衰竭失调症的各种直接或相关影响因素，以及其他对蜜蜂及其他授粉媒介的健康造成严重威胁的因素，包括授粉媒介的寄生虫和病原体；杀虫剂、除草剂和杀真菌剂对蜜蜂和其他野生或养殖授粉媒介的亚致死性影响；研究缓和性和预防性的措施以改善野生和养殖授粉媒介的健康；通过栖息地保护和优化管理来促进蜜蜂和野生授粉媒介的健康。

---

*　lb 为非许用单位，1lb≈0.45kg。

2. 农业部能力和基础设施建设工作

2008—2012 年每个财政年度拨款 725 万美元。农业部长应在可行的最大范围内，增加农业部的能力和基础设施，包括：

（1）处理蜂群衰竭失调综合征及影响其他授粉媒介健康的长期威胁因素，包括额外雇用的工人。

（2）领导农业部机构进行蜂群衰竭综合征和其他授粉媒介问题的研究。农业部长需向众议院农业委员会和农业、营养和林业参议院委员会提交一份年度报告来说明农业部在以下方面的工作进展：①调查蜂群崩溃的原因；②找出减少蜂群损失的适当对策。

3. 蜜蜂的虫害和病原体监测

2008—2012 年每个财政年度拨款 275 万美元，实施一项全国范围的蜜蜂虫害和病原体监测项目。

（三）蜂业保险和紧急援助

1. 蜂业保险

美国的养蜂者（包括蜂业公司）可以购买一般商业保险，保险内容有财产保险、一般责任险、存货/财物险、汽车责任险、雇主意外责任险、伞护式责任险（巨灾超额保险）、蜂蜜和蜂群保险。

另外，美国政府从 2009 年起试点一项"养蜂作物保险试点项目（Apiculture Pilot Insurance Program）"。到 2012 年，美国"养蜂作物保险试点项目"的试点范围由起初的 21 个州扩大到 29 个州。该项目由美国风险管理局（Risk Management Agency，RMA）负责，通过销售一般农业保险的保险代理机构销售。这项保险的保险标的是农作物，而非蜜源农作物。该保险假设如果某一地区的降水量不足，或者植被匮乏，将会影响到蜂蜜产量，当年蜂蜜产量与正常年份产量的差距将作为保险赔付的额度。保险公司确定是否赔偿的依据是养蜂者放蜂地的"降水指数（rainfall index）"或"植被指数（vegetation index）"，这两个指数分别由美国国家海洋和大气管理局（National Oceanic and Atmospheric Administration）和美国地质调查局地球资源观测与科学中心（U. S. Geological Survey Earth Resources Observation and Science Data Center）提供。

2. 紧急援助

2008 年美国农业法案制定了《家畜、蜜蜂和养殖鱼类紧急援助计划》（The Emergency Assistance for Livestock, Honeybees, and Farm-Raised Fish Program, ELAP），从 2009 年 9 月开始实施。ELAP 的援助范围为不能由 2008 年《农业法案》的《补充农业灾害援助支付计划》（Supplemental Agricultural Disaster Assistance Payment program）提供补偿的损失。ELAP 的援助对象是那些蜂群因疾病或恶劣天气毁损而造成损失的养蜂者，这里的疾病或恶劣天气包括但不限于蜂群失调综合征、地震、水灾、飓风、龙卷风、火山爆发，等等。符合救助的蜂群损失应发生在这些恶劣天气发生的县，对于蜂群失调综合征，必须得到第三方机构的证实。美国政府每年从信托基金给 ELAP 项目拨出 5 000 万美元的援助基金，根据以往损失情况估计 ELAP 项目对养蜂损失的援助资金份额。ELAP 对每个符合条件的生产者的支付限额是 10 万美元，并且生产者必须已经为自己的每一个可保物品购买过保险。ELAP 对于蜂群损失补偿标准为养蜂者损失的实际重置成本的 60%。

（四）蜜蜂保护

为了保证蜜蜂的安全，美国对杀虫剂的误用和滥用有严格的监管，在流蜜季节严禁往蜜源植物上喷洒农药。

（五）贸易保护政策

美国的《农业法》和《贸易法》对蜂蜜生产、出口促销等提供了制度保障。其中美国的贸易调整援助（Trade Adjustment Assistance，TAA）就是由政府实施的，对因进口产品竞争而受到损害的相关产业中的企业和工人进行的一种援助制度，由美国 1974 年《农业法》发展而来。美国的蜂蜜生产者可以利用 TAA 中针对农场主的贸易调整援助（Trade Adjustment Assistance for Farmer），确保所生产的蜂产品不会因为进口数量和价格的冲击而大幅下滑。蜂产品生产者个人或企业向美国劳工部提出上诉，举证由于产品的进口导致失业或生产、销售的下降，海外农业局在接到蜂蜜生产者的上诉书后的 40d 内对市场进行调查，如果在申诉期内蜂蜜的进口引起当地市场价格下降 20% 甚至更多，则蜂蜜生产者可以向海外农业局申请免费的技术援助和调整援助支付。

美国蜂蜜生产者对进口蜂蜜的反倾销指控首先直指中国蜂蜜。1994 年 10 月 31 日，美国商务部发布公告对原产于中国的蜂蜜进行反倾销立案，1995 年 3 月 20 日美国商务部作出初步裁定，确定江苏土特产公司的倾销幅度为 127.52%，中国其他公司的倾销幅度为 157.16%，1995 年 8 月 6 日，双方达成《中止协议》。此次对中国蜂蜜的反倾销使中国蜂蜜的出口大幅减少，1997 年中国对美出口蜂蜜 1.14 万 t，比 1993 年减少 65.9%，而美国市场蜂蜜均价由 1993 年的 49 美分/lb 上涨到 1997 年的 73 美分/lb。

（六）蜂业监管

美国对养蜂业制定了严格的监管制度，包括蜂场注册和检疫、蜂蜜标签管理、有机标签认证等。

1. 蜂场注册

美国各个州都制定有蜂场注册制度，由州农业局负责管理，部分州以立法形式进行严格要求，主要登记养蜂者的姓名、通信地址、蜂场位置和其他相关信息。

注册蜂场的好处有：①养蜂者会收到州养蜂专家关于蜂病的暴发及其进展情况的电子邮件通知；②如果州农业局接到喷洒农药的计划，养蜂者会收到其蜂群所在地区飞机喷洒农药的电子邮件和邮局信件通知；③如果养蜂者想要卖掉、转移蜂群，或者感觉自己的蜂群有健康问题，州农业局将会为其进行免费检疫；④当美洲幼虫腐臭病或其他管制疫病暴发时，州农业局将会帮助保护养蜂者的蜂群；⑤当蜂群因美洲幼虫腐臭病或其他管制疫病或蜂病遭受损失时，注册的蜂群将会得到补偿，没有注册的蜂群将不会得到补偿。

如果养蜂者没有注册蜂群或蜂场，则①他的蜂群、养蜂设备将会被没收并罚款500美元；②如果蜂群因美洲幼虫腐臭病或其他管制疫病或蜂病而遭受损失，养蜂者将得不到任何补偿。

2. 蜂场检疫

美国大部分州都制定了蜂场检疫制度，监管部门通常是农业部及其下属机构。有些州设有专职蜂场检查员进行蜂场检疫工作，提供技术咨询，指导蜜蜂疾病的防治工作。当养蜂人把蜜蜂从一个州转移到另一个州时，转入州对蜂场检疫工作进行管理。多数州会要求养蜂人提供蜜蜂转入本州前的检疫结果，并且在蜜蜂转移到别的州以后，还会对其进行跟踪检疫。

3. 对销售蜂蜜标签的管理

美国对销售蜂蜜标签的内容、位置、字体大小均有明确和严格的规定。

如液体蜂蜜和巢蜜的包装的前面必须标注常用名称或惯例称谓，即"蜂蜜"，主要蜜蜂植物或花的名称可以标在标签上；包装的最主要展示面板必须足够大以清楚地容纳所有要求标注的信息，不得显得拥挤或模糊；所有标签上的信息必须突出和显著，字母和数据的高度不允许低于 1/16ft；产品的净重（不含包装）必须以磅/盎司和公制计量单位（g）分别在标签的前面板用便于阅读的形式标出；如果除了蜂蜜还有其他配料，生产商必须将配料都在配料表中列出，有专门规定的配料除外；包装产品的生产商、包装商或分销商的名字和地址必须标注在标签上；不允许在食品标签上宣称其具有保健功效，保健功效反应在营养元素表里；蜂蜜等级必须标示在标签上，等级主要视蜂蜜含水量而定，A级蜂蜜的含水量为 18.6%，并且过滤过无瑕疵（无杂质）；另外，对于营养元素、反式脂肪酸、原产国、有机蜜等也有明确的规定。

二、俄 罗 斯

俄罗斯（旧称苏联）是世界上主要养蜂国家之一，蜂群数量和蜂蜜产量均居世界前列。

---

* ft 为非许用单位，1ft＝0.3048m。

为鼓励个人养蜂，政府除给予技术指导外，不限制饲养蜂群数量，蜂群可作为免税的私人财产。为增加商品蜜的生产，20世纪70年代以来，在乌拉尔、西伯利亚、远东、东哈萨克斯坦、阿尔泰边疆区及吉尔吉斯斯坦等天然蜜源植物丰富的地区，先后建立了150多个大规模的专业蜂场，每个国营蜂场拥有蜜蜂0.4万～1.5万群，专门从事蜂蜜和蜂蜡生产。

乌克兰、摩尔达维亚、外高加索、中亚细亚及俄罗斯南部地区，气候温和，春季蜜源植物丰富，适宜于繁殖蜂群和培育蜂王，在这些地区建有50多个蜜蜂育种场。每年可以生产几百万只商品蜂王和50万笼笼蜂。

各农业区普遍利用蜜蜂为农作物授粉，许多大型国有农场和集体农庄建立了养蜂队。专业养蜂场还出租蜜蜂，为荞麦、向日葵、芥菜、瓜类、浆果、苜蓿、车轴草和留种地植物授粉，蜂场管理者只收取有限数量的租金。全苏列宁农业科学院的专家们估算，利用蜜蜂为农作物授粉，每年可以使农产品增加几十亿卢布的收入，比养蜂获得蜂产品的直接收入多8～10倍。

20世纪60年代在苏联远东地区发现雅氏瓦螨，70年代传到苏联的欧洲部分，使蜂群损失25%；到80年代才找到较满意的防治措施，控制了蜂螨的危害，蜂群数量有所回升。俄罗斯全国有很多养蜂工作者的组织，这些组织经常聘请专家和有经验的养蜂员为一般养蜂技术人员讲课，以提高他们的业务技能。这些组织还帮助自己的成员寻找蜜源场地，帮他们购买蜂王、笼蜂和药物，组织专门的畜牧师为各蜂场防治蜜蜂的病害。

三、澳大利亚

澳大利亚被誉为世界上养蜂无螨害地区。为了使澳大利亚养蜂业不受潜在外界因素影响，国家采取了一些保障措施，确保养蜂者能安全地进口蜂种，其中有两项育种计划对培育和保持优良蜂种起到了重要作用。澳大利亚的研究人员在蜂螨研究领域处于领先地位，并对世界范围的蜂螨防治做出了巨大贡献。

(一) 蜜蜂检验检疫

澳大利亚非常重视寄生螨入侵的问题，政府采取一切措施防止蜂螨从国外输入。蜜蜂育种技术资金的投入，还有优良蜂种的保存等措施是有远见卓识的行为。此外，准备进口抗螨种王亦是一种防患于未然的举措。

澳大利亚的主要蜜蜂品种来自美国和欧洲，由于非洲蜂的威胁和寄生螨的危害，澳大利亚也在不断完善其检验检疫制度。为此，1983年正式成立蜜蜂检验检疫机构，悉尼蜜蜂检疫站是其中之一。

为了能让养蜂者安全地从国外引进蜂种，在收到进口蜂王时，移走王笼中的护卫蜂，进行检查并换上本地护卫蜂。这时带有本地护卫蜂的进口蜂王在王笼中囚禁

16d，然后再检查护卫蜂。若未发现蜂螨或其他蜂病，就将蜂王诱入由本地蜂组成的核群内，核群放置在安全的飞行室内。取小幼虫移入准备育王的王台里，毁掉原进口蜂王和其组成的核群。育种场进口蜂王主要是为了满足蜂王出口的需要，同时也用于提高现存蜂种的品质。

澳大利亚北部约克角半岛与巴布亚新几内亚相邻，为了防止大、小蜂螨传入，沿海岸设置了很多诱捕箱每月检查。目前对岛上野生的或饲养的蜂群还未采取例行的检疫，但是每个育王场都会对每箱蜂进行蜂螨检查。

(二) 国家蜜蜂育种计划

在 20 世纪 80 年代，澳大利亚制定了两项国家育种计划，为的是加强蜜蜂进口管制，防止疫病、螨害和非洲蜂化蜂的传播。原属于蜂蜜研究委员会和国家农业部的这两项计划，一个是在西澳大利亚州，另一个则在新南威尔士州，均由国家财政支助，是根据佩奇-莱德劳闭锁育种计划而制订的。

西澳大利亚州的育种计划起始于 1980 年，当时主要针对东部各州暴发的美洲幼虫腐臭病，以本地意蜂为基本蜂种。新南威尔士州的育种计划始于 1985 年，由霍克斯伯格农业学院（现西悉尼大学）负责，项目选用的蜂种主要是从欧洲进口的意大利蜂和卡尼鄂拉蜂，以及少量本地蜂种。培育出的种蜂供应新南威尔士州、昆士兰州和维多利亚州的养蜂场。这两项计划的资助于 1991 年中止，后由蜂蜜生产者和蜂王生产者资助继续完成该项目，现行的品种选育与良种保持没有按规定严格执行，养蜂人非常希望计划执行得更切实有效。Rottnest 岛是西澳大利亚州项目纯种保持的隔离交尾场地。现在的澳大利亚蜜蜂品种改良项目是利用人工授精和自然交尾保持品种特性。

(三) 蜂蜜质量监管

自 1822 年澳大利亚成功引入西方蜜蜂以来，经过 180 多年的发展，它已经适应澳大利亚气候和蜜源条件。澳大利亚养蜂多集中在新南威尔士州、维多利亚州、昆士兰州、南澳大利亚州、西澳大利亚州和塔斯曼亚岛，其中新南威尔士州养蜂最为发达，澳大利亚 45% 的蜂蜜产自该州。联邦政府和各州政府的农业部门负责管理养蜂生产，检查蜜蜂病害的发生情况以及签发蜂王出口许可证。

四、加　拿　大

加拿大是世界上蜂蜜单产最高的国家。全国平均每群蜂每年的蜂蜜产量达 50kg以上。加拿大全境除北部极地区域为寒带苔原气候外，南部大部分地区为大陆性温带针叶林气候。西部沿太平洋受阿拉斯加暖流影响，气候温和湿润，东部地区温度比西部低，中部地区冬夏温差大。西中部大平原区牧草丰盛，又称大草原。

（一）养蜂管理规定

加拿大对养蜂实行登记注册制度，并且对蜂群进行严格的检查，以控制蜂病的传播。

加拿大各省都划分成若干养蜂区域，如果要在区域间转移蜂群，则需要向转入地登记并需要对蜂病进行检查和得到许可，而在同一个区域内转移蜂群则不需要检查和得到许可。允许蜂群转移到其他养蜂区域的条件是待转移蜂群不会立即给转入地的蜂群造成健康威胁，并非完全没有疾病。

在加拿大养蜂需要考取养蜂资格证。加拿大蜂业组织机构和个人都为养蜂者或准备养蜂者提供定期和不定期的入门养蜂培训课程和高级养蜂培训，以帮助准备养蜂者学习养蜂入门技术，帮助既有养蜂者提高养蜂技术。

（二）对蜂蜜的管理规定

加拿大对蜂蜜的等级、包装和销售都做出了明确的规定。

禁止将污染的蜂蜜与其他蜂蜜混合。只有没有被污染（包括无药残、食品添加剂、重金属、工业污染、杀虫剂等）、可食用、存放条件卫生、符合《食品与药品法》和《食品与药品条例》的蜂蜜才能当作食品进行进出口以及省际贸易。如果被污染的蜂蜜适合用作动物食品，标有"动物食品"或者"饲料"字样，与用作食品的蜂蜜分开存放，并且外观处理成非食用蜂蜜，则可以用于进出口和省际贸易。

对于蜂蜜等级或标准，规定任何人不得用与蜂蜜相似的替代品冒充蜂蜜进行进出口及省际贸易。

加拿大对蜂蜜产品的标签内容也有具体规定，包括产品名称在标签中的位置，印刷字体高度，语言，产品的净含量，产品的等级标准，字体的颜色和大小，产品的产地，成分列表，营养标签，不同包装容器所应用的不同标签大小，格式和字体等。

（三）蜜蜂进口的规定

为了防止蜂螨的传播，加拿大依据《动物健康法》第 14 条制定了《蜜蜂进口禁令》，规定任何人不得除了夏威夷州的美国其他州向加拿大或者加拿大的任何港口进口任何蜜蜂属蜂群，也即通常所说的蜜蜂，该禁令不包括依据《动物健康法》第 160 条允许从美国进口到加拿大的蜂王及其伴随蜜蜂。

根据联邦进口许可规定，整群的蜜蜂可以从新西兰、澳大利亚和智利进口。蜂王可以从新西兰、澳大利亚、智利、美国的加利福尼亚州和夏威夷州进口。

（四）扶持政策

熊对养蜂的威胁很大，仅在阿尔伯达省每年被熊破坏的蜂群和蜂箱设备就达 5 万美元。不列颠哥伦比亚和阿尔伯达省农业管理部门都采取了一些措施，包括给蜂场贷款，建立电围栏或高架平台，对受到熊害的蜂场给予保险赔偿。

五、阿 根 廷

阿根廷是世界上主要蜂蜜出口国之一，为南美洲养蜂业最发达、年产蜂蜜最多的国家。养蜂业的文字记载始于 1851 年，西方蜜蜂是随欧洲移民带到阿根廷的。

阿根廷养蜂学会（Argentinea Beekeeping Society）、阿根廷养蜂协会 （Argentinea Beekeeping Association）、布宜诺斯艾利斯省农场部等机构都出版有自己的养蜂刊物。国立农业技术研究所和各地的养蜂会社、养蜂协会都开办养蜂学校或开设养蜂技术课，来自本国或其他国家的养蜂人员可以在国家或私人开设的各种养蜂学校和技术训练中心进修或学习；在布宜诺斯艾利斯市有一个研究中心。全国有一所最大的育王中心，在拉普拉塔和贝尔格拉诺两地设有两个较大的育王试验场。在阿根廷北部德索塔镇 （Villa de Soto）、科尔多瓦和图库曼国立大学设有地方性的养蜂中心。

由于蜂螨问题，国家制定了一系列法规，1985 年第一部蜂场法实施。从 20 世纪 90 年代起，阿根廷成为一个产蜜而且是出口蜂蜜的大国。国家资助和贷款给养蜂业，政府通过农业研究服务机构和养蜂业联系起来。阿根廷蜂农可利用国家的养蜂方案，得到 INTA 的贷款资助。

六、欧　　盟

（一）罗马尼亚

罗马尼亚是养蜂业较发达的国家之一。全国从中央到地方设立有健全的产、购、销、加工一体化的机构。1959 年罗马尼亚养蜂协会成立时，罗马尼亚农业食品工业部授权全国养蜂协会负责领导全国的养蜂生产、科研、教学和蜂产品经营，以及蜂机具的制造、供应和蜜源场地的分配工作。将过去各部门分散管理改成行业管理，推行购销合同制，保证了养蜂业的稳定发展和蜂产品质量的不断提高。

全国养蜂协会设有经济和技术两个部。经济部主管全国蜂产品的收购、加工、出口及蜂机具的制造、供应等经济工作，在布加勒斯特建立了蜂产品和蜂机具制造联合企业。技术部主管有关养蜂生产的技术工作，包括蜜源植物基地的分配利用、蜂群的运输、蜂病防治、利用蜜蜂为农作物授粉等工作；还负责技术培训、科学普及、编辑出版养蜂书刊等方面的工作。在农业部和林业部都配有与全国养蜂协会配合工作的专职人员。全国每个县都分别设有养蜂协会分会和蜂产品商店。

政府对发展养蜂采取鼓励和扶持的政策。国家对养蜂不收税；养蜂者可向当地养蜂协会赊购蜂箱、蜂具和放蜂车等，赊购款可在五年内分期偿还，或以蜂产品折价偿还；国家颁布法令，禁止在授粉蜜源植物开花期喷洒农药；养蜂实行保险制度；业余养蜂者不限制职别和饲养群数，以不雇佣饲养员为原则。

在政府的重视和大力支持下，养蜂业有了很大发展。1945 年第二次世界大战结束时，全国只有 28 万群蜂，其中一半用旧法饲养，平均单产蜂蜜仅 3kg。1949 年蜂群增加到 45.7 万群，1976 年增加到 95.5 万群，1985 年发展到 132.6 万群，平均每平方千米有蜜蜂 5.6 群，年产蜂蜜 1.5 万 t，每年出口蜂蜜 3 000～6 000t。国营蜂场约拥有蜂群总数的 7%，农业合作社蜂场拥有 13%，其余 80% 为个人业余养蜂者所有。

饲养的蜜蜂是当地的喀尔巴阡蜂，这种蜜蜂性情温驯，分蜂性较弱，产蜜量高。养蜂生产上使用的蜂王实行专业化生产，由全国养蜂研究所的 11 个育王场统一生产，各地养蜂协会出售，其他任何单位和个人都不得出售蜂王。为了培养适合山区、高原、平原等不同自然气候蜜源条件的品系（生态型）和有计划地推广品种内杂交优势的利用，1964 年将全国划分为 5 个不同的生态区，11 个育王场分别设在这 5 个生态区内，负责该地区蜂王的选育和生产，每年可生产优良种蜂王 5 万多只。为保持蜂种的优良性状，除育王场进行优选外，还采取由国家组织的"竞选"办法，经筛选鉴定后中选蜂群的饲养者，由国家颁发奖金。

罗马尼亚养蜂协会在布加勒斯特设有罗马尼亚养蜂科研、生产和教学中心，包括养蜂研究所、养蜂联合企业、养蜂技术学校、养蜂展览馆。此外，国际养蜂工作者协会联合会还在布加勒斯特设立国际养蜂技术和经济研究所及印刷、出版部。

（二）匈牙利

自 1978 年以来匈牙利农业食品部是负责管理养蜂业的法定机构。全国蜂蜜贸易公司负责组织蜂产品的生产和销售；各地的合作社负责处理本地出现的养蜂方面的问题。

专业养蜂场以转地养蜂为主。交通运输部门对运输蜂群采取优惠政策，根据运输距离和使用车辆类型的不同，比一般物资运费低 35%～60%。若蜂场与全国蜂蜜联合公司订有合同，该公司负责支付 60%～80% 蜂群运费。经农业食品部批准，各地的合作社以批发价格向养蜂者供应饲料糖。

匈牙利存在的主要蜂病是美洲幼虫腐臭病、欧洲幼虫腐臭病和雅氏瓦螨的危害。由中央兽医研究所和 4 个地方性的兽医研究所负责防治蜜蜂的病害。蜂场每年检查一次蜂病，转地饲养时必须取得兽医检疫合格证书，有病的蜂群不准转地饲养。

全国性的养蜂研究机构——小动物及养蜂研究所（Institute for research of small animals and apicultural section）是 1950 年由养蜂和蜜蜂生物学研究所与小动物研究所合并而成的。主要任务是进行养蜂理论和管理技术的研究，检验、诊断蜜蜂的疾病和培养高级养蜂科技人员。全国蜂蜜联合公司开办了一所业余养蜂学校，每期可培训 60 名养蜂员，冬季举办各种报告会，交流养蜂经验和生产信息。

（三）保加利亚

利用蜜蜂为农作物授粉是保加利亚增加农作物产量的重要措施，农业食品工业部规定各个农工综合体每年需要授粉的农作物种类、面积及蜂群数量。为果树授粉的蜂群可获得一定数量的租金。

保加利亚政府为保护和促进养蜂业的发展，签署了防止蜜蜂农药中毒的法令，为蜂农免费提供放牧场地，免费提供生产用蜂王和蜜源植物的种子，支付蜂群疫病检测机构的薪金，提供蜂蜜的零售补贴，低价向蜂农提供饲料糖，等等。保险公司对蜂群实行保险，养蜂者每年交纳一定数量的保险金，遇意外损失或患严重传染病必须烧毁蜂群时保险公司负责赔偿蜂农的损失。

从事养蜂研究的主要单位是保加利亚养蜂试验站，该站隶属于国家农业科学院，由2个分站、3个养蜂场和3个研究室（即遗传育种研究室、经济饲养研究室、授粉和产品研究室）组成。遗传育种研究室负责本国蜂种的提纯、复壮和鉴定工作，此外，还研究蜜蜂的人工授精技术和筛选优良的杂交组合；经济饲养研究室负责蜂群的饲养技术、蜂场经营管理及公养蜂群的经济问题研究；授粉和产品研究室负责蜜蜂为农作物授粉、蜜蜂化学药物中毒及蜜源植物等的研究。此外，中央兽医局、农业大学、动物饲养和兽医研究所等单位也从事部分养蜂研究工作。

保加利亚政府在农业食品工业部内设立保加利亚养蜂理事会管理养蜂生产。由1名副部长兼任理事会主席。理事会下设执行局，执行局内有6个工作委员会，即蜜源基地、育种、蜂病防治、蜂具、经验总结和宣传教育委员会。理事会每3年开会一次，选举执行局。在全国28个州由有经验的养蜂工作者、专家、兽医、农艺师组成养蜂理事会。养蜂理事会是州人民委员会的助理机构，主要负责州的养蜂管理工作，每年改选一次。州理事会下还成立若干养蜂小组，主要任务是举办养蜂员训练班，每年春、秋两季进行蜂病检查等。

蜂产品的收购和蜂机具的供应等，由全国供销合作总社的花蜜合作社负责，花蜜合作社在各地设有自己的商店。

（赵芝俊）

第八节　世界蜂业交流与合作

我国改革开放以来，蜂业科研人员进一步增强了我国蜂业科技创新能力，多渠道了解国外科技信息、拓宽对外合作渠道、提高研究水平、培养人才、增加经费和设备来源、提高我国养蜂业和蜂产品的国际声誉，对促进商贸合作发挥了重要作用。

60年多来，我国蜂业科技工作者，先后共接待来我国考察访问、合作研究、商务洽谈的世界各国养蜂专家、养蜂者、官员、商人3 000多人；派出考察和参加国际会议上百次；开展国际合作研究 20 余项，派出合作研究和出国攻读博士学位多人。

由于历史原因，20 世纪 80 年代前，我国蜂业的国际合作发展缓慢。进入 20 世纪 80 年代后期，我国的蜂业国际交流工作才有所起色。进入 21 世纪以来，国际交流与合作工作得到飞快发展，尤其是近年来，国际交往力度不断加大，国际学术交流频繁，在国际上的影响力也不断提升。

目前，我国已经与五大洲主要蜂业国家普遍建立了联系，国际合作研究工作主要是美国、德国、法国、荷兰、韩国、日本等国家，研究方向主要集中在国际上比较流行的蜜蜂保护、蜜蜂育种、蜂产品检测和蜂产品研究等领域。通过与国际上的交流和合作，我国的蜂业学科得到了迅猛发展，每年都有多篇研究论文在国际蜂业期刊上发表，在国际上具有一定的影响力。

1992 年中国农业科学院蜜蜂研究所主持和组织了第十九届国际昆虫学大会"社会昆虫和养蜂学组"的学术活动。1993 年在农业部领导下，中国农业科学院蜜蜂研究所与养蜂学会密切配合，成功地在北京举办了第 33 届国际养蜂大会，与会者 2 000 余人，其中有来自 52 个国家的外宾 1 000 余人。这是新中国成立以来农业系统召开的规模最大的国际学术会议，也是我国养蜂史上空前的盛事。2008 年 10 月 31 日至 11 月 4 日，中国养蜂学会在杭州成功举办了第九届亚洲养蜂大会，来自亚洲、欧洲、非洲等 28 个国家的 1 000 多名代表参加了本次会议。2012 年 10 月 22 日，由国际蜂联（APIMONDIA）主办，中国养蜂学会、江苏大学承办的以"蜂产品质量安全与人类健康"为主题的"第四届国际蜂产品医疗与质量论坛"在江苏省镇江市盛大召开。来自美国、法国、俄罗斯、日本、加拿大、韩国、比利时、罗马尼亚、巴西、泰国、土耳其、匈牙利、赞比亚、巴基斯坦、埃及、伊朗等近 20 个国家的约 200 名代表参加了论坛。

（刁青云）

参 考 文 献

安建东，陈文锋 . 2011. 全球农作物蜜蜂授粉概况 [J] . 中国农业通报，27 (1)：374-382.

安建东，陈文锋 . 2011. 中国水果和蔬菜昆虫授粉的经济价值评估 [J] . 昆虫学报，54 (4)：443-450.

安建东，吴杰，彭文君，等 . 2007. 明亮熊蜂和意大利蜜蜂在温室桃园的访花行为和传粉生态学比较 [J] . 应用生态学报，18 (5)：1071-1076.

刁青云，姜秋玲，吴杰 . 2009. 阿根廷养蜂业见闻 [J] . 中国蜂业，60 (8)：54-55.

刁青云，姜秋玲，吴杰 . 2012. 阿根廷蜂业管理、生产、出口及科研概况 [J] . 世界农业，394 (2)：70-73.

方兵兵编译 . 2009. 加拿大不列颠哥伦比亚省养蜂概况 [J] . 中国蜂业，60 (1)：52-53.

葛凤晨，陈东海 . 1992. 赴俄罗斯远东地区蜂业考察纪行 [J] . 中国养蜂 (5)：29-31.

黄文诚 . 1993. 加拿大养蜂业//中国农业百科全书总编辑委员会，养蜂卷编辑委员会，中国农业百科全书编辑部 . 中国农业百科全书·养蜂卷 [M] . 北京：农业出版社．

李海燕.2012.中国蜜蜂授粉的经济价值研究［D］.福州：福建农林大学.

刘朋飞，吴杰，李海燕，等.2011.中国农业蜜蜂授粉的经济价值评估［J］.中国农业科学，（24）：5117-5123.

农业部关于加快蜜蜂授粉技术推广促进养蜂业持续健康发展的意见.农牧发［2010］5号.

潘建国.2003.美国蜂业产销情况介绍［J］.中国养蜂（5）：44-45.

C. S. Stubbs et al. 2001. Bombus impatiens（Hymenoptera：Apidae）：an alternative to Apismellifera（Hymenoptera：Apidae）for lowbush blueberry pollination［J］. Journal of Economic Entomology, 94（3）：609-616.

Costanza R，d'Arge R，De Groot R，et al. 1997. The value of the world's ecosystem services and natural capital［J］. Nature, 387（6630）：253-260.

Cox～Foster D L，Conlan S，Holmes E C，et al. 2007. A metagenomicsurvey of microbes in honey bee colonycollapse disorder［J］. Science, 318（5848）：283-287.

Dharam P A. 2012. Pollination biology［M］. Springer.

Gallai N，Salles J. M.，Settele J，et al. 2009. Economic valuation of the vulnerability of world agriculture confronted with pollinator decline［J］. Ecological Economics，68（3）：810-821.

Gordon J，Davis L. 2010. Valuing honeybee pollination：a report for the rural industries research and development corporation［EB］. Http：//www. rirdc. gov. au/reports/HBE/03～077. pdf，2010～05～07.

Jung C. 2008. Economic value of honey bee pollination on major fruit andvegetable crops in Korea［J］. Korea Journal of Apiculture, 23，（2）：147-152.

Kasina，J. M. 2007. Bee pollinators and economic importance of pollination in cropproduction：Case of Kakamega，Western Kenya. ZEF-Ecology and Development Series No. 54.

Klein A M，Vaissiere B E，Cane J H，et al. 2007. Importance of pollinatorsin changing landscapes for world crops［J］. Proceedings of the Royal Society B, 274（1608）：303-313.

Levin M. D. 1984. Value of bee pollination to United States agriculture. American Bee Journal，124：184-186.

Mace Vaughan，Matthew Shepherd，Claire Kremen，et al. 2010. Farming for bees. The Xerces Society for Invertebrate Conservation，Portland，OR. Morse R A，Calderone N W. The value of honey bees as pollinators of USropsin2000［EB/OL］. Http：//www. beeculture. com/content/PollinationReprint07. pdf，2010～05～07.

Oldroyd B P. 2007. What's killing American honey bees［J］. PLoSBiology, 5（6）：e168.

Robinson，W. S.，Nowogrodzki，R.，Morse，R. A. 1989. The value of honey bees as pollinators of U. S. crops［J］. American Bee Journal，129：477-487.

Ware S. 2010. Australian honey industry monthlyreview［EB］. Http：//www. honeybee. org. au/pdf/January %202010. pdf，2010～05～07.

Williams I. H. 1994. The dependence of crop production within the European Union on pollination by honeybees［J］. Agricultural Zoology Reviews，6：229-257.

第三章　中国蜂业发展战略架构

第一节　中国蜂业发展战略的定位与目标

一、我国蜂业发展战略与定位

我国养蜂业的发展应该围绕蜜蜂授粉为重心，兼顾养蜂生产的原则，各地区根据当地的蜜源资源条件，制订出以定地结合小转地饲养的放蜂路线，争取养蜂的农业生态效益和养蜂生产双丰收。改革传统的饲养方式，提高蜂产品附加值，大力推广蜜蜂授粉，促进蜂产业化发展，建立起与社会主义市场经济体制相适应的养蜂经济模式，逐步实现由蜂产品收入经济增长方式向蜜蜂授粉经济收入增长方式的转变，促进养蜂业的规模化、现代化、产业化的健康发展。

（一）大力推广蜜蜂授粉产业，合理利用蜜源植物，发展生态养蜂

在发达国家，蜜蜂授粉是养蜂者的主要收入之一，蜜蜂授粉工作在农业生产中得到充分重视和保护。目前，我国蜜蜂授粉行业还处于起步阶段，农户对蜜蜂授粉增产的意识不强。与美国等发达国家相比，国内对蜜蜂授粉的重要性认识还不足，宣传力度小，专业性授粉蜂群数量较少，养蜂为农作物授粉增产技术普及率不高。蜜蜂授粉产业的发展远不能满足农业生产和生态环境保护的需要。今后蜜蜂授粉将作为商品化、专业化的产业，建立健全蜜蜂授粉配套服务体系，这对于提高农作物产量、增加农业效益、促进生态环境可持续发展具有重大意义。

我国蜜蜂授粉增产技术体系建设，主要包括蜜蜂授粉示范基地、蜜蜂授粉技术研究与推广体系建设。首先，在蜜蜂授粉示范基地方面，重点依托国家蜂产业技术体系综合试验站，在全国建立一批蜜蜂授粉示范基地，探索政府蜜蜂授粉补贴政策，加强宣传与普及蜜蜂为农作物授粉增产技术，带动蜜蜂授粉产业的发展。其次，建立蜜蜂授粉技术研究推广中心，支持有关单位开展蜜蜂为农作物授粉增产技术的研究推广；同时，加大宣传力度推广蜜蜂授粉增产技术，鼓励和发展专业化授粉蜂场，逐步提高授粉收入占养蜂总收入的比例，形成一批专业化的授粉蜂场，逐步完善相关的法律、法规及配套措施，确保蜂群的授粉安全，初步实现蜜蜂授粉产业化和商业化。

我国地域辽阔，蜜源植物丰富，但各地蜜源分布不均，加上气候条件的多变，给

蜂业的发展带来不利影响，因此，要摸清现有蜜源植物基本情况及其泌蜜规律，为指导放蜂路线奠定基础。同时，扩大种植优良的蜜源植物，丰富蜜粉资源，合理规划养蜂场布局和制订养蜂场生产计划，从而达到最佳养蜂生产效益，促进养蜂生产的发展。目前，我国的养蜂者大部分是追花夺蜜，转地放蜂，因此，蜜源植物对养蜂收入起着举足轻重作用。由于有些蜜源植物因其生产性能和经济价值并不最佳而种植量小，如椴树和刺槐，这就需要有关部门协调林业与养蜂业的关系，在发展林业经济的同时，保护蜜源植物；农林牧场在规划种植品种时，应优先选择蜜源植物。

蜜蜂是生态链上十分重要的一环，也是与人类生存和发展关系十分密切的一环。它的生存与灭绝，兴旺与衰落，与人类的农业、林业、食品业有着密切的关系。从生态农业角度看，蜜蜂不与粮棉油争地和水肥，为农作物传花授粉，提高作物繁殖力；而且在生态环境较好状态下，蜜蜂完全可以通过自身的潜能保证自身健康发展。养蜂业是农业发展重要的组成部分，被誉为"农业腾飞之翼"、农业的"月下红娘"。养蜂不与农争地，不与人争粮，只利用农田的边缘地带、林下、道路两旁等闲散区域摆放蜂箱，开展养蜂生产；蜜蜂消耗的能量和物质主要来自生态系统可再生的植物花蜜和花粉，蜜蜂在采集花蜜和花粉的过程中为植物传授花粉，提高了农作物的产量和品质，增加了经济效益和生态效益。此外，蜜蜂饲养有利于维护生物多样性，蜜蜂对采集花蜜、花粉具有采集专一性，蜂群在特定时段内只偏向于采集同种花的花蜜和花粉，提高特定生态系统内生物的成活率和繁殖率，维护物种多样性。因此，养蜂业完全符合生态和农业的发展要求，是环境友好型生态农业的重要组成部分，有效地保护了山区和丘陵地区的生态环境，促进农业生产，是生态链上重要的环节。

（二）培育抗病高产蜂种，提高蜜蜂饲养和病害防法技术，加快现代化养蜂进程

我国蜜蜂遗传资源丰富，拥有多个地理亚种、地方品种，丰富的蜜蜂种质资源，在维护生物多样性方面发挥了重要作用，应做好蜂种资源的利用和保护工作，结合不同地区的蜜源、气候特征等生态环境培育区域化良种。同时，重视不同蜂种在维持生态平衡中的地位，充分发挥原种场和种蜂场的作用，重视蜂种的选育，培育出授粉性能优良蜂种。建立现代蜜蜂良种繁育体系，培育抗逆、抗病等高产新品种、新品系，建立良种保护区和推广示范区，有步骤、有计划地引导蜂农利用良种，提高生产用蜂王的质量，加快优良蜂种的推广利用，促进养蜂生产，提高蜂农收入。充分利用国家级和部分省级蜜蜂资源基因库、保种场、保护区功能；促使种蜂场供种能力显著提高。

针对我国的蜜蜂饲养人员居住条件差、劳动强度大、机械化程度低、饲养规模小等问题，首先，改善流动放蜂人员的居住和生活条件，提高其生活水平；其次是针对我国蜜蜂饲养的特点，推广流动放蜂车、电动摇蜜机、取浆机、转运装卸叉车等机械设备，减轻劳动强度；最后，提高蜜蜂饲养技术，实现规模化（人均蜂群饲养量达100群以上）、集约化饲养，实现集中摇蜜，取成熟蜜。在蜂病防控方面主要是摸清

蜜蜂病虫害的主要流行规律、研制低毒高效蜂药、加强疫病防控，能够有效控制危害蜂群健康的蜂螨、孢子虫病、白垩病、中蜂囊状幼虫病、爬蜂综合征等病害。

在蜂产业现代化进程方面，首先在全国发展一批示范蜂农合作社和养蜂协会，联合分散养殖户形成大规模的养蜂团体，使其在维护蜂农利益、协商蜂产品价格、为蜂农提供服务等方面发挥重要作用。大力推广标准化、规模化生产新技术、新模式，为我国从传统养蜂业到现代化养蜂业发展提供技术支持，从而提高养蜂业的整体经济效益，探索出具有中国特色的切实可行的蜂产业发展途径。

（三）保障蜂产品质量安全，深化蜂产品加工，促进产业化良性发展

根据我国蜜蜂产业发展实际和产品质量安全管理，修订和完善相关技术标准；加强农业部蜂产品质量监督检验测试中心建设，将各地蜂产品质量检测功能纳入各地综合质检体系，完善质量检测体系运行机制，提高检测能力，及时掌握我国蜂产品质量安全现状。加强检测和评价技术研究，完善蜂产品检测体系和质量评价体系；建立产品追溯制度，推广蜂产品质量安全标准，提高蜂产品质量安全水平。

蜂产业发展至今，蜂产品还只限于初级蜂产品或者蜂产品原料的开发与加工，对产品的深加工研究目前处于初步发展阶段，因此，要加快蜂产品的深加工，特别是对蜂王浆、蜂胶和蜂花粉等蜂产品的功能因子的开发研究，扩大蜂产品的应用范围，从而提高蜂产品的价值。

蜜蜂产业化发展定位是把养蜂生产、服务体系、加工、销售等环节结合起来，通过市场牵动龙头企业，再带动养蜂生产基地，基地联结蜂农的形式，实现蜂业生产的专业化、蜂产品商品化、服务社会化，体现以企业为龙头，按市场化、集约化生产方式进行蜂业生产加工、销售、经营的发展模式，促进蜂业良性发展，解决生产和市场之间的联系问题，形成规模经济效应，增强抵御市场风险的能力。

二、我国蜂业发展战略目标

（一）指导思想

遵循着保证稳定发展的原则，以实事求是和科学发展观为指导思想，以建立可持续、无污染和安全的生产方式和消费方式为内涵，以引导人们走上持续、和谐的发展道路为着眼点。按照立足科学发展、完善体制机制、提高产品质量的要求，以提高蜂业为农业授粉率和保证人民食品安全为主线，深入实施科教兴蜂的主战略，走蜂业的协调和可持续发展之路。要抓住发展机遇、转变生产观念、提高蜂农素质、提升蜂业效益，从各个方面促进蜂业的可持续发展。

（二）总体战略目标

充分利用我国丰富的资源优势，开拓国内国际两个市场，走"公司＋联合体＋养

蜂户""公司＋农户""协会＋合作社＋龙头企业＋蜂农"等多种组织形式的产业化道路，抓住品种、质量、品牌三个关键，强化组织、技术、服务三项措施，运作好基地、加工和营销三个环节，实现蜂业高效益、广就业、可持续的跨越式发展。蜂产品质量得到大幅度的提升，蜜蜂为农作物授粉率得到较大提高。

（三）阶段经济指标和结构调整目标

1. 2020 年发展目标

在"十二五"的基础上，全国的蜂群总数递增 10％，达到 1 100 万群，蜂产品数量递增 10％，蜂蜜产量达到 40 万～45 万 t，蜂王浆产量达到 4 000～4 500t，蜂胶产量达到 450～500t，蜂花粉产量达到 4 500t，蜂产品的总产值达到 110 亿～150 亿元人民币，通过蜜蜂为农作物授粉所增加的产值将达到 6 500 亿～7 500 亿元人民币。蜂农数量在"十二五"的基础上保持稳定并略有增加，规模化蜂场数量增多。

人们对蜂业在国民经济中的作用和地位认识程度加深，蜂产品在保健品中的地位提升，销售额增加。蜜蜂授粉率进一步提高。西部地区养蜂向专业化、规模化和标准化发展。

蜂产品的精深加工程度不断提高，年销售额超过 1 亿元的蜂业企业达到 20 家。

2. 2030 年发展目标

在 2020 年的基础上，全国的蜂群总数递增 10％，数量接近 1 200 万群，蜂产品数量递增 10％，蜂蜜产量达到 45 万～50 万 t，蜂王浆产量达到 4 500～5 000t，蜂胶产量达到 500～550t，蜂花粉产量达到 4 500～5 500t，蜂产品的总产值达到 130 亿～160 亿元人民币，通过蜜蜂为农作物授粉所增加的产值将达到 6 500 亿～8 000 亿元人民币。蜂农数量在 2020 年的基础上保持稳定并略有增加。规模化蜂场数量继续增加。人们对蜂业在国民经济中的作用和地位认识程度加深，蜂产品在保健品中的地位提升，销售额增加。初步实现产业化的有偿授粉。西部地区养蜂向专业化、规模化和标准化发展。通过"QS"认证、有一定规模的蜂业加工企业达到 600 家，年销售额超过 1 亿元的蜂业企业达到 30 家。

（四）发展方向

在未来，中国蜂业的发展将以东方蜜蜂的数量增长和蜂蜜产量增长为主要亮点，深入东方蜜蜂生物学及饲养管理技术研究，保证数量和产量持续提高，到 2030 年将增长 100 万群，突破 300 万群。在保证质量的前提下，蜂蜜的产量也将有较大的提高。生产用蜂种类型将不断分化，专一化程度将更高，如单采蜜、单取浆或授粉用等生产用种比例将会增加，高品质蜂王浆生产用蜂种在蜂业生产中所占比例将不断增长，并有逐步取代目前的浆蜂的可能。授粉蜂群数量将不断增加，以授粉为生的专业生产者将成为可能。在饲养管理技术方面，强群饲养、取成熟蜜的生产模式将成为主流。在国家稳定的支持下，蜂业科研力量将会增强，科学研究水平不断提高，甚至在某些领域处于国际领先水平。

蜂产品的消费量和从事蜂产品加工的企业将会增加，从业人员不断扩大。蜂产品加工继续向功能性食品和药品两个方向发展，走蜂产品深加工之路；利用蜂产品开发的主导产品将多样化；优化蜂产品加工企业，加强科研投入，开展精深加工研究，生产优质蜂产品。

第二节　国家蜂产业技术体系建设架构

一、国家蜂产业技术体系的基本构架

国家蜂产业技术体系由 1 个国家蜂产业技术研发中心、4 个功能研究室（育种与授粉研究室、病害防控与质量监控研究室、饲养与机具研究室、加工与产业经济研究室）、21 个综合试验站（天水综合试验站、固原综合试验站、乌鲁木齐综合试验站、成都综合试验站、红河综合试验站、延安综合试验站、南宁综合试验站、儋州综合试验站、重庆综合试验站、新乡综合试验站、武汉综合试验站、广州综合试验站、金华综合试验站、合肥综合试验站、泰安综合试验站、吉林综合试验站、牡丹江综合试验站、扬州综合试验站、北京综合试验站、晋中综合试验站、兴城综合试验站）组成。其中，首席科学家 1 名，岗位科学家 20 名，综合试验站站长 21 名，团队成员 76 名，技术推广骨干 156 名，示范县 113 个，"十二五"期间总经费为 1.24 亿元。

（一）国家蜂产业技术研发中心

建设依托单位：中国农业科学院蜜蜂研究所。

（二）功能研究室

1. 育种与授粉研究室

建设依托单位：中国农业科学院蜜蜂研究所。

设种质资源评价、品种培育、育种技术、授粉昆虫繁育、授粉昆虫管理 5 个岗位，由 5 位岗位科学家组成。

2. 病害防控与质量监控研究室

建设依托单位：中国农业科学院蜜蜂研究所。

设虫害防控、病害防控、药物残留与控制、病虫害风险评估、产品质量监控 5 个岗位，由 5 位岗位科学家组成。

3. 饲养与机具研究室

建设依托单位：福建农林大学。

设中华蜜蜂饲养、西方蜜蜂饲养、转地饲养与机具设备、蜂箱与蜂巢、营养与饲料 5 个岗位，由 5 位岗位科学家组成。

4. 加工与产业经济研究室

建设依托单位：浙江大学。

设资源与评价、深加工、生物活性物质利用、保健功能开发、产业经济 5 个岗位，由 5 位岗位科学家组成。

功能研究室中的每一位岗位科学家都拥有一支由若干名科研人员组成的科技创新团队，团队成员之间分工明确，协助岗位专家完成体系任务。

（三）综合试验站

见上述。

二、国家蜂产业技术体系的主要任务

（一）重点任务

1. 体系重点任务

（1）CARS-45-01A。蜜蜂优质高效养殖技术研究与示范。

1）核心技术与实施内容。

①蜜蜂规模化饲养管理技术。通过对蜜蜂高效饲养管理技术、实用养蜂机具、蜜蜂代用饲料的研究，提高蜜蜂人均饲养量。

②优良蜂种选育利用技术。通过传统和分子标记辅助选育手段，培育高产、优质、授粉效益高的东、西方蜜蜂优良蜂种。

③病虫害防控技术。开展蜜蜂主要病虫害的发病规律、诊断及监控技术研究，研发绿色蜂药等，形成实用的蜜蜂主要病虫害防控技术。

④蜜蜂高效利用技术。通过开展蜜蜂生物学、行为学、生理学及传粉生态学研究，提高蜂群经济效益，积极探讨蜜蜂为油菜、梨等农作物授粉增产、增值技术，形成蜜蜂为 1～2 种主要经济作物授粉配套技术，解决授粉效率低的问题。

2）主要考核指标。

①形成蜜蜂规模化饲养技术模式 3 套。选育出高产抗逆的蜜蜂良种配套系 2～3 个。主要蜜蜂病虫害防控技术 1 套。

②研发蜜蜂饲料产品 3～5 个。

③研发新机具 3～5 项。

④制（修）定标准 2～3 项。

⑤形成蜜蜂授粉技术规程 1～2 项。

⑥上述技术在综合试验站示范成功并简化后，交由推广部门、生产部门推广应用。

（2）CARS～45-02A。蜂产品质量安全与增值加工技术研究与示范。

1）核心技术与实施内容。

①蜂产品电子溯源技术优化与集成研究。在已有的计算机（PC）信息采集软件基础上，优化电子信息技术在蜂业的应用，研发出基于便携式手提电脑（PDA）的溯源信息管理系统；研究与溯源相匹配的有关溯源标准，促进电子信息溯源技术更好在行业内实施。

②蜂产品溯源性分析技术研究。利用同位素质谱技术、近红外技术、液质联用指纹图谱技术，以我国油菜、荆条、刺槐、荔枝蜜为研究对象，研究蜂蜜和蜜源特征或表征成分，建立对目标蜂蜜具有产地溯源、品种识别、真实性鉴别等功能的质量分析与评价技术。

③蜂产品功能与特征成分评价技术研究。研究各种蜂产品的化学成分、生物学活性及开发利用途径；研究蜂产品中生物活性物质的理化特性、作用机理及其分离提取的关键技术，促进蜂产品增值加工技术研究。

④蜂产品增值加工技术研究。研发蜂产品深加工新型设备；研究超临界流体萃取技术、酶工程技术、膜技术、纳米技术、生物技术等在蜂产品加工中的应用，研制出功能因子明确、附加值高、市场竞争力强的新产品，实施产业化开发与示范。

2）主要考核指标。

①升级优化蜂产品电子溯源管理软件系统 2 个。

②形成蜂产品溯源相关标准 2 个。

③建立具有溯源品种识别、真实性鉴别功能的分析与评价技术 4 项以上。

④形成蜂产品增值加工新工艺 8 套。

⑤开发新产品 10 种以上，新设备 2～3 台（套）。

⑥上述技术在试验点示范成功并简化后，通过培训基层推广骨干及企业技术骨干，逐步推广应用。

2. 功能研究室重点任务

（1）CARS-45-03B。优良蜜蜂的选育和核心种质库的建立。

1）核心技术与实施内容。

①优良蜂种选育技术。通过对蜂种生物学特性、生产能力和适应性评价，评估实验区范围内生产蜂场用种情况；应用基因库、闭锁繁育、近交系等常规选育技术，配合开展分子标记辅助育种技术，开发地方良种，选育优良蜂种，解决实验区生产蜂场低效率用种、无效用种问题。

②优良蜂种保存技术。开展原地和异地、活体保存和遗传物质（精液、DNA）保存等多种保存方法，保存适合蜂业主产区饲养的优良蜜蜂蜂种，建立蜜蜂资源的核心种质库、育种档案。

③优良蜜蜂种质鉴定技术。完善形态鉴定、分子鉴定、纯度测定研究工作，探索其在实际生产中的应用。提升国家级种蜂场种质鉴定、经济性状考察和生产性能测定能力和水平，带动基层种蜂场场内测定水平，逐步建立种蜂质量监督监测技术体系。

2）主要考核指标。

①建立蜂资源评价技术体系一套。

②评价优良蜂资源40 000群。

③保存优良蜂资源2 400群以上。

④建立蜜蜂资源核心种质库1个。

⑤制（修）定行业标准1～2个。

⑥蜜蜂种质资源与协作单位共享，培训基层推广骨干或育种企业技术骨干。

（2）CARS-45-04B。授粉蜂繁育与高效率传粉技术研究与示范。

1）核心技术与实施内容。

①授粉蜂种调查与筛选繁育技术。通过开展授粉蜂种调查与筛选，获得重要的农作物最佳传粉蜂种，并且掌握主要蜂种的生物学特性、遗传结构和繁育技术。

②蜂授粉增产技术。通过研究野生蜂种人工繁育技术；开展油菜、苹果等农作物蜂类授粉蜂群管理技术规程研究；建立不同农作物的特定蜂种传粉技术方案，提高蜂类传粉效率。掌握不同蜂种为温室农作物传粉的生物学特性，同时，开展不同作物蜂类传粉的生态学、行为学和生理学等方面研究，解决1～2种重要经济作物蜂传粉效率低下难题。

③授粉蜂主要病害防治及农药中毒的预防技术。研究主要病虫害以及农药对传粉蜂类授粉性能的影响，查明主要病虫害的致病机理及对不同宿主熊蜂的危害机制、制订主要病虫害的防治措施；根据农药对授粉蜂的致死和亚致死效应，制订合理的花期药剂施用技术和蜂群规避技术。

④授粉效果评价技术。开展蜂类传粉效果评价体系的研究，从而了解蜜蜂授粉带来的经济效益。

2）主要考核指标。

①筛选出2～3种易于人工饲养、授粉效率高的优势熊蜂种，掌握人工繁育关键技术。

②制定授粉技术规程1～2项；熊蜂主要寄生虫快速诊断技术1项。

③针对1～2种常用农药，制订出蜂群花期管理技术1套。

④初步建立蜂类传粉效果评价模型1个。

⑤蜜蜂授粉技术经简化后共享给推广部门或者生产部门应用。

（3）CARS-45-05B。蜜蜂主要病虫害防控关键技术研究。

1）核心技术与实施内容。

①蜜蜂流行病虫害的疫情监控。建立测报站和全国信息网络，关注主产区病虫害疫情的发生、发展，并提出应急综合防控技术措施。

②蜜蜂寄生螨、白垩病和囊状幼虫病的流行病学及综合防控技术。开展蜜蜂寄生螨病、白垩病和囊状幼虫病的流行病学调查，掌握其病原和流行规律，并在此基础上，改变传统的蜜蜂寄生螨病、白垩病和囊状幼虫病的防治方法，提出综合防控技

术，并示范推广。

③蜜蜂寄生螨病、白垩病和囊状幼虫病的风险评估。提出蜜蜂健康相关表征因子、危害信息和环境因子间多级、多层的综合风险图谱，为直观可视化展示和表达风险，实现蜜蜂健康安全快速应急管理提供技术支撑。

④绿色蜂药研制与示范。对植物性蜂药、挥发性精油进行筛选，研制出 2～3 种高效低毒药物，并示范推广。

2）主要考核指标。

①研究出蜜蜂病害（白垩病、囊状幼虫病）的 2 种快速诊断方法。

②针对性地研制出 2～3 种绿色蜂药（巢虫、白垩病、囊状幼虫病等）。

③并争取申报新兽药 1 项（囊状幼虫病防控药物）。

④形成寄生螨、蜜蜂白垩病、囊状幼虫病综合防控技术和风险评估技术方案各 1 套。

⑤上述技术在综合试验站示范成功并简化后，交由推广部门、生产部门推广应用。

（4）CARS-45-06B。蜂蜜兽药残留代谢研究及监控技术推广。

1）核心技术与实施内容。

①蜂蜜中兽药及其代谢物检测方法研究。建立蜂蜜及巢脾中兽药及其降解物（代谢物）的检测方法。

②蜂群中蜂蜜和巢脾中兽药代谢规律研究。通过设置不同饲喂剂量、饲喂时间和饲喂方法等，研究兽药在蜂群中蜂蜜和巢脾中的蓄积和代谢规律，探讨巢脾中兽药残留对贮存在其中蜂蜜的影响，为蜂群合理用药方式、用药剂量和休药期设置提供依据，为风险评估提供基础。

③加工和贮存过程中蜂蜜兽药代谢规律研究。模拟加工和贮存条件，研究兽药在加工和贮存过程中的代谢和降解规律，为蜂蜜加工和贮存条件最优设置提供依据。

④电子标识溯源技术系统优化与示范推广。从解决制约蜂产品质量安全的瓶颈入手，开展蜜蜂产品电子溯源信息管理系统的推广应用研究，建立蜂产品溯源业务流程管理规范，并在具有条件和规模的蜂蜜产业链条的示范点进行技术培训、推广和应用。

2）主要考核指标。

①形成检测方法标准技术文本 4 个。

②形成巢脾使用技术模式 1 套。

③形成药物使用技术方案 2 个。

④建立蜂产品溯源业务流程管理规范 1 份。

⑤上述技术在综合试验站示范成功并简化后，交由推广部门、生产部门推广应用。

（5）CARS-45-07B。中华蜜蜂规模化饲养技术研究。

1）核心技术与实施内容。

①中华蜜蜂高效饲养管理技术研究。重点关注蜂群检查、饲喂、造脾、育王、换王、分蜂热控制等制约蜜蜂饲养规模的技术环节。形成简化操作，降低劳动强度，提高人均饲养规模的技术模式。

②中华蜜蜂地方良种选育。通过种用群的收集和集团闭锁选育技术的实施，在保持遗传多样性的前提下，以抗病和维持强群为主要性状，选育具有区域特点的中华蜜蜂地方良种。

③区域性蜂箱设计。通过研究不同区域的生态环境特点和中华蜜蜂蜂巢结构，在调查现有蜂箱蜂巢的基础上，设计适宜规模化饲养技术的区域性蜂箱。

④养蜂机具研发。通过研发饲喂、上础、取蜜、脱蜂等关键环节的机具，达到提高蜜蜂饲养管理效率，扩大蜜蜂饲养规模的目的。

2）主要考核指标。

①形成中华蜜蜂规模化饲养技术模式1套，达到人均饲养120群以上的示范蜂场16个以上。

②在东北、西北、华东、华中、华南、西南等地区选育的地方良种，良种维持群势增长20%。

③完成区域性中华蜜蜂蜂箱3种。

④研制饲喂、上础、取蜜、脱蜂等机具2～3项。

⑤上述技术在综合试验站示范成功并简化后，交由推广部门、生产部门推广应用。

（6）CARS-45-08B。西方蜜蜂规模化饲养技术研究与示范。

1）核心技术与实施内容。

①定地饲养技术。借鉴国外先进的蜜蜂多箱体饲养技术思路，重点关注蜂群检查、饲喂、造脾、育王、换王、分蜂热控制等制约蜜蜂饲养规模的技术环节，形成定地饲养规模化养殖技术模式。

②转地饲养技术。转地饲养是我国西方蜜蜂饲养的主要方式之一，通过转地路线设计、蜜蜂快速装运机具、蜜蜂群势快速发展和强群维持技术等研究，提高养蜂生产效率，降低劳动强度，形成西方蜜蜂转地饲养规模化养殖技术模式。

③蜂王浆机械化生产技术。通过免移虫技术和机械化取浆技术研究，设计免移虫、切台和取浆机具，形成西方蜜蜂规模化蜂王浆生产技术模式。

④饲养工具。通过研发饲喂、上础、脱蜂、取蜜、巢脾保存等机具和装置，达到提高蜜蜂饲养管理效率，扩大蜜蜂饲养规模的目的。

⑤蜜蜂饲料。通过蜜蜂营养学的研究，根据蜂群不同阶段对营养素的需求，研发满足蜜蜂营养需求的蛋白质饲料。

2）主要考核指标。

①形成西方蜜蜂定地和转地饲养规模化养殖技术模式各1套。

②形成西方蜜蜂规模化蜂王浆生产技术模式 1 套，提高蜂王浆生产效率30％～50％。

③研制蜂王浆生产、蜜蜂装运等新机具 2～3 项。

④研发蜜蜂饲料产品 3～5 个。

⑤上述技术在综合试验站示范成功并简化后，交由推广部门、生产部门推广应用。

（7）CARS-45-09B。蜂产品质量控制技术研究与新产品研发。

1）核心技术与实施内容。

①蜂胶指纹图谱鉴别技术。通过对不同胶源植物、不同产地蜂胶及杨树芽提取物、杨树胶产品 HPLC 指纹图谱的分析研究，建立不同种类、不同产地蜂胶的指纹图谱库，建立基于蜂胶与杨树胶差异性指纹图谱的蜂胶真伪鉴别方法。

②蜂王浆新鲜度检测技术。综合运用液相色谱、质谱、红外等检测技术，以及生物学新技术研究蜂王浆褐变机理，建立蜂王浆新鲜度评价标准，找到抑制蜂王浆储藏过程中褐变的有效方法。

③蜂产品生物活性物质分离与鉴定。采用膜分离、柱层析、电泳、高速逆流提取、液相分离及分子生物学方法等，对与蜂产品的抗氧化、抗癌、降血糖等生物活性功能相关的物质进行分离纯化，用质谱、红外、紫外、核磁共振等技术对已纯化的活性物质进行结构鉴定研究，达到生物学活性与蜂产品功能活性成分相对应的目的。

④蜂产品深加工技术研究及新产品研发。采用超临界流体萃取技术、酶工程技术、微乳技术、微胶囊技术、纳米技术、生物技术等高新技术，开展蜂产品深加工技术的研究，研制出功能因子明确、附加值高、市场竞争力强、质量安全的新产品，并实施产业化开发与示范。

2）主要考核指标。

①建立不同种类、不同产地蜂胶的指纹图谱库 1 个。

②蜂胶真伪鉴别技术 2～3 种，建立蜂胶真伪鉴别评价标准 1 个；确立蜂王浆新鲜度指标 1～2 个。

③蜂产品深加工新工艺 4 套，开发新产品 4 种以上。

④培训企业技术骨干。

（8）CARS-45-10B。蜂产业发展与政策研究。

1）核心技术与实施内容。

①蜂产业生产要素变化评估。在浙江、山东、山西、江西、四川、云南、湖北、河南、吉林、北京 10 个省份，每个省份 5 个重点县建立蜂农固定观察点 600 户，观察内容涵盖蜂农基本情况及各年生产成本要素、技术要素、组织要素、市场价格与销售收入等信息，通过这些基本信息的持续性跟踪和数据库建设，把握我国蜂产业发展的基本态势，跟踪评估生产要素变化，分析其变化的原因，找出相关的对策，为政府

决策提供依据。

②蜂产品市场变化趋势分析。研究蜂产品生产形势、新技术新品种研发状况、蜂产品市场与价格形势、蜂产品国际贸易形势，全面剖析蜂产品消费、加工及市场现状、存在问题、发展趋势。

③蜂产业政策预测、预警模型研究。确定蜂产业政策预测、预警的指标并建立相关预测、预警模型，跟踪监测国内外蜂产业生产与市场信息，增强预先评估事件危害性的能力，增强管理部门对蜂产品生产决策的预见性和应对突发事件的能力。

④蜂产业发展政策研究。分析当前政策对蜂产业发展的影响，特别是对蜜蜂授粉和中蜂保护、蜂农灾害风险补偿等政策的研究与评价，研究蜜蜂授粉的经济与社会影响，跟踪评价蜂产业研发的技术经济影响，为蜂农增收和促进蜂产业发展提供政策建议。

2）主要考核指标。

①每年提供蜂产业生产要素变化报告1份、蜂产品市场形势分析报告1份，蜂产业发展报告1份。

②建立固定观察点50个，样本量600份左右，剖析蜂产业存在问题及解决对策。

③评价科技发展对蜂产业发展的支撑作用。

④为管理部门提供政策建议和研究报告。

（二）基础性工作

CARS-45-11C。蜂产业基础数据平台建设。

C1. 蜜蜂种质资源数据库。

C2. 中国主要蜜源植物信息系统数据库。

C3. 中国熊蜂种质资源信息数据库。

C4. 蜜蜂病虫害防控系统数据库。

C5. 蜂产品质量安全数据库。

C6. 蜜蜂饲养技术数据库。

C7. 中国蜂产品加工企业数据库。

C8. 蜂产业基本科研情况数据库。

C9. 蜂产业技术国内外研究进展数据库（论文、专利、成果）。

C10. 其他主产国蜂产业技术研发机构数据库。

（三）前瞻性研究

1. 育种与授粉功能研究室

（1）开展行为抗螨分子标记辅助选择，开发实用型标记1～2个。

（2）开展优质蜂王浆分子标记辅助选择，开发实用型标记1个。

（3）开展蜜蜂蜂王和工蜂级型分化分子基础研究，为养蜂生产培育优质蜂王提供依据。

（4）利用基因芯片和新一代高通量测序技术开展蜂王浆高产性状相关的分子标记筛选及验证研究，为王浆高产蜂种的优化选育提供分子标记。

（5）与蜂王浆优质高产蜂种相配套的蜂王浆机械化生产关键技术研究，为实现蜂王浆生产的机械化提供技术支撑。

（6）开展高产耐逆境分子标记辅助选择，开发实用型标记1~2个。

（7）开展中华蜜蜂抗病DNA分子标记辅助选择，开发实用型标记1~2个。

（8）开展熊蜂生殖相关基因（常用内参基因、卵黄原蛋白及其受体基因、滞育相关基因等）的克隆与表达特性研究，探索熊蜂生殖调控的作用机理。

（9）建立熊蜂主要寄生虫病的分子快速检测技术。

（10）开展主要病毒病对熊蜂的影响研究。

（11）开展不同类型农药对熊蜂的危害及其主要靶标酶活性影响的研究。

（12）研究气象因素与梨树授粉受精和坐果的关系。

（13）调查我国不同生态区梨树、苹果、枣树、荔枝、龙眼、向日葵、柑橘、油菜授粉昆虫的种类，确认每种植物的主要授粉昆虫，并了解其授粉特性，为今后开发利用奠定基础。

2. 饲养与机具功能研究室

开展与蜜蜂规模化饲养技术相关的理论研究，包括蜜蜂生态学、蜜蜂遗传学、蜜蜂发育生物学、蜜蜂生理学、蜜蜂行为学、蜜蜂分子生物学、蜜蜂蛋白质组学、蜜蜂营养学等。

3. 病害防控与质量监控功能研究室

开展蜂药代谢动力学研究，探索蜜蜂嗅觉与抗螨的关系，细胞凋亡理论在蜜蜂病虫害中的应用研究，蜜蜂福利的研究，蜜蜂主要病害病原的生物学、生理生化研究、菌株基因组学研究，以及蜜蜂健康风险评估优化升级方法的研究。

建立蜂产品中大分子、核酸分子和脂肪酸分析方法各1种，建立蛋白质指纹检测技术和寡聚糖指纹检测技术各1种。

（四）应急性技术服务

CARS-45-12D。

（1）监测本产业生产和市场的异常变化，及时向农业部上报。

（2）发生突发性事性及农业重大灾害，及时制订分区域的应急预案与技术指导方案。

（3）组织开展应急性技术指导和培训工作。

（4）完成农业部各相关司局临时交办的任务。

（吴杰）

第三节　中国蜂业发展战略的内容与重点

一、养蜂生产

蜜蜂饲养管理技术、蜂产品的优质高产和蜜蜂为农作物高效授粉等，均依赖于蜜蜂饲养管理技术体系的建立和完善。从我国养蜂生产的特点分析，养蜂人数量、蜂群饲养数量、蜂产品的产量均占世界绝对领先地位。但是养蜂规模、产品的质量和产值不具优势。由此，我国蜂业发展战略需要重新建立蜜蜂饲养管理技术体系，从根本上改变我国养蜂生产中存在的饲养规模小、管理操作精细、生产劳动强度大、产品质量差、在国际市场价格低、养蜂人年龄老化等现状。

现代社会生产规模和效益是分不开的，我国养蜂生产规模小已成为行业发展的瓶颈。蜜蜂规模化饲养技术体系的建立是改变中国蜂业问题的关键。通过大幅度提高人均饲养规模，可以促进养蜂大型机械的研发和应用，降低劳动强度，提高生产效率。扩大规模蜂场可减轻对蜂群的过度索取，增加蜂群的抗逆力，减少疾病的发生，达到蜜蜂健康养殖的目的。

蜜蜂规模化饲养的核心思路是简化饲养管理操作和养蜂机具的研发应用，实现一人多养，提高养蜂效率和降低劳动强度。蜜蜂规模化饲养技术体系内容包括养蜂管理操作简化，蜜蜂良种的选育和应用，蜜蜂病虫害的防控和防疫体系的建立，大型养蜂机具的研发。

简化蜜蜂饲养管理操作就要改变现实养蜂技术中管理过细的问题，将以脾为管理单位改为以分场为管理单位。力求全场蜂群保持一致，管理措施一致，以提高养蜂效率。

蜜蜂规模化饲养技术对蜂种要求更高。蜜蜂规模化饲养需要的优良蜂种主要性状是抗病和维持强群。在蜜蜂饲养中，病虫害对养蜂生产的影响往往是致命的。蜜蜂病虫害的防控不能依赖于药物，蜂种抗病能力强对规模化饲养非常重要。强群是蜜蜂生产的三个重要因素之一，蜂群的快速发展和维持强群的蜂种特性对简化蜂群管理操作是非常重要的。

提高养蜂生产效率、降低劳动生产强度需要养蜂机具的研发支撑。不同生产规模的蜂场需要不同类型的养蜂机具，随着我国蜂场人均饲养规模的提高，养蜂机具将向大型化和功能专一化发展。

蜜蜂防疫和蜜蜂病虫害防控体系的建立和完善是蜜蜂规模化饲养技术实施的保证。除了在蜂种特性上要求抗病虫外，应严格执行蜂场的防疫制度，严防恶性传染性病虫害的传播和扩散。蜜蜂病虫害防控技术体系要求在饲养管理上力求给蜂群提供最好的生活条件和保证蜜蜂个体健康发育，以提高蜂群的抗病能力。

在蜜蜂饲养管理技术体系完善后，需要对技术的各环节制定可操作性强的技术标准。在规模化蜜蜂饲养技术的框架下，形成规范的技术标准体系，如规模化蜜蜂饲养技术的一般准则、西方蜜蜂规模化定地饲养技术标准、东方蜜蜂规模化定地饲养技术标准、西方蜜蜂规模化转地饲养技术标准、规模化蜜蜂饲养产品生产技术标准、规模化蜜蜂授粉蜂群管理技术标准等。

(周冰峰)

二、蜜蜂授粉

蜜蜂是自然界最主要的传粉昆虫，为全球农作物授粉增产价值达 1 530 亿欧元，占食用农产品总产值的 9.5%。蜜蜂授粉在蔬菜、果树和油料作物生产中起着至关重要的作用。

近年来，由于作物单一连片种植、杀虫剂广泛使用及病虫害危害等因素的影响，在全球许多地方，包括蜜蜂在内的众多传粉昆虫呈现明显下降趋势。传粉昆虫减少致使需要传粉的农作物授粉不足，坐果率低，总产量不稳定。人工授粉对提高坐果率有一定效果，但受作物有效授粉期的限制，在实际工作中人工授粉与生产争劳力，授粉时间紧迫，生产者为此需花费大量的人力、物力和财力，成为农业生产的一项重要生产成本，让农民吃尽了苦头。如对梨主要产区人工授粉成本的调查显示，山西运城每公顷 2 250 元，山西祁县每公顷 4 500 元，河南宁陵每公顷 9 000 元。采用生长调节剂坐果又存在安全性和影响果实品质的突出问题，由此可见研究蜜蜂授粉的必要性、重要性和紧迫性。

发达国家十分重视利用蜜蜂为农作物授粉技术的应用，很多国家把蜜蜂授粉作为现代化农业增产增收的一项重要措施。尤其近年来欧洲和北美等地蜜蜂无故消失的现象（CCD 现象）非常严重，农作物因授粉不足导致的减产问题引起了各国政府的高度重视。我国党和政府也十分重视，习近平总书记对蜜蜂授粉作出重要批示，2010年农业部相继出台了《关于加快蜜蜂授粉技术推广促进养蜂业持续健康发展的意见》和《蜜蜂授粉技术规程（试行）》2 个指导性文件，这些文件的出台是指导我国蜜蜂授粉技术应用的纲领性文件，旨在推进蜜蜂授粉技术在农业生产中的应用。但在我国蜜蜂授粉工作仅属起步阶段，目前我国授粉技术的研究和应用还不足以满足农业生产的需要，与发达国家相比相差甚远，蜜蜂授粉增产技术及配套管理措施还需完善。

(邵有全)

第四节　国家蜂业基本信息库的建设与运行

一、基本信息库的构成

蜂产业技术体系总计拥有 8 个数据库，分属体系研发中心和育种与授粉研究室、病害防控和质量监控研究室、饲养与机具研究室、产品与产业经济研究室。数据库涉及蜂业的各个方面，基本囊括蜂业的各方面重点问题。便于技术人员对于蜂业技术的浏览和查找，增加数据的信息化。

二、基本信息库简介和运行情况

（一）体系研发中心数据库（http://www.chinabee.cc/）

对于蜂产业体系进行了全面的介绍，涉及专家简介、依托单位信息、蜂业知识、产业动态、体系介绍、最新公告等板块（图3-1），使得行业内外的专家学者以及蜂农们可以对蜂产业体系和整个蜂业有一个全面的了解，扩大蜂业的影响力和知名度，每年都会对行业动态和体系内部岗位专家和试验站的信息进行动态更新。

图 3-1　国家现代蜂产业技术体系研发中心数据库

（二）蜜蜂育种与授粉研究室

1. 蜜蜂育种与授粉功能研究室数据库

2010年正式上线开放注册。蜂产业技术体系各位专家及实验站站长及相关负责人员为主要用户。进入"十二五"以来，蜜蜂育种与授粉功能研究室数据库不断扩充架构及相关内容（图3-2）。目前具有子数据库8个，分别为：蜜蜂主要生产用种特征特性调查数据库（基础蜂场使用、实验站使用），蜜蜂种质资源数据库（基础蜂场使用、实验站使用、形态数据库、保护区保种场数据库）及蜜蜂优良地方蜂资源评价数据库，还有每年都会更新的蜜蜂资源动态监控调查数据库，该数据库每年动态更新。

图 3-2 蜜蜂育种与授粉功能研究室数据库

2. 蜜粉源植物信息导航系统（http：//www.biobee.cn/a.asp）

收集和整理了 31 个省份的对蜂业发展具有重要意义的蜜源植物相关数据，主要包括各省、市、县级行政区域的地理概况、气候特征、气象资料、蜂业发展情况、主要和辅助蜜源植物，以及该植物在当地的面积、开花时间、盛花期持续时间、花蜜和花粉的丰富程度，结合相关统计部门的统计数据和蜂农的经验，估算出每一蜜源植物在该地区的载蜂量、产蜜量等信息，根据数据的特点开发出数据库（图 3-3）。

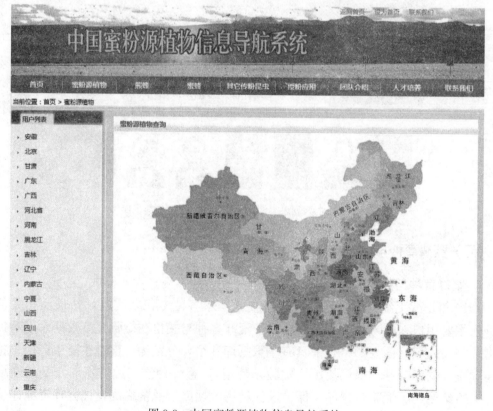

图 3-3 中国蜜粉源植物信息导航系统

根据该系统设计具体目标，该系统的 4 个主要功能模块包括：蜜源植物信息模块、行政区域信息管理模块、操作员管理模块及信息查询模块。蜜源植物信息模块主要体现在属性数据上。属性数据一般反映区域数据在数量、质量和性质上的差别，所以属性数据也是综合分析中重要的数据源之一，它为后续的分析论证提供历史资料和背景资料，同时也为所获某些结果提供一个可对比的依据。行政区域信息管理模块的建立主要表现为空间数据库的建立。空间数据库用来存储系统的区域信息，它通过一定的关键词与属性数据进行关联。根据需要，该系统建立 2 个区域数据库，即各级行政单位的行政区划图和每种蜜源植物在各级行政区划（全国、省和直辖市）内的分布信息图。区划图是该系统的基础区域数据库，用于保存省、市、县行政区划名和区划图。操作员管理模块用于数据库中数据的录入和修改，包括各种蜜源植物的基本信息和相关的图片、信息的管理。信息查询是数据库应用系统的核心，该模块包括各种查询条件设置表单和查询结果输出表单。

蜜源植物是蜂业发展的基础，同时，农作物的丰收也离不开主要传粉昆虫——蜜蜂。以往蜜源植物面积、花期等的变化由于信息不通畅，往往不能及时传达给蜂农，造成蜜源植物信息与蜂群的分布不对称，使得野生蜜源植物得不到很好的利用，农作物也因得不到充分授粉而歉收，基于 web 的蜜粉源植物信息导航系统的开发则解决了这一问题。

（三）病害防控与质量监控研究室

1. 蜜蜂病虫害监测风险评估预警系统（http：//xmgl. ahau. edu. cn/bee）

蜜蜂病虫害监测风险评估预警系统是将项目成果可视化和在线描述的最佳模式，同时也是更好为蜂产业服务，为蜂农、企业提供信息及相关病虫害防治的公共共享网络平台。蜜蜂病虫害监测风险评估预警系统由蜜蜂病虫害监测系统、蜜蜂病虫害查询系统、蜜蜂病虫害评估预警系统 3 个子系统组成（图 3-4）。

蜜蜂病虫害监测系统包含基础信息调查和动态信息上报两个模块。基础信息调查：试验站定时、定量的汇报其下属蜂场的具体情况；动态信息上报：试验站及时地汇报突发病虫害。

蜜蜂病虫害查询系统包括蜜蜂病虫害查询系统、蜜蜂病害、蜜蜂虫害、蜜蜂敌害、蜜蜂农药中毒和蜜蜂用药 6 个模块，其中蜜蜂病虫害查询系统是历年蜜蜂病虫害信息查询；蜜蜂病害是蜜蜂多种病害的数据集合；蜜蜂虫害是蜜蜂多种虫害的数据集合；蜜蜂敌害是蜜蜂多种敌害的数据集合；蜜蜂农药中毒是蜜蜂多种农药中毒后的症状的数据集合；蜜蜂用药是针对蜜蜂虫害、病害、农药中毒的相关用药及方法的数据集合。

蜜蜂病虫害评估预警系统包括病虫害指标体系风险预测、病虫害适生区风险预测和病虫害场景模拟风险预测 3 个模块。

蜜蜂病虫害监测风险评估预警系统不但适用于从事蜜蜂病虫害风险评估的专业技术人员，同时适用于广大蜂农。

图 3-4　蜜蜂病虫害监测风险评估预警系统

2. 蜜蜂主要病虫害防控体系（bee. alljournal. net/ch/index. aspx）

为了更好地完成蜂产业技术体系的基础性工作，建立了蜜蜂主要病虫害防控体系的网站（图 3-5），旨在为数据库的建立提供支撑，同时推广先进病虫害防控技术。试运行期间网站主要包括防控技术、蜂药企业信息、蜂药推广信息库、蜜蜂寄生虫信息和蜜蜂病虫害防控新成果推介等内容。

3. 蜂产品质量安全网

目的在于对国内外蜂产品质量安全状况，以及蜂产品质量标准、法规等进行全面的梳理。其目的一方面是为从业者提供蜂产品质量安全方面基础数据的查询平台，另一方面是通过长期更新相关数据，为蜂产品质量安全状况以及相关标准、法律法规规定的演变过程提供一个数据积累和分析平台。为更好地制定相关标准和政策，解决我国蜂产品质量安全问题提供基础。

图 3-5　蜜蜂主要病虫害防控系统

　　该数据库包括蜂产品理化指标数据库（5670 条）、国内外蜂产品质量标准数据库（101 条）、国内外蜂产品残留限量数据库（224 条）、国内外相关法律法规数据库（47 条）、国内外蜂产品检测方法数据库（138 条）、蜂产品相关专利 57 个，还有技术动态、国内外政策动态、标准化信息等内容近千条（图 3-6）。

　　鉴于部分内容较为敏感，目前未在互联网上公开。

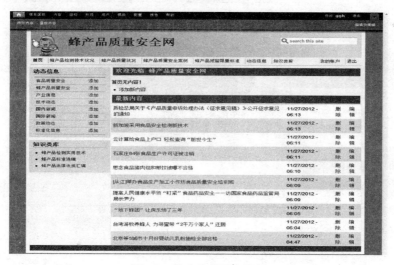

图 3-6　蜂产品质量安全网

（四）蜜蜂饲养技术数据库

　　丰富中华蜜蜂和西方蜜蜂群势周年数据库，丰富饲养管理机具种类、材料、结构、功能、大小、图片等数据库，丰富活框饲养蜂箱和原始蜂箱的材料、结构、大小及图片数据库，充实蜜蜂饲料营养成分数据库。

在饲养与机具功能研究室全体岗位科学家和各综合试验站站长的合作下，继续开展了中华蜜蜂群势变化、西方蜜蜂群势变化、蜂箱等数据的收集和整理，收集各类数据2 000多条。完善中华蜜蜂群势变化、西方蜜蜂群势变化、蜂机具库、蜂箱数据库、蜜蜂饲料营养成分等数据库结构。确定了蜂蜜样品、蜂花粉样品采集、取样与保存方法，采集样本统一录入蜜蜂饲料营养成分数据库。

（五）加工与产业经济研究室

国家蜂产品加工数据库涵盖了我国规模化的40多个蜂产品加工企业，包括蜂产品主要加工企业的加工装备、主要产品、保健食品批准情况、销售区域、经营模式、生产资质、公司荣誉及相关法律、法规、规范性文件、标准等内容。初步实现了以上内容的在线直观检索，使蜂产品加工企业信息更加畅通（图3-7）。

图3-7　我国蜂产品主要加工企业数据库

（吴杰）

参 考 文 献

农业部．全国养蜂业"十二五"发展规划．农牧发（2010）14号．
吴杰，等．"十二五"国家现代农业蜂产业技术体系建设任务书．编号：CARS-45.

第四章　中国养蜂良种发展战略

第一节　蜜蜂良种资源与应用现状

一、蜜蜂种质资源概况

蜜蜂种质资源是蜂种保存与改良利用的基础。种质是决定生物遗传性状并将其遗传信息从亲代传给后代的遗传物质。利用蜜蜂种质资源可以通过选择和培育的方法创造出新品种，也可以作为杂交亲本，进一步综合诸多有利基因改良蜜蜂品种。

蜜蜂属内共有 9 个种，东方蜜蜂（*Apis cerana* Fabricius 1793）、西方蜜蜂（*Apis mellifera* Linnaeus 1758）、小蜜蜂（*Apis florae* Fabricius 1787）、大蜜蜂（*Apis dorsata* Fabricius 1793）、黑小蜜蜂（*Apis andreniformis* Smith 1858）、黑大蜜蜂（*Apis laboriosa* Smith 1871）、沙巴蜂（*Apis koschevnikovi* Butttel-Reepen 1906）、印尼蜂（*Apis nigrocincta* Smith 1861）、绿努蜂（*Apis nuluensis* Tingek，Koeniger and Koeniger，1996）。除西方蜜蜂、沙巴蜂、印尼蜂和绿努蜂外，其他 5 种都原产于我国。大蜜蜂、小蜜蜂、黑大蜜蜂和黑小蜜蜂主要分布在热带的亚洲地区，东方蜜蜂的分布延伸到温带亚洲地区，而西方蜜蜂的原始分布范围主要遍及欧洲与非洲。

大蜜蜂主要分布在我国云南南部、广西南部、海南及台湾等地，以及印度、马来西亚等区域。大蜜蜂生活在海拔 2 000m 以下的区域，露天筑巢，只有 1 片巢脾，附于高大的树干下，常常距离地面 10m 以上，或筑巢于山崖下。巢脾面积大小不等，长 0.5～1m，宽 0.3～0.7m。巢脾下部为繁殖区，厚 35mm，上部为蜜粉区，厚约 100mm，雄蜂房和工蜂房无区别，王台在巢脾下部。会进行季节性迁飞，进攻性强，爱蜇人。护脾性强。

小蜜蜂主要分布在我国广西的龙州和云南北纬 26°40″ 以南的地区，以及印度、斯里兰卡、泰国、印度尼西亚的部分岛屿上。主要栖息在海拔 1 900m 以下，年平均气温在 15～22℃ 的区域。露天筑巢，只有 1 片巢脾，筑于灌木丛或杂草丛中，距离地面 20～30cm，巢脾很小，长 25～35cm，宽 15～27cm，厚 16～20cm。巢脾下部中间部分为繁殖区，上部及两侧为蜜粉区，雄蜂房和工蜂房有区别。进行季节性迁飞，蜜源缺乏时也会迁飞。护脾性强。

黑大蜜蜂主要分布在我国西藏南部、云南西南部，以及尼泊尔、印度北部、不丹等地。黑大蜜蜂主要栖息在海拔 1 000～3 500m 的高原地区。露天筑巢，只有 1 片巢脾，附于石壁的岩缝中，距离地面 10～20m 或更高，巢脾面积大小不等，长 0.8～1.5m，宽 0.5～1m，厚 35～100mm，巢脾下部为繁殖区，上部为蜜粉区，雄蜂房和工蜂房无区别。会进行季节性迁飞，进攻性强，爱蜇人。护脾性强。

黑小蜜蜂主要分布在我国云南南部、西双版纳地区和临沧地区，以及印度尼西亚和斯里兰卡等地。主要栖息在海拔 1 000m 以下，露天筑巢，只有 1 片巢脾，附于小乔木的枝干上，距离地面 2.5～3.5m，巢脾面积略小，巢脾下部中间为繁殖区，上部及两侧为蜜粉区，雄蜂房和工蜂房有区别。护脾性强。

东方蜜蜂广泛分布在亚洲地区，南至印度尼西亚，北至我国乌苏里江以东，西至阿富汗和伊朗，东至日本。在自然状态下，于树洞、岩穴等隐蔽处筑巢，蜂巢由多片巢脾组成。雄蜂蛹房封盖呈斗笠状隆起，中央有气孔。蜜源缺乏时容易分蜂。抗螨性强，可以抵御胡蜂等天敌；抗巢虫能力弱，容易感染囊状幼虫病。不采集树胶，蜂蜜房封盖为干型。

西方蜜蜂的原始分布主要在欧洲及非洲地区，随着欧洲移民的携带与交流，目前西方蜜蜂已经遍及除南极洲以外的其他各大洲。于自然状态下，在树洞、岩穴等隐蔽处筑巢，蜂巢由多片巢脾组成。雄蜂蛹房封盖呈面包状隆起。产卵力、采集力、分蜂性及抗病力、抗逆性随着分布区域变化较大。蜂蜜房封盖为干型、湿型和中间型。

在不同的自然条件下，同一物种有可能由于地理隔离而形成不同的亚种或生态类型。东方蜜蜂和西方蜜蜂由于分布范围广，从而形成了适宜当地自然条件的各种亚种及生态类型。东方蜜蜂按地理分布可以分为海南中蜂、广东中蜂、东部中蜂、中部中蜂、云贵高原中蜂、长白山中蜂、北方中蜂、西藏中蜂及阿坝中蜂共 9 个地理类型（全国中蜂资源调查项目，1975）。西方蜜蜂的亚种类型更加多样化。根据原产地、形态特性和生物学特性不同可以划分为近东、非洲、西地中海及北欧和中地中海及南欧 4 个类型。近东类型主要包括：安纳托利亚蜂（*Apis mellifera anatolica*），克里特蜂（*Apis mellifera adami*），塞浦路斯蜂（*Apis mellifera cypria*），叙利亚蜂（*Apis mellifera syriaca*），伊朗蜂（*Apis mellifera meda*），高加索蜂（*Apis mellifera caucasiaca*），亚美尼亚蜂（*Apis mellifera armeniaca*）。非洲类型包括：埃及蜂（*Apis mellifera lamarkii*），也门蜂（*Apis mellifera yemenitica*），坦桑海滨蜂（*Apis mellifera litorea*），东非蜂（*Apis mellifera scutellata*），西非蜂（*Apis mellifera adansonii*），乞力马扎罗蜂（*Apis mellifara monticola*），海角蜂（*Apis mellifera capensis*），单色蜂（*Apis mellifera unicolor*）。西地中海及北欧类型包括：撒哈拉蜂（*Apis mellifera sahariensis*），突尼斯蜂（*Apis mellifera intermissa*），伊比利亚蜂（*Apis mellifera iberica*），欧洲黑蜂（*Apis mellifera mellifera*）。中地中海及南欧类型包括：西西里蜂（*Apis mellifera sicula*），意大利蜂（*Apis mellifera ligustica*），卡尼鄂拉蜂（*Apis mellifera carnica*），马其顿蜂（*Apis mellifera macedonica*），希腊蜂（*Apis mellifera cecropia*）（Ruttner，1987）。

二、世界蜜蜂蜂种选育历史

人类饲养蜜蜂已经有数千年的历史，但是开展蜜蜂良种选育工作的时间较晚。在开展蜜蜂选育工作之前，获得蜜蜂生物学特性、遗传特性及蜜蜂交配技术等知识是十分必要的。1568年德国科学家Nickel Jacob首次发现蜂王可以在工蜂房内产卵的现象（Roy，1949）。1586年西班牙养蜂学家Luis Mendes de torres首次报道了蜂王是一只可以产卵的雌性蜂，该报道明确了蜂王的性别（Routledge，1999）。1637年Richard Remnant在他的新书中介绍到，所有的工蜂都是雌性蜂，都有哺育后代的能力（Richard，1637）。Francois Huber在1792年发表的著作中介绍如果将工蜂的小幼虫移入空王台内，可以培育出新的蜂王（Francois，1792）。波兰Dzierzon证实了雄蜂是由未受精卵发育而来，并证明了蜜蜂具有孤雌生殖能力（Jan Dzierzon，1882）。随后，美国养蜂专家G. M. 杜里特尔总结之前的育王经验，提出了一系列培育蜂王的方案（Doolittle，2010）。他对人工培育蜂王技术提出了各种方案，带来了人工培育种蜂王的重大变革，人们通过运用这一技术，可以根据实际需要培育大量需要的种蜂王，进而为种蜂王的大量繁育，商业化育王提供前提条件。

由于蜜蜂交配方式为婚飞，即处女王与雄蜂的交配在飞行中完成，而且性成熟处女王经常与不同蜂群的多只雄蜂进行交配，从而使得蜂群的遗传性状复杂，难以评价。1927年，美国生物学家L. R. 沃森（Watson）博士发明了蜜蜂人工授精仪（Watson，1927），蜂王人工授精技术获得成功后，控制蜜蜂交配取得突破性进展，从而使得人类可以控制蜜蜂交配，开展蜜蜂遗传性状研究工作及蜜蜂的良种定向选育工作。

对蜜蜂遗传特性和生物学特征的不断了解，以及工具的改进也不断促进着蜜蜂良种的应用与选育工作的开展。随着蜜蜂育种工作的不断进行，经过科学家的不断努力，已经选育出高产、抗病、为特定植物授粉的蜜蜂新品种（新品系）。而这些新品种（新品系）的选育与蜜蜂种质资源的多样性利用是分不开的。

在美洲幼虫腐臭病（American foulbrood）高发期间，发现不同的蜂群表现出不同程度的抗病性。利用抗病性的差异，开展了对美洲幼虫腐臭病抗病性蜂群的选育工作。选择抗性蜂群作为基础群，利用人工授精技术控制交配行为，经过连续7代选育，培育出抗性蜂群，并进行连续测试，证明特定蜂群对美洲幼虫腐臭病的抗性是可以遗传的（Park，1937，1939）。

利用隔离交尾区，控制种蜂王交配，对蜜蜂的选育也是可行的。1956年Adam在北爱尔兰开展抗壁虱病蜂群的选育工作，将英国南部地区的抗壁虱病性状蜂群与不抗壁虱病蜂群进行对照选育，经过2年的筛选与努力，选育出抗壁虱病的新品种（Rothenbuhler，1958）。

通过研究蜂王产卵量对蜂蜜产量的影响，美国农业部蜜蜂研究中心（USDA-

ARO）与爱荷华大学（The University of Iowa）合作研究，利用普通意大利蜂和意大利蜂中的黄金种品系为原始材料，选出 26 个品系。对选育出的品系进行了 2 年多的鉴定，最后选留 4 个品系。通过人工授精技术进行种蜂王控制交配，选育出优良的杂交蜂种，该蜂种的蜂蜜产量比黄金种提高 38%，产卵量提高 18%（Cale，1956）。

由于农业集约化生产和农药生产的使用，使得许多野生授粉昆虫遭到毒杀，或生活环境、生态平衡被破坏。美国农业部蜜蜂研究中心在对大量蜜蜂采集行为进行观察后发现，一种蜜蜂对苜蓿授粉的偏好性，并开展针对性的育种工作，以期证明该特性是否可以稳定遗传。试验证明，授粉偏好性是可以稳定遗传的，经过多代繁育和筛检，选育出稳定遗传的苜蓿授粉偏好性蜂种，使得苜蓿的授粉量大幅度增加（Nye Mackensen，1968，1970）。

三、我国蜜蜂蜂种选育历史

我国的蜜蜂良种选育工作与欧洲、北美的养蜂发达国家相比起步较晚。在 20 世纪 50 年代虽然有少数养蜂工作者开展了一些蜜蜂杂交育种工作，但均由于种种原因中断或失败。20 世纪 60 年代初期，才正式开始了蜜蜂遗传和蜜蜂良种选育方面的研究工作。1963 年在农业部的大力支持下，从澳大利亚引进意大利蜂，并建立种蜂场，开始种蜂王的繁育工作。1964 年中国农业科学院蜜蜂研究所改进人工授精仪获得成功，为我国开展蜜蜂遗传特性研究及蜜蜂良种选育工作奠定了基础。1974 年，中国农业科学院蜜蜂研究所从澳大利亚、加拿大、意大利、南斯拉夫、塞浦路斯、奥地利等地引进澳大利亚意蜂、高加索蜂、意大利蜂、三环意蜂、卡尼鄂拉蜂、塞浦路斯蜂等蜂种累计 1 096 只，到京成活并成功诱入蜂群 872 只，通过繁育后，分发至全国 23 个省、直辖市、自治区，有力地促进了我国专业和地方蜜蜂良种选育工作的开展。

从 20 世纪 70 年代到 80 年代，中国农业科学院蜜蜂研究所对我国本地东方蜜蜂（*Apis cerana*）进行了大量的调查研究工作。调查表明，我国具有丰富的东方蜜蜂资源，陕西、山西、云南、四川阿坝等地的东方蜜蜂种质资源丰富，这些都为我国的蜜蜂良种选育工作提供了丰富的种质基础。

从 20 世纪 90 年代开始，中央及地方各级蜜蜂育种机构，利用引进的西方蜜蜂蜂种进行品种改良，选育出新的高产品系。例如：中国农业科学院蜜蜂研究所利用引进的蜂种进行三交种杂交，培育出蜂蜜高产型杂交蜂种"国蜂 213"和王浆高产型杂交蜂种"国蜂 414"。吉林省养蜂研究所培育出适合低温、高产的杂交蜂种"白山 5 号"。浙江省根据日常观察及监测，培育出王浆高产型蜂种"浆蜂"。这些杂交蜂种不但极大地提高了生产性能，还为培育新品种及蜜蜂良种的选育工作提供了良好的基础（刘先蜀 2009，杨冠煌 2001）。

中国农业科学院蜜蜂研究所、福建农林科技大学蜂学院等科研教学单位为蜜蜂育种人才的培育和技术推广做出了积极的贡献。1974 年开始，中国农业科学院蜜蜂研究所在江西省南昌市梁家渡地区举办了首届蜜蜂育种技术培训班，随后又举办了全国蜜蜂育种技术培训班第二期，1977年湖北省养蜂育种技术培训半年，1978年在江西省南昌市举办全国首届蜜蜂人工授精技术训练班，1978年在武昌县举办了全国农垦系统养蜂技术培训班等。这些培训班的举办培养了一大批蜜蜂育种骨干力量，从而初步形成了一只蜜蜂遗传育种的技术队伍。1986年，中国养蜂学会成立了蜜蜂育种专业委员会，组织各地蜜蜂育种单位开展蜜蜂育种技术科技协作攻关，提高蜜蜂育种工作成效。各地建立了蜜蜂原种场、种蜂场、蜜蜂人工授精站及蜜蜂工程育种联合体等，为养蜂生产提供优质的蜜蜂良种。浙西蜜蜂育种的教学和科研机构，以及良种繁育基地，对我国开展蜜蜂遗传研究及良种繁育工作起到了积极的组织作用，为推动我国蜜蜂育种事业奠定了坚实的基础（中国农业科学院蜜蜂研究所，2008）。

四、我国饲养的主要西方蜂种概况

西方蜜蜂是世界各国养蜂生产中使用的主要蜂种。在我国境内西方蜜蜂与东方蜜蜂都是主要的饲养蜂种。同一品种的蜜蜂，具有相对一致的形态特征、生物学特性和经济性状，对原产地的蜜源、气候等环境条件具有极强的适应性，并能在与原产地相似的生态条件下进行饲养，但是它们的经济性状却往往无法满足养蜂生产者的需要。因此，任何一个品种的蜜蜂原种，只能作为蜜蜂育种素材。同一品种的蜜蜂，如果长期生活在不同的生态环境中，会形成适应该生态环境的地理单元型或生态型，养蜂业中将其称之为品系。同一品种的蜜蜂，通过人工选育而形成不同于原种经济性状的新类型，也称之为品系，不能称之为品种。

在众多的蜜蜂亚种中，欧洲黑蜂、意大利蜂、卡尼鄂拉蜂和高加索蜂4个西方蜜蜂蜂种经济性状优良，便于饲养管理，是养蜂生产上普遍使用的蜜蜂品种。此为西方蜜蜂中的四大名种。

欧洲黑蜂（*Apis mellifera mellifera* Linnaeus）是西地中海及北欧类型的蜂种，原产地为阿尔卑斯山以北的欧洲地区，是在西欧温和的气候条件和生态环境中发展起来的。主要用于蜂蜜生产，产育力较弱，春季群势发展慢，但是采集力强，善于利用零星蜜源，节约饲料，性情暴躁，定向性强，盗性弱。

意大利蜂（*Apis mellifera ligustica* Spinola）是中地中海及南欧类型的蜂种，原产地为意大利的亚平宁半岛，是典型地中海气候和生态环境的产物。蜂蜜生产能力强。同时是蜜、浆兼产型品种。同时也是花粉与蜂胶生产的主要蜂种。意大利蜂产育能力强，可以保持较大面积的育虫区。分蜂性弱，容易维持强大群势。对于大宗蜜粉源采集力强，但是对于零星蜜粉源利用能力差。对花粉及树胶的采集力强。分泌王浆能力强于其他任何品种。饲料消耗大，造脾能力强，性情温顺，定向力差，盗性弱。在纬度较高的地区越冬能力弱。抗病力弱，抗螨力弱。

1913年，我国从日本引入第一批意大利蜂，20～30年代及70年代后期均引进大量的意大利蜂。目前国内的本地意蜂就是指这些意蜂的后代。意大利蜂是我国饲养的主要西方蜜蜂蜂种,广泛饲养于我国长江中下游流域,以及华北、华南、西北和东北的广大区域。意大利蜂不仅在我国养蜂生产上起到了重要的作用,而且还是很好的育种素材。

"美意"是美国意大利蜂的简称,是20世纪70年代从美国引进的意大利蜂的后代,采集力较强,产浆力较弱。

"澳意"是澳大利亚意大利蜂的简称,是20世纪70年代从澳大利亚引进的意大利蜂后代,形态特征、生产性能与美意近似。

"浆蜂"是20世纪70年代由引进我国的原意大利蜂和浙江本地的意大利蜂杂交产生的,它是由浙江当地一些养蜂场经过十几年的选育得到的,最大特点是泌浆力强,其他生产性能基本与意大利蜂近似。

卡尼鄂拉蜂(*Apis mellifera carnica* Pollmann)是中地中海及南欧类型的蜂种,原产于巴尔干半岛北部的多瑙河流域,包括奥地利南部、原南斯拉夫、匈牙利、罗马尼亚、保加利亚和希腊北部地区。原产地受大陆气候控制,冬季严寒而漫长,夏季温暖而短暂。该蜂种产蜜能力强,是理想的产蜜品种。产浆能力弱。采集力强,善于利用零星蜜源。产育力弱,分蜂性强,不容易维持强群。性情温顺,盗性弱。在纬度较高的严寒地区越冬较好。

20世纪的50年代及70年代,我国分批引进了卡尼鄂拉蜂蜂种,目前该蜂种主要在我国的东北地区和西北地区饲养,已经成为第二个世界性的蜂种。同时也是很好的杂交育种素材。

高加索蜂(*Apis mellifera caucasica* Gorbachev)是近东类型的蜂种。原产于高加索山脉中部的高山谷地,主要分布于格鲁吉亚、阿塞拜疆等地。该蜂种主要用于蜂蜜生产。树胶采集能力强,是生产蜂胶的理想蜂种。产育力强,能够维持较大的群势,采集力强,定向力差,盗性弱。

除了以上世界主要四大饲养蜂种在我国广泛饲养外,其他西方蜜蜂类型在我国也有饲养。

根据有关史料记载,东北黑蜂是19世纪末20世纪初由俄国传入我国的远东蜂,是中俄罗斯蜂(欧洲黑蜂的一个地理型)和卡蜂的过渡类型,并混有高加索蜂和意大利蜂血统,经过长期的自然选择和人工选育,已经逐步适应我国黑龙江省的气候特点及蜜粉源条件,主要饲养在黑龙江省的东北部地区,集中在饶河县境内。20世纪80年代,以饶河县为基础,设立了国家级东北黑蜂自然保护区,对东北黑蜂种质资源的保护提供了很好的基础条件。东北黑蜂产育力强,春季群势发展很快,分蜂性弱。采集力强,特别适合大宗蜜粉源的采集,尤其是对东北椴树蜜源的采集。越冬性强,定向力强,盗性弱,抗病性差。

根据记载,新疆黑蜂是20世纪初由俄国传入我国的中俄罗斯蜂(欧洲黑蜂的一个地理型),并带有高加索蜂血统,目前该蜂种血统杂交严重。主要饲养在新疆维吾尔自治区的伊犁地区，生物学特性和生产性能与欧洲黑蜂近似，抗寒力强，越冬性能好，体型大，采集力强，繁殖快，抗病力强。性情凶暴，爱蜇人。但是该蜂种是极好的育种素材。

近年，随着养蜂技术水平的提高和市场对蜂产品的需求，国家及地方养蜂研究机构、蜂业发展中心等纷纷利用现有的资源培育和发掘新的蜜蜂品系。中国农业科学院蜜蜂研究所针对蜂蜜高产、蜂王浆高产、蜂蜜王浆双高产、抗螨等特性培育了特定的蜂种，培育有"国蜂213""国蜂414""东方一号""北京一号""黄山一号"等蜂种。吉林省养蜂研究所结合当地特点，培育有"白山5号""松丹1号""松丹2号"等抗寒、高产杂交蜂种。

"国蜂213"是蜂蜜高产型杂交种，是由2个高纯度的意蜂近交系和1个高纯度的卡蜂近交系组配而成的三交种，组配形式与"国蜂414"存在差异。其蜂蜜和王浆的平均单产，分别比普通意蜂提高70%和10%。

"国蜂414"是蜂王浆高产型杂交种，其血统构成是由2个高纯度的意蜂近交系和1个高纯度的卡蜂近交系组配而成的三交种。其蜂蜜和王浆的平均单产，分别比普通意蜂提高60%和20%。

"东方一号"是蜂蜜高产，蜂王浆高品质，抗螨力强，适合我国南方地区饲养的蜂种。平均每群年产蜂蜜38kg，对照组平均每群产蜂蜜27kg。王浆951g，癸烯酸含量平均为2.1，对照组平均每群产王浆896g，癸烯酸含量平均为1.9%。蜂螨的平均寄生率为2.75%，对照组蜂螨平均寄生率6.07%。是以蜜蜂理毛行为（蜜蜂清除、咬杀蜂体上蜂螨的能力）为主的高产抗螨蜂种。

"北京一号"是蜂蜜高产，蜂王浆高品质，抗螨力强，适合我国北方地区饲养的蜂种。平均每群年产蜂蜜43kg，对照组平均每群产蜂蜜27kg。王浆683g，癸烯酸含量平均为2.3，对照组平均每群产王浆896g，癸烯酸含量平均为2.0。蜂螨的平均寄生率为1.32%，对照组的蜂螨平均寄生率3.87%，是以蜜蜂清理行为（蜜蜂清除封盖巢房中死亡蜂蛹）为主的高产抗螨蜂种。

"黄山一号"是蜂蜜王浆双高产型杂交种，是由三个多元杂交组成。"黄山一号"平均每群年产蜂蜜35kg，在转地饲养并具有中等以上蜜粉源条件下，平均每群年产蜂蜜可达200kg以上，比本地意蜂高30%以上；在8个月的王浆生产期内，平均每群产王浆6kg，比本地意蜂高2倍。

"白山5号"是蜂蜜、王浆兼产型杂交种，由2个卡蜂近交系和1个意蜂品系组配而成的三交种，其蜂蜜和王浆的平均单产，分别比普通意蜂提高30%和20%。与本地意蜂相比，繁殖力提高17.8%，越冬群势削弱降低10%。具有繁殖快，维持大群，高产低耗和抗逆性强的特点。

"松丹1号"是蜂蜜高产型杂交种。由2个卡蜂近交系和1个单交种意蜂组配而成的三交种，其蜂蜜和王浆的平均单产，分别比普通意蜂提高70%和10%。

"松丹2号"是蜂蜜高产型杂交种。由2个意蜂近交系和1个单交种意蜂组配而成的三交种，其蜂蜜和王浆的平均单产，分别比普通意蜂提高50％和20％。

除此之外，一些地方养蜂场、育种场也根据自身的区域特点和气候条件，结合产品需求，选育了一些地方蜂种。但是由于推广面积小，或遗传性状不稳定，子代生产性能表现不佳等诸多原因，没有大面积推广使用，仅限于区域使用。

五、西方蜜蜂蜂种应用现状

我国目前主要饲养的西方蜜蜂蜂种为意大利蜂及其杂交种，卡尼鄂拉蜂及其杂交种，以及其他地方区域饲养的西方蜜蜂蜂种，为国内优质杂交种蜂王的培育提供了优质的育种素材。另外，也为国内西方蜜蜂蜂种使用的多样化奠定了基础。目前国内大部分区域饲养的西方蜜蜂为意大利蜂杂交种，北方地区饲养的多为卡尼鄂拉蜂杂交种，在黑龙江省部分区域饲养东北黑蜂杂交种，在新疆伊犁地区饲养新疆黑蜂杂交种，在浙江、江苏等地主要饲养本地浆蜂杂交种。而我国大部分区域所使用的意大利蜂杂交种基本涵盖了上述所提到的，由中国农业科学院蜜蜂研究所或吉林省养蜂科学研究所培育的西方蜜蜂蜂种类型。

与此同时，在我国的陕西、山西、广东、广西、海南、四川、重庆、云南、贵州等以山区、丘陵地貌为主的省份区域，主要饲养我国原产的东方蜜蜂蜂种。与西方蜜蜂相比，东方蜜蜂在山区、丘陵环境更适宜生产、生存，同时产值也较西方蜜蜂高。

在我国西方蜜蜂大力推广应用的同时，我们也要看到隐忧所在。西方蜜蜂的转地放蜂及无序引进、无序推广，一方面侵占了原始东方蜜蜂的生存区域，缩小了东方蜜蜂的生存环境，迫使东方蜜蜂向更深的山区移动，为东方蜜蜂种质资源的利用与保护增加了诸多问题。另一方面，蜜蜂与蜜源植物是协同进化的，东方蜜蜂种质资源区域性缺失。直接导致该区域内与东方蜜蜂协同进化蜜源植物丧失了传粉媒介，最终导致该物种在该区域内消失，进而导致该区域内生物多样性下降。另外，西方蜜蜂的无序引进与推广，造成了蜜蜂病虫害的广泛传播与流行，加之转地放蜂、种蜂王销售、蜂王馈赠等无序活动的存在，也在一定程度上增加了蜜蜂病虫害的传播与感染。对区域性蜂业带来严重的打击。

综上所述，对西方蜜蜂优质种质资源的利用，应当增加对该领域的管理与规范，区域控制，合理引进，规范推广，才能达到对蜜蜂种质资源利用的利益最大化。

第二节　蜜蜂良种繁育与现实问题

一、蜜蜂良种繁育现状

自2006年《中华人民共和国畜牧法》颁布以来，国家在基本建设资金中加大了蜜蜂良种繁育体系建设的投入，加快了蜂业的良种化进程，改善了种蜂生产的基础条件。

（一）初步构建了资源保护和蜜蜂良种繁育体系

1998—2008 年，中央和地方先后投资建设蜜蜂资源保护和蜜蜂良种繁育体系，目前成立国家蜜蜂遗传资源保护中心 1 个，改建和完善种蜂场 4 个，新增国家级种蜂场 3 个，保护区 1 个。初步形成了资源保护、育种、扩繁、推广、应用相配套的基本框架，以国家级保护中心和重点种蜂场为核心，省级种蜂繁育场相配套，资源保护与开发相结合，与蜂业区域生产格局相适应的蜜蜂资源保护和良种繁育体系，为加快蜜蜂新品种的培育，提高蜂产品质量和数量，打下了良好的发展基础。

（二）提升了养蜂生产水平

通过原种场、种蜂场的建设，提高了良种供应数量和质量，加大了良种普及和推广力度，提升了养蜂生产水平，促进了养蜂业生产的发展。

（三）保护了一大批品种资源

依据《中华人民共和国畜牧法》《种畜禽管理条例》等规定，农业部先后两次公布了国家级畜禽品种资源保护名录，本着"重点保护、分散开发"的原则，重点建设了国家蜜蜂遗传资源保护中心、种质基因库。保护了东北黑蜂、新疆黑蜂和中蜂。通过活体、冻精等方式保存基因，提高了集中保存蜜蜂遗传资源的数量和能力。

我国主要饲养的蜂种占现有饲养蜂群的 80% 左右，其中，意大利蜂和卡尼鄂拉蜂为饲养量最大的两个蜂种。南方各省以意大利蜂及其地理亚种、品种和杂交种为主，北方各省则以卡尼鄂拉蜂及其地理亚种、品种和杂交种为主。初步统计，全国目前建有国家蜜蜂遗传资源保护中心 1 个，国家级基因库 1 个，国家级自然保护区 4 个。各类种蜂场近 30 个，其中，国家级种蜂场 3 个，科研单位附属种蜂场 3 个，省级种蜂场 2 个，其余为企业拥有。年生产种王数约 1 万只，这与市场需求相差很远。

我国的东方蜜蜂——中华蜜蜂虽然资源丰富，但由于蜂产品产量和品种数量不如西方蜜蜂，饲养量较少，仅占全国蜂群总数的 20% 左右。近几年，随着中华蜜蜂蜂蜜市场需求量的逐渐增加，中华蜜蜂饲养总量呈逐年上升趋势。但全国仅有个别原种场生产中华蜜蜂种蜂王，不能满足市场需求。

二、蜜蜂良种繁育问题

（一）蜜蜂种性退化

蜂种种性的退化是指某一蜂种的优良经济性状在经过数年饲养和多代繁殖后逐渐消失，以致该蜂种不能保持原来的优良性状，在养蜂生产上失去使用价值，或者虽然可以使用，但是收不到预期效果的现象。

1. 生物学混杂引起的种性退化

蜂种的经济性状和生产性能是由基因决定的，基因性状优良的蜂种其表现型才可能优良。种性混杂的实质就是渗入了外来基因，导致该蜂种的基因型改变，从而使该蜂种的优质基因型被削弱或是掩盖，从而导致其优良性状无法表达。蜜蜂的交配活动在空中进行，在没有严格的隔离条件下，蜂王在交配过程中容易与非父本雄蜂发生自然杂交。与此同时，蜂王在交配过程中，父本雄蜂与非父本雄蜂同时存在进行交配时，蜂王更偏好与非父本雄蜂发生交配。这样的交配过程，导致了品种的基因发生杂合。生物学混杂是改变品种原来种性的主要原因。由于自然杂交，后代等位基因分离、重组，改变了原有的性状组合，使后代性状多样化，随着多代繁殖，后代中不可控基因型比例增加，从而使品种的种性发生退化，导致生产性能、经济性状下降。但是需要指出的是，在种蜂王繁育过程中，只要注意选种，就有可能从种性混杂的蜂种中发现并筛选出性状优良的蜂种，通过适当的繁育方式稳定遗传，可使蜂种得到改良。

2. 近亲繁殖导致的种性退化

我国目前绝大多数蜂场为小型家庭蜂场，使用的蜂王多为自繁自育。在选种用蜂群上，多选择1~2个优良性状蜂群为种用群，培育处女王和雄蜂进行自然交配，这样表兄妹交配，甚至是兄妹交配，从而使该蜂场饲养的蜂群亲缘关系密切。在近亲繁殖的情况下，由于性等位基因纯合度增加，参与对性状的控制，造成插花子脾现象严重，蜂群生活力下降，经济性能衰退，出现退化现象。另外，根据蜜蜂性别决定机制，小型蜂场中含有本品种的性等位基因数目少，加速了近交程度及性等位基因丢失，使得后代蜂群的幼虫成活率下降，群势变小，生产力下降。

3. 繁育技术不当导致的种性退化

目前国内蜂场在开展种蜂王培育过程中，往往更重视优选过程，即更加关注蜂群生产性状表型，而忽视了对形态特征的考察，无法达到纯选的目的。在种用群中混入种性混杂的蜂群，由于杂种优势的存在，在初期会表现出预期的生产性能，但是其繁育后代性状无法得到稳定遗传。其次，种用群的选择不光要选择优质的母群，父群的选择同样重要。另外，不规范的育王技术，会导致蜂王的优良种性无法充分发挥。育王时移虫日龄，养王群的哺育能力，交尾群群势等都直接影响蜂王的质量，从而影响蜂王优良性状的表达。最后，由于处女王与雄蜂的交尾是在空中进行，婚飞范围广阔，对处女王及种用雄蜂进行控制隔离交尾是保证种蜂王种性的关键。

4. 不适当的饲养方式及环境条件导致的种性退化

不同蜂种的生物学特性存在差异，根据不同蜂种的生物学特点，有针对性地进行饲养，采用适当的饲养措施，可以使其生物学性状表型充分表现。另外，不同蜂种对环境条件的适应是有差别的，意大利蜂在北方越冬饲料消耗大，采集时间短，经济效益无法最大化。但是在南方地区却可以减少饲料消耗，延长生产时间。因此，合适的自然条件、气候条件和蜜粉源条件对于种蜂王生产性能的表现尤为重要。

预防蜂种退化应该采取综合措施，在我国养蜂生产中应该扭转小型家庭养蜂场自繁自养的传统观念，提倡专业蜂王育种场统一供种，专业化科学繁育蜂王，才能提高种性及蜂王质量。专业育王场可选用优质蜜蜂品种，采用科学育王技术，采用高效的杂交组合。在制种过程中，设立严格隔离的交尾场，或采用人工授精技术，控制蜂王和雄蜂的交配，才能提高制种质量。

蜜蜂蜂种复壮就是恢复某一蜂种已经退化的优质性状，使其原有的经济性状重新表现，恢复原有生产价值。首先采用提纯优化的方式，通过连续几代的严格选育和留纯去杂，采用集团繁育和混合繁育相结合的方式进行复壮。在采用集团繁育时利用同质组配，淘汰后代蜂种中不属于该品种种性的基因型，达到提纯的目的。并进行不定期的单群繁育，即可以保持较高的纯度，又能够避开由于高度近交造成的生活力衰退。在整个提纯优化过程中，需要严格控制种蜂王交配，建议采取人工授精技术。其次，可以进行品种内杂交的方式进行复壮。采用异质组配的方法进行复壮。在本品种内亲缘关系较远的两组或几组蜂群中，采用单群选择方法挑选种群带回本场后进行杂交，更新血统，以达蜂群复壮的目的。杂交方式可以采用同品种内的单杂交、双杂交或回交等。血统更新的蜂群，可以采用集团育种方法进行选择与繁育。在整个提纯复壮过程中，结合相适应的饲养管理条件和稳定的自然条件，对于蜂群的提纯复壮具有一定的重要性。

（二）其他问题

蜜蜂良种繁育是复杂的系统工程，包括引种、选种、繁育体系建立、良种退化后复壮、良种保存等多方面的工作，而蜜蜂独特的交配方式，也为蜜蜂良种繁育工作增加了难度。在整个蜜蜂良种繁育过程中，任何一个环节出现问题，都会导致蜜蜂良种繁育工作滞后，甚至失败。导致蜜蜂良种的损失。

1. 通过国家级审定的蜂种较少

目前生产上使用的蜂种中，只有浙江"浆蜂"是在《中华人民共和国畜牧法》修订后经过国家审定的蜜蜂良种资源。其他目前主要使用的育种蜂种，如"国蜂213""国蜂414""松丹蜜蜂"都是1998年培育的，经过国家鉴定的蜂种。

2. 蜂种市场混乱

多年来对小畜种关注度不够，致使国内蜜蜂种蜂王市场品种混乱，炒种事件时有发生。一些未经国家审定和鉴定的蜂种也在通过各种渠道在市场上销售。

3. 规范的蜜蜂育种场、种蜂场、保护区缺乏

目前国内较为规范的蜜蜂育种场较少，其他地方种蜂场或多或少缺乏隔离措施，缺乏育种档案等材料。因此，建设规范的蜜蜂育种场，是开展蜜蜂良种繁育工作的重点。同时，由于蜜蜂良种推广体系尚未建立，仅有少数科研单位和保种场开展优质蜂种的推广工作，但是与市场需求差距较大，从而造成优质蜂种推广面积小，使用

量小。

4. 蜜蜂育种专业人才匮乏

目前蜜蜂科研专业人才较少，主要依靠中国农业科学院蜜蜂研究所和福建农林科技大学蜂学系提供专业人才。但是培养的专业人才从事蜜蜂行业的人较少，而从事蜜蜂育种专业的人少之又少。由于蜜蜂育种工作周期长，出成绩少，不可预料性多，导致多数专业人才不愿从事本专业研究工作，导致该方面人才匮乏。

（刘之光）

第三节 蜜蜂育种技术与发展趋势

一、蜜蜂育种方法

蜜蜂的常规育种技术曾经历过两次跨越式发展：1888 年 G. M. 杜里特尔总结出人工移虫育王技术，以及 1927 年 L. R. 沃森发明蜂王人工授精仪。这两种技术的出现及推广应用为开展蜜蜂育种工作奠定了坚实基础。

（一）蜜蜂引种与保种

1. 引种

引种是指把外区域或国外优质蜜蜂品种或地方类型引入本地，经过测试试养成功后，在生产上予以推广或作为育种素材的工作。引种工作可丰富蜜蜂育种素材的物质基础，及时引进、合理利用是提高育种效果的关键技术之一。中国的西方蜜蜂是 19 世纪末 20 世纪初由国外传入或引入的，西方蜜蜂引进中国虽然只有近百年的历史，但由于其生产性能优越，逐渐取代了中华蜜蜂的地位，成为中国养蜂生产中的当家蜂种。目前在我国饲养的 800 多万群蜜蜂中，三分之二均为西方蜜蜂。

常见的引种形式有引进蜂群、引进蜂王和引进卵脾，其中引进蜂王较为简单、快捷、安全，是目前普遍采用的引种方法。无论采用哪种方式引种，需要注意避免盲目引种。首先，引进的蜂种需要健康无病害。由国外引种必须经过国家有关检疫部门的检疫，确认健康后方可入关。引进后，需要在隔离区内饲养、观察一段时间，确实没有发现检疫对象的病虫害后方可投入使用。其次，应该准确判断引种地与放置地间的气候条件，蜜粉源差异等情况，进行两地条件的相似性分析，利用分析结果作为参考依据，以使引入蜂种可以尽快适应本地环境条件，表现出优质性状。

从国外引种首先必须向国家有关部门提出申请，获得批准后尚可进行。我国从国外引种通常是通过蜜蜂研究单位在课题立项后进行的，从国外引种需符合《中华人民共和国动物防疫法》《动物检疫管理办法》《蜜蜂检疫规程》等法律法规的相关规定，引入后应尽快开展蜜蜂资源的种性鉴定、遗传稳定性评估等工作，以确定其利用价值。早期引入中国的西方蜜蜂，其血统以意大利蜂、高加索蜂、中俄罗斯蜂和卡尼鄂拉蜂等为主，20 世纪 60 年代后，由于全国性的转地放蜂，并且各地蜂场在育王时不加控制地任其随机交尾以及盲目引种、用种等多种因素的影响，在很大程度上导致了西方蜜蜂品种的血统混杂，目前在养蜂生产中问题已十分突出。

2. 选种和繁育

蜂群的生产力是由蜂群中的所有工蜂分工协作共同表现出来的，但工蜂不具备生殖能力，不能繁衍后代，因此，不能只根据工蜂的表现型来进行选种；雄蜂和蜂王虽然具有生殖能力，能繁衍后代，但都不参与蜂群中任何蜂产品的生产，所以也不能只根据蜂王和雄蜂的表现型来选种。因此，在蜜蜂育种工作中，选种时必须将整个蜂群当作一个完整的生物学单位进行处理。

3. 保种

从 20 世纪 20 年代开始，意大利蜂被引入我国，也陆续有其他西方蜜蜂品种被引入我国作为育种素材。因此，引种工作对促进我国养蜂业发展和蜜蜂良种选育具有积极的意义。

对引进的蜂种不仅要采取必要的保种措施，还有妥善保存引进品种的基因资源，并加强对其的选育工作。首先，对引进的蜂种应该集中饲养一段时间，有利于对引进蜂种的选育工作。采用闭锁繁育的方法，使引进的蜂种得到长期保存。其次，注意观察引进蜂种的生物学数据及形态学数据、生产性能、抗逆表现等特性，详细做好观察记录，为进一步定向繁育提供数据基础。在遗传性状稳定后，才可以扩大繁育，区域中试。最后，利用引进蜂种开展品系的繁育工作，通过繁育工作，将具有稳定的优质生产特性的蜂种尽快与本地蜂种杂交选育，维持优质特性，迅速将单群特性扩大为集群特性，使其更符合生产需要。

20 世纪 80 年代初期以前，在蜜蜂育种工作中，一般都采用集团繁育的方法来保种，1981 年，美国的 R. E. 佩奇和 H. H. 莱德劳根据其对蜜蜂遗传学研究的结果，将家畜的闭锁种群育种原理应用到蜜蜂育种领域中，提出了蜜蜂的闭锁繁育方案，该方案是迄今为止最佳的蜜蜂保种方案，虽然蜜蜂闭锁繁育保种方法已经引入我国多年，但由于该方法要求一定数量的种群，并且在种群的交配和选择方面有相应的要求，所需工作量很大，因此，该方法在我国的蜜蜂保种工作中至今还未得到很好应用。

（二）杂交与近交

1. 近交

蜜蜂近交系的培育对于蜜蜂育种工作来说非常重要，但由于近交衰退的影响，特别是由于性位点纯合而产生的二倍体雄性卵的比率最终将达到 50%，导致严重的"插花子脾"现象，致使高纯度的蜜蜂近交系蜂群无法独立生存，从而导致高纯度近交系的保存问题成为蜜蜂育种中的一大技术难题。在保存近交系的过程中，需要不断地从其他蜂群抽提蜂子补充增强近交系蜂群，耗费大量人力物力。为解决这一难题，刘先蜀等设计出了蜜蜂嵌合近交法，并成功地将其应用于蜜蜂育种研究工作中，从而使高纯度蜜蜂近交系的保存问题得到了较好的解决。

蜜蜂的近交形式有多种，如"兄×妹"交配、"母×子"交配等，不同的近交形式在建立高纯度近交系时需要的时间不同，近交衰退的速度也不一样，在选择近交系时应慎重选择母子回交，避免近交系数快速增高，可使用表兄妹交配等近交系，尽可能地维持近交系蜂群较强的生活能力。

2. 杂交

在蜜蜂生产上利用杂种优势一般可获得 20%～30% 的增产幅度。如美国著名的斯塔莱茵就是意蜂品种之内的 4 个近交系之间的双交种，米德耐特就是意蜂和高加索蜂 4 个近交系之间的双交种。我国养蜂业在杂种优势的利用方面也已取得明显成绩。从 20 世纪 60 年代就开始进行了意大利蜂与东北黑蜂的杂交试验，杂交蜜蜂产蜜量比本地意蜂提高了 20%～30%。中国农业科学院蜜蜂研究所培育的蜂蜜高产型杂交种"国蜂 213"就是意蜂和卡蜂 3 个高纯度近交系之间的三交种，这些杂交种在生产上推广使用，实现了蜂产品的大幅度增产，取得了良好的经济效益。

选用优良的蜜蜂杂交种进行生产时，需注意定期换种，因为杂种优势只表现于杂种一代，随杂交代次的增加，杂优性能会迅速减退。生产蜂场可以通过以下两种措施利用杂种优势：①购入优良蜜蜂杂交种。可以直接从种蜂场购入优良蜜蜂杂交种蜂王投入生产。如果要"自繁自用"，可以每年从种蜂场购入蜜蜂杂交种的母本蜂王和父本蜂王，在本场自行选育蜜蜂杂交种，但这需要在很大范围内的所有蜂场统一用种，统一换种，否则无法控制自然交尾，得不到理想的杂交种；②进行经济杂交。每年从种蜂场买 1 只纯种蜂王作母本蜂王，育出的处女王和当地雄蜂随机交尾，由这些蜂王发展起来的蜂群一般也有一定的杂种优势。进行经济杂交时，最好每年购入 1 只种性不同的蜂王作母本蜂王。

（三）蜜蜂良种繁育与保存

良种的繁育与保持是蜜蜂育种工作的一项重要内容。新选育出的品种或新引进的良种蜂群数量往往较小，应该尽快繁育，扩大繁育规模，及早投入生产使用。因此，蜜蜂良种的繁育与保存工作是种蜂场的主要工作。蜜蜂种质资源的繁育与保存工作是相互促进、相辅相成的工作，一般采用三种方法：单群繁育、集团繁育和闭锁繁育。

1. 单群繁育

是指父群和母群同为一个蜂群的繁育方式。对于个别优秀的蜂群，通过单群繁育，可以从一个种用蜂群中分出若干个种系。累代都采用单群繁育是纯系繁育的主要形式，在良种纯化或蜂种提纯过程中，多采用这个方法。

2. 集团繁育

是将选育出的蜂群分为两组，一组为父群，利用未受精卵培育种用雄蜂。一组为母群，利用受精卵或工蜂小幼虫培育处女王。将所培育的处女王和种用雄蜂送至有隔离条件的交尾场进行自然交尾或采用人工授精技术。以后的每个世代中，都从当代蜂群中如上法进行选择和繁育。集团繁育组配方式有同质组配和异质组配。同质组配是指父群和母群在形态特征、经济性状、生产力等方面基本相同或近似的组配。异质组配是指父群和母群在形态特征、经济性状、生产力等方面各自具备特点的组配。在对蜂种进行提纯时，最好使用同质组配，在对蜂种进行复壮时，建议采用异质组配。

3. 闭锁繁育

是根据蜜蜂群体有效含量，选集数量足够、无亲缘关系和远亲缘关系的优良蜂种组成种群组。种群组内的所有种群同时即做父群又做母群，利用种群组培育的种用雄蜂和处女王在隔离场交尾或人工授精。种群组继代蜂王，采用母女顶替或择优选留的方式。采用闭锁繁育技术，可以长期保存蜜蜂良种，同时可以长期地为养蜂生产提供性状遗传稳定、生产性能优良的蜂王和种群。

二、蜜蜂育种技术

（一）人工育王

利用人工方法培育蜂王至今已有 200 多年的历史，早在 1568 年德国的 Nickel Jacob 就发现工蜂可以利用工蜂巢房里的小幼虫培育出蜂王，1888 年 G. M. 杜里特尔总结了当时人工育王的经验，在《科学育王法》中系统介绍了用木棒蘸制蜡碗、使用移虫针移取工蜂幼虫培育蜂王的一整套人工培育蜂王的方法。

人工育王主要有非移虫育王法和移虫育王法两种，不管采用哪种方法，只要给予必要的条件，就可以获得最优良的蜂王。目前人工育王技术已成为我国养蜂生产中的一项基本操作技能。我国的生产蜂场基本上沿用"自繁自养"的用种方式，人工育王技术发挥了重要作用。但生产蜂场在育王时缺乏相应的技术条件进行蜂王交配行为的控制，允许蜂王自然交尾，同时又不注重种用雄蜂的培育，因此，造成后代蜂群携带的优良性状十分有限，稳定性较差。

（二）人工授精

1. 人工授精方法

蜂王人工授精是研究蜜蜂遗传育种、原种繁育、纯系培育、蜂种保存和生产上杂优配种等工作的一项重要技术措施。

早在 18 世纪人们就开始了控制蜂王交配的各种尝试，蜜蜂人工授精技术真正发展于 1926—1947 年，1927 年，美国的 L. R. 沃森用他自己发明的蜂王人工授精装置首次实现了用人工的方法给蜂王进行授精。20 世纪 40 年代，蜜蜂器械授精达到了实用阶段，为蜜蜂的遗传育种提供了有效手段，蜜蜂人工授精技术为蜜蜂育种和蜜蜂遗传学研究提供了可靠的保证。20 世纪 60 年代末，国外的人工授精蜂王有效产卵率已达到可以与自然交尾王相媲美的水平。我国在 20 世纪 50 年代末开始进行蜂王人工授精技术的研究，1964 年突破了蜂王人工授精技术，并设计制造了蜂王人工授精仪，为后期开展蜜蜂育种工作奠定了基础。20 世纪 80 年代我国已将其应用到蜜蜂育种和种蜂王供应工作中，人工授精技术达到国际先进水平。利用该技术进行了单雄授精、单雄多雌授精和自体授精等试验，并于 1982 年掌握了中华蜜蜂的人工授精技术。20 世纪末吉林省养蜂研究所又尝试把必须在实验室操作的蜂王人工授精技术转移到在流动放蜂场地上完成。我国目前推广使用的多数蜂种在制种过程中无不使用了蜂王人工授精技术，如吉林省养蜂研究所培育的"白山五号""松丹蜜蜂"以及中国农业科学院蜜蜂研究所培育的"国蜂 213""国蜂 414"，都是利用蜂王人工授精技术进行近交系的制备。

蜜蜂人工授精技术发展到今天已日趋成熟和完善，除了在蜜蜂育种工作方面广泛应用外，现在已经应用到大规模的商业化种蜂王生产中。人工授精蜂王的生产性能，无论是授精成功率、贮精量、有效产卵量还是其寿命、群势和产蜜量，都与自然交配蜂王有着同样水平和实用价值。

2. 精液贮存技术

蜜蜂人工授精技术在原种保纯、杂交制种等各方面起到了重要的作用。

20 世纪 60 年代初，中国农业科学院蜜蜂研究所、中山大学等科研和教学单位，率先掌握了蜜蜂人工授精操作技术。1978 年上半年，中国农业科学院蜜蜂研究所接受农林部的委托，在江西举办了第一期"全国蜜蜂人工授精技术训练班"，正式向我国养蜂重点地区和有关科研、教学单位推广这项技术，截至 1980 年该项技术在我国的重点原种场和种蜂场中已被用于原种保纯和杂交制种，取得了满意的成果和成绩。但后来由于多数种蜂场和原种场未得到长期的经费支持，并且国内从事蜜蜂育种工作的人员极其有限，掌握蜜蜂人工授精技术的人员数量不但没有增加，还呈下降趋势。近几年由于蜂农对良种重要性的认识提高、国家对蜜蜂资源保护工作的重视，急需开展蜂王人工授精技术的推广和示范，并进行了有计划的人才培训工作。

（三）蜜蜂分子育种技术

随着分子遗传学、全基因组测序、遗传图谱构建、基因定位和功能基因组学研究的突飞猛进，分子育种得到了发展，广义上的分子育种包括分子标记辅助育种和转基因为代表的分子育种技术。分子育种是指利用分子数量学理论和技术来改良品种的一门新学科，是传统的育种理论和方法的新发展，从目前研究现状来看，包括两个方面的内容：基因组育种和转基因育种。基因组育种即定位数量性状基因座中的主效基因并直接进行改良或发现与之相连的 DNA 标记进行标记辅助选择；转基因育种是通过基因转移技术将外源性基因导入基因组中，从而达到改良重要生产性状或非常规性育种性状的目标。

2002 年美国国立卫生研究院把西方蜜蜂列入了优先测序的物种名单，目前可用于蜜蜂转基因的技术包括精子介导法、显微注射法、电穿孔法和转座子载体法。蜜蜂转基因研究尚处于探索阶段，至今尚无特定功能基因转化成功的报道。

(四) 蜜蜂良种繁育的其他方法

除了传统的育种方式外，诱变辐射育种和长期驯化育种也是目前育种工作方式。利用物理因素和化学因素可以人为地使基因发生突变，称之为人工诱变，这种方式可以极大地提高突变率。通常采用放射性元素进行辐射。但是在实际应用过程中，由于蜜蜂繁殖的特殊性，导致确定是否发生变异，发生何种变异的工作量大。而且辐射变异不可控，其中有利变异较低，筛查有益变异的工作量极大。因此，虽然提出可以利用诱变辐射开展蜜蜂育种工作，但是迄今为止，国内外都没有利用诱变辐射育种技术培育新蜂种的报道。

长期驯化育种是指依靠生态条件的变化，对蜜蜂种性产生明显的影响，从而达到改良种性的目的。例如：美洲和大洋洲原本没有西方蜜蜂，西方蜜蜂由欧洲引进，在新的蜜粉源和气候条件下西方蜜蜂在新的环境中一代又一代的繁育下来，形成了可以在美洲和大洋洲适应生产的蜜蜂地理类型。由于驯化育种时间较长，利用自然选择的力量进行基因自发突变，因此，这样的突变频率较低，时间较长，经过较长时间的累积后，才可能使得蜜蜂种性发生一定的变化。

三、蜜蜂育种发展趋势

(一) 蜜蜂育种潜力

1. 常规育种技术在我国尚有很大的发展空间

在未来很长一段时间内常规育种技术仍为蜜蜂育种工作发展的主要推动力。虽然常规育种技术已经较为成熟并应用多年，但在我国仍尚未得到充分发展，目前国内除了少数种蜂场、原种场掌握了系统的育种技术并在日常的原种保存和蜂种培育工作中结合使用之外，多数规模稍小的种蜂场以及绝大多数蜂农对这些常规育种技术并未熟练应用。

2. 开展优良种质资源的引进工作

近几年来，虽有个别单位或个人通过各种途径从国外引入蜂王，但对引入的蜂种没有进行系统评估和筛选加工，而是直接提供给生产蜂场，最终由于后代蜂王自由交配而种性混杂。为提高我国蜂产品的产量和品质，增强我国西方蜜蜂的抗螨、抗病性能以及规模化养蜂程度，解决目前蜂种混杂、种性退化、蜂种资源贫乏等问题，我国养蜂业迫切需要开展优质蜜蜂种质资源的引进工作，为我国养蜂业种蜂王市场提供新鲜基因流，充分提高和完善现有原种场、种蜂场的保种能力，有效保存和繁育引入的蜂种资源，以避免反复引种，降低成本。同时，为保证引种鉴定和评估工作的有效性，应建立系统完善的蜜蜂种质资源评价体系，积极发展雄蜂精液引进方式，以便于蜜蜂疾病和病原菌的检测，防止引入蜜蜂种质资源的同时带入病敌害等危险因子，造成不必要的损失，保证引种工作的顺利、有效进行。

（二）蜜蜂育种趋势

分子育种技术的研究将得到研究者的青睐。蜜蜂后基因组时代为我们描绘出蜜蜂育种新技术的美好前景。在当前和未来的一段时期内，分子标记和功能基因与数量遗传学方法的结合将是蜜蜂分子育种的主要研究目标。目前蜜蜂中已经定位的重要生产性状座位仍然十分有限，并且短期内也无法了解基因组控制性状表型的机理，显然在绝大多数情况下只能结合常规育种程序，通过与重要生产性状座位连锁的 DNA 标记来评估蜜蜂群体的生产潜力。虽然分子育种技术在生产中的应用还需要很长时间的努力，但随着分子生物技术的更新换代，其在蜜蜂育种工作中的应用前景不容忽视。

分子育种技术在动物遗传育种中已取得巨大的成就，成为现今动物遗传育种研究工作中的热点并得到了初步应用。相比较而言，蜜蜂遗传育种过程中使用分子遗传学技术还只是刚刚起步，但随着研究的不断深入和发展，特别是昆虫遗传学研究的深入，此项技术在蜜蜂上的应用将不断得到发展和完善。

蜜蜂是一种重要的经济昆虫，其经济性状的改良对促进养蜂业的发展具有重要的推动作用。养蜂业是我国古老的经济昆虫产业之一，蜜蜂授粉将在现代高效生态农业生产中起到重要的作用，但环境恶化、蜜蜂病敌害以及蜂产品质量安全等问题给养蜂业带来了巨大挑战。在这种情况下，由于分子育种比传统的育种方式具有育种目的明确和缩短育种周期的突出优势，必将得到研究者的青睐。

目前，我国在蜜蜂分子育种技术方面才刚刚起步，应积极发展，努力抓住现在分子技术迅猛发展的机遇，争取早日在蜜蜂数量性状位点的连锁分析、转基因蜜蜂及分子育种技术应用于蜜蜂杂交改良等相关领域取得一定的成绩。

今后蜜蜂育种的研究重点将集中在以下几方面：

开展中华蜜蜂多样性及生物学、行为学的研究；开展蜜蜂功能基因组的研究，包括蜜蜂重要功能基因的挖掘、克隆与表达；蜜蜂重要功能基因及重组蛋白的开发与利用。开展比较基因组学的研究，中华蜜蜂优良性状及遗传背景研究；合作开展蜜蜂消失及我国蜜蜂健康状况评价的研究。

开展蜜蜂全基因组芯片表达谱的研究及基于基因组芯片表达谱的蜜蜂重要基因的挖掘。利用蜜蜂全基因组表达谱芯片，发现并阐明与蜜蜂经济性状密切相关的未知基因序列；寻找与蜜蜂抗病、抗逆有关或直接引发疾病的新基因；与蜜蜂社会行为相关重要基因的发现及其分子机理的研究。

开展蛋白质组学、RNAi 干涉、转基因、基因芯片等学科交叉技术，开展我国蜂种优良性状（产浆、抗螨）的机理研究。在此基础上，要获得一批具有我国自主知识产权的基因，如蜂王浆优质高产基因及蜜蜂抗螨、抗病基因，为培育出适应蜂业绿色生产需要的转基因蜜蜂奠定基础。

第四节 蜜蜂良种发展战略与政策

一、建立蜜蜂良种繁育体系

蜜蜂良种繁育体系建设是发展我国养蜂业生产不可缺少的建设项目。它主要包括蜂种资源的保护、育种繁育基地建设和蜜蜂育种档案建设。

1. 加强对引进蜂种资源、本土特色蜂种资源的保护与利用

建立蜂种种质资源区域规划方案及保护区。首先，蜜蜂品种在特定区域内，已经完全适应该地区的气候条件及蜜粉源条件。或是对该地区气候条件下适应性的蜜蜂品种，规划该区域最大限度地满足蜜蜂种质资源对环境条件的需要。其次，我国蜜蜂种质资源丰富，为妥善保护我国现有蜜蜂种质资源，需要在气候条件、蜜粉源条件相适应的地区建立保护区，成为该品种的繁育基地，严禁其他外源蜂种入境。保护区的建立，不仅可以避免特有蜜蜂种质资源的混杂和灭绝，而且可以把保护区建设成为该种蜂种的繁育基地，可以为各地提供优质种蜂王，促进蜜蜂良种繁育工作。

2. 建立各级蜜蜂种蜂场和育种场

蜜蜂种蜂场的主要任务是保存和繁育蜜蜂原种，为全国各地育种场提供育种素材，有条件的可以进行新品种的培育。为了保证原种的纯度，每个蜜蜂种蜂场只能保存一个蜜蜂原种，并且要建立可靠的隔离交尾条件或区域，以及人工授精实验室。

蜜蜂育种场主要是利用种蜂场提供的蜜蜂原种做亲本，进行杂交组配，繁育优质种蜂王，提供商业市场使用，使优质蜜蜂种蜂王供应市场。除此之外，蜜蜂种质资源保护区、蜜蜂种蜂场、蜜蜂育种场及蜜蜂科研单位、教学单位应该形成相互协作、共同攻关的合作机制，开展蜜蜂良种的选育工作，在一定的组织形式下，开展蜜蜂种质资源保护、保存、良种选育等工作，对促进蜜蜂良种工程具有积极的意义。

3. 建立蜜蜂育种档案

蜜蜂育种档案主要包括种群档案、种群系谱档案和供应档案。种群档案是蜜蜂育种档案的基础，是蜜蜂育种档案中最基本、最重要的资料。每个种群及其后代均要建立种群档案，记录每个种群的形态特征、生物学特性、生产力特性。同时为了便于观察、记录和归档，应对种用蜂王和后代蜂王进行标记和编号。种用蜂群的编号尽可能详尽、明了，标示出品种、亲代和子代关系。种群系谱档案包括种蜂王系谱卡和系谱图两部分。种蜂王系谱卡主要记载种蜂王标号、品种、产地、培育单位、培育时间、引进时间等信息。而种蜂王系谱图是各代次之间的血缘关系图，是记录和表示子代同亲代的血缘关系的图谱，系谱图在种蜂复壮、纯种选育和近交系培育、蜜蜂保种等工作中必不可少。应用最简明的方式表现出种群的选留情况，每一世代培育的子代蜂群数，亲子代血缘关系及组配方案，并且在一定程度上反映出蜜蜂育种工作的进展情况。供应档案是育种单位提供生产性种蜂的档案记录，记录有该蜂王的相关资料。除

上述提到的育种档案信息外，育种单位还应当制订具体的育种计划、育种方案、种蜂场日记等资料。

二、加快建立种蜂质量监管体系

多年来国家对小畜种关注的不够，致使目前蜜蜂市场品种混乱，炒种现象时有发生。随着蜂业的发展，急需建立蜜蜂种质鉴定和种蜂质量监管体系。

三、蜜蜂良种繁育办法

（一）规划

为了促进蜜蜂良种繁育及遗传资源的保护和利用，2007 年农业部国家畜禽遗传资源委员会成立了蜜蜂专业委员会。2010 年 12 月 27 日农业部颁布了《全国养蜂业"十二五"发展规划》，提出了如下发展目标："蜜蜂资源保护和种蜂生产能力明显增强。到2015 年，国家级和部分省级蜜蜂资源基因库、保种场、保护区建设完善；种蜂场供种能力显著提高，全国优质种蜂年供应能力由目前的 2 万只增加到 4 万只。"并指出如下发展重点："加强资源保护与利用。按照《中华人民共和国畜牧法》和《畜禽遗传资源保种场保护区和基因库管理办法》的要求，加大对蜜蜂资源场、保护区、基因库基础设施建设的投入，完善配套设施。对重点蜜蜂种质资源保护予以支持，提高资源保护能力。加强种蜂场建设，提高供种能力和质量。"基于全国养蜂生产发展实际，将全国蜜蜂良种发展布局划分为华北、东北内蒙古、华东、中南、西南、西北六个区域，确定各区域的主攻方向和 2015 年的发展目标。并提出蜜蜂资源保护与种蜂良种繁育重点项目。

1. 蜜蜂种质资源保护

建设中蜂等资源场 15 个，保护区 8 个，完善国家蜜蜂遗传资源保护中心，完善资源基因库 2 个，并建立相应的遗传资源动态监测系统。

2. 蜜蜂新品种培育

建设蜜蜂育种中心，培育 5 个蜜蜂新品种（系）。

3. 蜜蜂遗传改良和良种繁育

在养蜂大省和种源基础较好的省份改扩建种蜂场 10 个。

4. 种蜂质量监测

新建蜜蜂种质鉴定中心，建设蜜蜂良种数据库，收集、分析、发布全国优良蜂种信息。

（二）建设目标

1. 蜜蜂种质资源保护

充分发挥国家蜜蜂遗传资源保护中心的核心作用，针对不同蜂种的种类和特点，采取动态、静态等不同的保种方式。对《国家级畜禽遗传资源保护名录》中公布的中蜂、新疆黑蜂和东北黑蜂进行保种场或保护区保护；对稀有和濒危的蜜蜂资源实施抢救性保护，确保登记资源不再消失。

2. 蜜蜂新品种培育

建立国家蜜蜂育种中心及分中心。探索蜜蜂分子育种技术，促进我国蜜蜂遗传资源，特别是我国特有的蜜蜂和东方蜜蜂资源的研究和利用，为新品种的培育提供重要基因标记和育种素材，逐步完善具有我国特色的蜜蜂良种培育理论、技术和方法，全面提升我国蜂业的国际竞争能力。支持科研院所和企业开展新品种培育与选育工作，培育出符合实际生产需要的5～10个蜜蜂品种品系。

3. 蜜蜂遗传改良和良种繁育

20世纪60年代，我国开始了较大规模的蜜蜂资源普查和保护工作，并于70～80年代达到高峰。全国建有几十个省级蜜蜂保种、原种场和数个蜜蜂自然保护区，各省均设有养蜂管理站，但由于历史原因，目前多数省级蜜蜂保种、原种场已不存在。

蜜蜂良种繁育体系建设，面向生产和市场需要，充分利用引进资源和本土资源，加强良种场建设，规范生产经营行为，系统管理，不断提高品种质量和供应能力。

4. 蜜蜂种质测定

通过建设国家级测定中心、种蜂测定站和场内测定设施，提高形态特征鉴定、经济性状考察和生产性能测定能力和育种水平，蜜蜂原种场和大型蜂种企业全面实行场内测定。完善国家级测定中心的测定能力与业务水平，深入研究测定项目，使测定工作在传统生产性能测定项目的基础上，逐步增加分子水平的蜂种鉴定、纯度测定等内容，使测定任务对育种工作有更好的促进作用，并为蜂种质量监督管理提供可靠的依据。建设蜜蜂良种数据中心，收集整理、分析、发布全国优良蜂种信息。

5. 蜜蜂良种供应能力

2015年良种供应能力比2010年翻两番。

四、蜜蜂良种建设总体框架

紧紧抓住全局性、公益性、关键性的环节，突出种质资源保护、蜜蜂新品种培育、蜜蜂遗传改良和良种繁育、蜂种质量监测四个重点，全面构建蜜蜂良种繁育体系建设总体框架，提高蜜蜂良种繁育水平，增强蜂业竞争能力，实现新时期蜜蜂良种产业的可持续发展。

（一）蜜蜂种质资源保护

蜜蜂是一种很有经济价值的昆虫资源，与人类关系十分密切。在自然界陆地生态系统中，蜜蜂是一个主要成分。热带森林中绝大部分树种是靠蜂授粉；温带地区除松树和橡树等风媒植物外，其他树种以及草本植物全是靠蜂授粉；沙漠及其他干旱地区内的植物也基本是依靠蜜蜂授粉。保护蜜蜂将对防止土地沙漠化、开发食物源以及保护野生物种起着极其重要的作用。

我国是世界上蜜蜂遗传资源最为丰富的国家之一。蜜蜂遗传资源特性各异，如抗逆、高产、高效、适应特定生态条件等。我国在过去的几十年中积累了大量蜜蜂种质资源，但资源消失的速度也十分惊人。很多蜜蜂品种还未来得及保存就已经灭绝。还有一些蜂种由于种间竞争等原因而导致分布区逐渐缩小，如我国重要的中华蜜蜂资源，由于西方蜜蜂的引进导致其野生种群急剧减少，目前中华蜜蜂在平原地区已逐渐消失。

蜜蜂种质资源保护就是要针对蜜蜂品种资源状况，按照分级管理的要求，突出保护与监测两个重点，以国家蜜蜂遗传资源保护中心为核心，完善蜜蜂品种资源评估、保护和开发利用。建设蜜蜂品种资源保护场（分中心）、保护区和基因库。并相应建立遗传资源动态监测系统。加强蜜蜂遗传资源的保护和监测，维护生物多样性。增强蜜蜂遗传资源开发利用能力，加快优良品种的培育，以开发带动保护，以保护促进开发。

（二）蜜蜂新品种培育

新品种培育是蜂业发展的持续动力。目前占我国蜂业生产中 80％ 的蜂种为西方蜂种，蜜蜂遗传资源研发严重滞后，直接面临基因掠夺危险；缺乏前沿科学研究的设施支撑条件，原始创新能力弱；研究力量分散。

蜜蜂良种繁育体系将支持科研院所、育种场开展新品种、新品系培育选育，紧紧围绕"优质、高效、安全"的重点，培育产量高、品质好、抗逆抗病力强的新品种、新品系及配套系。充分有效地利用资源，加速良种繁育和供种能力。同时，加强科技支撑能力建设，建立国家蜜蜂育种中心及分中心。探索蜜蜂分子育种技术，推动我国遗传资源的研究和利用以及蜜蜂新品种、新品系培育，为全面提升我国蜂业的国际竞争能力提供坚强的科学技术支撑。

（三）蜜蜂遗传改良和良种繁育

我国拥有蜂群数 820 万群，如按照一只种王为 100 群蜂换种计算，我国每年约需要生产用种王西方蜜蜂 6 万只、东方蜜蜂 2 万只。目前我国年生产种王数不足 1 万只。远不能满足市场的需求。

蜜蜂良种繁育体系将面向蜂业发展的需要，重点加强原种场、种蜂场建设。对部分有条件的原种场、种蜂场实行扩建，建设全国种蜂联合育种的框架，积极推进联合育种，促进种蜂优良遗传基因的资源共享。规范生产经营行为，不断提高品种质量和供应能力，提升繁育水平。

（四）蜂种质量监测

蜂种质量监督监测是确保种蜂质量和强化蜂种管理的有效措施。我国目前种蜂质量监督监测还未起步，制约了种蜂管理工作的开展，以及市场的规范化管理，迫切需要加快种蜂质量监督监测体系建设。

蜂种质量监督监测体系以建设国家级测定中心、省级种蜂测定站和场内测定设施为主线。优先发展蜂产品主要产区，建立与主要产区生产相应的蜂种质量监督监测中心（站），形成全国蜂种质量监督监测网。

在加强国家级和省级种蜂测定站建设的同时，扶持原种场、大型蜂种企业开展场内测定。形成场内测定和测定站测定相结合的蜂种测定体系，实现育种、新品种审定的有机结合。建设全国蜜蜂良种数据中心，收集整理、分析、发布全国优良蜂种信息。

五、蜜蜂良种建设重点与布局

（一）蜜蜂种质资源保护

重点建设。2015 年，规划建设蜜蜂资源场 15 个、保护区 8 个，完善国家蜜蜂遗传资源保护中心，完善资源基因库 2 个，并相应建立遗传资源动态监测系统。

1. 蜜蜂资源场 15 个

建设内容主要包括资源场的改扩建、组建和扩大保种核心群、购置必要的仪器设备等。

区域分布：东北、西南、中南等区建设。

2. 资源保护区 8 个

建设内容主要包括扶持蜂农建设必要的饲养设施，购置简单蜂机具。8 个资源保护区是：新疆黑蜂，东北黑蜂，中蜂资源保护区 6 个。

3. 完善 2 个蜜蜂基因库，新建 2 个蜜蜂活体基因库

对国家蜜蜂遗传资源保护中心基因库、（吉林）国家级蜜蜂基因库进行完善，新建国家蜜蜂遗传资源保护中心活体基因库。主要建设内容包括改扩建和新建实验室和蜂场，购置、更新设施设备等。

（二）蜜蜂新品种培育

建设重点。搜集储备育种材料，组建选育基础群，主要建设内容包括新建或改扩建高标准实验蜂场，购置必要的饲养、选育、分析、检测等仪器设备。

1. 国家蜜蜂育种中心 1 个

国家蜜蜂育种中心以国家蜜蜂遗传资源保护中心为依托，完善基因资源分子检测设施、基因克隆与功能研究设施、扩充种质创新与分子育种方法研究设施、分子设计与生物信息网络设施、转基因动物安全评价与性能测定设施等。

2. 蜜蜂育种分中心 4 个

分中心选择有实力的科研院所、院校等为依托单位，建设内容主要包括购置必要的培育、选育、分析、检测仪器设备，实验蜂场设施建设等。

3. 蜜蜂新品种品系培育 5 个

任务的分配安排与主产区分布、原种场布局相适应。鼓励有实力的教学科研单位参与新品种培育、联合育种。主要建设内容包括搜集购买育种材料，组建选育基础群，新建或改扩建高标准实验蜂场，购置必要的饲养、选育、分析、检测等仪器设备。

（三）蜜蜂遗传改良和良种繁育

建设重点：规划改扩建原种场、种蜂场 10 个，建设内容主要包括引进选育培育有推广价值的蜂种，进行种蜂场建设，购置必要的饲养、繁育、测定、运输等仪器设备，配套建设附属设施。

区域布局：在种源基础较好、蜜源丰富的养蜂大省进行建设。

（四）蜂种质量监测

规划新建国家蜜蜂种质鉴定中心 1 个，蜂种质量监督检验测试站（分中心）4 个，建设内容主要包括实验室和测定蜂场建设，检验检测仪器设备购置。完善基础设施，添置必要的检测仪器设备。

1. 国家蜜蜂种质鉴定中心

以国家蜜蜂遗传资源保护中心为依托，完善实验室和测定蜂场建设，检验检测仪器设备购置。完善基础设施，添置必要的检测仪器设备。

2. 蜂种质量监督检验测试站（分中心）

分中心选择有实力的科研院所院校等为依托单位，建设内容主要包括实验室和测定蜂场建设，检验检测仪器设备购置。完善基础设施，添置必要的检测仪器设备。建设蜜蜂良种数据库，收集整理、分析、发布全国优良蜂种信息。

（石巍）

参 考 文 献

刘先蜀. 2009. 蜜蜂育种技术 [M]. 北京：金盾出版社.

杨冠煌. 2001. 中华蜜蜂 [M]. 北京：中国农业科学技术出版社.

中国农业百科全书总编辑委员会，养蜂卷编辑委员会，中国农业百科全书编辑部. 1993. 中国农业百科全书·养蜂卷 [M]. 北京：农业出版社.

Cale G. H，J. W. Gowen. 1956. Heterosis in the honeybee（Apis mellifera L.）[J]. Genetics 41：292-303.

G. M. Doolittle. 2010. Scientific Queen Rearing [M]. Northern Bee Books，Nature.

L. R. Watson. 1927. Controlled Mating of Queenbees [J]. American Bee Journal Illus. Hamilton，Ill. 50.

Nye W. P，Machkensen，O. 1968. Selective breeding of honey bees for alfalfa pollination：fifth generation and backcross [J]. J. Apic. Res. 7：21-27.

Nye W. P, Mchkensen, O. 1970. Selective breeding of honey bees for alfalfa pollen collection: with tests in high and low alfalfa pollen colletion regions [J] . J. Apic. Res. 9: 61-64.

Park O. W, F. C. Pellett, F. B. Paddock. 1937. Disease resistance and American foulbrood. Results of 2nd season of cooperative experiment [J] . American Bee Journal, 77 (34): 20-25.

Park O. W, F. C. Pellett, F. B. Paddock. 1938. Results of Iowa's 1937-1938 honeybee disease resistance program [J] . American Bee Journal , 79: 577-582.

Randall Hepburn, Sarah E. Radloff. 2011. Honeybee of Asia [M] . Published by Springer.

Rothenbuhler, W. C. 1958. Genetics and breeding of the honeybee [J] . Annual review of entomology , 3: 161-180.

Routledge Chapman. 1999. The world history of beekeeping and honey hunting [M] . Published by Technology&Engineering.

Roy A. Grout. 1949. The hive and the honey bee: a new book on beekeeping which continues the tradition of "Langstroth on the hive and the honeybee" [M] . Printed by R. R. Donnelley &Sons Company.

Ruttner F. 1987. Biogeography and Taxonomy of Honeybees [M] . Published by Springer-verlag.

Thomas E. Rinderer. 1986. Bee Genetics and breeding [M] . Published by Academic Press.

第五章　中国养蜂生产发展战略

我国养蜂生产在世界上具有自己的特点：幅员辽阔、生态环境的多样性蕴藏着蜜粉源种类和蜂种资源的多样性，为世界养蜂大国奠定了物质基础；我国人民养蜂历史悠久，养蜂技术具有较深厚的群众基础，为发展我国养蜂事业提供了丰富的人力资源。但我国蜂业在发展中也有很大的局限性：①在蜜蜂能够活动的季节，连续、丰富的蜜粉源地方很少，定地高产的场地难寻；②主要饲养的蜂种是外来西方蜜蜂，引进我国约百年，至今没有完全适应我国的生态环境，没有独立生存的能力；③本土的中华蜜蜂受到西方蜜蜂的竞争，分布区大范围缩小，种群数量急剧下降，种质资源丢失；④养蜂技术落后，以蜂农养殖模式为主，在有限的蜂群中极力获取过量的产品，导致人蜂疲惫，效率低下，蜂群的健康问题严重；⑤片面追求蜜蜂产品的产量，导致质量下降；⑥低质蜂产品导致价格低下，养蜂的效益降低。要从根本上提升我国的蜂产业，就需要从养蜂的技术模式上进行大的变革，建立新的养蜂生产管理技术体系。

第一节　养蜂生产管理技术体系

养蜂生产管理技术体系的内容包括基本管理技术体系和阶段管理技术体系，在此基础上形成规模化和标准化的蜜蜂饲养管理技术体系。

一、基本管理技术体系

养蜂基本管理技术体系是指在养蜂管理中常用的蜂群管理方法和基本操作技术，主要内容包括蜂场的选择和放蜂点的布局、蜂群的排列和布置、分蜂热的控制和解除、蜂群检查和调整、蜂王的培育和换王、巢脾的修造和保存、蜜蜂饲料的配制和蜂群饲喂、脱蜂和取蜜、蜂王浆生产、蜂花粉生产等。在规模化蜜蜂饲养中，基本管理技术体系要求同一放蜂点的所有蜂群大致相同。通过调整蜂群、统一更换新王等措施保持蜂群间的巢脾数、粉蜜贮存量、蜜蜂群势和蜂子数量等基本一致，并以放蜂点为管理单位的规模化蜜蜂饲养奠定基础。

规模化蜜蜂饲养场的选择和放蜂点的布局除了满足一般蜂场场址要求条件外，需要更丰富的蜜粉源，以适应管理的要求，如宽敞的场地以适应大机械化作业，场区道路方便生产车辆的通行。蜂群的排列和布置需要更宽松，以适应规模化饲养强群的管理操作。

分蜂热的控制和解除是规模化饲养管理技术的重点和难点，因为规模化蜜蜂饲养不允许在分蜂热控制和解除的管理中付出更多的精力和劳动。关键是具有能够维持强群的蜜蜂良种。此外，在管理上保证蜂王有充足的产卵巢房、扩大巢内空间、降低蜂箱外的环境温度等。

蜂群检查和调整是养蜂生产管理中付出时间最多的工作。在蜜蜂规模化饲养中蜂群检查和调整的技术改进思路是：①减少检查次数。现在的养蜂技术要求在蜂群增长阶段每隔 12 天全面检查一次。此外，每一阶段的始末均需要全面检查。根据蜜蜂生物学基本规律，蜂群增长阶段不必高频次检查。②减少检查蜂群数量。在一个放蜂点（或分场）所有蜂群基本一致的前提下，抽查部分蜂群以反映全场情况，提高检查蜂群的效率。③减少检查项目。在目前的养蜂技术中，全面检查需要察看蜂王，花费较多时间和精力。在规模化蜜蜂饲养管理技术中查找蜂王是不进行的，也不必查找，蜂王的质量完全可以根据卵虫的数量、子脾的分布、王台情况等准确判断。现实技术要求全面检查并记录卵、未封盖幼虫、封盖子数量，这 3 种蜂子在巢脾上分布往往相互包含和交错，很难准确估计。在生产实践中似乎也没有必要对蜂群了解详细到这种程度，规模化蜜蜂饲养管理技术改进为只要检查记录蜂子（卵、未封盖幼虫、封盖子的总称）数量。④降低检查记录的精度。在规模化饲养管理技术中将全面检查中部分项目由定量改为定性，以提高蜂群检查的效率。如贮蜜和贮粉只定性分为 3 级：足、有、无。

规模化蜜蜂饲养管理技术体系对社会化的依赖程度较大，生产用蜂王最好由专业的育王场提供。新蜂王成批购入后，统一诱入到蜂群中，由新蜂王自然淘汰老蜂王，换王工作结束。但是我国目前这种换王方式还不成熟，所需要的蜂王往往需要自己培育。规模化蜜蜂饲养管理技术特别要求，人工育王和换王必须在分蜂热初期进行，以提高成功率。成熟王台直接诱入生产蜂群中，生产群作为交尾群。在人工育王中，要注意保持蜜蜂的遗传多样性，尤其是我国宝贵的中华蜜蜂在育王时更要重视。

规模化蜜蜂饲养管理技术要求巢脾的修造全场统一操作，在全场蜂群调整和保持一致的前提下，要把握最佳的修造新脾的时机，在蜂群增长阶段的前期和盛期完成全年的造脾工作。中华蜜蜂规模化饲养要求巢脾每年更新一次，也就是在适宜造脾的季节需要将巢内的巢脾全面更新。西方蜜蜂的巢脾允许 2～3 年更新一次，每年的巢脾更新量为 1/3～1/2。巢脾的保存对西方蜜蜂饲养非常重要，对中华蜜蜂饲养则不必。我国蜂场巢脾保存多用蜂箱糊报纸硫黄熏蒸，费时费力，还有发生火灾的风险。规模化蜜蜂饲养管理技术需要与蜂场规模相匹配的巢脾贮藏室。巢脾贮藏室要求置有脾架，密封，可以通入熏蒸药物。

规模化蜜蜂饲养管理技术对蜜蜂饲料的配制和蜂群饲喂要求是简洁快速。蜜蜂饲料主要是糖饲料、蛋白质饲料和水。糖饲料已可以实现自动饲喂，蛋白质饲料已有专业公司配制的成品，场上饲水技术也早已成熟。

脱蜂和取蜜是规模化蜜蜂饲养中最重要的也是劳动强度最大的工作，总体要求是：①减少取蜜次数，提高蜂蜜品质。彻底改变我国现实养蜂勤取蜜的不良习惯，每一蜂蜜生产阶段只在花期末取一次蜜。②配备齐全脱蜂机械，与规模化饲养相适应的摇蜜机、割蜜盖机、蜜蜡分离装置和蜜脾搬运工具和车辆。③借鉴多箱体养蜂技术，浅继箱和多继箱贮蜜。

蜂王浆生产是我国在世界养蜂业中极具特色的技术，几乎垄断了世界蜂王浆的市场。蜂王浆生产是典型的劳动密集型工作，是我国实现蜜蜂规模化饲养的主要技术瓶颈。在国家现代蜂产业技术体系"十二五"期间，饲养与机具功能研究室西方蜜蜂饲养岗位科学家曾志将教授团队正在进行免移虫蜂王浆生产技术和与之相配套的产浆机具的研发，现以基本成熟。

二、阶段管理技术体系

阶段管理技术体系是指在规模化蜜蜂饲养管理技术的模式下，不同养蜂阶段的饲养管理技术系统。周年养蜂可分为蜂群增长阶段、蜂蜜生产阶段、蜂群越夏阶段、蜂群越冬前准备阶段和蜂群越冬阶段。由于我国养蜂环境和自然生态的多样性，各地周年养蜂阶段类型和先后顺序以及各阶段的特点均有不同。规模化蜜蜂饲养管理技术要求，明确划分各养蜂阶段，详尽分析各养蜂阶段的特点，明确该阶段的养蜂目标和任务，制订该阶段的蜂群管理方案。

（一）蜂群增长阶段

蜂群增长阶段是指处于蜂蜜生产阶段前蜂群恢复和发展的阶段，主要的特征是蜜蜂能够正常的巢外活动，正常育子，总体上蜂群处于恢复和发展状态。此阶段养蜂的主要任务是增强群势，为蜂蜜生产奠定蜂群基础。最重要的蜂群增长阶段是春季蜂群增长阶段。我国春季虽然南北各地的条件差别很大，但是由于蜂群都处于流蜜期前的恢复和增长状态，因此，无论是蜂群的状况和养蜂管理目标，还是蜂群管理的环境条件都有相似之处。越冬工蜂经过漫长的越冬期后，生理机能远远不如春季培育的新蜂。蜂王开始产卵后，越冬蜂腺体发育，代谢加强，加速了衰老。因此，在新蜂没有出房之前，越冬工蜂就开始死亡。此时，蜜蜂群势不仅没有发展，而且还继续下降，是蜂群全年最薄弱的时期。当新蜂出房后逐渐地取代了越冬蜂，蜜蜂群势开始恢复上升。当新蜂完全取代越冬蜂，蜜蜂群势恢复到蜂群越冬结束时的水平，标志着早春恢复期的结束。蜂群恢复期一般需要30～40d。蜂群在恢复期，越冬蜂因体质差、早春管理不善等死亡数量一直高于新蜂出房的数量，会导致蜂群的恢复期延长，甚至群势持续下降直至蜂群灭亡造成春衰。蜂群结束恢复期后，群势上升，直到主要蜜源流蜜期前，这段时间为蜂群的发展期。处于发展期的蜂群，群势增长迅速。发展后期蜂群的群势壮大，应注意控制分蜂热。春季发展阶段的管理是全年养蜂生产的基础，春季蜂群发展顺利就可能获得高产，否则可能导致全年养蜂生产失败。

养蜂生产主要条件包括气候、蜜源和蜂群。我国各地蜂群春季增长阶段的条件特点基本一致。早春气温低，时有寒流；蜜蜂群势弱，保温能力和哺育能力不足；蜜粉源条件差，尤其花粉供应不足。随着时间的推移，养蜂条件逐渐好转，天气越来越适宜；蜜粉源越来越丰富，甚至有可能出现粉蜜压子脾现象；蜜蜂群势越来越强，后期易发生分蜂热。为了在有限的蜂群增长阶段培养强群，使蜂群壮年蜂出现的高峰期与主要花期吻合，此阶段的蜂群管理目标，是以最快的速度恢复和发展蜂群。根据管理目标，蜂群春季增长阶段的主要任务是克服不利因素，创造蜂群快速发展的条件，加速蜜蜂群势的增长和蜂群数量的增加。

蜜蜂群势快速增长必须具备有产卵力强和控制分蜂能力强的优质蜂王、适当的群势、饲料充足、巢温良好等条件。春季增长阶段影响蜜蜂群势增长的常见因素主要有外界低温和箱内保温不良、保温过度、群势衰弱和哺育力不足、巢脾储备不足影响扩巢，以及发生病敌害、盗蜂、分蜂热等。

（二）蜂蜜生产阶段

蜂蜜是养蜂生产最主要的产品。蜂蜜生产受到主要蜜源花期和气候的影响，蜂蜜生产均在主要蜜源花期进行。一年四季主要蜜源的流蜜期有限，适时大量地培养与大流蜜期相吻合的适龄采集蜂，是蜂蜜高产所必需的。

蜂蜜生产阶段总体上气候适宜、蜜粉源丰富、蜜蜂群势强盛，是周年养蜂环境最好的阶段。但也常受到不良天气和其他不利因素的影响而使蜂蜜减产，如低温、阴雨、干旱、洪涝、大风、冰雹，以及蜜源的长势、大小年、病虫害、农药危害等。蜂蜜生产阶段可分为初期、盛期和后期，不同时期养蜂条件的特点也有所不同。蜂蜜生产阶段初盛期蜜蜂群势达到最高峰，蜂场普遍存在不同程度分蜂热，天气闷热和泌蜜量不大时，常发生自然分蜂。蜂蜜生产阶段的中后期因采进的蜂蜜挤占育子巢房，影响蜂王产卵，甚至人为限卵，巢内蜂子锐减。高强度的采集使工蜂老化，寿命缩短，群势大幅度下降。在流蜜期较长、几个主要蜜源花期连续或蜜源场地缺少花粉的情况下，蜜蜂群势下降的问题更突出。蜂蜜生产阶段后期蜜蜂采集积极性和主要蜜源泌蜜减少或枯竭的矛盾，导致盗蜂严重。尤其在人为不当采收蜂蜜的情况下，更加剧了盗蜂的程度。

蜂蜜生产阶段是养蜂生产最主要的收获季节，周年的养蜂效益主要在此阶段实现。一般养蜂生产注重追求蜂蜜等产品的产量，把蜂蜜丰收作为养蜂最主要的目的。因此，蜂蜜生产阶段的蜂群管理目标是，力求始终保持蜂群旺盛的采集能力和积极工作状态，以获得蜂蜜等蜂产品的高产稳产。

根据蜂群在蜂蜜生产阶段的管理目标和阶段的养蜂条件特点，该阶段的管理任务可确定为：①组织和维持强群，控制蜂群分蜂热；②中后期保持适当的群势，为蜂蜜生产阶段结束后的蜂群恢复和发展，或进行下一个蜂蜜生产阶段打下蜂群基础；③此阶段是周年养蜂条件最好的季节，生产是蜂群周年饲养管理中需要在强群条件和蜜粉源丰富季节完成的工作，因此，在采蜜的同时还需兼顾产浆、脱粉、育王等工作。

（三）蜂群越夏阶段

夏末秋初是我国南方各省周年养蜂最困难的阶段，越夏后一般蜂群的群势下降约50%。如果管理不善，此阶段易造成养蜂失败。我国北方、中原以及海拔较高的地区蜂群没有越夏阶段。我国夏秋季节气候炎热地区，此阶段粉蜜枯竭、敌害严重。南方蜂群夏秋生活困难的最主要原因是外界蜜粉源枯竭，另外，许多依赖粉蜜为食的胡蜂，在此阶段由于粉蜜源不足而转入危害蜜蜂。江浙一带6～8月，闽粤地区7～9月，天气长时间持续高温，外界蜜粉缺乏，敌害猖獗，蜂群减少活动，蜂王产卵减少甚至停卵。新蜂出房少，老蜂的比例逐渐增大，群势也逐日下降。由于群势小，调节巢温能力弱，常常巢温过高，致使卵虫发育不良，造成蜂卵干枯，虫蛹死亡，幼蜂卷翅。

蜂群夏秋停卵阶段的管理目标，应是减少蜂群的消耗，保持蜂群的有生力量，为秋季蜂群的恢复和发展打下良好基础。此阶段的管理任务是创造良好的越夏条件，减少对蜂群的干扰，防除敌害。蜂群所需要越夏的条件包括蜂群荫凉、贮存粉蜜充足和保证饮水。减少干扰就是将蜂群放置在安静的场所，减少开箱。防除敌害的重点主要是胡蜂，越夏蜂场应采取有效措施防止胡蜂的危害。

（四）蜂群越冬前准备阶段

在我国北方，冬季气候严寒，蜂群需要在巢内度过漫长的冬季。蜂群越冬是否顺利，将直接影响来年春季蜂群的恢复发展和流蜜阶段生产，而秋季蜂群越冬前准备又是蜂群越冬的基础。因此，北方秋季蜂群越冬前的准备工作对蜂群安全越冬至关重要。

北方秋季养蜂条件的变化趋势与春季相反，随着临近冬季养蜂条件越来越差，气温逐渐转冷，昼夜温差增大。蜜粉源越来越稀少，盗蜂比较严重。蜂王产卵和蜜蜂群势也呈下降趋势。越冬准备阶段的管理目标是培育大量健壮、保持生理青春的适龄越冬蜂和贮备充足优质的越冬饲料，为蜂群安全越冬创造必要的条件。

北方蜂群越冬前准备阶段的管理任务主要有两点：培育适龄越冬蜂和贮足越冬饲料。适龄越冬蜂是北方秋季培育的，未经参加哺育、高强度采集工作，又经充分排泄，能够保持生理青春的健康工蜂。在此阶段的前期更换新王，促进蜂王产卵和工蜂育子，加强巢内保温，培育大量的适龄越冬蜂。后期应采取适时断子和减少蜂群活动等措施保持蜂群实力。此外，在适龄越冬蜂的培育期前后还需狠治蜂螨，在培育越冬蜂期间还需防病，贮备越冬饲料。

只有适龄越冬蜂才能度过北方严寒而又漫长的冬天，凡是参加过采集、哺育和酿蜜工作，或出房后没有机会充分排泄的工蜂，都无法安全越冬。因此，培育适龄越冬蜂既不能过早，也不能过迟。过早，培育出来的新蜂将会参加采酿蜂蜜和哺育工作；过迟，培育的越冬蜂数量不足，甚至最后一批的越冬蜂来不及出巢排泄。因此，在有限的越冬蜂培育时间内，要集中培养出大量的适龄越冬蜂，就需要有产卵力旺盛的蜂王和采取一系列的管理措施。适龄越冬蜂的培育主要分为两大部分，越冬前准备阶段的前期工作重点是促进适龄越冬蜂的培育，越冬前准备阶段后期的工作重点是适时停卵断子。

(五) 蜂群越冬阶段

蜂群越冬阶段是指长江中、下游以及以北的地区，冬季气候寒冷，工蜂停止巢外活动，蜂王停止产卵，蜂群处于半蛰伏状态的养蜂管理阶段。我国北方气候严寒，且冬季漫长。如果管理措施不当，会导致蜂群死亡，致使第二年养蜂生产无法正常进行。

蜂群安全越冬的首要条件，就是要有适龄的越冬蜂和贮备充足的优质饲料。这两项工作必须在秋季越冬前准备阶段完成。蜂群的越冬管理阶段主要工作是保持蜂群越冬的适宜温度和加强蜂群通风。越冬失败的主要原因除了没有足够的越冬饲料和适龄越冬蜂之外，多是保温过度蜂群伤热和巢内空气不流通、湿度过大、巢内贮蜜稀释发酵等造成的。

冬季我国南北方的气温差别非常大，蜜蜂越冬的环境条件也不同。东北、西北、华北广大地区冬季天气寒冷而漫长，东北和西北常在$-30 \sim -20℃$，越冬期长达5～6个月。在越冬期蜜蜂完全停止了巢外活动，在巢内团集越冬。长江和黄河流域冬季时有回暖，常导致蜜蜂出巢活动。越冬期蜜蜂频繁出巢活动，增加蜂群消耗，越冬蜂寿命缩短，甚至早晚出巢活动的蜜蜂会在巢外被冻僵，使群势下降。

根据蜂群越冬阶段的养蜂环境特点，此阶段的蜂群管理目标确定为保持越冬蜂健康和生理青春，减少蜜蜂死亡，为春季蜂群恢复和发展创造条件。蜂群越冬阶段管理的主要任务是，提供蜂群适宜的温度和良好的通风条件，提供充足的优质饲料及黑暗安静的环境，避免干扰蜂群，尽一切努力减少蜂群的活动和消耗，保持越冬蜂生理青春进入春季增长阶段。

三、规模化饲养标准

规模化蜜蜂饲养管理技术体系的系列标准包括：规模化蜜蜂饲养管理技术的一般准则、西方蜜蜂规模化定地饲养管理技术标准、东方蜜蜂规模化定地饲养管理技术标准、西方蜜蜂规模化转地饲养管理技术标准、规模化蜜蜂饲养管理蜂产品生产技术标准、规模化蜜蜂授粉蜂群饲养管理技术标准等内容。

（一）规模化蜜蜂饲养管理技术的一般准则

在规模化蜜蜂饲养管理技术的一般准则中，对规模化蜜蜂饲养管理技术总体原则、基本要求、技术特点等进行规范和说明，也包括规模化蜜蜂饲养中蜂种的应用、病虫害防控防疫等方面的规范。

（二）西方蜜蜂规模化定地饲养管理技术标准

根据西方蜜蜂蜂种的特征、生产性能制定西方蜜蜂规模化定地饲养管理技术规范。主要内容包括：蜂场及放蜂场地的环境要求和养蜂设施建设的规范；根据蜜粉资源制定的各养蜂阶段的规范方案；蜂群检查、巢脾修造、蜂巢调整、蜂群饲喂、采蜜群组织、分蜂热控制、人工分群、人工换王等规模化蜜蜂饲养管理的基本操作。必要时，对我国特有的西方蜜蜂品种东北黑蜂和新疆黑蜂专门制定规模化定地饲养管理技术规范。

（三）东方蜜蜂规模化定地饲养管理技术标准

东方蜜蜂在蜂种的特征、生产性能等方面与西方蜜蜂差别较大，需要制定与西方蜜蜂不同的东方蜜蜂规模化定地饲养管理技术规范。主要内容包括：中华蜜蜂资源的保护与利用技术规范；地方良种的选育技术规范；蜂场及放蜂场地的环境要求和养蜂设施建设的规范；根据蜜粉资源制定的各养蜂阶段的规范方案；蜂群检查、巢脾修造、蜂巢调整、蜂群饲喂、采蜜群组织、分蜂热控制、人工分群、人工换王等规模化蜜蜂饲养管理的基本操作。

（四）西方蜜蜂规模化转地饲养管理技术标准

根据西方蜜蜂蜂种的特征、生产性能制定西方蜜蜂规模化转地饲养管理技术规范，主要内容包括：放蜂场地的环境要求的规范；西方蜜蜂规模化转地饲养管理转地路线计划和放蜂场地选择的技术规范；蜂群运输和装卸的技术规范；西方蜜蜂规模化转地饲养管理中蜂群调整、分蜂热控制、蜂群转运途中管理等操作规范。

（五）规模化蜜蜂饲养蜂产品生产技术标准

根据规模化蜜蜂饲养管理技术基本原则和各种蜂产品的生产特点，从蜂产品的优质高产角度，分别制定各蜂产品的生产规范。主要内容包括：规模化蜜蜂饲养管理成熟蜜生产技术规范，重点是流蜜期结束一次性取蜜和脱蜂取蜜操作的机械化；规模化蜜蜂饲养管理蜂王浆生产技术规范，重点是免移虫技术体系和机械化取浆技术体系。

（六）规模化蜜蜂授粉蜂群管理技术标准

规模化蜜蜂授粉蜂群管理技术标准，是指授粉蜂群的规模化培养技术的规范化和规模化，蜜蜂授粉蜂群在授粉应用中的饲养管理技术的规范化。蜜蜂授粉蜂群的规模化培养技术的主要内容包括：授粉蜂群的规模化快速培养技术、规模化授粉蜂群的包装和运输技术。规模化蜜蜂授粉蜂群在授粉应用中的饲养管理技术的主要内容包括：授粉蜂群的放置、规模化授粉蜂群的群势及状态保持技术。

（周冰峰）

第二节　蜜蜂营养饲料发展体系

对国内大部分蜂场来说，使用蜜蜂饲料已趋于常态化。了解蜜蜂的营养需要是科学配制蜜蜂人工饲料的前提。蜜蜂饲料质量的优劣关乎蜂产品质量安全、蜜蜂健康和蜂场经济效益，加强蜜蜂饲料质量监管十分必要。

一、蜜蜂营养需要研究进展

在养蜂生产过程中，贯穿着营养物质和能量在蜜蜂体内以及蜂产品形成过程中的代谢与转化。一般而言，蜜蜂营养需要是指在适宜的环境条件下，蜜蜂维持正常生理活动、生长繁殖和保持最佳生产水平时，在某阶段或生产单位蜂产品对营养素需要的最低限额。蜜蜂需要的营养素主要有蛋白质、碳水化合物、脂类、维生素和矿物质等。

（一）蜜蜂的蛋白质营养需要

蛋白质是构成蜜蜂机体组织的基本原料，蜜蜂的肌肉、表皮和器官都以蛋白质为主要成分，起着支持、保护和运动等多种功能。据测定，蛋白质占工蜂干重的 66%～74%。蛋白质也是蜜蜂机体组织更新、修补的主要原料，在蜜蜂的新陈代谢过程中，组织和器官的蛋白质更新、损伤组织的修复都需要蛋白质。在蜜蜂的生长代谢中起催化作用的酶、调节生理过程的激素以及具有免疫及防御机能的血淋巴都是以蛋白质为主要成分。同时，蛋白质也可转化为脂肪或糖，为蜜蜂的各种生理活动提供能量。蜜蜂对蛋白质需要量因蜂种和生长发育阶段而异，东方蜜蜂和西方蜜蜂生长发育所需的蛋白质供给水平不同，蜂群在春繁、产浆、秋繁和越冬等不同阶段需要的蛋白质供给水平也不相同。自然状态下，花粉是主要的蛋白质来源，一群蜂的花粉取食量与气候条件、蜜粉源充足与否、蜂群的产子多少以及花粉的蛋白质含量相关。一般来说，每个正常蜂群的年花粉取食量为 25～55kg。每只工蜂在其生活的 28 天内平均消耗含3.08mg 氮的蛋白质，相当于 100mg 左右的花粉量。对于产浆期的蜂群，当饲粮蛋白质水平为 30% 时，蜂群采食量、工蜂咽下腺小囊面积最大，咽下腺蛋白质含量、产浆量、王台接受率最高。在中国北方，当人工配制的蜜蜂饲料中的蛋白质水平为

30％～35％时有利于蜜蜂春繁。意大利蜜蜂幼虫期和成蜂期对代用花粉的蛋白质水平要求不同，幼虫期要求较高蛋白质水平的代用花粉，若蛋白质水平低于25％对意大利蜜蜂幼虫生长发育不利，以蛋白质水平为30％～35％时生长发育最佳；意大利蜜蜂成蜂期对代用花粉的蛋白质水平要求略低，不低于20％即可。

（二）蜜蜂的碳水化合物营养需要

碳水化合物主要给蜜蜂提供生命活动的能量。蜂群对碳水化合物的需要量主要取决于群势、哺育幼虫的数量、花蜜的种类、泌蜡造脾的数量等。蜂蜜中的碳水化合物因蜜源植物的种类不同，含量有较大的差异。就对蜜蜂的引诱力而言，蔗糖优于葡萄糖、果糖和其他种类的糖。刺槐花蜜、柑橘花蜜、苜蓿花蜜、枣花花蜜的蔗糖一般高于10％，薰衣草花蜜的蔗糖通常高于15％，蜜蜂喜欢采食。相对而言，糖浓度越高的花蜜对蜜蜂的引诱力越大，蜜蜂可通过嗅觉来判断每种花蜜的糖浓度，从而选择最佳的食物。蜜蜂能够利用的碳水化合物主要是单糖和双糖、三糖等低聚糖以及糖醛类。乳糖、半乳糖、甘露糖和棉子糖对蜜蜂有毒，不宜用作饲料糖。蜜蜂幼虫的食物中单糖（葡萄糖和果糖）是主要的糖类物质。停止哺育工作的工蜂对蛋白质的需要量逐渐减少，对碳水化合物的需要量逐渐增加，成年蜜蜂只取食碳水化合物就能长期生活。

（三）蜜蜂的脂类物质营养需要

脂类物质是细胞膜结构合成的重要原料。脂肪酸可在蜜蜂飞行肌内被脂肪酶分解后进入三羧酸循环，供蜜蜂飞行时提供能量。体内有足够脂质的昆虫与单靠消耗碳水化合物的昆虫相比飞行的时间更长。昆虫可以合成饱和脂肪酸和单不饱和脂肪酸，但不能合成一些多不饱和脂肪酸和细胞膜磷脂。食物中缺乏亚麻酸和亚油酸可引起昆虫幼虫死亡、蜕皮失败、成年昆虫发育畸形和繁殖力下降等。亚油酸和亚麻油酸等脂类物质可能也具有吸引蜜蜂的作用。

（四）蜜蜂的维生素营养需要

维生素参与蜜蜂机体内三大有机物质（蛋白质、碳水化合物和脂类）的氧化还原反应，与蜜蜂的健康、生长发育和繁殖密切相关。脂溶性维生素有利于蜜蜂的咽下腺发育和泌浆，在蜜蜂的饲料中适量添加种类齐全的维生素，对提高王浆产量与蜂群繁殖有一定的促进作用。蜜蜂人工饲料中若缺乏维生素会导致蜂群哺育能力降低，影响幼虫发育。研究表明,意大利蜜蜂春繁阶段人工代花粉中,当维生素A水平为10 000～15 000IU/kg时，有利于蜂群群势的增长和幼虫抗氧化能力的提高。

（五）蜜蜂的矿物质营养需要

矿物质不但是机体组织的组分，还参与蜜蜂体内各种歧化反应、调节血液及组织液的渗透压、物质代谢等生命活动，如钙和磷是蜜蜂外骨骼的重要组成成分，又是蜜蜂蜕皮的助推剂。钙可以调节神经和肌肉的兴奋性、激活或抑制酶活性，对蜜蜂的某些生理机制具有触发和抑制作用；磷是 ATP 和磷酸肌酸的组分，直接参与机体所有的能量代谢，磷脂对细胞的结构和功能具有重要作用。

　　自然条件下，蜜蜂所需的矿物质主要来源于花粉、花蜜和水，尤其是花粉中矿物质含量丰富。由于对蜜蜂矿物质营养需要研究较少，尚未探明蜜蜂对矿物质的准确需要量。有研究表明，在蜜蜂人工饲料中添加 0.65% 的磷有益于蜜蜂的健康和蜂群的群势发展。

二、蜜蜂人工饲料的种类和特点

　　蜜蜂的饲料问题越来越成为业界关注的焦点，原因在于，对国内大部分蜂场来说，蜜蜂饲料的使用已趋于常态化，购买蜜蜂饲料的支出已经占到整个蜂场开支的主要部分，且蜜蜂饲料质量的优劣关乎蜂产品质量安全、蜜蜂健康和经济效益。许多蜂场常年生产蜂王浆，而外界蜜粉源又不连续，必须依靠饲喂蜜蜂饲料满足生产的需要。

（一）蜜蜂人工饲料的种类

　　自然状态下，蜜蜂采集自然界中的花粉、花蜜、无机盐和水，以满足其生长发育和养蜂生产的需要，花粉和花蜜是蜜蜂的主要天然饲料。由于蜜源植物种类不同，不同种类的蜂花粉或蜂蜜所包含的营养成分不同，对于蜜蜂具有不同的营养价值。到目前为止，不同种类、不同来源的蜂花粉和蜂蜜所包含的营养成分缺乏公开的基础数据，需要建立具有中国特色的蜜蜂饲料营养成分参数表，这既能为蜂农选择何种蜂花粉、何种蜂蜜作为蜜蜂饲料提供参考，也为利用其他饲料原料配制蜜蜂人工饲料提供成分平衡的参照。在弄清蜜蜂的营养需要以及饲料原料的营养成分、营养价值和适口性的基础上，配制不含花粉和蜂蜜的、完全满足蜜蜂营养需要的人工饲料是有可能的。

　　蜜蜂的人工配合饲料是指经过科学加工配制的人工饲料，主要应用于外界蜜粉源不足时，部分或全部代替天然饲料（花粉和蜂蜜），以保证蜜蜂生长发育和正常生活所需的各种营养素的供应。蜜蜂的人工饲料根据其营养特性，可分为蛋白质饲料、糖饲料和饲料添加剂三大类。蛋白质饲料是指能够代替或部分代替花粉、有较高的蛋白质含量并含有丰富的微量元素和维生素的饲料。糖饲料是指主要提供能量的碳水化合物饲料，各国使用的糖饲料主要为蔗糖。饲料添加剂是指在蜜蜂饲料生产和使用过程中添加的少量或微量物质，包括营养性添加剂、非营养性添加剂和药物添加剂。营养性添加剂是饲料级的维生素、矿物质等；非营养性添加剂是指抗氧化剂、防腐剂、诱食剂以及其他用于改善蜜蜂饲料品质的物质；药物添加剂是指为了预防和抵抗蜜蜂疾病加入到蜜蜂饲料中的药物，这类药物必须对人、蜜蜂以及蜂产品安全。

（二）当前蜜蜂人工饲料的特点

由于对蜜蜂营养知识了解的局限性，蜂农自配蜜蜂饲料时缺乏指导，科学性不强，凭经验配制者居多。蜂农若能根据蜜蜂营养需要配制蜜蜂饲料，尤其注重维生素和矿物质的添加，饲喂效果会大有改善。目前，黄豆粉、脱脂豆粉、玉米蛋白粉仍然是蜂农自配蜜蜂蛋白质饲料的主要原料。脱脂豆粉是优质植物性蛋白饲料原料，富含赖氨酸和胆碱，适口性好、易消化，但蛋氨酸不足，胡萝卜素、硫胺素和核黄素较少。在晋冀鲁豫苏浙皖等地，蜜粉源植物周年总的散粉泌蜜时间短、花期不衔接，对于定地饲养西方蜜蜂的蜂场而言，靠饲喂花粉和蜂蜜（或人工饲料）生产蜂王浆是最稳定的收入。例如山东，如果固定到一个地方养蜂，一年仅有 4～5 个月的花期，而且蜜源植物流不流蜜、能否取到蜜还要看天气，那么生产蜂王浆就是主要的产品生产形式。若靠喂蔗糖取浆，生产的王浆水分大，10-HDA（10-羟基-2-癸烯酸）含量低，蜂王浆的营养价值和保健作用大打折扣。因此，在外界没有蜜粉源，蜂场贮备花粉和蜂蜜不足的情况下，要生产出高品质蜂王浆，最好是饲喂营养全价的王浆生产专用饲料而不是单一蛋白质饲料或蔗糖。

由于蔗糖价格攀升，蜂农希望找到能够代替蔗糖、价格低廉的碳水化合物饲料，但是没有找到。果葡糖浆尽管价格低，但用来喂蜂并不安全，尤其是不能饲喂越冬蜂。

三、采取措施提高蜜蜂饲料质量

随着人民群众生活水平的提高，人们对于蜂产品的消费越来越普遍，而与蜂产品质量安全密切相关的蜜蜂饲料质量问题尚未引起业内人士的关注。从动物饲料的"三聚氰胺""瘦肉精"等事件中汲取教训，对可能出现的蜜蜂饲料问题做到未雨绸缪、积极应对，对于保持中国蜂业的健康发展甚为关键。

（一）蜜蜂饲料质量的内涵

蜜蜂饲料的质量指蜜蜂饲料产品的营养质量、卫生质量和加工质量。饲料营养不全价，就无法满足蜜蜂的营养需要，蜜蜂的群势和产浆量就会降低。蜜蜂饲料的卫生质量合格指蜜蜂饲料的病原微生物、重金属、有毒有害化学物质在蜜蜂饲料中的含量均应符合国家饲料卫生标准和法规。例如，蜂农使用市售花粉喂蜂时，有可能因花粉中混有因感染蜂球囊菌而死亡的白垩状蜜蜂幼虫尸体，导致白垩病在蜂群中传播，危害蜜蜂健康。

蜜蜂饲料质量与蜂产品质量关联度极高。感性的认识是，不同的蜜粉源条件下生产的蜂王浆色泽、气味和含水量差别较大。王浆腺的发育及蜂王浆分泌，都必须以相应的营养物质作为其代谢转化的前体物质，因此，蜜蜂饲料的不同会造成蜂王浆品质的差异，缺乏花粉时使用王浆生产专用饲料而不仅仅是白砂糖饲喂产浆蜂群，是大势所趋。

（二）制定蜜蜂饲料质量标准

目前的蜜蜂饲料标准执行的是畜禽饲料标准。蜜蜂是经济昆虫，不但其消化生理特点异于畜禽，而且所生产的蜂产品质量安全标准与畜禽产品质量安全标准也有很大不同。在没有单独的蜜蜂饲料质量标准的情况下，对于蜜蜂饲料的广告宣传、市场营销、生产使用等活动，只能执行现有的畜禽饲料的通用标准。因此，制定和实施蜜蜂蛋白质饲料、蜜蜂糖饲料和蜜蜂饲料添加剂的质量标准是一项迫在眉睫的工作，这将会提高我国蜜蜂饲料企业的标准化生产水平，保障饲料质量安全，增强蜂农使用蜜蜂饲料产品的信心，确保蜂产品的源头生产环节安全。

（三）严格蜜蜂饲料的生产销售管理

加强蜜蜂饲料质量安全的全程监管，包括蜜蜂饲料生产企业必须取得相应生产许可证号、生产原料来源可追溯、添加剂使用合理、饲料质量安全稳定可控，实施标准化生产。蜜蜂饲料生产企业必须建立相对完备的检测化验实验室，严格蜜蜂饲料产品质量检测，禁止添加国家明令禁用药物和添加剂。健全蜜蜂饲料产品质量安全可追溯体系和责任追究制度，对原料采购、生产加工、产品检验、销售管理等各环节进行全方位监管。

四、蜜蜂饲料的发展趋势

随着蜜蜂营养需要研究的深入，蜜蜂饲料配比将更加科学。近年来有的饲料企业主动使用相关机构研发的饲料配方和工艺生产蜜蜂饲料，较之以往的利用单一饲料原料经简单加工就作为蜜蜂饲料的情况有了很大进步，营养价值也更高。从适口性上而言，目前的代用花粉饲料依然无法完全取代自然花粉对蜜蜂的吸引力，对于代花粉饲料的适口性问题还要进一步探索。

近几年来，养蜂者开始认识到，在蜂群周年不同的生活阶段，蜜蜂需要含有不同营养素及不同比例的蜜蜂饲料，饲喂配合饲料而不是简单的大豆粉加白糖，更有利于蜜蜂的繁殖及健康。可以肯定的是，蜜蜂饲料的使用会越来越广泛，以全价配合饲料代替目前的单一饲料如脱脂豆粉、玉米蛋白粉、白砂糖等成为必然趋势。

对蜜蜂饲料的质量监管将更加严格。蜜蜂饲料质量不仅关乎蜜蜂的健康，更关乎蜂产品的质量安全。安全的蜜蜂饲料，必须做到在喂蜂时，不会对蜜蜂健康造成危害，而且对生产的蜂蜜、蜂王浆、蜂花粉、蜂胶等蜂产品是安全的。

随着农业部《关于加快蜜蜂授粉技术推广促进养蜂业持续健康发展的意见》《养蜂管理办法》等鼓励养蜂的文件以及各地惠及蜂农的政策出台，我国养蜂业必将有大的发展，从而带动蜜蜂饲料业逐步壮大。可以预计，未来的蜜蜂饲料类型会更加丰富，市场上会出现如春繁饲料、王浆生产专用饲料、越冬饲料添加剂、蜂用酶制剂、蜂用微生态制剂等多种饲料类型。

（胥保华）

第三节 蜜蜂疫病防控技术体系

一、蜜蜂病虫害综合防控体系现状

随着生态环境等的不断变化，蜜蜂的生存环境不断遭受侵扰，严重影响蜂群的正常发展和蜜蜂的经济、生态效益。影响蜜蜂的问题主要包括疫病流行等生物因素，环境农药及蜂群用药等化学因素，以及自然灾害因素等几方面，这些问题的发生多数都具有突发性的特点，往往在短时间内就会造成蜂群较大的损失。

（一）蜜蜂病虫害的特点

蜜蜂与其他生物一样，在其生存及为农作物授粉的过程中必然会受到各种病虫害的影响，蜜蜂病虫害是影响我国养蜂业健康发展的首要因素，每年仅病虫害造成的损失可占总损失的 60% 以上。导致蜜蜂疫病流行的病原既有螨类，也有细菌、真菌、病毒等共计几十种。其中我国主要发生流行的病害有十余种（表 5-1）。

表 5-1 蜜蜂病害一览表（按病原分类）

传染病		侵袭病	
细菌病	美洲幼虫腐臭病 欧洲幼虫腐臭病 副伤寒病 败血病	寄生螨	狄斯瓦螨（大蜂螨） 热历螨（小蜂螨）
病毒病	囊状幼虫病 蜂蛹病 麻痹病 其他蜜蜂病毒病	寄生性昆虫	蜂麻蝇 驼背蝇 莞菁 圆头蝇 蜂虱
螺原体病	蜜蜂螺原体病	原生动物	蜜蜂微孢子虫病 蜜蜂阿米巴病
真菌病	黄曲霉病 白垩病 蜂王卵巢黑变病		

由于蜜蜂是典型的社会型昆虫，几千至几万只蜜蜂聚集在一起分工协作共同形成一个有机整体，同时由于我国特有的蜜蜂饲养方式，使得蜜蜂病虫害也呈现出与其他饲养动物所不同的特点。

1. 病虫害的突发性

由于蜜蜂个体小且数量巨大，因此，当蜜蜂个体由于病害侵染而出现异常时往往难于被发现，只有当整个蜂群表现出大量蜜蜂活动异常甚至死亡时才能够被发现。因此，如果以蜂群作为一个观察个体，其病害相对的潜伏期较长。而潜伏期长意味着病原在群内乃至群间传播的范围更广，蜂群受影响的程度更深。因此，在实际养蜂过程中往往会出现以下情况：当发现一群蜜蜂出现异常后，即使及时采取了有效的治疗及隔离措施，仍会在短时期内出现病害在附近蜂群乃至周边蜂场的大范围流行。

2. 多种病虫害的混合感染

通常情况下，蜂群通过自我清洁、采集外界抗菌物质等途径具有一定的病虫害抵抗能力。但由于蜂群内共同生活的个体数量庞大，因此，其内部环境非常复杂，蜂群内同时混杂有多种病原生物的情况非常普遍。多数情况下病原在蜂群内始终维持在一个低发水平，不会对蜂群产生明显影响。例如，蜜蜂寄生螨会常年存在于蜂群内，当寄生率低于一定值时不会影响蜂群的正常繁殖。但当外界环境有利于病害流行或蜂群群势衰弱时则病害会迅速暴发。尤其几种病害的相互促进则更加重病害的致病性与流行性。例如，夏季由于环境温度升高有利于蜜蜂病毒病的传播，而夏季也是蜂螨的高发季节，蜂螨通过转移寄主会加速病毒病的传播，因此，夏季如蜂螨寄生率升高往往会伴随着病毒病的高发。

（二）环境有毒有害物质对蜜蜂的影响

1. 农药等有毒有害物质的影响

随着现代农业的发展，农药包括一些新杀虫剂的大量使用已成为农业生产的必要措施，蜜蜂作为杀虫剂非靶标生物的代表物种之一，这大大增加了其在采集花蜜及授粉过程中发生中毒的概率。有人曾做过统计，目前大田常用的 300 个农药制剂中，对蜜蜂高毒和剧毒的农药产品就达 74%。通常由于是采集蜂最先接触喷洒了农药的花粉及花蜜，因此，发生中毒会从采集蜂开始（Colin et al，2004）。表现为青壮年蜂在巢门前及蜂箱内的大量死亡甚至整群蜂群的崩溃。随着中毒程度的加深，蜂群内的幼虫也因为被饲喂了有毒的花蜜而中毒死亡，许多幼虫会从巢房中爬出掉落死亡在巢箱底部。这种中毒往往表现为以下几个特征：一是迅速，由于蜜蜂对杀虫剂等有毒物质非常敏感，接触的剂量一旦达到急性毒性即会立刻死亡。二是大量，蜜蜂多有集中采集花蜜的行为，因此，一旦发生中毒往往是全群大量死亡。三是区域性明显，由于蜜蜂的采集范围有限，最大范围不会超过 3km，因此，当某处环境中存在有毒物质污染时，受影响的蜂群范围一般不会超出 3km 的范围。

2. 蜂群用药不当造成的中毒

所有的蜂群每年都至少需要药物防治寄生螨 2～3 次，而一旦发生其他病害感染则用药的频次会大幅增加。在实际养蜂过程中，由于蜜蜂个体小，病害发生时的症状不易分辨，因此，多数情况下蜂农无法及时确诊。为尽量减少蜂群损失，蜂农会选择同时使用几种药物进行治疗以扩大治疗范围。由于蜂农缺乏安全用药的常识，不了解药物成分及使用剂量，往往会因为药物间产生不可预见的反应或毒性叠加等造成蜂群药物中毒。其特点多表现为反应迅速，范围相对较小，仅限于用药的蜂场。

（三）自然灾害对蜜蜂的影响

我国是个自然灾害多发的国家，许多自然灾害都会对蜂群的正常发展造成严重影响，甚至导致蜂群死亡。具体来说，能够对蜂群产生严重影响的自然灾害主要有冻害、连阴雨、内涝、高温等。自然灾害主要通过 2 个途径影响蜂群：

1. 自然灾害造成蜂群的直接损失

虽然蜂群有一定的自我调节温湿度及抵御外界不良条件的能力，但如外界环境产生突发性的灾害性气候会导致蜜蜂大量死亡。例如，南方早春季节当蜂群开始正常春繁时突遇极端冻害天气，往往会造成大量蜜蜂及幼虫死亡。夏季高温也是造成蜜蜂受灾死亡的一个重要因素，由于蜜蜂能够耐受的环境温度不能高于 45℃，一旦遇到高温，同时没有及时遮阳降温的措施，蜜蜂尤其是幼虫会因此大量死亡。

2. 灾害继发蜂群疾病

部分自然灾害持续时间相对较长，如连阴雨或冻害可以持续 1 周甚至 1 个月以上。在此期间由于蜂群群势受损，自身抵抗力及清洁能力下降，再加上环境适宜病原物的流行，因此，常会继发蜂群疫病的暴发与流行。

二、防控手段的创新与应用

随着国家经济建设及农业发展的需要，我国已逐渐意识到建立农业应急管理体系的重要性，从 2003 年开始启动了应急管理体系建设。我国应急管理体系建设的核心是"一案三制"。"一案"是指突发性公共事件应急预案体系；"三制"是指应急管理的体制、机制和法制。针对突发事件的预防、监测、预警，以及应急管理的组织、指挥、保障等内容制定了突发事件应急管理预案。我国的应急管理体制建设呈现分类管理、分级负责、条块结合、属地为主的特点，旨在建立统一指挥、协调有序、反应灵敏、运转高效的管理机制。包括建立完善的监测预警机制、决策和指挥机制、应急响应机制、评估与奖罚机制、国际合作机制等。在应急管理的法律法规方面，主要有《防震减灾法》《突发公共卫生事件应急条例》《突发事件应对法》等。我国应对自然灾害的最高机构是国家减灾委员会。另外，民政部下设国家减灾中心。农业病虫害以及草原火灾由农业部负责。另外，地方政府还设立了相应的应急管理机构。

三、蜜蜂病虫害防控发展战略

(一)应急预案体系建设

根据农业部和各级省政府关于兽医管理体制改革的要求,我国各级区县政府针对农作物、家畜、家禽等均有相应的应急预案管理体系。养蜂业可以纳入畜禽体系中一同管理。并在此基础上进一步健全县级应急管理体系,明确指挥系统、行政管理、监督执法、技术支撑机构;建立健全各级应急预备队,特别是县、乡级应急队伍;加强蜜蜂病虫害防控应急工作制度建设,明确机构、人员的工作职责和责任,建立并完善基层蜜蜂病虫害防控体系,以减少蜜蜂各种问题的危害。

(二)应急管理体系建设

我国目前已建立了分类管理、分级负责、条块结合、属地为主的应急管理体制。地方各级畜牧主管部门是本行政区域应急管理工作的行政领导机关,负责本行政区域蜂业灾害的应对工作。

(三)加强基层应急能力建设

养蜂灾害多发生在基层蜂场或地区,应在主要养蜂地区结合当地病害发生及自然灾害情况制定适合当地条件的基层预案。经验表明,第一时间的基层处置有利于减少灾害损失。

(四)强化专业应急队伍的建设

由于蜜蜂个体小,包括疫病及中毒等许多情况下症状表现相似,从症状上难以分辨,因此,在许多情况下需要借助专业知识或设备进行诊断与鉴别。这就需要建立一支专业的应急队伍,该队伍应具备相当的蜜蜂灾害诊断鉴别手段与应急处理能力。该队伍的建设不但能够在接到报告的第一时间到达现场并经过鉴别明确灾害种类制定出应急处理措施,还能够向上级相关畜牧部门及有关蜜蜂病虫害防控专业机构汇报疫情,以尽量减少灾害损失。

(周婷)

第四节 养蜂机械化生产技术体系

养蜂机械化是我国规模化蜜蜂饲养管理技术体系的重要支撑,蜜蜂规模化饲养离不开大型养蜂机具的研发与应用。我国养蜂生产长期处于典型的劳动密集型状态,养蜂机具的研发一直是养蜂生产的制约瓶颈。养蜂机械化生产技术体系的建立,对我国蜂产业总体提升将起到关键作用。养蜂生产机械包括蜂产品的生产机械、蜂群运输与装卸机械、蜂群管理机具、蜂产品贮运及包装机械等。

一、产品生产机械化

蜜蜂产品生产机械化是指在生产过程中各种产品通过机械完成的作业过程。蜜蜂饲养的规模越大，需要机械化程度越高。蜂产品生产机具主要包括蜂蜜生产机械、蜂王浆生产机械、蜂花粉生产机械、蜂蜡生产机械、笼蜂生产机具等。

(一) 蜂蜜生产机械

蜂蜜生产机械主要有摇蜜机、切蜜盖机、脱蜂机、蜜蜡分离装置、蜂蜜过滤装置等。这些蜂蜜生产机械与装置随着蜜蜂饲养规模的扩大，机械将向大型化发展，形成自动化生产线。

(二) 蜂王浆生产机械

目前蜂王浆的生产是以人力手工生产为主，以简单的工具和操作技巧支撑现在蜂王浆生产技术。国家蜂产业技术体系正在研发新型蜂王浆生产技术，通过研发特殊的装置不再用付出大量劳动的移虫工作，形成免移虫蜂王浆规模化生产技术；通过研发取浆机实现机械化取浆。取浆机的设计根据不同思路原理开发了 3 种类型的取浆机：刮取式、吸取式和离心式。

(三) 蜂花粉生产机械

蜂花粉是养蜂的主要产品之一，蜂花粉生产所需要的机具主要有两类：一是脱粉机具，二是蜂花粉干燥设备。我国的脱粉器的研发已走在世界的前列，脱粉器的研制已基本成熟，但蜂花粉干燥设备的研发还比较落后，主要原因是现代养蜂的规模较小，养蜂人不可能在蜂花粉干燥设备上投入更多。随着蜜蜂规模化饲养技术体系的成熟，较大型的蜂花粉干燥设备等将必不可少。

(四) 蜂蜡生产机械

蜂蜡生产主要是从淘汰的旧巢脾中榨取，现在一般养蜂场规模不足百群，蜂蜡的榨取基本上是土法操作，效率低、浪费大。随着规模化蜜蜂饲养技术的成熟与普及，旧巢脾的数量增加，蜂蜡生产机械将会有新的市场。尤其是应用先进规模化饲养技术的蜂业专业合作社，将会需要较大型的蜂蜡生产机械，将旧巢脾做统一处理。蜂蜡生产机械包括旧巢脾去杂和清洗设施、旧巢脾加热设施、榨蜡机械、蜂蜡去杂和成型设施。

(五) 笼蜂生产机具

笼蜂是一种高效的养蜂生产模式，在国土辽阔的养蜂发达国家普遍应用。我国有应用笼蜂生产模式的自然条件，但缺乏社会条件。随着我国经济和社会的进步，将来笼蜂会在我国广泛应用。笼蜂生产机具主要包括蜂笼制作、蜜蜂装笼机械、笼蜂运输工具等。

二、蜂群运输机械化

由于蜜蜂转地饲养管理在我国是主要的养蜂形式之一，这与我国蜜源分布的特点有关，转地饲养这种养蜂形式将来还将继续下去，因此，蜂群运输和装卸机具研发是蜂产业技术工作的重点之一。国家蜂产业技术体系饲养与机具功能研究室，现已完成自动升降平台的研发，促进了蜂群装卸问题的解决。蜂群转地运输机械的研发可分两大类：一是移动放蜂平台的研发，二是蜂群装卸机械的研发。

移动放蜂平台是承载转地蜂群可移动的平台，蜂群在转地过程中随着平台移动，不必装卸蜂群。我国正在开发生产的移动放蜂平台是在载货汽车基础上改装设计的，也称为放蜂专用车。放蜂专用车现已有两家汽车厂商开发生产，但由于成本控制的影响，汽车的性能还不尽如人意。在使用中，车厢两侧的蜂群不用卸下，但车厢中间的蜂群还需要装卸。这种放蜂专用车易造成蜂群偏集和蜜蜂集中车下的问题。

蜂群装卸机具主要有三种类型：叉车、吊杆和升降平台。叉车装卸蜂群快速，但叉车随转地蜂场携带有很大困难。在运蜂专业车上安装吊杆在技术上没有问题，但用吊杆装卸蜂群效率较低。升降平台只是起到用机械将蜂群提升和下降的作用，蜂群的水平移动还需要人力。

三、蜂群饲养管理机械化

蜂群饲养管理机械化可以减轻蜂群管理中的劳动强度和提高养蜂生产效率。蜂群饲养管理机具主要有蜜蜂饲料配制机具、自动化蜜蜂饲喂设备、巢框制作和上础机械、防治蜂螨机具。

四、蜂产品贮运及包装机械化

大型规模化蜂场需要规范的蜂产品生产车间，以及与之配套的生产机械。不同产品的生产车间所需要的机具有所不同。现代规模化蜂场不再以提供产品原料为主，更多的是直接向社会提供高质量的商品。蜂蜜、蜂王浆、蜂花粉的商品生产需要容器的清洗干燥设备、罐装设备、包装设备、贮运机械等。

五、生产机械化战略

养蜂生产机械化是我国蜂业发展的必由之路，是蜜蜂规模化饲养管理技术体系的重要支撑。现代社会的大生产无一例外地大幅度提高生产规模，所以规模化生产是现代社会生产的重要标志。改变我国养蜂生产规模小、效益低、蜂产品品质差等问题，提高蜜蜂饲养规模，养蜂机械的研发与应用是重点。养蜂生产机械化程度与规模化蜜蜂饲养管理技术发展的进程有关，大规模的蜂场需要大型的养蜂机械。在我国养蜂规模很低的现实基础上，养蜂规模的提高需要一个较长的过程，在规模化蜜蜂饲养管理技术的发展中，需要研发小型和中型的养蜂机械，以适应规模化蜜蜂饲养技术发展的需要。待规模化蜜蜂饲养技术成熟后，再研发大型的养蜂机械。

（周冰峰）

第五节　养蜂专业化生产技术体系

20 世纪 10 年代以前，我国人工饲养中蜂，蜂蜜是其主要产品，蜂蜡是其副产品。10 年代以后，我国引进以意蜂亚种为主的西方蜜蜂和活框饲养技术，至 50 年代这一时期，虽然中蜂和意蜂共同生活在中华大地上，但其产品还是蜂蜜和蜂蜡，直到 50 年代末 60 年代初，开始蜂王浆和蜂胶的研究与生产，80 年代才进行蜂花粉生产，90 年代以后雄蜂蛹问世。

我国幅员辽阔，蜜源丰富，养蜂产品种类繁多，用途广泛。进入 21 世纪，全国养蜂生产得到了极大的发展，养蜂趋向蜂产品生产和蜜蜂授粉两个发展方向日益显现，分工越来越细。就养蜂生产而言，由于技术的进步和市场的需求，以及环境、蜜源的变化，逐渐分化出了分别以生产蜂蜜、蜂王浆或蜂花粉为主的蜂场，兼顾其他产品，或根据不同蜜源场地、不同天气条件，临时变更生产主要产品的目标，以增加收入，获得效益最大化。近些年来，随着现代农业和社会经济的发展，野生昆虫越来越少，果树、大田作物、设施农业植物的授粉问题越来越突出，促成专业的蜜蜂授粉队伍（蜂场）或授粉公司出现。

由于蜂王浆、蜂花粉和蜂蜜的生产形式不同，对蜂群的要求和管理措施也有差别，如种王的选择、放蜂路线、管理方法等，而以授粉为目的的养蜂场，其蜂群管理与要求与前三者又截然不同，它们逐渐形成了各自具有特色的生产技术体系。

一、蜂蜜生产为主

蜂蜜是蜜蜂采集植物花蜜、甜汁或部分昆虫分泌物，经过充分酿造生产的甜物质，为蜂群的主要饲料和能量来源。养蜂生产的主要目的之一就是获得蜂蜜，每一个养蜂场，只要蜜蜂采集到足够多的蜂蜜，就会把蜂蜜从蜂巢中取出来。由于种种原因，养蜂场专注蜂蜜生产模式，兼顾其他产品或授粉，这些蜂场以河南、湖北、山西等省为主，单人饲养规模一般在100群左右。

（一）蜂种选择

以蜂蜜生产为主兼顾其他产品的蜂场，使用专门的蜂种，这些蜂种采蜜性能突出，譬如卡尔巴阡种、蜜胶一号蜂种、新疆黑蜂、美意或原意等，养蜂人称这些蜂种为"蜜型"良种，这些蜜蜂种群采蜜积极，蜂蜜产量相对较高。

（二）蜜源与放蜂路线

对蜜源要求是连片、量大、蜜多，即以主要蜜源为主，每年要赶3～7个花期。根据蜜源植物开花先后从南向北转场采蜜。譬如，河南蜂场，早春在湖北繁殖并采集油菜蜂蜜，4月中旬回河南采刺槐与泡桐，5月中下旬赶夏枯草或山花（主要为漆树、柿树、山葡萄、酸枣），6～7月赶枣花和荆条，八月转到芝麻场地；或者刺槐花期结束以后，奔赴山西、陕西、河北和辽宁等地继续采集刺槐花蜜，并就地生产荆条蜂蜜。

（三）管理措施

蜂群管理以繁殖强群、花期获得最大产量为目的。

1. 蜂群繁殖

根据主要蜜源花期、群势大小繁殖蜂群，努力使蜂群青年工蜂出现的高峰期与植物开花期相吻合。譬如早春，在河南本地一个有6 000只蜜蜂的蜂群，在2月中旬开始繁殖，4月下旬达到12～14脾蜜蜂，此时正是槐花飘香时期；如果繁殖早则要控制自然分蜂，繁殖晚则要组织采蜜蜂群。

2. 日常管理

蜂群常年保持食物充足，春季蜂多于脾、夏秋蜂脾相称的蜂脾关系，新脾繁殖，旧脾贮存蜂蜜，定期防治蜂螨，预防农药等化学品中毒。

3. 酌情控制虫口

在流蜜期短、后期没有重要蜜源的植物花期，减少虫口，提高产量。譬如，在开始泌蜜前10d左右，用王笼把蜂王关起来，或结合养王，在泌蜜开始前12d给每个蜂群介绍1个成熟王台，在刺槐大泌蜜开始时新王产卵。在华北地区的刺槐蜜源，定地蜂场采取花前12d育王断子至流蜜开始时新蜂王产卵的措施，使蜜蜂全力投入生产。刺槐花结束后，加强繁殖，到荆条花期又能繁殖成生产蜂群，可以收到较好的效益。东北椴树花期采取这个措施，也可得到好收成。

陈盛禄等报道，在幼、青、壮、老蜜蜂比例正常、生物学组成完整和不发生分蜂热的健康蜂群中，蜂子比值是影响蜂群采蜜量的重要因素。

单位蜜蜂采蜜量（y）与蜂子比值（x_1）之间的关系可用如下回归方程（式 5-1）表示：

$$y = 1.4262 + 3.2805 \times (W \div B) \quad (0.3 < x_1 < 3) \quad (5\text{-}1)$$

单位蜜蜂采蜜量（y）与蜂虫比值（x_2）之间的关系可用如下回归方程（式 5-2）表示：

$$y = 2.2535 + 0.6717 \times (W \div B) \quad (0.5 < x_2 < 7.5) \quad (5\text{-}2)$$

式中：W 为工蜂重量（kg）；B 为子脾数，$x = W \div B$。

如果主要蜜源植物泌蜜时期较长，或花期与后面的主要蜜源开花接连，则应为蜂群创造条件，加强繁殖；转地蜂场，要边生产边繁殖，采蜜群势符合转运要求。

（四）生产模式

1. 意蜂继箱饲养转地放蜂

新乡综合试验站新乡市周利民转地示范蜂场，饲养意蜂，吉林蜜胶 1 号种，继箱饲养，160 群，专用蜂车转地放蜂，专业生产蜂蜜，每年产量 15～20t，净收入 10 万元左右。

河南省上蔡县王会高示范蜂场，饲养意蜂，吉林蜜王 11 号种，350 箱，夫妻二人管理，帮工一个，转地放蜂，每年轮换蜂王，一次换王 70% 的成功率，断子期挂螨扑片防治大蜂螨，采完刺槐抹硫黄防治小蜂螨，早春繁殖用双王，生产季节用单王。每年 12 月下旬往云南玉溪油菜、苕子和蚕豆场地繁殖，翌年 3 月上旬到湖北省仙桃采集油菜，4 月下旬到宜昌采集柑橘，5 月上旬往山西省长子县采集刺槐，6 月上旬往宁夏回族自治区中宁县采集枸杞，7 月中下旬到内蒙古鄂尔多斯采集向日葵、油葵。8 月下旬返回上蔡繁殖越冬蜂并越小冬。2011 年生产蜂蜜 30 余 t，加上其他产品，毛收入 30 余万元。2012 年受早春低温寒流的影响，只生产 22t 蜂蜜，早春生产少量蜂王浆（约 50kg），目的是为了抑制自然分蜂，毛收入 25 万余元。

2. 意蜂平箱蜂蜜生产

武汉综合试验站湖南澧县唐长元示范蜂场，养蜂 400 多群，利用郎氏标准蜂箱平箱（单箱体）养蜂，卡尔巴阡蜂种，夫妻二人饲养，以生产蜂蜜为主。平时繁殖蜂群，花期断子，开门转运。2 脾蜂越冬，12 月开始繁殖，翌年 3 月下旬往湖南安乡采集油菜，4 月下旬到石门县采集柑橘，生产蜂蜜 20kg，然后往河南省灵宝市采集刺槐蜂蜜，5 月中旬往陕西宾县采集第二个刺槐场地，5 月下旬往甘肃赶赴第三个刺槐场地，6 月上旬在甘肃省和政县采集油菜生产花粉，7 月上旬到青海门源油菜场地，以脱粉为主，取蜜 2～3 次，8 月上旬到宁夏盐池采集荞麦花蜜。冬季饲料以留足荞麦蜂蜜为主，很少喂蜂，增加了蜜蜂体质。2011 年，仅在内蒙古荞麦场地，生产蜂蜜 20 余 t，当年收入超过 50 余万元。

调查结果显示，河南、湖北转地蜂场生产蜂蜜的收入普遍比生产王浆的蜂场收入高，分析原因，客观上是饲料价格高，采蜜场地花粉不丰富，生产蜂蜜性能好的蜂种泌浆能力较差，加之取浆蜂场蜂病较多；主观上生产王浆辛苦。

3. 中蜂蜂蜜生产

在我国，饲养中蜂的蜂场，采取定地加小转地的方式，以生产蜂蜜为主，极少生产花粉和王浆。为了提高效益，多数以扩大规模增加产量，例如海南儋州养蜂综合试验站中蜂示范试验蜂场，有中蜂 400 多群，常年小转地饲养，取得很好的经济效益（图 5-1）。有些中蜂场，以生产价格高的巢蜜为主，以此提高收入。目前，有些地方的中蜂巢蜜的生产有向工厂化发展的趋势。

图 5-1　儋州养蜂综合试验站 400 群中蜂示范蜂场

二、王浆生产为主

蜂王浆是浙江、江苏、安徽、四川等省养蜂生产的主要收入来源，他们将蜂王浆生产视为比蜂蜜更为重要的产品，其收入约占其年收入的 50％或更高。蜂王浆生产始于 20 世纪 60 年代，最初每群蜂年产量不足 250g，随着技术进步，现在达到 10kg/（群·年），从开始的吨浆村到现在的吨浆户，王浆产量达到一个飞跃。生产王浆是上述地区蜂农必不可少的工作之一，他们还在主要蜜源大泌蜜时期兼顾蜂蜜生产，在茶花开花时生产花粉等。

由于蜂王浆生产工艺繁琐，劳动强度大，技术性较强，因此，王浆生产主要集中在以上省份，其他省份的蜂农，仅在闲暇时或为抑制自然分蜂才进行此项工作。

（一）蜂种

以王浆生产为主兼顾其他产品的蜂场，使用专门的蜂种，这些蜂种产浆性能突出，譬如，浙江农大一号、平湖浆蜂、萧山浆蜂等蜂种，养蜂人称这些蜂种为"浆蜂"良种，这些蜂种泌浆量大，比一般未经选育的意蜂、卡尔巴阡等蜂种产量高出10倍左右。

（二）蜜源与放蜂路线

生产蜂王浆，对蜜源的要求是连续、粉足，在主要蜜源花期兼顾生产蜂蜜，在粉源不足的情况下要补充蛋白质饲料，在粉足但花蜜不充足的条件下，喂糖生产王浆和花粉。放蜂路线除考虑主要蜜源外，着重要求花粉充足。例如，浙江慈溪周友根蜂场，1月在浙江繁殖，3月到河南信阳固始县油菜和紫云英场地生产王浆和蜂蜜，4月下旬到新乡或三门峡采集刺槐，6~7月到新乡采集荆条，8月到漯河采集小辣椒、冬瓜和栾树花蜜，9月回浙江采集茶花生产王浆和花粉，11~12月在本地作短暂的越冬。荆条花期，由于缺粉，在生产王浆、蜂蜜的同时补喂花粉。一路赶下来，除蜂群越冬外，都在生产王浆，180个生产蜂群，一般年景蜂王浆产量为1 300kg，收入16.9万元；茶花花粉2 000kg，收入6万元，蜂蜜8 000kg，收入8万，年毛收入总计约31万，蜂王浆收入占其收入的一半以上。

（三）管理措施

生产王浆的蜂群多采用双王同群饲养，当年12月下旬或翌年1月开始繁殖，3月油菜开花加上继箱就开始王浆生产，直到11月结束。生产期长达8~9个月。

1. 组织生产群

利用隔王板将蜂巢分隔成生产区和繁殖区，在生产区放置王浆框采浆。生产方式有：

（1）继箱大群产浆。春季提早繁殖，群势平箱达到9~10框，工蜂满出箱外、蜂多于脾时，即加上继箱，巢、继箱之间加隔王板，巢箱繁殖，继箱生产。

选产卵力旺盛的新王导入产浆群，维持12~14脾蜂的群势，使之长期稳定在8~10张子脾，2张蜜脾，1张专供补饲的花粉脾（大流蜜期后群内花粉缺乏时需迅速补足），巢脾布置巢箱为6~8脾，继箱4~6脾。这种组织生产群的方式适宜小转地、定地饲养。春季油菜大泌蜜期用10条33孔大型台基条取浆，夏秋用6~8条台基条取浆。

（2）平箱小群产浆。平箱群蜂箱中间使用立式隔王板，将蜂巢隔开为产卵区和产浆区，2区各4脾，产卵区用1块隔板，产浆区不用隔板。浆框放产浆区中间，两边各2脾。有花泌蜜期，产浆区全用蜜脾，产卵区放4张脾供产卵；无花泌蜜期，蜂王在产浆区和产卵区10d一换，这样8框全是子脾。

2. 组织供虫群

（1）选择虫龄。主要蜜源花期，选移15~20小时龄的幼虫；在蜜、粉源缺乏时期则选移24小时龄的幼虫，同一浆框移的虫龄大小均匀一致。

（2）蜂群数量。早春将双王群繁殖成强群后，在拆除部分双王群时，组织双王小群——供虫群。供虫群占产浆群数量的12%，例如，一个有生产群100群的蜂场，可组织双王群12箱，共24只蜂王产卵，分成A、B、C、D四组，每组3群，每天确保6脾适龄幼虫供移虫专用。

（3）组织方法。在组织供虫群时，双王各提入1框大面积正出房子脾放在闸板两侧，出房蜜蜂维持群势。A、B、C、D四组分4天依次加脾，每组有6只蜂王产卵，就分别加6框老空脾，老脾色深、房底圆，便于快速移虫。

（4）调用虫脾。向供虫群加脾供蜂王产卵和提出幼虫脾供移虫的间隔时间为4天，4组供虫群循环加脾和供虫，加脾和用脾顺序见下表5-2。

表 5-2　专用供虫群加脾和用脾顺序（d）

	加空脾供产卵	提出移虫	加空脾供产卵	调出备用	提出移虫	加空脾供产卵	调出备用
A	1_{P1}	5_{P1}	5_{P2}	6_{P1}	9_{P2}	9_{P3}	10_{P2}
B	2_{P1}	6_{P1}	6_{P2}	7_{P1}	10_{P2}	10_{P3}	11_{P2}
C	3_{P1}	7_{P1}	7_{P2}	8_{P1}	11_{P2}	11_{P3}	12_{P2}
D	4_{P1}	8_{P1}	8_{P2}	9_{P1}	12_{P2}	12_{P3}	13_{P2}

注：P1、P2……为第一次加的脾、第二次加的脾……

移虫后的巢脾返还蜂群，待第二天调出作为备用虫脾。移虫结束，若巢脾充足，备用虫脾即调到大群，否则，用水冲洗大小幼虫及卵，重新作为空脾使用。

春季气温较低时空脾应在提出虫脾的当天下午17时加入，夏天气温较高时空脾应在次日上午7时加入。若是冷脾（首次使用），应在还虫脾的当天加在隔板外让工蜂整理一夜，到次日上午7时移到隔板里边第二框位置，也就是中间位置让蜂王产卵。

（5）维持群势。长期使用供虫群，按期调入工蜂即将羽化的子脾，撤出空脾。

（6）小蜂场组织供虫群。选择双王群，将一侧蜂王和适宜产卵的黄褐色巢脾（育过几代虫的）一同放入蜂王产卵控制器，蜂王被控制在空脾上产卵2～3d，第4天后即可取用适龄幼虫，并同时补加空脾，一段时间后，被控的蜂王与另一侧的蜂王轮流产适龄幼虫。

3. 管理生产群

（1）双王繁殖。秋末用同龄蜂王组成双王群，繁殖适龄健康的越冬蜂，为来年快速春繁打好基础。双王春繁的速度比单王快，加上继箱后采用单王或双王群生产。

（2）选王换王。蜂王年年更新，新王导入大群，50～60d后鉴定其蜂王浆生产能力，将产量低的蜂王迅速淘汰再换上新王。

专业生产蜂王浆的养蜂场，应组织大群数10%的交配群，既培育蜂王又可与大群进行子、蜂双向调节，不换王时用交配群中的卵或幼虫脾不断调入大群哺养，快速发展大群群势。

（3）调整子脾。春秋季节气温较低时提2框新封盖子脾保护浆框，夏天气温高时提上1框子脾即可。10d左右子脾出房后再从巢箱调上新封盖子脾，出房脾返还巢箱以供产卵。

（4）维持蜜、粉充足，保持蜂多于脾。在主要蜜粉源花期，养蜂场应抓住时机大量繁蜂。无天然蜜粉源时期，群内缺粉少糖，要及时补足，最好饲喂天然花粉，也可用黄豆粉配制粉脾饲喂。方法是：黄豆粉、蜂蜜、蔗糖按10：6：3重量配制。先将黄豆炒至九成熟，用0.5mm筛的磨粉机磨粉，按上述比例先加蜂蜜拌匀，将湿粉从孔径3mm的筛上通过，形如花粉粒，再加蔗糖粉（1mm筛的磨粉机磨成粉）充分拌匀灌脾，灌满巢房后用蜂蜜淋透，以便工蜂加工捣实，不变质。粉脾放置在紧邻浆框的一侧，这样，浆框一侧为新封盖子脾，另一侧为粉脾，5～7d重新灌粉1次。在蜂稀不适宜加脾时，也可将花粉饼（按上述比例配制，捏成团）放在框梁上饲喂。群内缺糖时，应在夜间用糖浆奖饲，确保哺育蜂的营养供给。

定地和小转地的蜂场，在产浆群贮蜜充足的情况下，做到糖浆"二头喂"，即浆框插下去当晚喂1次，以提高王台接受率；取浆的前一晚喂1次，以提高蜂王浆产量。大转地产浆蜂场要注意蜜不能摇得太空，转场时群内蜜要留足，以防到下个场地时天下雨或者花不流蜜，造成蜂群拖子，蜂王浆产量大跌。

（5）控制蜂巢温、湿度。蜂巢中产浆区的适宜温度是35℃左右，相对湿度75％左右。气温高于35℃时，蜂箱应放在阴凉地方或在蜂箱上空架起凉棚，注意通风，必要时可在箱盖外洒水降温，最好是在副盖上放一块湿毛巾。

（6）蜂蜜和王浆分开生产。生产蜂蜜时间宜在移虫后的翌日进行，上午取蜜，下午采浆。

（7）分批生产。备4批台基条，第4批台基条在第1批产浆群下浆框后的第3天上午用来移虫，下午抽出第1批浆框时，立即将第4批移好虫的浆框插入，达到连续产浆。第1批的浆框可在当天下午或傍晚取浆，也可在第2天早上取浆，取浆后上午移好虫，下午把第2批浆框抽出时，立即把这第1批移好虫的浆框插入第2批产浆群中，如此循环，周而复始。

（8）强群生产。产浆群应常年维持12框蜂以上的群势，巢箱7～8脾，继箱5～6脾，长期保持7～8框四方形子脾（巢箱7脾，继箱1脾）。

（9）长期生产、连续取浆。早春提前繁殖，使蜂群及早投入生产。在蜜源丰富季节抓紧生产，在有辅助蜜源的情况下坚持生产，在蜜源缺乏但天气允许的情况下，视投入产出比，如果有利，喂蜜喂粉不间断生产，喂蜜喂粉要充足。

此外，还有蜂场专门生产王台浆，即蜂王浆在销售、保存和使用时，均以1个王台为基本单位进行，即将装满蜂王浆的王台从蜂群提出，捡净幼虫，立即消毒、装盒贮存（图5-2），或者从蜂群中取出王台，连幼虫带王台，经消毒处理后装盒冷冻保存。

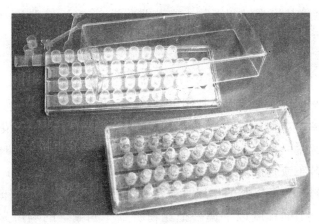

图 5-2　计数蜂王浆
（孙士尧 摄）

三、花粉生产为主

蜜蜂从被子植物雄蕊花药和裸子植物小孢子叶上的小孢子囊内采集的花粉粒，经加工而成的花粉团状物称蜂花粉。花粉是蜜蜂食物中蛋白质、脂肪、维生素、矿物质的主要来源。蜂花粉广泛用于制药、保健食品、饲料，随着蜂花粉的应用研究与推广，其市场需求量越来越大，在蜂产品生产中的价值越来越重要，养蜂业便出现了以生产蜂花粉为主要产品的蜂场，或由于某种原因养蜂场在某个花期或某些年份，以蜂花粉生产为其主要收入来源。只要管理得当、生产适销对路的蜂花粉，其产值比蜂蜜高，且劳动强度低，对蜂群要求低。以蜂花粉生产为主的蜂场，其放蜂场地、蜂群管理、群势要求、工具选择等都有别于王浆和蜂蜜生产。

（一）蜂种

西方蜜蜂都适合蜂花粉的生产，但以"浆蜂""国蜂213"为优。

（二）蜜源与放蜂路线

青海和山西大同的油菜，西北的荞麦、向日葵，浙江、江苏、河南信阳等地的茶花，湖北和江西的荷花，河南的野皂荚，全国各地的玉米等，都是生产蜂花粉的优良蜜源植物。湖南澧县唐长元示范蜂场，2012年400余个平箱蜂群，7月初到青海门源油菜场地，因蜂群多、放蜂场地拥挤，采蜜受到影响，改以脱粉为主，生产花粉5t，保住了效益。河南省西平县武存坡蜂场，1991年在山西大同油菜蜜源场地，110群蜂，平均每群7框蜂，生产蜂花粉1 150kg，高产纪录1 800克/（群·日），单群蜂产值139元；1996年在同一蜜源场地，从200框蜂开始生产到600框蜂结束，共生产蜂花粉800kg，每框蜂产值90元，高产纪录2 300g/（群·日）。浙江慈溪周友根蜂场，每年9月将蜂群从河南转回浙江生产茶花花粉2 000kg，群均10kg，收入60 000元左右，占其毛收入的20%。

（三）生产要求

生产前必须清理、冲洗巢门及其周围的箱壁（板），分时间段及时收取集粉盒中的蜂花粉，保持单一花粉的纯度，及时干燥，采取措施，防止蜂花粉破碎、污染和霉变。譬如，集粉盒面积要大，当盒内积有一定量的花粉时要及时倒出晾干，晾晒在无毒干净的塑料布或竹席上，花粉要均匀摊开，厚度约以10mm为宜，并在蜂花粉上覆盖一层绵纱布。晾晒初期少翻动，如有疙瘩时，2h后用薄木片轻轻拨开。尽可能一次晾干，干的程度以手握一把花粉听到"唰唰"的响声为宜。若当天晾不干，应装入无毒塑料袋内，第2天继续晾晒或做其他干燥处理。对莲花粉，3h左右需晾干。

（四）蜂群管理

1. 选择蜜源场地

生产蜂花粉的场地要求植被丰富，空气清新，周边环境卫生；无飞沙与扬尘，无苍蝇等飞虫；远离化工厂、粉尘厂；避开有毒有害蜜源。一群蜂应有油菜0.2～0.26hm²、玉米0.33～0.4 hm²、向日葵0.33～0.4 hm²、荞麦0.2～0.26 hm²供采集，五味子、杏树花、莲藕花、茶叶花、芝麻花、栾树花、葎草花、虞美人、党参花、西瓜花、板栗花、野菊花和野皂荚等蜜源花期，都可以生产蜂花粉。

2. 选择脱粉工具

10框以下的蜂群选用二排的脱粉器，10框以上的蜂群选用三排及以上的脱粉器。西方蜜蜂一般选用4.7～4.9mm孔径的脱粉器，4.6mm孔径的适用于中蜂脱粉。山西省大同地区的油菜花期、内蒙古的向日葵花期、四川的蚕豆和板栗花期、河南省驻马店的芝麻花期和南方茶叶花期使用4.8～4.9mm的脱粉器。

3. 时间安排

一个花期，应从蜂群进粉略有盈余时开始脱粉，而在大泌蜜开始时结束，或改脱粉为抽粉脾。一天当中，山西省大同市的油菜花期、所有太行山区的野皂荚蜜源在7～14时脱粉，有些蜜源花期可全天脱粉（在湿度大、粉足、流蜜差的情况下），有些只能在较短时间内脱粉，如玉米和莲花粉，只有在早上7～10时才能生产到较多的花粉。在一个花期内，如果蜜、浆、粉兼收，脱粉应在9时以前进行，下午生产蜂王浆，两者之间生产蜂蜜。当主要蜜源大泌蜜开始，要取下脱粉器，集中力量生产蜂蜜。

4. 组织脱粉蜂群

蜂群要求5～14框蜂，以8～9框蜂的平箱群和12框的双王群为佳。在生产蜂花粉15d前或进入粉源场地后，有计划地从强群中抽出部分带幼蜂的封盖子脾补助弱群，使之在植物开花散粉时达到8～9框的群势，或组成10～12框蜂的双王群，增加生产群数。生产蜂群健康，生产前冲洗箱壁，生产中不治螨，不使用升华硫。若粉源植物施药或刮风天气，应停止生产。

5. 蜂王管理要求

使用良种、新王生产，在生产过程中不换王、不治螨、不介绍王台，这些工作要在脱粉前完成，同时要少检查、少惊动。

6. 确定巢门方向

春天巢向南，夏、秋面向北或东北，巢口不对着风口，避免阳光直射。

7. 加强蜂群繁殖

在开始生产花粉前45d至花期结束前30d有计划地培育适龄采集蜂，做到蜂群中卵、虫、蛹、蜂的比例正常，幼虫发育良好。

8. 蜂脾比例合适

群势平箱8～9框、继箱12框左右，蜂和脾的比例相当或蜂略多于脾。

9. 饲料充足

蜂巢内花粉够吃不节余，或保持花粉略多于消耗。无蜜源时先喂好底糖（饲料），有蜜采进但不够当日用时，每天晚上喂糖，弥补第2天糖蜜消耗，以促进繁殖和使更多的蜜蜂投入到采粉工作中去，特别是干旱天气更应每晚饲喂。

在生产初期，将蜂群内多余的粉脾抽出来妥善保存；在流蜜较好进行蜂蜜生产时，应有计划地分批分次取蜜，给蜂群留足糖饲料，以利蜂群繁殖。

10. 连续脱粉

连续脱粉，以及雨后及时脱粉，建立蜜蜂采粉条件反射机制。

11. 防止热伤和偏集

脱粉过程中若发现蜜蜂攀附在蜂箱前壁不进巢、怠工，巢门堵塞，应及时揭开覆布、掀起大盖或暂时拿掉脱粉器，以利通风透气，积极降温，查明原因，及时解决。气温在34℃以上时应停止脱粉。

采取全场蜂群同时脱粉，同一排的蜂箱应同时安装或取下脱粉器，防止蜜蜂钻进它箱。

四、蜜蜂授粉为主

蜜蜂授粉是指以蜜蜂为媒介传播花粉，使植物实现受精的过程。蜜蜂授粉技术是农业生产的重要配套措施之一。随着社会的进步，农业向集约化、规模化、化学化和机械化的发展已成为现代农业必然趋势，加上大规模荒地的开垦，野生昆虫越来越少，蜜蜂授粉越来越重要。事实上，继西方国家之后，我国果农、菜农和大面积作物种植地区，租蜂授粉的现象越来越普遍，养蜂授粉逐渐发展成为一个产业，出现了蜜蜂授粉专业队。譬如，在北京（养蜂）综合试验站与北京农科院信息研究所蜜蜂授粉中心的精心组织和发动下，合作开展蜜蜂授粉技术的试验示范和推广应用工作，并提出了"蜜蜂授粉架金桥，养蜂农业双丰收"的产业化体系，引进新型高产授粉蜂种，开发授粉蜂专用箱，加强蜜蜂授粉专业队组织化、专业化和市场化建设，完善蜜蜂授粉服务跟踪信息库，并引导养蜂者与种植业生产者按照互惠互利方式推动授粉技术的广泛应用，实现蜂农、果农的共赢。近些年来，北京市每年培育微型授粉专用蜂群 3 万群，组建了 10 支蜜蜂授粉专业队，为京郊各种作物、果树、蔬菜等授粉 50 万亩，农业增产总值达 6 亿元，节支 3 200 多万元。蜜蜂授粉年创收 850 万元，实现了蜂农、瓜农、果农、菜农的多赢，开创了养蜂授粉的新局面。

北京（养蜂）综合试验站站长刘进祖介绍，在前些年，北京市由于蜜蜂数量少，大多数果树都利用人工授粉才能结实。人工授粉耗费大量的人力、物力，结果和品质不太理想。蜜蜂是自然界植物最理想的授粉昆虫，利用蜜蜂授粉，可节约费用 60％左右，同时作物增产 15％～50％，果品品质有较大提高。随着现代设施农业的发展和人们对绿色有机果蔬的需求与日俱增，蜜蜂授粉已经成为现代农业必不可少的配套技术措施之一，养蜂授粉正朝着专业化、产业化方向发展。

（一）蜂种

意大利蜜蜂和中华蜜蜂是我国饲养的主要蜜蜂亚种，都适合为果树、蔬菜、油料、瓜类、牧草等植物授粉。此外，人工饲养熊蜂和壁蜂，也用来为苹果、蔬菜和牧草授粉。

（二）蜂具

为油菜等大田作物授粉，与养蜂生产相结合，无需特殊蜂具。为设施作物授粉，因蜜蜂活动受到环境因素等的限制，中国农业科学院蜜蜂研究所、北京市农科院信息研究所蜜蜂授粉中心，都研制出了相应的蜜蜂专用蜂箱，材料为泡沫塑料、纸板或木板，运输方便，用蜂经济。

（三）蜂群管理

1. 培育授粉工蜂和蜂王

为大田作物授粉，要在作物开花前培育适龄授粉蜂（采集蜂），在作物开花时，使青年工蜂达到足够数量。为早春果、蔬授粉，在前一年秋天要培育足够多的蜂王，以便根据需要分群授粉。

2. 按需用蜂

根据授粉作物多少安排适量蜜蜂进场授粉。对于长花期的作物或较长时间棚中授粉作物，如草莓等，在蜜蜂授粉 3 周以后应更换授粉蜂群，以保持授粉充分。

3. 饲喂与生产

对于蜜多粉多的作物，及时生产蜂蜜和脱粉，譬如油菜、芝麻、荞麦、苹果等，只要天气正常，蜜蜂充足，就能很好地完成授粉任务。如果缺少花粉或花蜜，应及时饲喂，饲喂种类和数量应视授粉作物蜜粉的情况而定，以促进繁殖、积极授粉为目的。譬如，枣树花期喂粉、梨树花期适量喂糖能促进授粉。

4. 训练蜜蜂

针对蜜蜂不爱采访某种作物的习性，或为加强蜜蜂对某种授粉作物采集的专一性，在初花期至末花期，每天用浸泡过该种作物花瓣的糖浆饲喂蜂群。

5. 加强繁殖

对授粉蜂群，采用新王、蜜蜂稠密和食物充足等措施，加强繁殖，促进授粉。

五、蜂毒专业化生产

近些年来，我国蜂毒每年生产约 80 千克。由于蜂毒总产量较少，价格较高，质量不易界定，加上销售渠道单一，因此，蜂毒的生产采取的是蜜蜂饲养者与生产者分开。养蜂生产者在合适的时间段内提供合同规定的健康蜂群，生产者利用自身的优势和先进的取毒器械，按时取毒，按时按群付款。这种定向的、专业化的生产方式，保证了蜂农的效益和收购公司的蜂毒质量。

六、蜂产品专业化生产战略

随着我国社会、经济的发展，在养蜂生产活动中，从单一的蜂蜜生产，到蜂蜜、蜂王浆、蜂花粉、蜂胶等全方位的蜂产品生产，又逐渐分化出分别以取蜜、采浆、脱粉和授粉为主的饲养生产模式，分工越来越细，这是产业发展的必然结果。目前，养蜂专业化生产技术体系还很不完善，正处在一个发展阶段。如何使细分的蜂产品生产持续健康发展，满足社会需要，有待深入研究。

蜂王浆专业化生产技术体系，除了保证食物充足（蜜源丰富）、加强良种选育外，解决操作机械化难题，将养蜂人从蜂王浆繁琐的生产中解放出来是当务之急。为解决这个问题，现代蜂产业技术岗位专家曾志将教授，研制了免移虫王浆生产器。该技术解决了王浆生产操作过程中的移虫问题，提高了工作效率，减轻了劳动强度，使年老眼花的养蜂人也能够进行王浆生产。浙江大学动物科学院与杭州三庸蜂业公司联合研制的挖浆机，成功解决了王浆生产操作过程中的挖浆问题，使工作效率提高 3～5 倍。由新乡养蜂综合试验站与中国农业科学院蜜蜂研究所、北京养蜂综合试验站等联合研制的多功能取浆机及其配套技术，是集移虫、割房壁、捡虫和挖浆为一体全机械化王浆生产机械，获得授权实用新型专利 5 项，受理发明专利 1 项。

生产工具的革新和养蜂模式的改变，先进实用的配套技术是促进蜂王浆专业化生产技术体系形成和发展的技术保障。

蜂蜜专业化生产技术体系，同样要求加强良种选育，培养和推广采蜜性能突出的优良蜜蜂种群；解决脱蜂、摇蜜的机械化和自动化，减轻劳动强度；加强饲养管理技术研究，保护蜜蜂健康。将这些良好技术组装配套，为蜂蜜专业化生产技术体系的发展和完善提供技术支撑。

蜂花粉专业化生产技术体系，要研究不同蜜源植物和天气条件下所使用的不同脱粉工具（譬如脱粉孔圈的大小、制造脱粉器的材料等），蜜蜂采粉生物学原理，蜂花粉优质高产的蜂群管理措施等。

蜜蜂专业化授粉技术体系正在形成，对授粉蜜蜂的繁殖管理、蜂具革新、高效授粉措施进行系统研究，并将这些技术组装配套，进行典型示范带动，引导产业发展。另外，对野生蜜蜂种群，以及熊蜂、壁蜂等加以研究和推广，以满足不同作物的授粉需求，作为蜜蜂授粉的补充。

总之，养蜂专业化生产是蜂产业发展的结果，加强饲养技术研究和社会经济需求调查，将先进实用的配套技术示范推广，逐步提高和完善养蜂专业化生产技术水平，形成完整的技术体系，促进养蜂业更好地为农业、为社会做出应有的贡献。

（张中印）

参 考 文 献

冯倩倩，胥保华，杨维仁 . 2012. 不同水平维生素 A 对意大利蜜蜂春繁阶段群势及幼虫抗氧化性的影响 ［J］. 中国农业科学，45（17）：3584-3591.

李道亮 . 2007. 重大动物疫病预警与防控技术体系研究［R］. 昆明：中国畜牧兽医学会信息技术分会学术研讨会 .

李迎军，郑本乐，杨维仁，等 . 2012. 蜜蜂人工代用花粉中适宜钙磷水平的初步研究［J］. 应用昆虫学报，49（5）：1203-1209.

李耘，余林生，张友华，等 . 2011. 我国蜜蜂病虫害风险评估综合技术体系［J］. 中国蜂业，62（10）：27-32.

刘先勇，李晓雪，万小玲 . 2012. 重大动物疫情应急管理体系建设思考［J］. 中国畜牧业（21）：68-69.

卢凌霄，耿献辉，胡斌 . 2007. 主要发达国家农业应急管理策略比较分析［J］. 世界农业（1）：7-10.

沈登荣，和绍禹，张宏瑞，等 . 2010. 蜜蜂作为病原物载体的研究进展［J］. 中国生物防治（26）：118-122.

王改英，吴在富，杨维仁，等 . 2011. 饲粮蛋白质水平对意大利蜜蜂咽下腺发育及产浆量的影响［J］. 动物营养学报，23（7）：1147-1152.

王军，杨国丽，王克才，等 . 2012. 对重大动物疫病防控工作的几点认识与思考［J］. 现代畜牧兽医（7）：32-38.

王强，周婷，王勇 . 2010. 我国蜜蜂病虫害综合防控体系建设［J］. 农业现代化研究，31（5）：600-603.

肖锡红 . 1994. 从生态学角度看蜜蜂病虫害致病因子——综合生态效应［J］. 生态学杂志（5）：56-58.

胥保华 . 2013. 立足当前，着眼长远——我国蜂饲料发展现状与前景［J］. 中国蜂业，64（2）：22-24.

杨瑛 . 2010. 动物疫病防控应急管理体系建设的思路与建议［J］. 中国牧业通讯（13）：26-27.

张朝华，郭泽潮 . 2011. 发达国家农业应急管理的主要经验及其对我国的借鉴［J］. 四川行政学院学报（1）：37-40.

张中印，陈崇羔，等.2003. 中国实用养蜂学 [M]. 郑州：河南科学技术出版社.

张中印，杨萌，杜开书，等.2012. 蜜蜂健康饲养配套技术体系研究与应用 [J]. 蜜蜂杂志，32（5）：7-9.

章先华，贾仁安，王翔.2012. 论我国应急管理机制创新——从疫情应急角度分析 [J]. 江西社会科学（2）：227-232.

郑本乐，李迎军，杨维仁，等.2012. 蜜蜂春季增长阶段饲料适宜蛋白质水平的研究 [J]. 应用昆虫学报，49（5）：1196-1202.

周冰峰.2002. 蜜蜂饲养管理学 [M]. 厦门：厦门大学出版社.

Arai R，Tominaga K，Wu M，et al. 2012. Diversity of Melissococcus plutonius from honeybee larvae in Japan and experimental reproduction of European foulbrood with cultured atypical isolates [J]. PLoS One. 7（3）：e33708.

Chen Y P，Higgins J A，Feldlaufer M F. 2005. Quantitative real-time reverse transcription-PCR analysis of deformed wing virus infection in the honeybee（Apis mellifera L.)[J]. Appl Environ Microbiol，71（1）：436-441.

Chengcheng Li，Baohua Xu，Yuxi Wang，et al. 2012. Effects of dietary crude protein levels on development，antioxidant status，and total midgut protease activity of honey bee（Apis mellifera ligustica）[J]. Apidologie，43（5）：576-586.

Dadd，R. H. 1973. Insect Nutrition：current developments and metabolic implications [J]. Annual Reviews in Entomology，18：381-420.

Gursky E A，Fierro M F. 2011. Death in large numbers ：the science，policy，and management of mass fatality events [M]. Chicago：American Medical Association：491.

Haydak M. H. 1970. Honey bee nutrition [J]. Annual Reviews in Entomology，150：143-156.

Hrassnigg N.，Crailsheim K. 2005. Differences in drone and worker physiology in honeybees（*Apis mellifera* L.）[J]. Apidologie，36：255-277.

Nation J. 2002. Insect physiology and biochemistry [M]. Florida，CRC Press.

Robinson F A，Nation J L. 1968. Substances that attract caged honeybee colonies to consume pollen supplements and substitutes [J]. Journal of Apicultural Research，7：83-88.

Schmidt J. O.，Buchmann S. L. 1985. Pollen digestion and nitrogen-utilization by Apis mellifera L.（Hymenoptera，Apidae）[J]. Comp. Biochem. Physiol. A，82：499-503.

Shen M，Yang X，Cox-Foster D，et al. 2005. The role of varroa mites in infections of Kashmir bee virus（KBV）and deformed wing virus（DWV）in honey bees [J]. Virology，342（1）：141-149.

Singh S.，Saini K.，Jain K. L. 1999. Quantitative comparison of lipids in some pollens and their phagostimulatory effects in honey bees [J]. Journal of Apicultural Research，38：87-92.

第六章 中国蜂业授粉发展战略

第一节 昆虫授粉与现代农业

已知开花植物中约 65% 是虫媒花,其繁殖和种群延续依赖于媒介昆虫的传粉作用,并且大多数作物为异花授粉植物,如美国 1/3 的经济作物依靠访花昆虫的传粉作用才能结实。随着科学技术在农业生产中的推广与应用,特别是设施农业新技术的开发利用,为农业生产带来了一场新的技术革命。大力发展高效设施农业已成为振兴地方经济、提高农业生产率、增加农民收入、改进农产品质量的重要手段,也是农民走向集约化、规模化、现代化生产道路的最佳途径。在设施农业蓬勃发展之际,昆虫授粉产业作为一项重要的农业增产技术措施需得到应有的重视和支持。

一、设施农业的飞速发展为昆虫授粉铺设了良好的平台

玻璃温室和塑料大棚是设施农业投资的主要方向,它们形式上是与外界隔离的,四周设有防虫网,故一些虫媒的作物授粉会受到很大的影响,坐果率低。为帮助授粉,各地往往采用激素点花、竹竿击打主茎、电动振动授粉器及鼓风机吹风等手段辅助授粉,这些虽有一定效果,但存在不同的弊端。为弥补设施农业授粉缺陷,目前世界农业发达国家均采用工厂化繁育的蜜蜂、熊蜂、切叶蜂、壁蜂等为果菜作物授粉,完全克服了传统授粉所带来的弊端。实验资料表明:用熊蜂为温室番茄授粉,坐果率可达 98.16%(震动棒坐果率为 90.16%,蜜蜂授粉坐果率为 75.89%,对照为 60.87%),产量增加 30%~35%。熊蜂为茄子授粉单个果重达 140.85g(震动棒为 98.58g,蜜蜂为 90.30g,对照为 75.54g),熊蜂授粉比震动棒增产 35.9%,比用激素增产 51.3%。

二、生态农业与绿色农业的需求呼唤实现昆虫授粉

在我国,随着国民经济的快速发展,社会的进步,人民生活水平的提高,人们的营养意识和健康意识日益增强,对优质农产品和无公害绿色食品的需求与日俱增。然而,目前除个别现代化农场采用生物防治技术及从国外购买昆虫授粉外,大部分仍沿用人工授粉或喷施植物激素等,浪费劳力、成本高、果实品质下降。很难适应日益增

长的高营养和无害化需求。大力发展昆虫授粉产业是一项低成本、高效率、无污染、能获取综合效益的现代化生态农业措施和有效的优质高档果蔬生产配套技术，同时还保护了生物种类的多样性。

随着农村科学种田知识的普及，农民逐步认识到利用昆虫授粉的增产增收作用。目前，迫切需要充分利用我国的授粉蜂种资源，结合引进，努力研究开发自己的技术路线，建立我国自己的授粉昆虫工厂化繁育基地，加快促进我国昆虫授粉产业的形成，加强示范推广力度，使昆虫授粉产业能在我国现代化大农业中发挥显著的效益，以此为契机推动我国昆虫授粉产业的发展。

三、现代科学技术的发展为实现昆虫授粉提供了条件

近年来，国家已经加大了对农业科技的投入，特别是加大了对设施农业增产配套措施的研究力度。我国对授粉昆虫的研究工作进入了一个新的历史时期。

（一）熊蜂周年繁育技术取得突破性进展

中国农业科学院蜜蜂研究所自 20 世纪 90 年代起就开始关注国际上应用熊蜂授粉的动向，目前已掌握了熊蜂室内周年饲养的关键技术，在国内首次取得了 5 种野生熊蜂人工驯养的初步成功（小峰熊蜂 *B.hypocrita*，密林熊蜂 *B.Patagiatus*，红光熊蜂 *B.Ignitus*，重黄熊蜂 *B.Picipes*，火红熊蜂 *B.Pyrosoma*）（图 6-1），并已建立多个生产基地，为今后熊蜂工厂化繁育供种和授粉服务产业化打下了良好的基础。

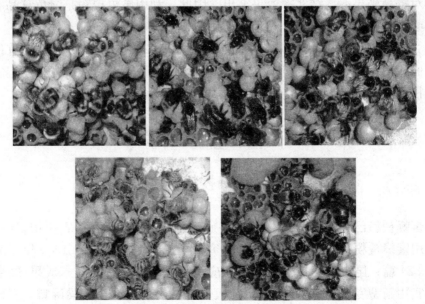

图 6-1　5 种野生熊蜂的人工驯养

上左：小峰熊蜂 *B.hypocrita*　上中：密林熊蜂 *B.Patagiatus*　上右：红光熊蜂 *B.Ignitus*

下左：重黄熊蜂 *B.Picipes*　下右：火红熊蜂 *B.Pyrosoma*

（二）切叶蜂人工饲养取得成功

加拿大昆虫学家人工饲养切叶蜂为苜蓿授粉，使结子率提高 3～5 倍，中国农业大学植保系引进加拿大技术并结合我国切叶蜂状况，人工繁殖切叶蜂，在新疆、黑龙江为苜蓿授粉取得了很好的效果，每公顷产量从 750kg 提高到 3 000kg 以上。

（三）壁蜂人工饲养取得成功

中国农业科学院生物防治研究所，1987 年从日本引进角额壁蜂，先后在河北、山东等地释放，对提高杏、樱桃、桃、梨、苹果的坐果率和果品质量产生明显的效果。

（四）蜜蜂授粉得以广泛应用

蜜蜂是传统的授粉昆虫。蜜蜂授粉技术已被国内部分瓜果菜生产者所接受，认识到了蜜蜂传花授粉所产生的显著作用。种植大户自愿花钱租用蜜蜂为自己的作物授粉；在蔬菜制种、秋冬季节的棚室草莓、大桃生产中已把蜜蜂授粉技术作为常规措施来应用。

四、现代农业中昆虫授粉具有良好的市场前景

不论是增加肥料、增加灌溉，还是改进耕作措施，都不能代替昆虫授粉的作用。昆虫授粉对提高坐果率、结实率效果突出，因此，利用昆虫授粉是绿色食品和有机食品生产中必不可少的技术。

截至 2004 年初，中国设施园艺栽培面积已突破 200 万 hm^2，居世界首位，其中各类温室面积约 60 万 hm^2，现代化温室面积近 2 200hm^2。只要有 10% 的温室和大棚利用蜜蜂授粉，一年对蜜蜂的需求量就有 300 多万群，市场前景十分广阔。

第二节　蜜蜂授粉现状与问题

一、蜜蜂授粉现状

我国蜜蜂授粉已经过多年的发展，科研工作者们对 60 多种农作物、经济林木、牧草等应用蜜蜂授粉技术进行了反复的研究试验、示范推广。自 1980 年以来，授粉文献量为 324 篇；昆虫授粉技术的研究和应用著作 9 部；授粉技术成果 32 项；授粉的发明与实用新型专利 44 项；核心研究人员有吴杰、邵有全、梁诗魁、安建东、王凤鹤、姜立纲、匡邦郁、李位三、孟凡华等，他们以蜜蜂授粉研究和技术示范推广为主，是我国蜜蜂授粉研究领域的中坚力量。参与蜜蜂授粉研究的单位或机构有 212

个，是我国蜜蜂授粉研究的主力军，对我国蜜蜂授粉研究做出了较多的贡献。培育了蜜蜂授粉专用蜂群，用于果树、棚室草莓、蔬菜繁种等，能随时组织为大面积异花作物传粉；授粉蜂种的推广初步形成系列化、商品化、专业化；研究出了有王群和无王群授粉技术，解决蜜蜂在棚室作物授粉中撞棚的问题；研究出了体积小、重量轻、携带方便、隔热保温性能好的蜜蜂授粉专用蜂具；建立了蜜蜂授粉配套服务体系。

近些年广大科技工作者对利用蜜蜂授粉进行了大量的试验，取得一系列进展，积累了一手资料，总结并形成了一些相关配套技术，这些为蜜蜂授粉产业的发展提供了技术保障，为技术的应用推广创造了条件。通过实践，蜜蜂授粉技术已被国内部分瓜果菜生产者所接受，认识到了蜜蜂传花授粉所产生的显著作用；部分地区种植大户自愿花钱租用蜜蜂为自己的作物授粉；部分地区在蔬菜制种、秋冬季节的棚室草莓、大桃生产中已把蜜蜂授粉技术作为常规措施来应用；部分地区开始组织蜂场为本地农、林作物授粉。蜜蜂授粉的增产作用被人们所证实，这为大力发展授粉产业、积极开展授粉项目掀开了新的一页。

我国蜜蜂授粉主要局限于对蜜蜂授粉效果、授粉技术和授粉蜂种资源与保护的研究，处于起步阶段，存在着巨大的发展空间和潜力。我国蜜源植物分布广泛，从事蜜蜂授粉研究的人员主要集中在北京、山西、山东、云南和吉林等地，蜂业研究机构在我国分布广泛，但专业从事蜜蜂授粉研究的单位屈指可数，整体水平相对薄弱。我国在蜜蜂授粉研究方面还存在着很多的瓶颈和不足。

二、蜜蜂授粉存在的问题

1. 对蜜蜂授粉的重要性认识不足

（1）从广大种植者来看，缺乏绿色农业和生态农业的意识，对蜜蜂授粉缺乏正确的认识。一些发达国家早已明文告知，普遍采用蜜蜂授粉方式来促使作物坐果。我国在大田和温室栽培的许多果蔬类作物上依然采用激素蘸花来促使作物坐果，而对使用激素有害人类健康等认识不足，片面追求数量而忽视质量。大量施用化学农药对蜂群影响极大，大幅降低其授粉效能，制约了授粉技术进一步推广应用。受传统耕作模式影响，大部分农民意识里缺乏租蜂授粉概念，无法认识到蜜蜂为农作物授粉增产、提高品质的重要性和必要性。有的对蜜蜂授粉甚至持怀疑或否定态度，片面认为蜜蜂采花授粉只有蜂农得利，对自己没有好处，从而消极对待蜜蜂授粉，甚至排挤蜂农在其作物地周围放蜂，对授粉效益知之甚少，少有出资请蜂农授粉的。李海燕对福建省农户调查的实证分析得出超过 1/3 的农户认为蜜蜂授粉不是农业必要的投入品，是可以被替代的。而仅有不到 17% 的农户打算在农业生产中租用蜜蜂授粉，并且这些农户所愿接受的支付价格也偏低，主要集中在 1～50 元/群。

（2）对大多数消费者来说，缺乏对绿色、无公害农产品的重视。没有意识到蜜蜂授粉技术是绿色、无公害农产品生产的重要技术保障，是我国城市菜篮子工程建设的重要部分。加之,市场上标明为"无公害、绿色或有机"的蔬菜价格高,故很难形成广泛应用蜜蜂授粉及无公害、绿色和有机果蔬产品消费的社会意识和氛围。

(3)从蜂农来看,养蜂业一直处于小农经济地位,未能形成产业化、规模化发展的格局。我国作为世界上的养蜂大国,拥有的蜂群数量,蜂蜜、蜂王浆及蜂花粉产量在世界上均名列前茅,养蜂者的主要收入还是来自于蜂产品的销售,数以万计的养蜂生产者文化素质偏低,流动性大,接受新事物的能力差,小农经济意识比较浓,没有意识到蜜蜂授粉是养蜂增值的技术手段,没有从根本上转变观念,蜜蜂授粉在蜂业生产中未得到充分重视。

(4)对于科技工作者来说,从事蜜蜂授粉的科技工作者重研究、轻技术的观念还存在,整体实用的蜜蜂授粉配套管理技术还需不断完善。作物与昆虫是协同进化的,世界上与人类食品密切相关的作物有1/3以上属虫媒植物,虫媒花依赖昆虫传粉才可提高坐果率,而花粉也是昆虫赖以生存的食物。

2. 蜜蜂授粉增产技术的宣传、推广力度不够

李海燕对福建省农户调查的实证分析得出,广播电视是农户了解蜜蜂授粉最主要的渠道,占到52.06%,其次是他人告知、书本(课堂)和报纸杂志,分别占48.97%、38.66%和26.80%;从网络途径了解蜜蜂授粉的比重为17.53%。说明传统媒介依然是农户获取知识的主要途径。

蜜蜂授粉宣传与推广多在专业刊物上,而多数种植者接触不到专业刊物,他们缺乏信息,宣传的针对性和广泛性受到了限制,远远没有达到家喻户晓的地步,造成授粉技术不能得到多数农民的认可。宣传仍停留在授粉试验直接得利的农场或部分容易接受新技术的高素质规模场户中,相关的蜜蜂授粉培训还只是小范围,大量宣传蜜蜂授粉的好处及其操作方式未被普及,普通种植户对应用蜜蜂授粉为农作物增产这一技术措施缺乏感性认识和主动性。国家无关于在花期和授粉期间禁止使用有害杀虫剂等药剂一系列的法规。

3. 蜂农缺乏开拓授粉市场的积极主动性、缺乏与种植业主间的沟通

农业产业结构的调整和作物反季节栽培技术的普及为蜜蜂授粉业的兴起提供了市场基础。蜂农缺乏开拓授粉市场的主动性,延续着传统单一生产蜂产品的饲养模式。大部分养蜂者不积极主动地寻找需要授粉服务的种植业主,以科学事实证明蜜蜂授粉的重要性和必要性。没有形成以点带面,通过蜜蜂授粉获益的种植业主来影响带动附近种植户,引导更多种植业主租蜂授粉,最终达到种植业与养蜂业双赢的目的。种植业主缺乏正确、安全施用农药的意识,往往在花期使用高毒性农药,造成授粉蜂群大量死亡;由于种植业主缺乏蜂群饲养经验,而蜂农在蜂群出租或出售后就很少问津,造成蜂群未完成授粉任务就大量死亡,影响蜂农出租和种植业主承租蜂群的积极性。

4. 缺少蜜蜂授粉产业化、商品化服务的中介机构

推广蜜蜂授粉工作的以蜂业行业的人员居多,重研究、轻运作的观念或多或少地存在,而真正能推动、参与、把握市场化运作的协调或中介机构、人员非常少。有些养蜂者与种植者已经认识到了蜜蜂授粉的作用，但授粉蜂群的质量及农作物使用农药等方面不能提供很好的基础保证，目前一些地区建立了县级蜂业合作社、股份授粉专业公司，但缺少相应的授粉中介服务，未能提供必要的市场供求信息、技术培训，发布蜜蜂授粉有关政策等社会化服务。养蜂者与种植者之间的连接存在脱钩，无法实行分工合作，利益共享，使蜜蜂授粉产业化无法实现，产业化技术水平也难提高。

5. 优惠政策因素的缺失，职能部门也不能很好地发挥其作用

蜜蜂授粉对农业增产效果显著，在一些蜜蜂授粉产业发达的国家，政府采取一系列优惠政策鼓励农场和果园采用租蜂的办法促进作物授粉，有力地激发了蜂农热情。在我国，养蜂主管部门及农牧、林业、科协等部门未把蜜蜂授粉工作作为一项重要的增产增收措施进行组织推广，切实解决一些实际问题。农技推广和林业部门未将蜜蜂授粉技术推荐给广大农民，引导大家接受这一增产措施，积极租蜂授粉。我国各级政府对蜜蜂授粉业的政策性扶持较少，如对养蜂业应拟订税收优惠政策，妥善解决治安、收费、蜜蜂农药中毒和人蜂安全等问题。

授粉观念的混乱致使相关部门对蜜蜂授粉的积极意义缺乏应有的认识，造成推动授粉工作顺利发展的难度加大。实践中许多具体事项缺乏法规支持，使养蜂人经济利益受损，遇到涉蜂纠纷，司法部门难以依法界定，没有专业的法规供采用。

6. 蜜蜂授粉体系不健全、无序竞争导致价格大战，影响了出租方的利益

我国授粉蜂生产规模小，经营专业化授粉蜂业的大公司更少，授粉蜂群组织化程度低，难以形成授粉网络。蜂农既是生产者、销售者，也是决策者，生产、销售处于盲目、无序状态，协作性差，表现为蜂群质量不统一，互相压价，没有建立专业化的授粉蜂的销售网点。一些蜂农为了眼前的利益，采取恶性竞争方式打压对手，利用种植户对蜂群的不了解，将正常一群蜂分为三至四群，致使群势无法达到正常授粉要求，对正常的授粉市场带来严重冲击，严重影响了种植户使用蜜蜂授粉的信心；种植户的利益受到了损害；租用蜜蜂授粉的租金标准一降再降，远远低于正常授粉的合理收入水平，损害了正常授粉蜂农的利益。大好的蜜蜂授粉双赢局面陷入蜂农不愿再授粉、种植户对租蜂授粉信心不足的困难局面。如新疆巴州地区库尔勒香梨的授粉出现过类似的情况。

7. 授粉蜂群生存环境恶劣

工业用地、城市扩张、土地过度使用等致使昆虫的栖息地受到破坏。"一村一品，一县一业"的规模化生产，使得农业产业结构调整而导致蜜源植物迅速萎缩。农业生产大量依赖农药、化肥、生长素等，广泛使用除草剂、杀虫剂导致蜜蜂大量死亡，给养蜂业造成巨大损失。由于种植者与蜂农均为独立的经营个体，在经济上无直接的利益关系，因此，在蜂群授粉前与授粉期间仍有农药施用，或未过残效期，致使中毒事件时有发生，造成大量外勤蜂死亡，下一阶段的生产与授粉也受到严重影响。

8. 授粉蜂群定量配置配套管理技术有待完善

蜜蜂授粉产业作为一种商业化的行业，在我国尚处于起步阶段，蜜蜂授粉蜂群的饲养管理技术还不完善，从事授粉研究的专家学者及养蜂能手还未研制出一整套实用性强、操作简便的配套授粉技术，有待编写成授粉技术手册或录像在全国推广，使蜜蜂授粉产业蓬勃发展。不同地区、不同作物品种还未实行定量、定时配置蜜蜂授粉蜂群，未建立一支授粉服务队伍。科研人员需更多地关注授粉中的实际问题，关心授粉技术成果的推广，从而促进农业科研工作的开展，让更多的授粉新技术转化成现实生产力。

第三节　蜜蜂授粉技术规范体系

蜜蜂授粉技术规范体系建设是蜂业现代化建设中一项不可缺少的重要的综合性技术基础工作，是实现蜂业生产、科研、管理有序化、合理化的基础，是实现蜂业增长方式转变的有效途径，是提高科技成果转化率、到位率和普及率的重要措施，是规范蜂业市场经济秩序的技术依据。

在社会主义市场经济条件下，蜜蜂授粉技术规范体系是农业生产的重要配套措施之一，作为实现授粉产业现代化的有效手段，为促进授粉产业从粗放型经营向集约型经营，从低效蜂业向高效蜂业转变，提高农产品产量、质量和经济效益，实现蜂业的可持续发展，都将发挥不可替代的作用。蜜蜂授粉技术规范体系应包括授粉蜂群的准备、授粉蜂群的组织与配置、蜂群管理、作物管理、温室管理、授粉合同要求等。

一、授粉蜂群的准备

不同蜂种适合为不同作物授粉。蜜蜂主要为意大利蜜蜂和中华蜜蜂，适合为果树、蔬菜、油料、瓜类、牧草等植物授粉。熊蜂主要有小峰熊蜂、密林熊蜂、红光熊蜂、明亮熊蜂和欧洲熊蜂等，适合为茄果类蔬菜、瓜类和果树类等设施作物授粉。切叶蜂主要有苜蓿切叶蜂，适合为苜蓿等牧草类作物授粉。壁蜂主要有凹唇壁蜂等，适合为早春果树授粉。蜂群可通过租赁或购买的方式获得。运输蜂群时，要注意汽车等运输工具清洁、无农药污染；蜂群饲料充足；固定巢脾及蜂箱，防止运输过程中挤压蜜蜂；调整好巢门方向；合理安排运蜂的时间。

二、授粉蜂群的组织与配置

在秋末，通过培育蜂王，将大蜂群扩繁成 1 只蜂王、3 脾蜂的授粉标准群，蜂箱内保持充足的蜂蜜和适量的花粉，以保证蜂群繁殖。授粉蜂群要提前预防病虫害，保证授粉蜂群无病。对于制种作物，在蜂群进入温室之前，应先隔离蜂群 2~3d，让蜂清除体上的外来花粉，避免引起作物杂交。

植物分蜜粉丰富的植物、泌蜜量少的植物、花期较长的植物、花期较短的植物等，根据不同植物的情况具体决定蜂群进场时间。蜂群数量取决于蜂群的群势、授粉作物的面积与布局、植株花朵数量和长势等。授粉蜂进入大田授粉场地后，蜂群摆放根据授粉作物面积而定，小面积可布置在田地的任何一边；大面积则应将蜂群布置在地块的中央，减少蜂飞行半径。授粉蜂为温室作物授粉时，如果一个温室内放置1群蜂，蜂箱应放置在温室中部；放置2群或2群以上蜜蜂，则将蜂群均匀置于温室中。

三、蜂群管理

蜜蜂授粉期间主要饲喂花粉、糖浆和水，饲喂种类和数量应视授粉作物蜜粉的情况而定。对于油菜等蜜粉较为丰富的作物，保证干净的饮水供应即可；对于枣树等少数缺粉的作物，应饲喂花粉，以补充蛋白质饲料；对玉米等有粉无蜜的作物，则应适当饲喂2∶1糖浆。针对蜜蜂不爱采访某种作物花的习性，或为加强蜜蜂对某种授粉作物采集的专一性，在初花期至末花期，每天用浸泡过该种作物花瓣的糖浆饲喂蜂群。对花粉丰富的植物，应及时采收花粉，提高蜜蜂访花的积极性。

温室特别是日光温室的昼夜温度、湿度变化大，容易使蜂具发生霉变而引发病虫害。在授粉后期，对于草莓等花期较长的作物，要及时将蜂箱内多余的巢脾取出，保持蜂多于脾或者蜂脾相称的比例关系。

温室内夜晚温度较低，蜜蜂结团，外部子脾常常受冻。晚上应在副盖上加草帘等保温物，维持箱内温度相对稳定，保证蜂群能够正常繁殖。早春气温低，大田授粉蜂群群势弱，放蜂地应选在避风向阳处，采取蜂多于脾和增加保温物的方法来加强保温；要组织强群，以便在较低温度下可以正常开展授粉活动。

四、作物管理

1. 用药注意事项

在作物种植全过程中都不得使用剧毒、残留期较长的农药、农业部规定不准使用的农药；在开花期，授粉作物及其周边同期开花的其他作物均应严禁施药。若必须施药，应尽量选用生物农药或低毒农药。温室内施药时，应将蜂群移入缓冲间以避免农药对蜂群的危害。

2. 开花前期管理

对于同种花授粉能力较差的品种，应合理配置授粉果树，间隔均匀地栽培一些供粉植株。对作物进行常规的水肥管理，清除所有与农药有关的物品，待药味散尽后再运蜂进场。温室放入授粉蜂群前，对温室作物病虫害进行一次详细检查，必要时采取适当的防治措施，随后保持良好的通风，去除室内的有害气体。作物栽培采用常规的水肥管理，花朵不去雄。

3. 花期管理

对于盛果期的单一品种果园，可将授粉品种果树的花粉放在蜂巢门口，通过蜜蜂的身体接触将花粉带到植物花朵上，起到异花授粉的作用。温室果树授粉时，在花期应在温室地面上铺上地膜，保持土壤温度和降低温室内湿度，有利于花粉的萌发和释放。

4. 授粉后管理

应根据需要及时对作物进行疏花疏果、加强水肥管理和病虫害防治，提高产品产量和品质。温室授粉结束后根据作物生产需要调整温度与湿度。

五、温室管理

用宽1.5m左右的尼龙纱网封住温室通风口，防止温室通风降温时蜂飞出温室冻伤或丢失。蜜蜂授粉时，温室温度一般控制在15～35℃；熊蜂授粉时，温室温度一般控制在15～25℃。中午前后通风降温时，温室内相对湿度急剧下降。对于蜜蜂授粉的温室，可通过洒水等措施保持温室内湿度在30%以上，以维持蜜蜂的正常活动。

六、授粉合同要求

租赁或购买蜂群进行授粉活动时，种植园（户）与养蜂场（或授粉公司）应签订授粉租赁或购买合同。在租赁合同中应明确授粉作物名称、蜂群租金、额外搬运蜜蜂的报酬和其他费用、付款方式、授粉蜂群的数量和质量、蜂群进场离场时间与摆放位置、种植园（户）的饲喂方法和用药管理等事项。种植园（户）购买蜂群自行授粉时，应挑选性情温顺、采集力强、蜂王健壮以及无白垩病、蜂螨、爬蜂等病症的强群，以维护双方权益。

第四节 蜜蜂授粉发展战略

蜜蜂授粉业是畜牧业中的一项特殊产业。蜜蜂授粉的产业化，有利于形成规模经济效益，增加抵御市场风险的能力。可持续发展已成为势不可挡的时代潮流和历史趋势，应该用现代物质条件装备蜜蜂授粉产业，用现代科学技术改造蜜蜂授粉产业，用现代产业技术体系提升蜜蜂授粉产业，用现代经营形式推进蜜蜂授粉产业，用现代发展理念引领蜜蜂授粉产业，用培养新型蜂农发展蜜蜂授粉产业，大力提高蜜蜂授粉业产业化、信息化水平。中国蜜蜂授粉业只有依靠科技进步、调整产业结构，大力开拓蜜蜂授粉市场，改变不合理的生产模式，加大蜜源植物和蜂种资源的保护力度，加强国际合作与交流，充分利用信息技术，保证蜂业资源的合理配置，才能逐步实现蜜蜂授粉产业的可持续发展。

一、加大蜜蜂授粉技术的宣传与推广

充分发挥政府职能部门和蜂业协会的职能，紧紧依托广播、电视、报纸、杂志、培训等途径，从发展生态农业、优质高效农业的角度，广泛宣传蜜蜂授粉的作用、重要性和必要性，将推广蜜蜂授粉作为转变养蜂生产方式、促进蜂业转型升级的一项重要工作内容，与建设高效生态农业、设施农业有机结合起来，进一步拓展蜜蜂授粉技术应用的空间。

二、完善蜜蜂授粉研究

我国蜜蜂授粉产业存在着巨大的发展空间和潜力，应广泛开展蜜蜂授粉基础研究、应用研究、推广研究，实行全国大协作。研究工作不仅仅局限于蜂学领域，它还涉及昆虫学、植物学、园艺、果树学等领域。为了更好地开展蜜蜂授粉研究工作，更离不开各领域的互相配合和通力合作，同时这也是蜜蜂授粉研究快速发展的一个重要保证。

三、推进养蜂员年轻化

30年前的欧洲养蜂老龄化，弃蜂转业，正是我国目前所面临的严峻局面，不得不引起我们的重视，中国养蜂业不能步欧洲之后尘。中国蜜蜂授粉产业需尽快实现机械化、规模化，让年轻人看到蜜蜂授粉产业的优势和吸引力，让更多的年轻人将蜜蜂饲养与授粉作为事业。

四、保护大田作物授粉蜂群

长期以来，农业生产大量依赖农药、化肥、生长素等，广泛使用除草剂、杀虫剂。很多农民在作物花期使用高毒性农药和杀虫剂，造成授粉蜂群大量农药中毒死亡，蜂农损失惨重，但往往得不到应有的经济赔偿，使得蜂农不敢放手授粉。逐步改变农民用药方式，提高对授粉效果认识的自觉性，逐步将蜜蜂授粉纳入到大田增产技术内，促进作物增产，农民增收。

五、充分利用中华蜜蜂

欧洲养蜂业拥有自己的四大名种，而且遍布世界各国。我国自20世纪60年代引进西方蜜蜂之后，自己的当家品种中华蜜蜂却日益衰退，许多地方中华蜜蜂濒临灭绝。目前，全国蜂产业主要饲养的虽是西方蜜蜂，但良种化程度不高，蜜蜂育种未得到规范，育种水平亦与欧洲等发达国家相差甚远，严重影响蜂群质量。欧洲CCD现象（蜂群崩溃失调病）虽然在中国尚未发现，但非常有必要防患于未然。中华蜜蜂由于采集力较弱、维持强群能力差、易迁飞等特点使得饲养管理中华蜜蜂不便且收益低。因此，加强中华蜜蜂良种选育，改进饲养技术，提高采集、抗病等能力，有计划地推广示范，努力挖掘中华蜜蜂的潜能，实现中、意蜂并举，开发促保护成为振兴中华蜜蜂产业的重要突破口。

六、保护传粉昆虫的多样性

全世界各地的证据都表明，需由昆虫授粉的农作物产量连年下降，并且越来越变化无常，在耕作集约化程度最高的地区尤其如此。究其原因主要是在大片农田里，传粉昆虫数量严重不足。如果再对农作物频繁地施用杀虫剂，对农业生产至关重要的传粉昆虫更无法生存。只有真正认识到它们的重要性，并投桃报李地为它们提供生存所需的条件，我们才能继续享受这样的服务。

据报道，当前，在美国种植转基因作物时，必须在其附近种植同类传统作物，为传粉昆虫提供食物源。

七、加强蜜蜂授粉技术交流与合作

积极探索、学习国外相关产业化成功经验，通过国内外授粉技术交流与合作，从授粉业发达的国家或地区引进先进的授粉技术和授粉蜂种，把我们现有的授粉技术经验推广到授粉业不发达的地区，构建蜜蜂授粉产业化的产业链。

（邵有全）

参 考 文 献

安建东，陈文锋.2011.全球农作物蜜蜂授粉概况［J］.中国农学通报，27（1）：374-382.

陈黎红，张复兴，吴杰.2012.欧洲蜂业发展现状对中国的启示［J］.中国农业科技导报，14（3）：16-21.

陈润龙.2012.推广蜜蜂授粉技术促进农业增产增收［J］.中国蜂业，63（3）：37-39.

李海燕，刘朋飞，刘伟平，等.2012.农户对蜜蜂授粉价值的认知——基于福建省农户调查的实证分析［J］.中国农学通报，28（14）：177-182.

刘世东，陈宝新.2012.从蜜蜂商业授粉实践看推进授粉产业发展应当注意的问题［J］.中国蜂业，63（1）：40-42.

邵有全.2001.蜜蜂授粉［M］.太原：山西科学技术出版社.

邵有全，祁海萍.2010.果蔬昆虫授粉增产技术［M］.北京：金盾出版社.

宋怀磊，邵有全.2012.我国蜜蜂授粉研究文献分析［J］.中国蜂业，63（4～6）：50-54.

吴杰，邵有全.2011.奇妙高效的农作物增产技术～蜜蜂授粉［M］.北京：中国农业出版社.

杨甫，王凤鹤.2008.北京蜜蜂授粉产业亟待解决的问题［J］.中国蜂业，59（8）：30.

章亚萍，黄少康.2001.中国蜂业发展中存在的问题及对策［J］.福建农业大学学报：社会科学版，4（4）：61-64.

宋心仿.2009.重视推广蜜蜂授粉鼓励扶持发展养蜂［J］.蜜蜂杂志（8）：3-4.

葛凤晨.2012.回顾我国蜜蜂授粉发展历史（二）［J］.蜜蜂杂志（12）：7-9.

罗建能，范益飞.2004.关于推进蜜蜂授粉产业化发展的探讨［J］.养蜂科技（3）：8-10.

苏松坤，陈盛禄.2002.中国蜂业可持续发展战略［J］.养蜂科技（1）：8-10.

曹九明，刘守礼.2002.论加入WTO与蜂业产业结构调整［J］.蜜蜂杂志（8）：9-11.

葛凤晨.2013.回顾我国蜜蜂授粉发展历史（三）［J］.蜜蜂杂志（1）：9-11.

葛凤晨.2012.回顾我国蜜蜂授粉发展历史（一）［J］.蜜蜂杂志（11）：11-12.

第七章 中国蜜蜂产品发展战略

第一节 蜂产品加工现状与发展趋势

一、蜂产品加工现状

1. 蜂蜜

中国的国情决定了中国蜂蜜加工具有自己的特点，主要表现在浓缩工艺为大多数企业所必需的工艺。对颜色深、气味重的蜂蜜要进行脱色脱味处理，经过脱色脱臭后的蜂蜜可加工成各种食品。

除多种多样的原料蜜、特色蜜和药蜜（如柃树蜜、五味子蜜、玄参蜜、山楂蜜、紫苏蜜、合香蜜、花椒蜜、苹果蜜、土黄连蜜等）之外，还有添加了中草药和其他物质的"保健蜜"。

市场上可以见到蜂蜜米醋、蜂蜜啤酒、蜂蜜酒等蜂蜜深加工产品。

2. 蜂王浆

蜂王浆是当今风靡全球的高级营养滋补品。市场上的蜂王浆保健品有数十种，剂型有纯鲜王浆、蜂王浆冻干粉胶囊、王浆蜜、王浆片、王浆胶丸等，以冻干粉胶囊和纯鲜蜂王浆居多。另外，蜂王浆在制作食品和饮料上已被广泛采用。如中国市场上常见的蜂王浆食品有蜂王浆巧克力、蜂乳奶粉等。在饮料中有蜂王浆酒、蜂王浆汽水、蜂王浆可乐、蜂王浆蜜露、蜂王浆冰淇淋等。

3. 蜂花粉

花粉产品包括花粉精、花粉胶囊、冲剂、饮品、破壁花粉等。中国昆明保健制药厂用纯天然油菜花粉制成前列康片，作为老年前列腺增生和前列腺炎的首选药物。

花粉的加工一般针对其不同用途进行不同处理，如制作化妆品和花粉饮料最好使用破壁花粉和花粉提取物。其破壁加工工艺有物理破壁法、空气动力超微气流粉碎工艺、发酵破壁法、机械破壁法和膨化破壁法等，其中发酵破壁法又分自身破壁发酵和加曲发酵破壁，机械破壁法分湿法破壁和干法破壁。膨化破壁法能保持花粉原有的营养成分不受破坏。破壁率为 $90\%\sim99\%$，利用率达 $80\%\sim90\%$。

4. 蜂胶

国内蜂胶产品的剂型有喷剂、膏剂、栓剂、冲剂、片剂、胶囊、口服液、粉剂等。蜂胶的提取方法很多，包括二氯甲烷提取法（DEP 法）、乙醇热浸提取法（EEP 法）、乙醇冷浸提取法（CEP 法）、氯仿提取法、乙酸乙酯提取法和二氧化碳超临界提取法等，常用的方法为乙醇冷浸提取法。

产品有蜂胶喷雾剂、蜂胶醇溶液、蜂胶水溶液、蜂胶片、蜂胶软胶囊、蜂胶硬胶囊、三蜂抗癌胶囊、蜂胶复合降脂剂等。化工产品有蜂胶洗发香波、蜂胶沐浴露、蜂胶药皂、蜂胶洗手液、蜂胶洗面奶、天然健肤液、蜂胶牙膏等。另外，还有蜂胶口香糖、蜂胶糖、蜂胶菘蓝营养保健糖果、蜂胶蜜等。

二、蜂产品加工中的问题

新中国成立以来，特别是改革开放 30 多年来，我国蜂产品行业从无到有、从小到大，得到了较快的发展。据不完全统计，我国目前共有不同规模的蜂产品加工经营企业 2 000 多家，年产值约 80 亿元。全国现有蜂业加工、销售企业和蜂产品专卖店、专柜近万个，年销售额超过亿元的企业 10 余家，超过 5 000 万元的企业 30 余家。自 1987 年以来，我国的数十种蜂产品在国际养蜂博览会、蜂疗博览会上荣获金奖。中国的蜂产品在国际市场的份额越来越大，我国已从蜂产品生产大国向蜂产品加工大国迈进。

虽然我国是世界第一养蜂大国，蜂产品资源极为丰富，但我国蜂产品加工业与世界先进国家相比有着较大的差距，现阶段存在着蜂产品质量差、加工技术落后、市场发育不良等问题，困扰着我国蜂产品加工业的可持续发展。

1. 蜂产品质量差

我国第一养蜂大国的地位纯粹是靠数量取胜的，我国蜂产品的质量与世界先进水平相比相距甚远。以蜂蜜为例，我国目前采用的生产方式始于 20 世纪 50 年代后期，在当时的政治、经济形势下，蜂农为增加蜂蜜产量，采取"一天一甩"的生产方式，造成原蜜成熟度差，含水量高，需经加热、浓缩等加工过程以去除多余的水分，使得蜂蜜所含的天然营养成分减少，质量下降。目前生产的成熟蜜数量在蜂蜜总产量中的比例很低。我国的蜂蜜生产方式，已无法适应国内外市场对蜂蜜品质的要求。在世界主要蜂蜜生产国中，仅我国生产和出口加工蜜，与世界养蜂业的发展趋势极不适应。不成熟蜜的生产造成蜂蜜储存、加工成本加大，多项指标不稳定，无法与国外同类产品相提并论，差价明显拉大。

2. 科技投入少，产品附加值低

由于我国长期以来忽视对蜂产品深加工的研究，造成了蜂产品加工领域技术创新能力低，科技储备、特别是基础性的技术储备严重缺乏，致使蜂产品原料及粗加工产品相对过剩，而精深加工的优质产品较为缺乏；国内消费和出口的绝大多数蜂产品仍以原料性产品或经简单加工的产品为主，科技含量和产品的附加值低；加工技术陈旧、落后，科技含量低，高新技术在蜂产品加工中的应用很少。而在许多发达国家，蜂产品加工业十分发达，有专门的蜂产品研究、开发机构，对蜂产品分门别类地进行机理性的深层次研究和精深加工产品的开发，新产品种类繁多，涉及的领域广泛。蜂产品是各种保健品中价格最昂贵的品种之一。以日本为例，近二十多年来，日本每年从我国进口大量的蜂王浆原料，开发出蜂王浆精深加工产品上百个，年生产和消费蜂王浆制品达 6 亿多美元。蜂王浆制品的消费二十年来一直雄踞日本保健品的榜首，而且仍以较快的速度递增。

3. 蜂产品市场发育不良

蜂产品行业从整体上呈现出企业主体实力较弱，产品功能雷同，低水平重复严重的局面，企业经营陷于同质化恶性竞争的状态。行业的进入门槛较低，众多小企业一哄而上，导致行业总体企业组织规模相对较小。大部分产品类型重复，相互跟风，缺少创新和突破。假冒伪劣产品充斥市场。

目前，国内绝大多数蜂产品加工企业是固定资产很少的小型企业，多数企业设备陈旧，厂房、生产线和工艺流程比发达国家企业落后。因而生产的产品大都雷同，低水平重复，规模化、集中度、集约化程度低，经济效益和劳动生产率不尽如人意。

三、蜂产品加工趋势

从世界发达国家的发展趋势来看，蜂产品加工业呈现出以下趋势。

1. 产业化经营的水平越来越高

发达国家已实现了蜂产品产、加、销一体化经营，具有加工品种专用化、原料基地化、质量体系标准化、生产管理科学化、加工技术先进及大公司规模化、网络化、信息化经营等特点。

2. 加工技术与设备越来越高新化

大量的高新技术，如真空冷冻干燥技术、微胶囊技术、膜分离技术、微波技术、超微粉碎技术、超临界流体萃取技术、纳米技术、生物技术及相关设备等已得到越来越多的应用。

3. 科技投入比例越来越大

发达国家如美国，在农业总投入中，用于产前和产中的费用仅占 30％，70％的资金都用于产后加工环节，从而大大提高了产品附加值和资源的合理利用。

4. 产品标准体系和质量控制体系越来越完善

第二节　蜂产品市场与消费贸易体系

一、蜂产品市场体系

蜂产品是我国传统的食品与医疗保健产品。20 世纪 80 年代后期，蜂产品竞争日益激烈，由蜂场自主经营、小作坊方式生产，逐步发展成为天然保健食品，特别是近几年来，冷冻干燥、超临界萃取等技术的应用，以及 GMP 规范生产模式的兴起，蜂产品已经逐步发展成为我国天然保健品的重要生力军。虽然蜂产品作为原料已被广泛使用，但是市场与消费者之间的供需矛盾仍然存在，一方面市场上需求高品质的蜂产品，但多数蜂产品企业规模小、实力弱，生产出的产品质量差；另一方面蜂产品企业的经营成本逐年增大，市场空间一直无法突破。在这样的背景下，一些企业急功近利迎合市场，以高科技概念炒作蜂产品的药用价值，或用各种造假手段，谋取高额利润。蜂产品行业从整体上呈现出企业主体实力较弱，大部分产品类型重复，相互跟风，缺少创新和突破。因此，可以说目前我国蜂产品市场整体发育不良，亟待建立我国完善的蜂产品市场与消费贸易体系。

蜂产品市场与消费贸易体系的建立是一项艰巨而长期的任务。它要使蜂业经济由自然半自然的小农经济向商品经济转化，还要将落后、封闭、保守的旧的蜂业经济体制转换为高效、畅通、可控的市场体系。只有从根本上解决我国蜂产品市场现存的问题，净化和规范蜂产品市场秩序，创造一个优质、平等的市场环境，才能够从根本上满足消费者的实际需求，促进我国蜂产品市场的健康发展，同时带动蜂业的持续健康发展。

二、蜂产品流通体系

要构建蜂产品的现代贸易体系，最重要的就是要提高流通体系的组织化水平，实现科学的组织化的管理。

第三节　蜂产品质量安全与风险评估体系

蜂产品的质量安全，已成为我国蜂业生死存亡的关键。要提高蜂产品质量安全，实现蜂业由数量型向质量型、效益型转变，就必须建立和健全蜂产品质量安全与风险评估体系，对养蜂和蜂产品加工过程进行全面质量管理。

一、蜂产品质量标准体系

（一）我国蜂产品标准化体系建设现状

1. 我国蜂产品标准化技术体系建设初具规模

我国蜂产品标准化体系建设首先是服从我国大农业标准化工作规划，其次又有着行业自身的特点，通过 50 年建设，尤其是近 20 年的发展，我国蜂产品标准化技术体系建设初具规模，不仅搭建起了基本框架，而且充实了基本内容，从标准层次上有国家标准、行业标准、地方标准、企业标准等，内容涵盖了品种、育种、饲养管理规范、产品质量分级加工、养蜂环境、蜂机具、检测方法、残留限量等方面。这些标准在蜂产品安全生产指导、满足蜂产品生产加工质量控制、促进我国蜂产品质量提高、破解我国蜂产品出口技术壁垒等方面起到了重要的作用。

2. 标准本身的质量在逐步提高

随着蜂业发展和时代需求，我国各级标准经历了不断修订、升级和完善。目前人们越来越注重标准本身的质量，正在完成标准从有到好的转化，许多标准被提出修订，以增加适应蜂业发展的新内涵。例如，对重要的蜂蜜、蜂王浆国家标准和无公害食品蜂蜜等行业标准都进行了修订，更加从技术和制度方面体现标准的作用，标准覆盖面和针对性也得到增强。

3. 标准化管理开始受到重视

蜂业标准近年来得到快速、全面的制定和建立，在蜂业发展中发挥了重要的作用。每一个国家重要蜂产品标准出台，行业组织都积极组织宣传贯彻，使生产者、加工者、流通领域管理者都能很快了解内涵，并加以实施，但是总体来说，在我国标准宣传贯彻方面的工作相对于标准的制定还是滞后的。

随着标准化工作越来越受到重视，从事标准制定和建立的队伍逐步成长，从事蜂产品业务的企业、研究单位、大专院校和检测机构等成为标准制定主力军，积极争取承担国家、行业和地方标准的制定工作。国家标准化管理委员会、农业部和中华全国供销合作总社合力组织成立全国蜂业标准化技术委员会，中国养蜂学会、中国蜂产品协会也分别建立了下属的蜂产品标准化分委员会，这体现了国家、行业和社会对标准化工作的重视。

4. 注重与国际接轨

我国早期的标准制定与国际接轨意识不强，但随着我国加入 WTO 以及科学技术的进步，也随着市场的需求变化，我国在蜂业标准化上已很注意与国际接轨，如 2005 年制定的蜂蜜国家标准采用了国际食品法典委员会的 Codex Stan 12-1981 蜂蜜标准。另外，我国正在申请制定国际蜂王浆标准，使我们在国际市场上从被动走向主动。

5. 我国蜂产品标准现状

我国蜂产品标准已覆盖了蜂产品从产前到产后的几乎所有方面，尤其是以蜂产品质量安全为首要要求的相关标准在不断制定和完善，2009 年从品种、育种、饲养管理规范、产品质量分级加工、养蜂环境、蜂机具、检测方法、残留限量等，制定了国家标准、行业标准 133 项，其中国家标准 68 项、检验检疫行业标准 38 项、农业行业标准 22 项，其他行业标准 5 项；已列入制修订计划的国家标准 20 项，农业行业标准 19 项，检验检疫行业标准 1 项。这些标准为我国蜂业发展、促进出口贸易和规范国内市场发挥了重要的作用。

（二）目前蜂产品标准化体系建设存在的主要问题

1. 标准管理部门缺乏协调沟通

国家标准、行业标准由不同部门管理，相互沟通协调不够，使整个蜂业标准规划性和整体性缺少衔接，各出各的标准，对于标准使用者来说，容易混淆和不知所从，另有一些标准内容重复或近似。

2. 蜂产品标准需要清理、整顿和更科学地规划

我国蜂业方面的标准，有的已进入修订期，有的需要及时废止，一些重复性内容较多的标准需要合并，不仅是本行业间要进行这些工作，重要的是国家各部委之间、行业部门之间也要进行这些工作。

标准制定需要短期、中期和长期规划，并要有针对性，目前需要制定哪些标准的先后缓急科学性不够，有的太笼统、针对性弱，而针对的范围和对象又都不适应。

3. 标准前期技术贮备和研究不够

一个标准的出台本应该是各方面成熟后的成果，但是目前尤其在产品质量标准指标和范围确定上，缺乏大量、真实的科研数据作为支持，在标准指标和范围确定上盲目和想当然、凭经验，新老标准、部门之间常互相借鉴引用，导致缺乏科学性和准确性，影响标准自身质量。

残留限量是标准体系的一部分，应该来自于针对蜂产品的大量科学数据和风险分析、风险评估，但目前残留指标都来自于相关资料参考，科学性不足。另外，也由于蜂产品质量安全缺乏预警预报研究支持，限制了标准的及时出台。

4. 标准系统和配套性不足

对于产品质量标准来说，要达到一定的指标，与生产过程是分不开的，各方面要配套一致，一些产品质量标准的配套标准工作需要加强。这一点农业部无公害行动计划中对标准工作做得比较好，比如"无公害食品—蜂蜜"标准中提出了各项质量和卫生安全指标，并且相应的有与之配套的要达到这些指标的环境、用药和生产技术规范等标准如无公害蜜蜂饲养管理准则和相应的无公害产地环境要求、无公害兽药使用规范等。

5. 标准宣传贯彻力度不够

制定标准是为了使用标准，最重要的是要宣传好、贯彻好、实施好。标准出台后，整体宣贯工作应彻底。这方面国家标准"蜂蜜"宣贯工作做得比较好，举办了培训班等，相应标准采纳和规范市场作用比较明显。另外，标准是要广告天下，让大家人人皆知，牢记应该遵守和执行的行为规范，但是，许多标准出台后却很难找到，需要购买才能得到。这种反向做法阻碍了标准的执行，背离了制定标准的目的。

6. 缺少系统的评价机制

评价是改进的基础。应该进行周期性的评价，来保持标准的生命力。一个标准变动，会带来一系列标准的变动。但由于各标准由不同的部门来制定，缺少系统评价机制，相关标准的变动就会滞后，从而影响标准的协同，其指导和规范的生产环节就会出现矛盾或偏离。蜂产品市场变化的节奏很快，现有的标准如果不是围绕核心标准构建，评价和改进就难免被动。

蜂产品标准中有的标准过于追求前沿性而忽视普及性，蜂产品出口残留控制越来越高，对检测技术要求也越来越高，大量需要使用现代化大型仪器测定的残留检测方法标准出台，但一些方法标准缺少可操作性和可重复性，只适用于标准制定的本检测机构，对其他检测机构难以应用，背离了标准可普及性的原则，限制了标准本身功能的发挥，目前检测方法缺乏快速、简便、灵敏度高、使用范围广、成本低的方法标准。

（三）构建我国蜂产品质量标准体系的指导思想和原则

1. 指导思想

以提高蜂产品质量和市场竞争力为核心，以实现蜂业增效、蜂农增收和蜂产品竞争力增强为目标，针对影响蜂产品质量安全的各要素制定配套标准，使各标准能够有效地为提高蜂产品质量和市场竞争力服务，同时通过标准实施带动和促进蜜蜂授粉产业，促进我国整个蜂业有大的、可持续的发展，实现蜂业经济大幅度提升。

2. 构建原则

标准本身应是科学技术的体现，在技术上要科学、合理、实用、可操作，要把握"统一、简化、协调、优选"的大原则。

从市场角度，紧密根据蜂产品出口和国内市场需求，建立科学适用的蜂产品标准，并围绕这些标准制定覆盖其生产关键环节的配套标准，使之成为有机结合的体系来指导生产。

从产业角度着手，立足产业发展，统筹规划设计与构建蜂产品质量安全技术标准体系，服从和服务于蜂业发展的需要。体现合理和实用的科技成果，在建设标准体系的过程中，紧密立足产业发展态势，通盘考虑，科学分类、前后衔接，配套制定。围绕蜂业生产、加工、贮运、流通整个产业链要求进行。

要熟悉国内外市场需求，建立符合我国国情的标准化体系。我国养蜂业在世界上首屈一指，在资源、养殖条件、传统养殖技术上具有优势，但在经济实力和现代技术水平等方面与国际上一些先进国家有不同程度的差距，因此，在建立标准体系时要坚持从现实出发、循序渐进，取长补短，既不妄自尊大，也不妄自菲薄。要制定出符合国内国际通行规则的标准。

要服务于阶段性目标，不断完善。标准体系的构建是依时依事，主要是满足于近年来的生产需要。但因为科技创新的脚步越来越快，标准体系的建立也需要不断更新。建议定期对蜂产品质量标准体系进行一次评价，不断完善。

技术和观念上与国际接轨，在坚持有利我国蜂产品出口和有效规避国际贸易技术壁垒的前提下，积极采用国际标准，积极采用目标国的先进标准，并积极争取我国在国际标准制修订方面的发言权。

（四）加强蜂业标准化体系建设的对策和措施

1. 完善法规、制度建设

完善的法律法规体系是标准贯彻执行的保障。随着我国经济技术的发展，标准化工作也获得了长足的发展，国务院各部门、地方人大和政府根据自身标准化工作的需要分别制定了一批标准化部门规章、地方标准化法规和规章，使标准化工作更加规范。但在安全方面仍有很大的空缺，执法依据不足，而且执法主体不明确，处罚不严。因此，有必要在《中华人民共和国农产品质量安全法》等现有法律法规的基础上，继续制定覆盖蜂产品安全生产、加工、流通和营销各个领域的法律法规，同时为与国际法律法规接轨，需对现有的法律、法规、规章进行调整及全面修订；为提高法律约束力，需将现有的一些条例上升为法律，使蜂产品全程质量控制有法可依，有章可循；需加强执法机构、队伍的建设，强化标准执行，严厉打击违法行为。

2. 健全蜂业标准化组织体系

（1）健全标准化管理体系和运行机制。目前我国对蜂产品的安全管理是由多个部门同时进行的，标准不一，相应的协调机制也存在一定的缺陷，各部门间职权不清。应加强农业部、商务部、国家质量监督检验检疫总局、国家工商行政管理总局、海关总署、农业院校、科研院所、行业协会等之间的广泛合作，并互有分工，建立一个跨部门、跨学科的强有力的食品安全权威性的国家机构来统一组织、协调、管理与食品安全有关的全部工作，特别是要组织协调好下设专门机构制定全国性的法律法规标准；监督各职能部门的检验检测工作；组织科研人员和专家进行重大课题攻关、风险分析和风险评估、危害预测，形成自有知识产权的技术；研究国外先进的技术，组织专家参加国际食品（蜂产品）会议，进行信息技术交流；组织直接引进国外先进的技术设备、高科技人才；通报国内外食品（蜂产品）安全信息。逐步实现蜂产品安全的行政"垂直管理"，避免部门间的重复设置，建立高效的运作机制，引导企业自身安全质量管理。

（2）加强各级蜂产品产业行业协会推广使用技术标准体系的力度。蜂产品质量安全标准化的意义还没有被社会各界所充分认识，要在全社会进行大力宣传，尤其是对广大蜂农、蜂产品流通企业、基层工作人员。为积极有效地推动蜂产品技术标准体系的宣传贯彻和实施工作，维护蜂业健康发展和保障人民身心健康，国家和地方蜂产品产业协会可以通过为蜂业从业者举办一系列蜂业标准化生产技术培训班，及时指导蜂产品生产者按照标准要求规范进行蜂产品生产，也可以充分利用广播、电视、报纸、互联网等宣传手段，通过各类新闻媒体进行广泛的宣传引导，加大蜂产品质量安全标准宣传贯彻的力度和广度。

（3）积极开展标准化生产示范区建设。建设蜂产品标准化生产示范区，是扎实推进蜂产品质量安全工作的一项重要举措。依托蜂农专业合作社或其他合作经济组织办好若干个核心示范片，以点带面，推进蜂产品标准化生产。

以蜂农专业合作社为载体，推行"蜂农专业合作社＋基地"的蜂产品产业化经营模式，对示范带动的蜂农实行统一生产技术、统一蜂产品质量、统一蜂产品品牌销售。

二、蜂产品质量安全风险评估体系

(一) 建设蜂产品质量安全评估体系的必要性

1. 蜂产品生产是我国养蜂业的主要收入来源，蜂产品是我国重要的出口创汇农产品

蜂产品质量安全不仅对于促进我国居民食物消费升级，增进消费者健康水平具有重要意义，而且在提高农民收入，提升农作物产量和维护生态平衡方面也具有重要作用。

蜂产品是蜜蜂从自然环境中采集加工的，是目前为数不多的无需经任何加工的天然农产品，也是一些保健品原材料，在国内外消费者心目中具有重要地位。随着我国向小康社会迈进，城市居民生活水平的提高，生活节奏的加快，居民的饮食消费结构面临重新调整。而蜂产品因其营养均衡，富含氨基酸和活性蛋白，具有缓解疲劳、调节免疫力等作用而受到越来越多的关注，蜂产品的消费群体日益庞大。蜂产品质量安全与消费者的身心健康直接相关，构成了农产品质量安全不可忽视的一部分。

我国是世界第一养蜂大国，据 2009 年统计全国蜂群数量达到 820 万群，蜂蜜产量 40 万 t，蜂王浆和蜂花粉产量均超过 4 000t，蜂胶 350 多 t，养蜂业总产值达 40 多亿元。同时蜂产品是我国的优势出口农产品，2009 年出口蜂蜜 7.2 万 t，居世界第一位，占全球贸易量的 18%，创汇 1.26 美元。出口蜂王浆及其制剂约 1 400t，创汇 3 550 万元，占我国保健品出口的 43%，并占据全球贸易量的 90% 以上。自 2002 年以来，蜂产品的国内消费量已超过出口量，成为我国产蜂产品的主要市场。再加上部分省份将养蜂列为退耕还林、涵养水土的政策补贴项目，这些因素都促进了我国养蜂业的发展，蜂产品质量安全问题的重要性也就越发凸显。

2. 蜂产品质量安全评估的必要性

蜂产品存在质量安全隐患，容易引发国际纠纷，并导致消费者信心受损，严重威胁蜂产业发展和蜂产品的健康消费，需要开展风险评估。

虽然蜂产品的保健作用有目共睹，但蜂产品自身的质量安全问题却也不断涌现。不但对消费者的健康带来隐患，而且很容易会引起国际贸易纠纷，甚至会带来严重的连锁反应。2002 年由于蜂蜜中检出欧盟的禁用药物氯霉素，导致了所有中国的动物性农产品被实施禁运，给我国造成了重大的经济损失和声誉损害。从此之后，氟喹诺酮类、硝基呋喃类等我国蜂蜜的质量安全隐患不时地通过欧盟食品和饲料快速预警系统进行披露。日本也在 2007 年实施肯定列表制度后对我国蜂产品进行严格监控，监测项目增加至 30 项。导致我国蜂产品出口风险增大，产业链成本大幅增加，并通过成本传递给广大蜂农造成利益伤害，严重阻碍了蜂业的健康发展。

在我国的养蜂生产中，由于环境和生产方式等原因，造成蜂产品的质量安全隐患难以短期内消除。排除掺杂使假的因素，养蜂生产中兽药的不规范使用造成兽药残留超标的现象比较严重，由于养蜂掠夺式的生产方式和基层监管的缺位，养蜂者在生产过程中普遍使用抗生素，据中国农业科学院蜜蜂研究所 2007 年进行的专项调查显示，氯霉素、硝基呋喃类、硝基咪唑类、磺胺类、氟喹诺酮类、氨苯砜、链霉素、四环素族、大环内酯类药物在全国部分地区存在使用的情况。由于缺乏系统的风险监测数据和评估结果，致使目前除禁用药之外的养蜂用兽药均未制定限量标准，这种现状不利于科学合理地指导养蜂生产和蜂产品的健康消费。

除此之外，蜂产品还可能存在其他质量安全隐患，如蜂蜜中的肉毒梭菌污染问题，蜂王浆和蜂花粉的过敏原问题，部分品种蜂蜜的生物碱问题，蜂花粉的真菌毒素污染问题，蜂花粉和蜂胶的无机砷污染问题。以上质量安全隐患目前在我国还是潜在的风险，但有些已在国外部分地区暴发并成为质量安全事件，故极有可能形成新的质量安全要求。因此，为了蜂产业健康发展和蜂产品的安全消费，迫切需要开展风险评估工作。

3. 蜂产品质量安全评估的可行性

建设蜂产品质量安全风险评估体系，开展风险评估是国际农产品质量安全管理通行做法，是支撑我国蜂产业发展、指导科学生产、引导安全消费的迫切需求。

风险评估是《中华人民共和国农产品质量安全法》确立的一项基本制度，也是国际农产品质量安全管理的通行做法。积极开展和有效推动我国蜂产品质量安全风险评估工作，对于推进蜂业标准化，保障蜂产品食用安全，促进国际贸易具有十分重要的意义。20 世纪 90 年代初，国际食品法典委员会（CAC）规定将风险分析作为政府决策的重要组成部分，并要求成员政府将其纳入农产品安全立法准则。《实施卫生和动植物卫生措施协定》和《贸易技术壁垒协定》等有关食品国际贸易协定中，都提出了各国实施贸易技术壁垒必须建立在以科学数据为基础的风险评估结果之上，FAO 和 WHO 还专门成立了风险评估专家委员会。欧盟、美国已经根据风险评估原则指导农产品标准制定，并以此作为解决国际贸易纠纷的技术依据。我国于 2006 年公布《中华人民共和国农产品质量安全法》，其中第六条明确规定"国务院农业行政主管部门应当设立由有关方面专家组成的农产品质量安全风险评估专家委员会，对可能影响农产品质量安全的潜在危害进行风险分析和评估……"。2007 年农业部正式成立了国家农产品质量安全风险评估专家委员会，依法对农产品中的危害进行科学评估。

在蜂产品生产中，开展科学的风险评估是实现蜂产品质量监管的基础。以蜂产品中的兽用抗生素为例，欧盟禁止在养蜂生产中使用所有抗生素，但是在美国和日本允许使用土霉素，并且制定了限量值；而我国由于缺乏风险评估数据，未对任何抗生素在蜂蜜中制定限量值，这样蜂产品的出口质量与我国养蜂生产的国情产生了矛盾（我国养蜂生产由于受生产方式所限，给蜂群用药是个大概率事件）。另外，由于缺乏风险评估数据、安全毒理学评价和风险交流，消费者往往一听到蜂产品含有抗生素就立即抵制，给蜂产品消费市场的培育带来极大的威胁。因此，为了保护产业健康发展，并维护消费者的健康和权益，迫切需要开展蜂产品质量安全风险评估工作。

（二）蜂产品质量安全评估体系建设的目标与任务

1. 建设目标

根据国家对蜂产品质量安全科学管理、依法监管、指导生产和引导消费的需求，建设国家级的蜂产品质量安全风险评估平台，蜂产品质量安全风险交流信息平台，蜂产品风险隐患动态跟踪评价系统，培养一批高水平的风险监测和风险评估的专业人才，打造一支专业互补、分工明确、配合良好的蜂产品质量安全风险评估技术团队，解决蜂产品风险隐患的跟踪评价、蜂产品质量安全的风险评估与风险交流等重大关键技术问题。

2. 职责任务

（1）开展蜂产品质量安全风险监测工作。开展蜂产品质量安全风险监测技术研究，建立与国际接轨的风险监测技术；承担国家下达的蜂产品质量安全风险监测任务，建立蜂产品质量安全风险监测数据库；探明我国蜂产品质量安全状况，确定蜂产品潜在危害因素。

（2）对蜂产品质量安全危害因子进行筛查排序。对发现的质量安全风险隐患开展排序技术研究，按危害程度确定危害因子进行风险评估的顺序。

（3）制定蜂产品中重点危害因子的风险分析技术规范和准则。以蜂产品中存在的四环素、红霉素等主要危害因子为突破口，开展蜂产品质量安全风险评估技术研究，建立特定模式的风险评估方法，承担国家下达的蜂产品质量安全风险评估任务。

（4）监测收集一批与我国蜂产品质量安全相关的分析数据，建立相应的蜂产品质量安全预警体系。对主要风险因子，要结合它在从生产到消费全过程中的风险变化，确定预警指标和关键环节，建立预警模型和指标参数数据库。

（5）为政府、监管部门提供必要的蜂产品风险评估数据。提出制定符合我国国情的蜂产品质量安全标准的建议。建立蜂产品质量安全风险交流信息平台，根据评估结果对蜂产品中的质量安全隐患提出科学建议，并进一步向国家相关部门提出标准制修订建议。

第四节　蜂产品加工业发展战略

面对现阶段我国蜂产品加工业存在着的蜂产品质量差、加工技术落后、市场发育不良等问题，我们应从以下五方面做不懈的努力。

一、优质蜂产品原料生产战略

1. 改革生产方式，建立优质原料生产基地

转变蜂产品生产方式，加快规模养蜂场和优质蜂产品基地的建设，提高蜂产品原

料质量。

转变养蜂生产方式，结合农业产业结构的调整，加快规模养蜂场建设，建立优质蜂产品生产基地，加大蜂产品安全与生产技术的系统培训力度，推广应用无公害产品质量标准，以及蜜蜂饲养兽药使用准则，进而建立绿色蜂产品生产体系及生产基地。同时，转变经营方式，积极倡导产销联手，推行"小规模、大群体"思路，大力发展以蜂产品加工出口企业为龙头，以养蜂合作社和养蜂大户等为主体的蜂业联合体，发展订单蜂业，走"公司＋蜂农"或"公司＋合作社＋蜂农"的产业化经营模式，减少生产的盲目性，提高产品质量安全，增加经济效益。

2. 支持蜂农合作组织的发展

支持各种蜂农专业合作组织建设是现代蜂产品贸易体系建立的基础。只有改变蜂农分散单一的生产模式，提高他们的组织化程度，才能更好地引导他们走向贸易的专业化，提升蜂业生产、经营服务、管理等组织化水平。养蜂专业合作社是依据《农民专业合作社法》，由蜂农自愿联合、民主管理的互助性经济组织，是蜂农联户专业化规模化经营的创新组织。要不断完善蜂农合作组织的法规建设，支持合作组织中贸易型组织的建立，并积极鼓励他们创立蜂产品的自有品牌，参与国际竞争。

二、蜂产品精深加工战略

（一）加强科学研究，加大研发投入，提高产品的科技含量

未来蜂产品竞争的核心必将是科技竞争，加强科技投入迫在眉睫。科研单位要加强蜂产品的基础性研究和应用性研究，加强高新技术在蜂产品加工中的应用研究，特别是真空冷冻干燥技术、超临界流体萃取技术、酶工程技术、膜技术、纳米技术、微胶囊化技术、生物技术等的应用研究。同时，还要拓展蜂产品在药品、化妆品等方面的应用，注重对蜂产品的采集方法、加工工艺、检验新技术以及新剂型、新包装等方面的研究。那些有一定经济实力的企业也要重视对蜂产品的应用基础研究，努力提高新产品的科技含量和质量水平，使蜂产品企业向高新技术企业过渡，使科技含量高的产品成为主流。同时，培植一批产供销一条龙、科工贸一体化的蜂产品加工大型龙头集团，将市场、企业、蜂农三者紧密结合，走产业化发展之路。

（二）蜂产品深加工发展方向

1. 蜂产品开发应向功能性食品和药品两个方向发展，走蜂产品深加工之路

目前，我国蜂产品制品多是保健食品，药品很少。今后，针对不同人群、不同生理条件的不同营养与健康需求，如青少年、老年人、孕妇及营养失衡等，进行配方设计，开发出系列蜂产品。尤其是面向老人和儿童的功能食品的研制和药品的研制开发将成为新的发展方向。

在我国将蜂产品（如花粉、蜂胶、蜂王浆、蜂蜜、蜂幼虫等）与其他中草药结合

来体现某些专一功能，将成为今后蜂产品发展的一个方向。如降血脂功能，以花粉为主要原料之一，结合有关中草药，可提高花粉的利用和加工程度。

在蜂产品的药物研制方面，抗心血管疾病药物、抗肿瘤药物、抗病毒性肝炎药物、抗病毒药物（包括抗艾滋病药物）、免疫调节药物、抗风湿药物、延缓衰老药物和补益、营养保健药将成为新药物研制的方向。

2. 蜂产品开发的主导产品将多样化

目前，我国市场上的蜂产品以蜂蜜、蜂王浆、蜂胶居主导地位，随着市场的培育和开发，蜂花粉、蜂蜡、蜂毒、蜂幼虫等及其加工制品将会不断丰富市场。

3. 重视原料质量

以现代的理念代替传统的思想，将科学先进的现代技术和管理全面引进养蜂全过程，生产优质蜂产品，破除重产品产量、轻产品质量的思想，将蜂产品质量与安全放在首要位置，加强质量管理。建立起规模养殖基地、无公害产品生产基地、绿色有机生产基地；建立产供销全过程质量管理体系；建立合理竞争机制。

4. 优化蜂产品加工企业，加强科研投入，开展精深加工研究

研究国外发达国家加工方面的先进技术和管理思想，开发较高科技水平的蜂制品，增强出口实力，尤其以优质蜂产品成品和制品出口创汇。培育、规范国内消费市场，使我国蜂产品和制品质量安全和品质上一个台阶，使工业现代化生产初具规模。

5. 加大国内蜂产品市场开发力度，使国内消费量占全国蜂产品产量的 2/3 以上，同时加大精加工蜂产品的出口量，提高产品附加值。

三、标准化、规范化生产战略

（一）健全蜂业质量标准体系

1. 加快蜂业标准的制定

按照国内外市场对蜂产品的质量要求，颁布相应的养蜂技术规范，实现生产技术与产品质量的对接，使蜂业标准形成完整的体系。特别是在蜂群饲养管理和药物使用方面要有严格的技术规范，以提高蜂群质量，减少病敌害的侵袭，改变蜂农依赖药物防治蜂病的局面，达到提高产品质量的目的。同时，整顿行业标准，协调不同行业之间的检验方法差异，维护标准的科学性和严肃性。

进一步完善蜂产品产业质量标准和法规，加强产业管理，增强执法与管理力度，严厉打击假冒伪劣产品。强化统一的产品技术标准、生产标准、检测标准等，使产品研发和生产做到有章可循，从根本上规范市场，规范行业。

2. 落实蜂业标准的实施

我国在蜂业标准上进行了不懈努力，相比之下，在推广实施标准方面显得较为薄弱。似乎标准只是在蜂产品购销活动中发生质量、价格争议时才发挥仲裁作用，并没有将标准贯彻于生产、经营活动的全过程。因此，在重视标准制定的同时，更应重视标准的实施，否则这些标准就成了一纸空文。

3. 加强蜂业标准化示范推广工作

标准的实施重在推广，而开展示范工作是使蜂农接受标准、自觉采用标准的有效方法。农业技术推广部门应加大对蜂农的指导、培训工作，在推广、示范养蜂技术时，将蜂业质量标准寓于其中，使蜂农掌握养蜂新技术的同时，掌握蜂业标准化的方法。

（二）加工技术规范与标准

加强蜂产品精深加工技术研究，对共性和通用的蜂产品加工工艺和操作制定规范与标准。

四、建立蜂产品质量安全溯源体系

1. 建立质量安全溯源制度

蜂业质量监控，就是政府指定农业、卫生防疫、技术监督、质量管理等部门，按照法定标准和要求，对蜂业运行中各环节的质量状况进行检验、监测和控制。具体包括三个部分：一是产前控制，即对蜂种、蜂饲料、蜂药、蜂机具等生产资料的质量进行监控；二是产中控制，即对养蜂和蜂产品生产过程中各阶段的质量进行监控；三是产后控制，即对蜂产品加工过程及最终产品的质量进行监控。蜂产品加工企业根据其生产的产品种类不同，应通过 ISO 9000、ISO14000、HACCP、QS 和 GMP 等相应的质量管理体系论证。在分层监控的基础上，逐步建立起蜂业质量监控体系。监控体系包括两部分：一是健全并完善蜂业生产过程的监控体系，对蜂产品及各类蜂业标准的实施进行检验，推行生产控制模式，促进蜂产品质量的提高；二是健全并完善蜂业环境监测体系，对涉及蜂产品产前、产中、产后全过程开展监控。将蜂产品的质量控制由过去的"最终产品质量控制"逐步转向"生产过程安全控制"，逐步建立蜂产品质量安全溯源制度，搞好养蜂户的备案登记，实行"三记录一标记"制度（即向每个养蜂户发放养蜂记录、用药记录、产品流向记录，在交付的原蜜桶上加贴产品标记卡），减少人为造成的蜂产品污染，并对一些过去由于抗生素污染而引起蜂蜜质量安全的重点源区实行全方位质量监控。一旦发现问题应立即处理，把问题解决在萌芽状态。同时，建立全国蜂产品安全预警系统。

2. 健全蜂产品质量监控信息系统

蜂产品质量最终是由消费者评定的。因此，加强消费者与生产者之间的信息联系，就成为蜂产品质量保证体系有效运行的基础。只有通过有效的信息传输网络，消费者对蜂产品评定的信息才能及时反馈给生产者，生产者才能根据消费者的要求和偏好变化，及时改进生产方式，调整产品结构，提高产品质量，并通过优质高价、劣质低价的市场法则，调节生产者与消费者之间的关系。

五、政策拟订

1. 转变政府观念

各级政府应积极转变观念，强化质量调控意识，在出台蜂业增产措施时，配合实施一些质量改进型政策措施，以便引导蜂农与加工企业等微观经济组织强化质量管理。另外，改变传统的单纯以产量、产值等数量指标来评判政府业绩的做法，代之以产量、质量、效益三者相结合的指标体系。

2. 加强政府对蜂产品贸易体系构建的引导和服务功能

要改革政府组织中相应的机构，完善其职能，建立蜂业综合服务体系并实现制度化和科学化管理。尤其是要完善政府组织的科技服务、信息服务、金融服务功能等，不断推进蜂业信息化的组织建设。政府部门应加快建立为蜂农服务的信息网络平台，挖掘和整合涉蜂信息资源，实行资源共享，切实提高服务质量和效果，真正为蜂农和蜂业企业提供及时、准确、有效的市场信息和政策信息等。建议政府把蜂业信息作为农业基础设施建设的重要内容，在固定资产投资以及各项支农资金中，加强对蜂业信息化的投入。

3. 发挥蜂业龙头企业和大型中介机构的组织化优势

国家应积极支持大型蜂业企业发展，从政策、资金、信贷等方面加大支持力度；加强大型企业与蜂农之间权利义务等方面法规的完善，协调双方利益关系；充分调动企业和蜂农的双方利益，保证他们之间合作的可持续性。

（胡福良）

参 考 文 献

查钢 . 2011. 蜂产品市场的规则与营销 ［J］. 农业工程技术（农产品加工业）(11)：56-58.

刁青云，吴杰，姜秋玲，等 . 2008. 中国蜂业现状及存在问题 ［J］. 世界农业 (10)：59-61.

高凌宇，刘朋飞 . 2010. 我国蜂产业市场发展回顾 ［J］. 中国蜂业，61 (7)：42-44.

顾国达，张纯 . 2003. 我国蜂蜜出口竞争力的分析 ［J］. 中国农村经济 (7)：60-64.

胡福良，朱威，陆志华 . 2005. 我国蜂产品保健食品的现状、存在的问题及对策（上）［J］. 蜜蜂杂志，25 (6)：8-9.

胡福良，朱威，陆志华 . 2005. 我国蜂产品保健食品的现状、存在的问题及对策（下）［J］. 蜜蜂杂志，25 (7)：15-16.

胡福良 . 2010. 国内外蜂产品与蜂疗研究动态（二）［J］. 蜜蜂杂志，30 (9)：17-19.

胡福良 . 2010. 国内外蜂产品与蜂疗研究动态（一）［J］. 蜜蜂杂志，30 (8)：6-9.

胡元强，胡福良 . 2008. 转地蜂场自产自销蜂产品开发农村市场调查 ［J］. 蜜蜂杂志，28 (6)：6-7.

李海燕，刘朋飞 . 2012. 中国蜂产品进口市场现状及问题分析 ［J］. 中国蜂业，63 (3)：38-40.

柳萌，王勇，罗术东 . 2011. 中国养蜂业现代化发展的路径探析 ［J］. 中国生态农业学报，19 (4)：961-965.

柳萌.2013.蜂产品质量安全追溯系统设计与实现研究［J］.安徽农业科学，41（7）：3211-3214，3240.

吴杰，刁青云.2010.中国蜂业可持续发展战略研究［M］.北京：中国农业出版社.

吴杰，刁青云.2013.中国蜂业科技创新战略研究［M］.北京：中国农业出版社.

吴杰.2013.蜜蜂学［M］.北京：中国农业出版社.

吴黎明，陈兰珍，薛晓锋，等.2008.风险分析在蜂产品质量安全管理及标准制定中的应用［J］.中国蜂业，59（1）：38-39.

章征天，周平，胡福良.2004.蜂胶质量控制中的几个关键问题［J］.蜜蜂杂志（11）：9-11.

赵静.2002.关于中国蜂产品的质量安全问题［J］.中国蜂业，53（1）：29-30.

周萍，陈建清，胡福良.2010.我国蜂产品加工技术现状、质量控制要求及对策刍议［J］.中国蜂业，61（5）：46-47，49.

周萍，钱志来，胡福良，等.2011.谈谈蜂蜜质量控制指标制定及质量控制措施［J］.中国蜂业，62（7-8）：55-58.

周萍，孙建芳，唐慧洋，等.2007.谈谈蜂产品质量安全管理体系建设［J］.蜜蜂杂志，27（11）：23-25.

朱麟，张友华，余林生.2010.蜂产品加工企业资源管理与追溯系统的设计与实现［J］.蜜蜂杂志，30（10）：13-15.

第八章　中国蜂业人才培养战略

第一节　蜂学专业设置与养蜂教学

一、培养目标和方向

目前，全国从事与蜂产业相关行业的人员已超过 300 万人，蜂企事业单位超过 10 万家，90％以上缺少蜂学专业技术人才，蜂学人才培养需求更加迫切。全国高等农业院校只有福建农林大学蜂学学院和云南农业大学蜂学系设置蜂学专业。

浙江大学、江西农业大学、山东农业大学、安徽农业大学、扬州大学等高等院校以及中国农业科学院蜜蜂研究所根据自身需要和特点，每年对外招收一定数量的蜂学博士生和硕士生。下面以福建农林大学蜂学学院为例进行论述。

（一）培养目标

蜂学专业培养目标，应具备扎实的蜂学及蜂产品加工与应用的基本理论、基本知识和基本技能，知识面宽，适应能力强，德智体美全面发展，有实践能力和创新精神，适应社会主义经济建设与社会发展需要，能在蜂业领域及相关领域从事技术推广与蜂产品开发、养蜂生产管理、蜂产品质量控制与经营、蜂学教学与科研等工作的高素质应用型、复合型人才。

蜂学专业学生应获得以下几方面的知识与能力：①具备扎实的数学、物理、化学等基本理论知识；②掌握现代生物科学、环境科学以及化学工程与技术的基本理论、基本知识；③具备蜜蜂饲养、蜜蜂授粉、蜜蜂生态、蜂产品分析、蜂产品加工、蜂产品品质管理、蜂产品研发与应用、蜂产品贸易的基本知识和基本技能；④具备农业可持续发展的意识和基本知识，了解蜂学的学科前沿和发展趋势；⑤熟悉我国农业、农村和蜂业的有关方针、政策和法规，了解国际市场营销和规则；⑥掌握文献检索、资料查询的基本方法，具有一定的科学研究和实际工作能力；⑦有较强的调查研究与决策、组织与管理、口头与文字表达及人际沟通与解决营销实际问题的能力，具有独立获取知识、信息处理和技术创新的基本能力。

（二）蜂学专业方向

1. 蜜蜂科学与工程方向

蜜蜂是世界公认的具有社会行为的模式生物，蜜蜂授粉对人类的粮食安全和生物多样性贡献巨大。蜜蜂科学与工程专业注重培养学生掌握系统的物理、化学、生物化学、分子生物学、细胞生物学、基因组学、蛋白组学、蜜蜂学习记忆、飞行导航与仿生、行为与健康、蜜蜂生物学、饲养管理、遗传育种、蜜源植物、蜜蜂保护、蜜蜂生理、生态、授粉、机具等模块课程知识，培养学生利用先进的生物技术开展蜜蜂特性、繁育、行为、健康、蜂产品生产、授粉与现代农业等领域科学研究和应用技术研发的能力。

2. 蜂产品质量安全与检测方向

蜂产品质量安全是其功能和医疗保健作用的基础。蜂产品质量安全与检测专业注重培养学生掌握系统的蜂产品分析与检测、蜂产品安全生产、蜜蜂生物学、蜜蜂健康养殖、蜜蜂抗病育种、蜜源植物、蜜蜂检疫、蜜蜂生理、授粉、机具等模块课程知识，培养学生掌握蜂产品质量安全控制和检测检验技术，为社会提供合格的蜂产品质量安全控制和检测检验人才。

3. 蜂产品加工与应用方向

蜂产品是人类健康之友。蜂产品加工与应用专业注重培养学生掌握系统的蜂产品理化性质、蜂产品功效成分与医疗保健功能、蜂产品加工与新产品研发、蜂产品市场营销与国际贸易、蜂产品优质安全生产、蜂产品加工设备等模块课程知识，培养学生掌握蜂产品加工和高附加值新产品研发技术，为社会提供合格的蜂产品加工和应用人才。

二、教学平台

以学科专业点为核心建立三大综合教学平台。

1. 蜂学综合教学平台

由蜜蜂生物学、蜜蜂饲养管理学、蜜蜂分子生物学等相关课程实验室，以及蜜蜂生物学科学观测实验站、蜜蜂研究所和中、意蜂教学蜂场等组成，以培养蜂学产学研高级专业人才为目标。

2. 蜂产品加工综合教学平台

由蜂产品检测、加工等相关课程实验室及蜂产品加工与应用工程研究中心、蜂产品加工工程技术研究中心、院士专家合作工作站等工科类实践教学基地组成，以培养能分析研究蜂产品加工与蜂产品开发、新产品的开发创新型高级专业人才为目标。

3. 中药资源与蜂疗教学平台

由中药学、中药药理学、蜂疗、蜂疗美容、蜂业经济管理等课程实验室及国家地方联合工程实验室、蜂产品加工与应用工程研究中心、蜂疗医院等组成，以培养蜜蜂及其蜂产品市场医药综合应用创新研发的高级专业人才为目标。

三、课程设置和教材建设

1. 课程设置

课程是落实人才培养目标的主渠道。课程建设是一项系统工程，影响课程建设的因素很多。为适应国内外本专业的快速发展，培养既掌握蜂学基本理论，又较熟练掌握生产技能，能尽快适应社会主义市场需要的创新型人才，必须进一步优化课程体系，构建创新性课程体系。创新型课程体系应当包含先进的教学大纲、新颖的教学内容和现代化的教学方法。积极利用现代教育手段改进教学方法，完善多媒体课件的内容，制作网络课件和教学视频材料，积极参与多媒体课件制作。通过教师教育观念的转变、教学大纲的修订、教学内容的重组、实践环节的加强、教材课件的建设、教学方法的改进，构建创新型课程体系。加大启发学生思考、开拓学生视野、培养学生创新意识的实验内容，优化蜂学专业课程教学体系。

2. 教材建设

教材是提高教学质量的基础，教材内容必须具备先进性和适用性，要坚持与时俱进。要将国内外蜂学研究的最新成果写进蜂学教材，让学生了解国内外蜂学最新研究进展。

四、人才引进与交流

师资力量组织，采用软性方式（客座或特聘教授等形式）引进在国内外多年从事相关方面研究有成就的校友与其他著名专家，聘请专业英文师资与专题讲座教授，培养英文基础好、专业质素高的院内外教师担任专业教师；同时，组织各相关的专业课程英文教材编写工作。

参加国际性与全国性的各种蜂业学术交流、项目与标准审定、成果鉴定、讲学以及体系学术交流与生产性指导等活动。邀请国内外著名专家、学者及成功人士与校友讲学交流，活跃学术氛围。参加学术专题讲座与论坛等活动。办好蜂学与蜂疗技术培训班等。充分发挥蜂学特色学科优势，加强对外学术交流与合作，吸引海内外学术界、政界、经济界人士等访问与交流，做好特色农业教学实践基地示范点。

发挥国家蜂产业体系岗位科学家优势，密切关注本学科领域相关重大技术问题，组织体系内外科技人员联合攻关研究，开展蜂产业体系科技研究和市场开发，解决蜂产业技术问题，提高科学研究整体水平与学术影响力。

引进与扶持相结合，促进年轻教师尽快成长，引进新鲜血液培养后续人才。结合新专业方向的建设，引进中药、食品工程、制药工程、食品发酵等方面的教师，加强中药资源与开发新专业师资队伍建设，充实蜂产品加工与制药研发方向的教学、科研力量。引进国外尖端高层人才，加强师资队伍建设。

就业工作方面，坚持"三结合"，着力提升学生的专业素质和就业创业核心竞争力。"三结合"，即：以社会需求为导向，人才培养模式改革与社会需求相结合；以培养学生创新精神和实践能力为重点，以德育为首位，德与才相结合。主动拓展三个市场，为学生争取广阔的就业创业空间：始终坚持为地方经济建设和社会发展服务的培养宗旨，壮大就业市场。运用人才流动的属地性内在规律扩大就业市场；实施"走出去"战略，每年通过蜂业界"两会"积极推介毕业生；通过专业教师与全国各地蜂业企业的横向联系，开发就业市场。通过挖掘校友资源，开展校友联谊等活动，加强校友与学校的联系，挖掘隐性市场。

第二节　行业组织与体系技术培训

一、行业组织培训形式与内容

《中华人民共和国畜牧法》第三十八条规定：国家畜牧兽医有关技术推广机构向蜂农提供蜂群饲养技术、良种推广、疫病防治等服务。《GB/T21528—2008 蜜蜂产品生产管理规范》规定：蜂农每年要经过专业技术培训及体检才能上岗从事养蜂生产。整体上看，目前，我国蜂产业生产经营方式较为粗放，生产基础设施简陋，产业化水平较低，科技力量薄弱，从业农民年龄老化、技术水平落后，规模化生产程度不高，科技创新能力不强，蜜蜂良种化率不高，技术推广体系有待进一步完善，严重制约蜂产业的发展和竞争力的提高。开展蜂业技术培训，通过蜜蜂优质高效、规模化、标准化饲养、优良蜂种选育、蜜蜂病虫害防控、蜜蜂高效利用等技术的研发与集成技术培训，提高蜂产业的经济效益。

中国养蜂学会、中国蜂产品协会、中国医保进出口商会、中国土畜产进出口商会，省、市、县甚至乡镇村的养蜂学（协）会、蜂产品协会，各级各类养蜂（蜂业）合作组织（社）均开展蜂业技术培训。中国养蜂学会、中国蜂产品协会、中国医保进出口商会、中国土畜产进出口商会通过聘请专家开展培训，将国内外蜂学研究的最新研究成果推广应用到蜂产业中，提高蜂业从业人员的业务技术和理论水平，更新知识，以适应蜂业发展和岗位工作需要，提高蜂产业的经济效益。培训内容包括蜂业基础理论、新技术、新经验，涉及蜂业管理、产品经营、养蜂新技术、蜜蜂育种技术、蜂病防治及检疫技术、蜂产品开发及质量检测、蜂疗及蜂针疗法等。每年定期举办，聘请高级专家和教授讲课，培训时间以内容而定。短则数周，长则几个月。

省、市养蜂学（协）会、蜂产品协会就养蜂和蜂产品中存在的问题有针对性地开展技术培训，通过培训提高蜂农科学养殖蜜蜂的水平，提高蜂产品安全生产认识，普及蜂业新技术，提高蜂农养蜂效益。培训班多结合各地实际工作需要确定内容，一般时间较短，培训对象是县级蜂业管理人员和企事业单位的业务、技术人员。

县甚至乡镇村的养蜂学（协）会、蜂产品协会主要培训养蜂生产者和蜂业企业技术工人。培训时间一般较短，基本内容是技术经验交流和新技术推广。目的是解决生产中存在的实际问题，吸取新技术，提高生产水平和生产者的素质。

目前，我国蜂场基本是家庭结构，规模小，高度分散，生产能力低，小农经济意识根深蒂固。2002年发生氯霉素事件，实质是小农经济不适应国际大市场的需求，无人管理的小农经济无法解决蜂产品抗生素残留的难题。蜂农只有贯彻实施《中华人民共和国畜牧法》《农民专业合作社》，依法成立蜂协、专业合作社，并加入龙头企业蜂业合作联社，实行标准化生产，产业化经营，才能得到实惠，才能有前途。

各级各类养蜂（蜂业）合作组织（社）是以从事养蜂生产、加工、经营和服务的农户、组织为主体，依据加入自愿、退出自由、民主管理、盈余返还的原则，按照章程进行共同生产、经营、服务活动的专业合作经济组织。为了尽快实现我国养蜂与国际标准接轨，尽快实现养蜂业规模化、标准化，提高蜂产品的质量，切实保护合作社成员合法权益，增加成员收入，促进各级各类养蜂（蜂业）合作组织（社）发展，依照《中华人民共和国农民专业合作社法》和有关法律、法规、政策，制定章程。各级各类养蜂（蜂业）合作组织（社）宗旨是，以养蜂家庭承包经营为基础，通过社员的合作与联合，为社员提供养蜂生产、运销和生活服务，维护社员利益，促进社员增产增收，提高社员生活质量和水平。扶持养蜂业产业化组织化发展，发展以蜂农为基础、专业合作组织为依托、蜂产品加工企业为龙头的蜂业产业化经营方式。鼓励蜂产品加工企业通过订单收购、建立风险基金、返还利润、参股入股等多种形式，与蜂农结成稳定的产销关系、形成紧密的利益联结机制。积极扶持养蜂合作社、蜂业协会等农民专业合作组织的发展，发挥其在维护蜂农利益、产销衔接、技术培训等方面的重要作用。

二、产业技术体系培训形式与内容

国家蜂产业技术体系聚集了全国蜂业教学科研和技术推广专家，技术培训是国家蜂产业技术体系岗位科学家和综合试验站站长的任务之一。自2008年国家蜂产业技术体系启动以来，各岗位科学家与各地综合实验站紧密配合、密切合作，因地制宜地通过多种方式对广大蜂农、推广人员和技术骨干进行了相关知识和技能的培训，2009—2013年，在山西、河北、江苏、湖北、四川、重庆、安徽、福建、山东、云南、河南、江西、北京、黑龙江、吉林、辽宁、海南、广西、广州、陕西、宁夏、浙江、新疆等地共举办培训班662期。内容涉及育种技术、良种引用、蜜蜂规模化抗螨饲养技术、蜜蜂阶段饲养管理技术、蜜蜂授粉技术、蜜蜂主要病虫害的诊断和控制、蜂产品质量安全、有机蜂产品标准化生产、蜂产品溯源管理、蜂群四季管理等，累计培训64 951人次，免费发放《高效养蜂技术》《蜂产品初加工》《养蜂问答200问》《蜜蜂主要病虫害防控培训材料》《养蜂配套技术手册》《蜜蜂饲养风险关键控制点》《免移虫生产蜂王浆技术》《改进蜂箱结构，提高养蜂效率》等书籍和宣传材料32 000份以上，推广多功能塑料邮寄王笼2 085只，发放中蜂囊状幼虫病防控药物30 000包。

将国家蜂产业技术体系最新研究成果通过技术培训推广应用到产业中，是国家蜂产业技术体系任务之一。今后针对我国蜂业生产效率低、劳动强度大、蜂种退化、产品质量差、蜜蜂授粉普及率低的问题，开展蜜蜂优质高效、规模化、标准化饲养、优良蜂种选育、蜜蜂病虫害防控、蜜蜂高效利用等技术的研发与集成，以及蜜蜂优质高效养殖技术研究与示范培训。通过对蜂产品增值加工技术、蜂产品综合利用技术的研究，拓宽蜂产品利用途径，提高蜂产品附加值，开展蜂产品质量安全与增值加工技术研究与示范培训。通过传统和分子标记辅助选育手段，培育高产、优质、授粉效益高的东、西方蜜蜂优良蜂种，提高我国蜜蜂产品的产量和品质，开展优良蜜蜂的选育和核心种质库的建立培训。针对我国蜜蜂授粉的普及率不高、蜂农养蜂收益中蜜蜂授粉所带来的收益所占比重很低的现状，通过研究和普及蜜蜂、熊蜂为农作物授粉增产技术，达到农业增产、农民增收的目的，开展授粉蜂繁育与高效率传粉技术研究与示范培训。针对蜜蜂病虫害，开展蜜蜂寄生螨病、白垩病和中蜂囊状幼虫病的流行病学调查，掌握其病原和流行规律，开展风险评估，提出综合防控技术，开展蜜蜂主要病虫害防控关键技术研究培训。通过对蜂群生产中常用药物的代谢、降解规律研究，为合理设置药物使用剂量、休药期、用药方式，合理使用巢脾以及优化蜂产品加工、贮存条件提供理论基础，进而指导养蜂生产和蜂产品加工，保证蜂产品质量安全，开展蜂蜜兽药残留代谢研究及监控技术推广培训。针对我国中蜂饲养技术相对落后、饲养规模小、效益低、产品的品质差、中蜂的数量逐渐减少、分布区域缩小等问题，从地方良种选育、简化饲养管理操作、病敌害防控、蜂机具研发等方面入手，提高中蜂饲养规模，降低劳动强度，提高生产效率，同时扩大中蜂种群，保护中蜂资源，开展中华蜜蜂规模化饲养技术研究培训。饲养规模小是我国西方蜜蜂饲养劳动强度大、生产效益差的关键所在，需要根据我国天气、蜜源和蜂群发展的规律，研究扩大蜜蜂饲养规模、降低劳动强度、提高蜂产品品质、提高效率的技术，开展西方蜜蜂规模化饲养技术研究与示范培训。目前国内消费和出口的绝大多数蜂产品仍以原料型产品或经简单加工的产品为主，产品的附加值低，不利于蜂业的长远发展，需要研究蜂产品增值加工新工艺，开发新产品，加强蜂产品的质量控制技术，建立有效的蜂产品质量评价体系，开展蜂产品质量控制技术研究与新产品研发培训。

蜂产业是一个经济效益、社会效益和生态效益兼具的重要而又有特色的产业。蜂产业不仅提供了大量的产品和就业，也对贫困地区的农民脱贫致富、实现小康具有不可替代的作用。更为重要的是，蜜蜂授粉作为一种公共产品为农业的可持续发展做出了重要贡献。但因为受传统观念和产业本身分散性生产特点的影响，导致蜂农文化水平低，从业人员老龄化问题严重；生产受自然灾害影响很大，产量和收益年际间波动大；授粉产业发展滞后，影响了蜂产业的全面与健康发展；缺乏全面的统计分析和研究支持，产业发展缺乏科学规划与措施保障。因此，及时摸清蜂产业生产和贸易情况，找出影响其发展的限制因素，对于充分发挥其公共产品功能，促进蜂农增收和脱贫致富，实现农业的可持续发展有重要的作用和意义。

第三节　人才培养与发展体系建设

一、蜂业人才培养的特点

蜂业是一个特殊的行业，行业规模小，社会投入有限，容纳的人才也有限。蜂业又是一个大综合性行业，包含的面甚广，如蜜蜂饲养、蜂产品加工、蜂产品贸易、蜂业管理等，涉及生物学、病理学、植物学、机械设计与制造、轻工原理、营养学、药理学、医学（包括中医学）、经济学、管理学等基础学科。小行业的人才要承担更广泛的工作，所培养的蜂业人才需要具有更广泛的知识基础。

目前，蜜蜂养殖者（蜂农）文化程度以初中为主，与现代养蜂业的要求相比显然偏低，亟待提高。目前，蜂农养蜂技术主要是通过以师带徒方式传授，在长期实践中学习积累技能。

蜂业具有特殊性，其教育也具有特殊性。由于行业规模的限制，蜂业教育的规模小，蜂业教育的结构存在一定的问题。蜂业人才的结构应为金字塔形，培养蜂业低中高级人才的机构规模也应为金字塔布局。

二、蜂业人才培养战略

（一）蜂学高等教育

蜂学高等教育以培养蜂学高级人才为目标，主要包括博士、硕士、学士三个层次。蜂学高级人才的培养注重基础理论研究能力和技术创新能力，在培养过程中均需通过一个课题的研究，并获得结果，撰写成学位论文，通过严格的答辩，才能获得学位。

我国蜂学高等教育有完整的培养蜂学博士、硕士、学士的体系，为我国培养了大批优秀的养蜂高级人才。我国蜂学高等教育目前存在两个最突出的问题，一是高级人才的相对过剩，造成高才低用；二是培养规模增长过快，导致人才培养水平的降低。这对蜂学教育资源的合理利用是有很大影响的。

1. 蜂学博士的培养

蜂学博士是蜂学领域最高水平的人才培养，近年来我国蜂学博士的培养发展很快。蜂学博士点主要分布在中国农业科学院蜜蜂研究所、浙江大学、福建农林大学、江西农业大学等单位。此外，上海交通大学、扬州大学、山西农业大学等部分高等院校和科研院所也具有培养与蜂学相关领域的博士人才。随着蜂学博士点的增加，我国蜂业博士的培养还会继续加强，这对我国蜂业快速发展有利。

2. 蜂学硕士的培养

我国蜂学硕士的培养与蜂学博士的培养相比发展更快，很多蜂学硕士已加入我国蜂业科技队伍，为快速提高蜂业高级人才的数量起到积极的作用。我国蜂学硕士主要培养单位包括中国农业科学院蜜蜂研究所、浙江大学、福建农林大学、江西农业大学、云南农业大学、安徽农业大学等单位。随着硕士生招生数量的增加，我国蜂学硕士培养的规模还将会继续扩大。目前蜂学硕士培养最大的问题是我国刚实行的硕士研究生统考，没有蜂学课程的考试科目，导致蜂学硕士生的生源不足。

3. 蜂学学士的培养

我国蜂学学士的培养在世界蜂学界具有特色。在 20 年的养蜂专科学历教育基础上，1980 年福建农学院（现为福建农林大学）开创蜂学本科教育，现已培养了 30 届蜂学学士。福建农林大学培养的蜂学学士在我国蜂业各单位的继续培养下，已在各领域中发挥着重要的作用。云南农业大学自 2003 年起也开始了蜂学学士培养，加入到我国蜂学高等教育的行列，为我国培养蜂学高级人才付出了艰辛的努力。

当前我国蜂学学士培养的突出问题，就是大学盲目扩招，造成生源质量降低和培养人才的水平下降；培养的人才过多造成高才低用。在我国高等教育现实的条件下，要求我国蜂学高等教育工作者更加努力，尽可能地保持教学质量，并做好学生的引导和疏导工作。

（二）蜂学中等学历教育

蜂学中等学历教育的目标是培养蜂业实用型的技术人才，直接面向蜂业生产和蜂业管理的第一线。本书将蜂学高职教育和中专技工教育均列为中等学历教育。

我国蜂学中等学历教育存在相互矛盾的突出问题，我国蜂业中级技术人才需要的数量多，但蜂学中等教育处于明显的缺位现象。加强我国蜂学中等学历教育是蜂业界需要解决的问题。

1. 蜂学高职教育

我国目前的高职教育分两种情况，全日制的高等学校培养少部分的高职生，更多是由原来中等专业学校升级为高职学院。现在的趋势是大学逐渐减少高职生的培养，主要由高职学院来担负高职教育。高职学院脱胎于中等专业学校，教学理念、教学方法、高校扩招造成的生源质量等存在诸多问题，使高职教育存在危机。

2. 蜂学中专技工教育

中专技工教育应该是培养专业技术人才，但在我国现实情况下，中专教育极度萎缩，培养出来有限的中专生多从事技术工人工作。

技工教育是培养行业高级技术工人的摇篮，培养生产一线的技术工人。我国蜂业界很少关注技术工人的培养教育。但是，行业的发展很大程度上依赖于技术工人队伍的稳定和技术工人的水平，蜂业技术工人的学历教育不容忽视。

3. 蜂学专业技术非学历教育

非学历教育是学历教育的补充，在培养蜂学人才中有其一定的作用。尤其是在我国蜂学中等学历教育不足的情况下，非学历教育的补充更有价值。我国学历教育控制的较为严格，在培养专业人才方面，非学历教育有时也可达到学历教育的水平。

（1）委培教育。委培教育是指将具有一定文化和专业基础的学员插入学历教育的高校班级，系统学习一门专业知识。学员目的明确，学习专注，效果一般说来较好，是蜂业界企事业单位有针对性地培养蜂学人才很好的途径。这种形式的蜂学教育能够培养出蜂业高级人才，但学员没有学历和学位，人才培养的数量也有限。

（2）专项培训。专项技术培训是指蜂学行业内针对某一专项技术和专一内容办班培训的教学形式，在蜂业人才培养中也有其独特的作用。我国蜂业专项培训主要有两方面内容，技术和管理，以专项技术为主。专项培训工作主要由高校、科研院所、行政部门、行业学会等主办。这项工作还应进一步加强，高校、科研院所、行政部门、行业学会可发挥各自的优势联合开展蜂业专项培训。

发展蜂协、蜂农专业合作社的培训功能，是提高蜂农文化科技素质的有力措施。转地蜂场，流动在外，高度分散，固定式技术讲座培训难以适应。蜂协、蜂农专业合作社为每个会员蜂场送上一份蜂业期刊是提高蜂农文化科技素质的有效措施，蜂业期刊及时报道国内外蜂业科技动态，最新科技成果，迅速传递市场信息，是蜂农养蜂致富的良师益友。蜂协、蜂农专业合作社是蜂农市场、技术信息的提供者。

当前，随着农村经济结构调整的不断加快，社会对发展蜂产业，尤其是对发展蜜蜂授粉重要意义的认识程度已经提高到了一个新的水平。近年来，国家对蜂产业的发展也越来越重视，农业部已多次召开全国有关蜂产业发展相关问题的工作会议，2010年专门下发了农业部《关于加快蜜蜂授粉技术推广，促进养蜂业持续健康发展的意见》以及《蜜蜂授粉技术规程》（试行）的文件，明确提出在全国范围内进一步推动养蜂业的快速发展。同时，国家先后出台了多项促进农民合作组织发展的政策法规，养蜂管理办法也已颁布施行，这些都为蜂产业的发展提供了良好的政策环境；蜂产业具有投资小、效益高、见效快、用工省、无污染、回报率高等特点，按照一个家庭蜂场饲养 100 群蜂，正常年份每群蜂纯收入 500 元计算，每户养蜂年收益可达 5 万元，带动农民增收效果显著。充分发掘养蜂业的自身优势，推进标准化、规模化饲养，有助于促进农民持续增收。发展养蜂业是增加农民收入的有效途径，将发展蜂业作为解决农村剩余劳动力和特殊人群（妇女、残疾人、中老年人）就业的门路。

（余林生）

参 考 文 献

陈黎红，张复兴，吴杰 .2012. 欧洲蜂业发展现状对中国的启示 ［J］. 中国农业科技导报，14（3）：16-21.

陈盛禄 .2001. 中国蜜蜂学 ［M］. 北京：中国农业出版社 .

农业部 . 农业部关于加快蜜蜂授粉技术推广促进养蜂业持续健康发展的意见 . 农牧发 ［2010］5 号 .

苏松坤，陈盛禄 .2002. 中国蜂业可持续发展战略 ［J］. 养蜂科技（1）：8-10.

王勇，彭文君，吴黎明 .2005. 蜜蜂授粉与生态 ［J］. 中国养蜂，56（10）：31-32.

吴杰 . 2012. 蜜蜂学 [M] . 北京：中国农业出版社 .

杨冠煌 . 2001. 中华蜜蜂 [M] . 北京：中国农业科学技术出版社 .

张中印，陈崇羔，等 . 2003. 中国实用养蜂学 [M] . 郑州：河南科学技术出版社 .

张中印，杨萌，杜开书，等 . 2012. 蜜蜂健康饲养配套技术体系研究与应用 [J] . 蜜蜂杂志，32（5）：7-9.

章亚萍，黄少康 . 2001. 中国蜂业发展中存在的问题及对策 [J] . 福建农业大学学报：社会科学版，4（4）：61-64.

郑智华 . 2011. 蜜蜂规模化饲养管理技术研究 [J] . 中国蜂业，62（3）：4-6.

中国农业百科全书总编辑委员会，养蜂卷编辑委员会，中国农业百科全书编辑部 . 1993. 中国农业百科全书·养蜂卷 [M] . 北京：农业出版社 .

周冰峰 . 2002. 蜜蜂饲养管理学 [M] . 厦门：厦门大学出版社 .

第九章 中国蜂业可持续发展瓶颈问题

第一节 产业政策沿革与存在的问题

一、蜜蜂产业政策沿革

20 世纪 60~70 年代，尽管我国没有制定和出台养蜂法律，但是政府却出台一系列优惠政策，扶持养蜂业发展。1962 年，我国一些地区实行把蜂蜜卖给供销社，可获得粮票、布票的奖励，蜂蜜收购价也与猪肉价相等。铁路运蜂也实行"三优先"政策，蜜蜂经火车随到随装，蜜蜂作为支农物资运价低于一般物资。1970 年交通部规定，一般物资运价 0.18 元/（t·km），支农物资（包括蜜蜂）是 0.14 元/（t·km）。80 年代改革开放，农村实行家庭联产责任制，促进了家庭养蜂大发展。1985 年，由于蜂蜜质量低下影响出口，引起中央高层关注。1986 年，农牧渔业部、外贸部、商业部联合召开全国养蜂工作会议。同年，农牧渔业部出台《养蜂管理暂行规定》，此规定延续至 2012 年，对稳定养蜂生产，发展养蜂业发挥了积极的作用。

农牧渔业部第 44 号文件颁发了《养蜂管理暂行规定》。《养蜂管理暂行规定》是中国养蜂业的首份行业专门规定，对养蜂生产体制、喷施农药及蜜蜂保护、蜂病防疫及检疫对象、《养蜂工作证》的发放、转地养蜂及运输、种蜂场建设及蜂种的进出口、蜜蜂授粉、蜂产品生产环节的质量控制、蜂药与蜂机具、蜜蜂饲料产销各方面都做了详尽的规定。在这份行业规定指导下，我国养蜂业迅速进入快车道。5 年后的 1991 年，全国蜂群总数达到 754.1 万群（未计台湾省），比 1985 年增长 25%，蜂蜜产量达到 20.8 万 t，一跃成为世界第一养蜂大国。

然而，随着时间的推移、社会经济的调整和进步，计划经济时代出台的《养蜂管理暂行规定》显然已经不能适应市场经济发展的需求，各类矛盾和问题日显突出。2000 年，中国养蜂学会向农业部建议修订 1986 年版《养蜂管理暂行规定》，由于多种因素，《养蜂管理暂行规定》的修订工作几经周折，2006 年，随着《中华人民共和国畜牧法》的实施，《养蜂管理暂行规定》的修订再次提上议事日程，经各方努力，2011 年 12 月 13 日，农业部发出了第 1692 号公告，正式颁布了《养蜂管理暂行规定》的修订版——《养蜂管理办法（试行）》。《养蜂管理办法（试行）》的出台，体现了政府对养蜂业的重视与大力支持，同时也体现了农业部规范和发展养蜂业的力度。这对进一步维护养蜂者合法利益、促进农民增收、提高农作物产量和质量、维护生态平衡、加强养蜂管理、规范养蜂生产、促进养蜂业健康持续发展都具有巨大的推动作用，对打造世界蜂业强国具有重大而深远的意义。《养蜂管理办法（试行）》是我国目前最权威、科学、合理、全面、系统的一部养蜂业法规，具有实效性和可操作性，由农业部根据《中华人民共和国畜牧法》《中华人民共和国动物防疫法》等法律法规制定。《养蜂管理办法（试行）》的出台，进一步规范和支持养蜂行为，加强对养蜂业的管理，维护养蜂者合法权益，促进养蜂业持续健康发展。《养蜂管理办法（试行）》于2012年2月1日正式实施试行。

2009年，交通运输部、国家发改委专门发出了《关于进一步完善和落实鲜活农产品运输绿色通道政策的通知》（交公路发〔2009〕784号），首次明确将蜜蜂（转地放蜂）列入了鲜活农产品品种目录，享受绿色通道政策，并自2010年1月起实行。这一政策的实施，已经明显地降低了每年蜂农异地转蜂运输的成本。

使用蜜蜂为农作物授粉技术是一项行之有效的农业增产提质措施。进一步推广蜜蜂授粉技术，转变养蜂业生产方式，将有助于提高农作物产量和品质。为此，农业部于2010年2月相继出台了《蜜蜂授粉技术规程（试行）》（农办牧〔2010〕8号）和《农业部关于加快蜜蜂授粉技术推广促进养蜂业持续健康发展的意见》（农牧发〔2010〕5号）。

为规范蜜蜂的检疫工作，按照《中华人民共和国动物防疫法》《动物检疫管理办法》等有关规定，农业部于2010年10月制定了《蜜蜂检疫规程》。

2010年12月27日，农业部颁布了《全国养蜂业"十二五"发展规划》，结合我国国情及实际情况，提出了"十二五"期间养蜂业发展的指导思想、原则和目标、发展布局、发展重点，明确了全国养蜂业的发展方向。该规划强调了养蜂业是农业的重要组成部分，对于促进农民增收、提高农作物产量和质量、维护生态平衡具有重要意义。该规划全面肯定了改革开放以来我国养蜂业快速发展、巩固提高和稳步增长的成就。明确指出了我国养蜂业目前存在的主要问题：一是标准化规模生产程度低；二是蜜蜂授粉增产的意识不强；三是蜂产品质量安全水平不高；四是养蜂业组织化程度低。同时，从我国养蜂资源丰富、蜜蜂授粉和蜂产品市场消费量巨大等方面，深刻剖析了我国养蜂业具有很大的发展潜力。

二、蜜蜂产业政策存在的问题

（一）蜂产业相关法律法规不完善

《中华人民共和国畜牧法》做出的是原则性规定，难以细化，缺乏可操作性，需制定相关配套的管理规定或条例，以便规范蜂业生产、经营等具体行为。原来的《养蜂管理暂行规定》仅是部颁暂行规定，缺乏国家条例的权威性、强制性和可协调性，有一定的局限性和时效性。

《中华人民共和国畜牧法》中虽然也为蜂业作了一些法律规定，然而由于养蜂业的特殊性，该立法仍然滞后，不能适应我国蜂业发展需要，加强蜂业立法势在必行。应尽快使与《中华人民共和国畜牧法》相配套的法规、规章和有地方特色的规范性文件尽快出台。世界其他养蜂大国大都出台了专业的养蜂法规。《加拿大养蜂法》于1955年颁布，共13条。重点是蜂病控制，其次是蜂场登记注册管理。为了控制蜂病，法律规定旧的蜂箱和机具不能买卖，检疫出法定传染性蜂病的蜂群要连同蜂箱被烧毁。《韩国振兴养蜂法》共12条，重点是蜜源场地管理和蜂产品质量控制，同时授权成立养蜂协会来负责处理养蜂具体事务；法律规定对养蜂者提供补助资金或流动资金列入政府财政预算。《美国养蜂法规》于1922年8月颁布，后于20世纪70年代将其列入农业法的第11章，编列为第281、282、284、285、286条，重点是对本国蜂种的保护，分别列入蜂种的改良和进口、病蜂销毁后的蜜蜂和蜂箱的补偿及经费预算等内容。澳大利亚各州及地区都有针对性地限制当地蜜蜂疾病的传播、控制和根除已在澳大利亚出现的外来疾病的法律，立法直接关注蜜蜂疾病。阿根廷政府的生产部负责蜂业管理的立法工作。法律规定，每个蜂场的蜂群数量不超过70群，以减少疫病传播。一般来讲，蜂农在本地区放蜂不需要付费，少数好的蜜源场地蜂农需要付费使用。

（二）关于养蜂业政策补贴的问题

我国是一个农业大国，养蜂业也是农业中重要的组成部分，不管是其内部性的独特生产方式，还是其外部性授粉给整个农业生产和生态带来的益处，都说明养蜂生产是农业生产中重要的一部分，但我国政府对整个养蜂业的扶持与补贴政策远远落后其他养蜂大国，甚至落后于其他农业产业。阿根廷也和我国蜂产业一样曾经历"绿色壁垒""关税壁垒"的遭遇，如20世纪90年代初，阿根廷曾因氯霉素等抗生素残留问题，导致蜂蜜出口受阻。然而，面临困境和挑战，阿根廷政府及时应对，采取了一系列对策措施。包括推出了生物技术促进政策，研发了能为欧洲标准所接受的无公害蜂药，培训蜂农如何提高饲养技术、如何用药，指导解决了抗生素残留问题等。同时，还建立了一套与国际先进标准接轨的符合自己国情的质量监控体系，保证了出口产品的质量安全。政府的这些支持，促进了阿根廷养蜂业发展，使得阿根廷成为蜂蜜出口贸易额第一大国。

（三）政府管理的缺失

自改革开放以来，农业政策法规的出台驶上快车道，取得了可喜的成就，形成了较为完善的农业政策法规体系。蜂业是农业的重要组成部分，已颁布实施的农业政策法规，同样也都适用于蜂业，同样也推动了整个蜂产业的发展。但是再好的政策和法律，如果没有认真贯彻落实和严格执行，而只停留纸上和口头上，法律和政策就形同虚设。因此，应加强政府管理、监督工作。

第二节　产业特点与养蜂发展的瓶颈

一、蜂产业生产的特点

第一，蜂产业具有显著的生态效益。我国绝大部分地区处于季风气候区，昼夜温差大，植物品种众多，尤其是存在大量野生的植物（包括农作物）资源。据初步调查，现被蜜蜂采集利用的蜜源植物有 14 317 种，分属于 864 属，141 科，分别占全国被子植物的 58.77%、29.32% 和 48.45%。其中能够生产大宗商品蜜的全国性和区域性主要蜜源植物 50 多种，主要辅助蜜源植物 466 种，主要粉源植物 24 种。蜜蜂作为为数不多的人类成功驯养的昆虫之一，由于缺乏免疫系统，蜜蜂对环境污染物缺乏抵抗力，对环境变化敏感，特别是对化学农药的敏感性极高，可以作为易感性生物用于环境污染的监测。另外，通过蜜蜂授粉不仅可以增加作物的产量，还能减少化学激素的使用，改善作物品质。在环境保护方面，蜜蜂养殖更具有其他养殖业无可比拟的优势，即对环境的零污染，其生产过程本身就是清洁生产。因此，发展养蜂业是农村发展经济模式中的重要组成部分。

第二，蜂产业具有明显的社会效益。养蜂生产要求条件不高，农民只需要购买少量蜂群就可以进行生产，而且花费时间较少，农民在从事农业生产的同时可以进行养蜂管理，特别适合贫困山区的农民。与畜牧业、水产业等其他行业相比，养蜂业生产成本较低。养蜂生产带给农民的收益除销售蜂产品而获得的直接经济效益外，还可以通过租赁蜂群为农作物授粉而获得收益。因此，养蜂生产不仅成为发达地区农村，而且成为西北部地区和山区农民增收的重要手段。

在我国人均耕地面积不足的条件下，养蜂生产不需占用有限的耕地资源，农民在自家的房前屋后等空闲地中就可进行。与其他养殖业相比，目前蜂业属于劳动密集型产业，生产环节中手工操作多，使用的能源极少。由于蜂产品的原料直接来源于自然界植物的花蜜、花粉及树胶，这些资源如果不被蜜蜂利用，人类和动物也没有办法使用，只会白白损失掉。蜜蜂利用后不但不消耗资源，而且会增加植物种子成熟度，提高作物和果树、蔬菜等的产量，促进植物的繁育，特别是对于一些珍稀物种的繁育，蜜蜂更是发挥了不可替代的作用。

第三，蜂产业具有显著的经济效益。世界上与人类食品密切相关的作物有 1/3 以上属于虫媒植物，需要进行授粉才能繁殖和发展。蜜蜂具有特殊的形态结构、授粉时的专一性、易于人类驯化和管理等特性，成为为农作物进行授粉的最理想的授粉者。国内外大量科学研究文献及农业生产实践证明，通过蜜蜂授粉，可使农作物的产量得到不同程度的提高，还可以提高牧草及种子蛋白质含量，提高作物种子发芽率等，更为重要的是还可以改善果实和种子品质、提高后代的生活力，因此，成为世界各地农业增产的有力措施。

目前，我国的蜂蜜和蜂王浆中有一半出口到国际市场。蜂蜜是我国传统的出口产品，也是我国出口创汇的重要产品。据海关统计，每年有年产量一半左右的蜂蜜出口到国外。中国是世界上蜂王浆生产大国，我国蜂王浆的生产技术处于国际领先水平，全世界的蜂王浆中有 90% 以上产自中国。

二、制约蜂产业发展的瓶颈

（一）环境制约

据研究考证，蜜蜂与被子植物是协同进化的，二者起源于我国华北古陆的早白垩纪。蜜蜂与蜜源植物为互利和相互依赖的关系，这种关系一直延续到现在，这对植物多样性的形成和生态稳定是非常重要的。蜜蜂取食花蜜和花粉，同时给植物授粉，在生态系统处于特殊"消费者"的地位。蜜蜂需食用花蜜和花粉，蜜源植物更需要蜜蜂来传粉。

凡能为蜜蜂提供食料来源（花蜜、花粉）的植物统称为蜜源植物。蜜源植物的泌蜜散粉受遗传基因、土壤、耕作方式、病虫害、生理因素（树龄、长势、花序型、位置、花性别、大小年、蜜腺、授粉）及气候（光照、气温、水分、风）等因素的影响。蜜源植物的开花时间和泌蜜散粉量因生态环境（纬度、经度、海拔、坡向）的不同也有一定的差异。自然灾害、花期施药和收割柴草会使蜜源植物遭受不同程度损失甚至绝产，在这种情况下蜂群同受其害。

1962 年《寂静的春天》一书问世，清楚地说明化学农药和杀虫剂的使用对食物链和生态环境所带来的危害。在我国大量使用农药与化学肥料的习惯直至今日，几十年的累积使农业生态环境不断恶化，保证农作物健康和食品安全，降低作物病虫害发生率和危害，保证农业生态安全成为急需解决的难题。在农业生态环境污染的治理过程中，增加和保护农作物，有效利用现有土地和农作物资源是一项重要的治理措施。蜜蜂授粉不仅保障了农作物正常生长和正常开花结果，增加作物的产量；同时可以减少或替代化学激素的使用，改善农作物品质，并可以促进农作物乃至野生植物的繁茂生长，野生植被的繁盛，为有害昆虫等的天敌物种的繁育提供了场所和食物，天敌数量增加可有效控制农田和果园有害昆虫的发生，从而减少了化学农药的使用量和使用范围，必然会保护并恢复正日趋遭到严重破坏的农业生态环境，达到农业可持续发展的目的。

1. 蜜粉源资源的减少对蜜蜂的影响

我国疆域辽阔，蜜源植物种类繁多，全国或地区性主要蜜源植物有 50 多种，一年四季都有蜜源植物开花。据统计，已被利用的蜜源植物近万种。中国 1.066 亿 hm² 的耕地上，约有蜜源作物 0.3 亿 hm²；在 0.7 亿 hm² 的森林中，有许多能为蜜蜂提供优质蜜、粉的树种；在 3.3 亿 hm² 的草原上，分布着品种繁多的牧草蜜源。

近几年来，由于各地条件的差异和植物自然演替和人为选择等原因，蜜源植物的种类、数量、面积较 20 世纪中期有很大变动。刺槐、椴树、乌桕、鹅掌柴、栓木、油茶遭受到过度砍伐，荆条、胡枝子遭受破坏，毛水苏因垦荒被毁掉，荞麦和紫云英的播种面积减少，转基因棉种植面积增多。在退耕还林和退牧还草地区，虽然大量栽种果树、药草、饲草，新增了一些蜜源植物，也增加了我国蜜源植物种类，但蜜源植物总体呈现减少的趋势。

蜜源是养蜂之本。相对于阿根廷、加拿大、澳大利亚、俄罗斯、美国、巴西等养蜂和蜂蜜主产国，中国的蜜源资源利用率比上述国家都高，但中国蜂群的蜜源占有面积要少很多。即我国蜜蜂对蜜源的利用在相当多的地区已达到或接近"超饱和"程度，因此，蜂场间几乎每年都有因抢占蜜源场地引起的毒蜂、打架伤人事件；还有的蜂场对好的蜜源场地出钱买断采集权，以阻止其他蜂场进入。

造成蜜源植物减少的原因比较多，有主观的也有客观的，但主要是人为原因。其一是蜜源植物的保护与种植没有引起重视，农业、林业等主管部门没有将蜜源植物的保护与种植列入议程，处于无政府或无序状态。因而砍伐无人管，种植无计划，这是造成蜜源植物减少的主要原因。其二是受眼前利益驱使，一些既得利益者肆意砍伐蜜源植物。例如，东北林区的椴树是一种较为稀有的树种，木质较好，以前允许砍伐时人们着重砍椴树，近于砍光伐尽。近几年国家封山不允许砍伐，那些偷砍者依然砍椴树。导致目前一些椴树蜜主产区的椴树已很少；前些年平原地区的农民房前屋后都种几棵刺槐树，这几年很少见了，原因是刺槐长得慢，但木质硬，是极好的木桩、木橛材料，人们砍刺槐制作木桩、木橛，却因其长得慢而改栽速生杨或桐树，有些山区砍伐刺槐种植烟叶。其三是作物种植随意性太强，在现实市场经济条件下，农民有权自行安排承包田的种植，由于信息不灵、计划不周或科学认识不到位，有些农民在安排种植时缺少计划性。例如，冬季种紫云英（即红花草），是一种极好的养田肥田措施，很多农民不予重视，秋冬季有很多农田闲置也不撒播紫云英。其四是部分化学制剂的使用对蜜粉源植株的泌蜜造成不利影响，出现有花无蜜的蜜源资源相对不足的现象。蜜蜂农药中毒死亡是老问题，这个问题尚未很好解决，化学制剂的滥用又对蜜蜂带来新的危害。例如枣树、棉花是较好的蜜源植物，但大量喷施"缩节素"等化学制剂，改变了植物的生长发育结构，导致分泌花蜜的蜜腺缩小或不流蜜，从而造成有花却无蜜可采。

2. 气候环境的变化对蜜蜂的影响

一是气候环境对蜜源植物的影响。养蜂是一个复杂的生产过程，极易受到各种自然因素、社会因素和人为因素的影响，特别是气候因素的影响更大。气候变暖不仅使我国各地的温度有不同程度的升高，而且各地的降水也发生明显的变化。这些变化会对我国各地的蜜源植物及蜂群活力产生一定的影响。

气候变化对我国蜜源植物资源的数量和分布会产生重大的影响。在气候快速变化时，植被的迁移可能跟不上气候变化，在气候与植被之间达不到某种平衡，破坏了当前的植被分布，使养蜂业赖以生存的蜜源植物资源受到一定的破坏。

气候变化对蜜源植物的开花泌蜜也会有明显的影响。单从温度影响考虑，假如温度升高则对北方蜜源植物是有利的，可能使其营养生长和生殖生长更为旺盛，开花期提前，如果水分条件好、花期天气好，则花期延长、花蜜增多，有利于养蜂生产的发展。但气温升高后往往加重了干旱，使春季的干旱、大风或春夏连旱成为影响蜜源植物开花泌蜜的主要原因。另外，气候变化将使各种极端天气发生的频率加大，导致在春夏期间遇到不利天气的可能性更大，严重影响花期的开花泌蜜和蜂群采蜜活动，对养蜂生产带来不利影响。

研究表明，温室效应导致的气温升高在冬季比其他季节明显，温暖的冬季有利于蜜源植物及蜂群安全越冬，为来年开花泌蜜和蜂群繁殖采蜜打下良好基础。但温度升高特别是冬季变暖也会加大危害蜂群的病虫基数，使来年蜂群的病虫危害更为严重，这是需要特别认真对待的问题。因此，加强研究和生产高效低毒的蜂用农药，减轻蜂群的病虫危害，是养蜂生产健康发展必不可少的重要保证之一。

二是气候环境对蜜蜂生长发育的影响。蜂属社会性很强的变温昆虫，以蜂巢为寄存场所，群体生活，其生长发育和气候条件密切相关。

温度。蜜蜂体温随外界气温变化而变化，其生长、发育和繁殖亦受外界气候环境和蜂巢内环境的影响。在适宜的温度范围内，蜜蜂感觉舒适，营养消耗少，采集力强，寿命也最长。气温超过40℃时，蜜蜂新陈代谢失去平衡，体蛋白凝固，继而昏迷，以致死亡。气温低于13℃，蜜蜂停止飞翔，翅肌僵硬。蜜蜂体温随气温下降到14℃以下时，开始麻木，降到6～8℃以下，甚至僵死。在蜜蜂繁殖季节，蜂王在气温20～25℃的晴天下午14～16时出巢，与空中雄蜂婚飞交尾。在交尾后回巢产卵，卵孵化为幼虫，再羽化成蜂。蜂王产卵和蜂子发育要求蜂巢必须保持在34～35℃的恒温状态。这一适温条件下，蜂王产卵多，蜂子发育好，羽化出房率高。蜂巢温度过高过低都会影响蜜蜂繁殖。外界气温对蜂巢温度影响非常明显。蜜蜂对外界温度变化能产生相应的生理反应，并具有调节蜂巢温度的本能。外界温度随四季气候发生变化，蜜蜂为适应气温变化而改变行为，调节代谢活动。

湿度。蜜蜂对湿度的要求也有其适宜的范围。蜜蜂适宜的外界空气相对湿度为60%～70%，巢内湿度为40%～50%时，最适宜蜂子发育。在流蜜期，蜂巢相对湿度为55%～65%，蜜源缺乏期为76%～80%。当巢内湿度过大时，蜜蜂靠振翅煽风除湿。湿度过小时，蜜蜂靠采水涂布于巢脾上，以增加巢内湿度。空气温度和湿度共同影响蜜蜂季节性病害的发生。如蜜蜂孢子虫病，在陕西发病高峰为5～6月。气温31℃时孢子虫发育最快，37℃时孢子虫发育受到抑制。当气温降至14℃以下时，孢子虫停止发育。因而秋冬寒冷季节孢子虫病发病率最低。蜜蜂卷翅病是夏季35℃高温和空气干燥条件下引起的一种生理性病害。蜜蜂爬蜂综合征在月平均气温15℃左右易发，20℃以上症状消失。早春和初夏如果降雨多，降雨时间长，空气潮湿，巢内湿度大，蜂群易患白垩病。

光照。光与蜜蜂也有较密切的关系。蜜蜂有一对复眼和3只单眼，对光波的感受

范围是 $300\sim650$nm 的可见光，其颜色为紫、兰、绿、黄。蜜蜂对红光无感受，是色盲。

风。风对蜜蜂活动有一定影响。流蜜期间，蜜蜂喜逆风采蜜，采蜜后顺风归来。当风力达三级以上时，蜜蜂往往被迫贴近地面飞行，如路遇大水面会造成蜜蜂溺水死亡的损失。

3. 生态环境污染对蜜蜂的影响

对蜜蜂生活、生长发育及繁育有影响的所有空间条件，是蜜蜂生存的环境。在长期自然进化过程中，蜜蜂逐渐形成了一系列与环境协调的行为。环境污染是人类活动中将大量的污染物排入环境，影响环境的自净能力，从而降低了生态系统的功能。蜜蜂缺乏免疫系统，对环境污染缺乏抵抗力，对环境变化十分敏感，特别是对化学性农药的敏感性极高。在自然界中，蜜蜂对污染大气、水体中的某些有毒有害成分有较强的敏感能力，蜜蜂对毒性较强的氯和氯化氢、氟化物、化学烟雾以及多种农药等均有不同程度的反应。由于蜜蜂特殊的生殖习性，相对于其他昆虫，蜜蜂较难通过后天的训练而获得遗传抗体，因此，蜜蜂可以作为易感性生物标志物用于环境污染的监测。

近几年，北方地区出现沙尘暴的侵袭，沙尘暴致使蜜源植物停止泌蜜，蜂群群势急剧下降，这是生态环境恶化对人类和蜜蜂生存环境危机敲响的警钟。生态环境恶化对蜜蜂水源和蜜源植物造成污染。在工业区附近，烟囱排出的气体中，含有害物质，随着空气（风）飘散并沉积下来。废气中有毒物质和气体可直接通过蜜蜂气门进入其体内，麻痹神经致使其中毒死亡。另外，这些有害物质沉积在花上，被蜜蜂采集后影响蜜蜂健康和幼虫的生长发育，还对植物生长和蜂产品质量构成威胁。除工业区排出的有害气体外，工业区排出的污水和城市生活污水也威胁着蜜蜂的安全。污水是近年来蜜蜂爬蜂病发病主要原因之一，水泥厂排出的粉尘是附近蜂群群势下降的原因之一。毒气中毒以工业区及其排烟的顺（下）风向受害最重，污水中毒以城市周边或城中为甚。污水、毒气造成蜜蜂中毒现象，雨水多的年份轻，干旱年份重，并受季风的影响，在污染源的下风向受害重，甚至数千米的地方也受其危害。污染的土壤和蜜源植物使蜂产品受到污染，导致食品安全问题，危害到食物链的上端人类的安全健康。

杀虫剂和除草剂等农药的广泛使用，经常导致蜜蜂集体中毒事件发生，农药中毒主要是在蜜蜂采集果树和蔬菜等人工种植植物的花蜜花粉时发生。另外，由于催化剂和除草剂的应用，驱避蜜蜂采集，或蜜蜂采集后，造成蜂群停止繁殖，破坏蜜蜂正常的生理机能而发生毒害作用。杀虫剂的大量使用，使蜜蜂农药中毒事件日益增多，这在许多国家成为养蜂生产的一个严重问题。

此外，现代化建筑、公路、铁路、农田以及人类活动均造成生态环境中蜜蜂访花活动的改变和访花频率的下降，是加剧生态环境失衡的重要因素之一，而栖息地内显花植物的减少，又将进一步对蜜蜂生存状态造成消极影响。蜜蜂是环境条件敏感完美的指示器，如果蜜蜂从地球上消失，也就意味着地球环境的恶化程度必定非常严重。许多国家将蜜蜂作为客观评价人类经济活动对自然生态系统影响的生物指示器的首选物种，建立用毒物和放射性核素含量来监测生物系统污染程度的生物监测系统，并根据监测结果编制环境污染图谱，制定污染监测防治的新标准。

蜂产品均来自蜂场，因此蜂场环境直接影响蜂产品安全性。环境包括自然环境和社会环境。自然环境包括蜜源、水源、气候、交通等。由于立法不完善及养蜂业所处的弱势地位，蜜源花期施用对蜜蜂和蜂产品有害农药的情况时有发生，以及花期前施用残留期长的农药，土壤中有害农药的残留，导致水质变差，空气污染，有害气体超标，给养蜂生产带来巨大威胁。

转基因作物（GM）对蜜蜂、蜂产品食用安全和生态环境的影响。大豆、棉花、油菜和玉米是当今普遍具有耐除草剂性状的主要转基因作物（GM），这些作物一直是蜜源植物。但是，今后转基因作物很有可能扩展到多种其他的重要蜜源植物，如向日葵和苹果。随着转基因作物在世界范围的种植，这些转基因作物会给蜜蜂的健康、蜜蜂产品的食用安全以及基因流动产生影响。而大量研究报告阐明了转基因作物及其所产生的新的蛋白质对蜜蜂寿命、生长发育、飞行活动、觅食和嗅觉习性行为的影响。近年来的研究认为，转基因作物有可能对蜜蜂产生直接和间接的影响。直接影响是指表达于转基因作物中的新的蛋白质被蜜蜂摄入后产生的影响。所谓间接影响是指由于外来基因被导入作物，有可能使作物的表型发生改变，从而减弱其对蜜蜂的吸引力，或降低蜂蜜的营养价值。来自表达于转基因作物的花粉或花蜜、树脂和蜜露中的新的蛋白质，被蜜蜂摄入后，有可能影响蜜蜂的行为、生长发育或存活率。当由于转基因或遗传改造导致植物表型产生非预期性变化，如导入性诱变时，转基因作物就有可能对蜜蜂产生间接的影响。此外，植物基因组中的转基因的随机定位，可以干扰"正常"表型所需要的一个基因或一组基因。对某些转基因作物油菜花蜜的分析提示，某些转基因或遗传改造事件，有可能导致蜜蜂行为的表型变化。

目前，商业种植的转基因作物对蜜蜂健康均无显著影响。但有越来越多的研究表明，具有多种性状的转基因作物可能潜在影响某些有益昆虫。

（二）管理缺失

中国蜂业实行国家统一管理、部门分工负责的管理体制。农业、商业、经贸部门分别主管生产、购销经营和对外贸易；医药、轻工部门管理以蜂产品为原料的药品、食品、化妆品等制品。农业部畜牧局负责全国养蜂生产的管理。中国养蜂学会为全国性跨部门、跨行业的民间学术团体，依托单位为农业部，是全国一级学会，挂靠中国农业科学院蜜蜂研究所，下设产品、蜜源与授粉、蜜蜂保护、育种、饲养、中蜂保护及利用、蜂业经济、蜜蜂文化专业委员会等分会。中国蜂产品协会的依托单位为全国供销合作总社，是全国性一级协会。它是由从事养蜂生产、蜂产品加工、经营、外贸、科研、教学等企事业单位和个人自愿组成的跨地区、跨部门、跨所有制的全国蜂产品行业组织。养蜂管理站负责具体管理地方的养蜂生产和技术指导，全国现有140多个地方养蜂管理站，其中省级9家，市级133家。

在管理上，政府主管部门并没有将养蜂作为一项重点促农措施来抓，缺乏"国家鼓励发展养蜂业"的具体措施。在归口管理上将其列为农业部门的畜牧口，在畜牧口中所列位置比较偏后。猪、牛、鸡、兔等均被主管部门作为重点项目列为年度考核指标，而养蜂仅作为一项普通项目管理，未列为年度考核指标。当前，除重点地区外，绝大部分地区没有专人抓养蜂，导致养蜂生产长期处于放任自流无序发展状态，明显存在发展无规划、生产无人抓、遇到困难无人管等问题，管理工作跟不上发展的需要已成为影响蜜蜂产业发展的重要因素。

（三）后继乏人

养蜂生产中主要面对的风险大致分为以下几类：一是自然风险，主要有天气的变化无常、蜜源植物的流蜜丰歉难知、蜜蜂的天敌等；二是人为风险，主要有作物使用农药导致蜜蜂中毒、偷盗蜜蜂、运输途中的交通意外、工业污染致使死蜂等；三是市场风险，主要是生产资料、蜂产品的价格波动等；四是疫病风险，主要是各种蜂病与病虫害等。

养蜂有工作强度大、各类风险多、流动性大、生活环境差、收入不稳定等特点，加上与外出务工在许多方面存在差距，许多年轻人不愿意从事养蜂业，而对养蜂感兴趣的也正是年龄偏大的中老年人。他们的文化素质普遍偏低，饲养技术不高，质量意识差，产品质量参差不齐，无法保证产品质量，经济效益低。目前已经出现了严重的年龄偏大、后续乏人的问题。

据陈黎红等（2007年）调查发现，目前直接从事养蜂生产人员的平均年龄超过48岁，50岁以上养蜂人员占到49.2%，30岁以下年轻养蜂员仅占5.5%；而20年前养蜂员的平均年龄为35.4岁，50岁以上从业者仅占蜂农总数的14.6%，30岁以下年轻养蜂员比例高达38.1%。10年前的数据与20年前相似。近10年来，我国养蜂人员的平均年龄增大近13岁，年轻从业者减少近80%。

2011年蜂产业技术体系经济课题组通过对蜂农固定观察点调查问卷的分析发现，2011年我国蜂农的平均年龄为49岁，最年长者为75岁，30岁以下的蜂农还不到5%，60岁以上的蜂农占总数的43%。如果养蜂业仍然没有"新鲜血液"注入的话，再过20年，我国蜂业将出现全面萎缩，无人养蜂。无论是哪种养殖模式，40岁以下的蜂农所占的比例都不高。相对而言，跨省转地养殖模式下蜂农平均年龄低于其他三种模式，30岁以下的蜂农达到了8%，但是跨省转地养蜂常年在外"追花夺蜜"，异常辛苦，对年龄和体力的要求高于定地饲养和小转地饲养。因此，整体来看，我国蜂业老龄化问题非常严重。

从收入来看，调查的蜂农收入水平处于全村的平均水平，即60%的蜂农其收入在全村中居于中等水平，处于中上水平的蜂农仅占总数的20%。但因为养蜂业相对于其他养殖业和种植业而言，工作艰苦辛劳且风险较大，所以从这个角度看蜂农的收入水平偏低。既辛苦收入又不高是导致年轻人现在宁愿从事其他产业也不愿意养蜂的主要原因。

第三节　养蜂技术贮备不足支撑乏力

农业部发布的《全国养蜂业"十二五"发展规划》明确提出："建立产学研密切结合的技术支撑体系，加快养蜂和蜜蜂授粉技术的研究和推广普及。加大对新型养蜂机具、新蜂药、新技术、新产品等研发的支持，加强养蜂生产者与加工企业和科研院校的联结，切实搞好蜂农科技培训，通过举办现场会、培训班等形式，多渠道、多形式、多层次地培训蜂农，提高养蜂管理技术水平。"

养蜂技术涵盖的领域可以划分以下几类：病虫害防治技术、饲养管理技术、蜂种、蜂产品信息、养蜂机具和蜜蜂授粉技术。

一、蜜蜂病虫害防治技术

影响我国养蜂生产的病虫害主要有三大类（蜂螨、成蜂爬蜂病、幼虫病），其发生及危害主要呈现出以下特点。

1. 养蜂生产的病虫害主要种类

一是，蜜蜂外寄生螨病。在所有病虫害中以蜜蜂外寄生螨病对养蜂业产生的影响最大，占因病虫害等造成损失的30%～40%，是养蜂业的头号大敌。每年因蜂螨防治不利而直接导致蜂场绝收甚至全场破产的事例屡见不鲜。由于杀螨药剂抗药性的不断提高等原因，从1999年起危害有上升趋势。二是，成蜂爬蜂病。成蜂的爬蜂病占因病虫害等造成损失的20%～30%。它主要是由蜜蜂成蜂体内病原物（如细菌、真菌、原生动物及病毒等）大量侵害造成蜜蜂体质衰弱无力飞行并死亡，因表现为成年蜂遍地乱爬，故取名为"爬蜂病"。近些年在蜂种选育及推广上，由于片面强调高产而忽略了抗病性，蜜蜂总体体质有所下降，这种病害的危害逐年增加。三是，幼虫病。幼虫病（包括有美洲幼虫病、欧洲幼虫病、囊状幼虫病及白垩病）占总损失的10%～20%。它主要通过大量幼虫感染死亡导致群势衰弱，从而影响了蜂产品产量。该病近年危害也在不断上升。

2. 养蜂生产病虫害发生及危害的主要特点

国内养蜂生产有两个很明显的特点：①品种不断趋于单一和片面的高产化。为了不断的追求高产，一些产量高但抗病性不足的蜂种在全国范围内大量推广应用，结果造成我国蜜蜂总体抗病性能的下降。②全国范围内大规模的移动放蜂，而各地检疫工作未能起到很好的监控作用。正是这两个特点为病虫害的大范围传播及发生，创造了非常有利的条件，比如1999年就曾经在整个华北地区暴发过蜜蜂爬蜂病，造成了不小的损失。

蜜蜂病虫害对养蜂产业所造成的损失：①影响蜂群群势的发展，导致蜂产品产量下降。平均来说这种产量的下降可以达到 30％以上。②为了控制病虫害，每年在蜂群用药方面产生了大量的消耗。按每群每年用于防治用药的花费 4 元保守计算，全国 800 多万群蜂每年就有 3 200 万元以上用于疾病防治的花销，而耗费在疾病防治方面的人力也更大。③病原物及防治药物残留的污染，造成蜂产品质量下降，影响了蜂产品的价格等，尤其随着消费者对产品质量的日益重视及出口产品质量标准的不断提高，这一问题已日渐突出。特别是近两年以抗生素为代表的有害物质残留，已成为影响我国蜂产品出口最主要的因素之一。

总的来说，蜜蜂病虫害对养蜂生产所造成的损失巨大，而且这种损失有不断上升的趋势，尤其是对蜂产品质量的影响已成为我国养蜂业健康发展的主要障碍之一。

二、饲养管理技术

人类从对自然野生蜂巢的猎取，以获得蜂蜜、蜂蜡以及巢脾中的蜂粮和虫蛹，到美国人 Langstroth 在 1851 年以"蜂路"概念为基础发明了划时代的活框蜂箱，经历了漫长的时期。活框蜂箱促进了人们对蜜蜂生物学特性进一步的了解，使蜜蜂饲养技术发展具有了一定的科学基础。世界上出现活框蜂箱以来的 150 多年，蜜蜂饲养管理技术发展迅速，人类对蜜蜂生物学特性的了解也更加深入。

虽然现阶段蜜蜂饲养管理技术发展迅速，饲养蜂群的规模、管理方法的精细、现代养蜂机械和工具的使用等都比 150 年前有了长足的进步，但是蜜蜂饲养管理技术的发展仍与 Langstroth 发明活框蜂箱时处于同一"台阶"。蜜蜂生物学、蜜源植物学等相关基础学科发展的相对滞后，制约了蜜蜂饲养管理技术的发展，使蜜蜂饲养管理技术一直在经验水平上徘徊，没发生质的飞跃。现阶段的养蜂技术仍是以有限的蜜蜂生物学等科学基础和经验的积累为基础发展的，已明显不能适应现代社会发展的需要。

对于我国养蜂生产发展方向的预测，应改革传统的管理方法，研究适应蜂蜜王浆兼顾的生产型、定地结合小转地和规模化养蜂的配套饲养技术。深入蜜蜂饲料的研究，研制适合各种不同需要的蜜蜂饲料，改善蜜蜂的营养状况，提高蜂产品产量与品质。使用计算机模拟，使饲养管理如分蜂、饲喂、调整巢脾、组织生产、防虫治病、安全转地等措施更具科学化。

三、蜂　　种

蜂种是一个概念含糊的名词，它既包括蜜蜂纯种，又包括蜜蜂杂交种。20 世纪 90 年代以来，我国蜂业界科研工作者已陆续育成几个高产杂交种蜜蜂，并在养蜂生产上加以推广应用。主要有：浙农大 1 号；国蜂 213，国蜂 414；白山 5 号、松丹 1 号、松丹 2 号、喀（阡）黑环系和黄环系。

优良蜂种是优质、高产、高效养蜂业的基础，也是规模化养蜂的先决条件。有了优良的蜂种，才能在同等投入的条件下有更大的产出。优良蜜蜂品种的育成，会给养蜂生产发展带来根本性的变化，养蜂生产过程中的许多难题，相当部分都与所饲养的蜂种有关系。

目前多数蜂场都是采用自繁式引种的饲养方式，这种比较盲目的引种方式极易造成蜂种的退化，主要是和遗传因素与饲养的环境因素有关。主要表现在以下几方面。

（一）近亲繁殖引起的种性退化

我国目前多数蜂场多年来饲养一个品种，只选用 1～2 个蜂群作为种群，培育雄蜂和蜂王进行自然交尾，蜂王产卵后留做本场使用。这样年复一年，累代近亲繁育，没有及时更新血液，因而父母本的生殖细胞差异较小，使后代的生活力降低；由于近交使基因纯合，基因的显性与上位效应减少，而平时被显性基因所掩盖的隐性有害基因得到表现，降低了蜂群的经济性能，出现了退化现象。

（二）混杂繁殖引起的种性退化

蜜蜂的自然交尾活动是在空中进行的，婚飞的半径较大，而且处女蜂王喜欢与其他品种的雄蜂交配，一般蜂场又无力控制空中的雄蜂，蜂王在交配过程中容易与其他品种的雄蜂发生自然杂交，导致品种的遗传信息杂合和不准确。另外，任何良种都有区域性，这个因素往往被蜂农引种者所忽视。

（三）选种方法不当引起的种性退化

国内有些蜂场（甚至有的育王场）在选择种用蜂群时，一般只根据某个蜂群的性状表现来选择，只注重了优选，而忽略了纯选，而不能使亲本的优良特性稳定地遗传下去。有些蜂场在挑选种群时，只挑选母群，不挑选父群，不注重雄蜂的培育，参与交尾的雄蜂质量低劣等。

（四）种群数量少造成基因的丢失

蜂王具有 16 对染色体，可以产生 216 种不同类型的配子。在培育新一代蜂王时，只能随机地利用其中极少部分配子类型参与育种，使它们所携带的基因得以遗传下去，而绝大部分配子却失去参与育种的机会，造成了无意识地丢失该品种的大量优良基因。因此，需加强蜂种遗传规律研究，预防优良基因丢失。

（五）不适当的饲养管理方法

每个优良品种都必须有与其生物学特性相适应的饲养管理措施，以保证其优良性状得以充分发挥和表现。但是有的蜂场不管饲养的蜂种生物学特性如何，一律采用同一饲养管理方法，这样，再好的蜂种，也不能得到很好的表现。

四、蜂产品加工技术

20世纪80年代后期，有些具有责任感和使命感的蜂业创业者们花了大量的人力、物力和财力，不断加强蜂产品宣传，扩大蜂产品的内销市场。通过十几年的努力，伴随着中国特色社会主义市场经济的蓬勃发展，到20世纪末期，我国蜂产品产业也相继发生了深层次的、可喜的变化，蜂产品品牌百花齐放，打破了过去由一家企业或几家企业一统市场的局面，蜂产品的内销市场取得长足的发展，相当数量的蜂产品在国内消费，中国已逐步成为世界上第一大蜂产品消费国，蜂产品销售品种也由单纯的蜂蜜销售转变为蜂蜜、蜂蜡、蜂王浆、蜂花粉、蜂胶、蜂毒制品等多品种销售，经营范围也在食品的基础上增加了保健食品，产业得到较快发展。

1998—2009年，随着国内蜂产品市场的不断升温，加上进入蜂产品产业的技术门槛比较低等原因，一部分游资、散资大量涌入，在一些蜂产品市场较好的大中城市，各类蜂产品店遍地开花，蜂产品加工企业数量剧增。

国内市场上常见的蜂产品种类主要有蜂蜜、蜂花粉、蜂王浆、蜂胶及日化用品五大类。近几年，蜂产品品种逐渐丰富，蜂蜜除以瓶装蜜为主外，还出现了袋装蜜、蜂蜜冻干粉、巢蜜、蜂蜜酒等产品。此外，蜂花粉、蜂王浆等产品也出现了新品种，如蜂花粉片、蜂花粉软胶囊、王浆软胶囊、王浆硬胶囊、王浆含片、蜂胶配剂、蜂胶丸剂、蜂胶喷雾剂、蜂胶片剂、蜂胶软胶囊剂型等，改变了我国蜂产品品种单一的现状。但是总的来说，我国蜂产品近几年变化仍然不大。与国外相比，我国蜂产品在深加工产品方面还存在不小的差距。例如国外蜂蜜奶酪、蜂蜜干粉、固体蜂蜜、蜂蜜酒、蜂蜜啤酒、牛奶蜂蜜、蜂王浆耐酸溶片剂、蜂胶醇溶剂、蜂胶水溶剂、蜂子罐头、虫蛹饼干及各种蜂蛹菜肴等产品都很普及，而我国则相对较少，还处于起步阶段，因此，国内蜂产品企业的产品雷同现象非常严重。

目前，蜂产品主要集中为瓶装蜂蜜、鲜蜂王浆、蜂花粉、蜂胶软胶囊等产品，产品差异性不明显，消费者难以区分。同样的蜂胶软胶囊，价格从几十元到几百元，消费者不能辨别产品好坏。一方面原因在于蜂产品本身的属性决定了很难从外观上去区分好坏优劣，甚至对于一些专家来说，也不一定仅仅通过外观就能区分。必须做相应的检测才能区分。另一方面，很多企业只注重生产初级产品，不注重开发深加工产品。小企业几乎就没有科研方面的投入。新产品开发本来就是一项极其困难的工作，必要的科研投入是新产品开发的保证。但国内很少有企业配有相关的科研开发部门，并从年利润中支出一定的费用支持科研开发的。

很多企业产品多年都不更新，有的更新也仅仅是换个包装，蜂产品新品研发十分落后。因此，应该加强蜂产品新品的研发力度，以蜂蜜为例，国外已经有蜂蜜酒、牛奶蜂蜜等产品，但国内同类产品的生产相对欠缺；开发蜂蜜深加工产品，可以提高产品附加值，跳出同质化竞争的泥沼，获得更好的经济效益。蜂王浆、蜂胶产品作为蜂产品中的高档产品，考虑到其市场流通产品差异性小的问题，应该加强对蜂王浆、蜂胶中功能因子的研究力度，通过功能因子的确定，开发科技含量更高、功能更有效的产品，国外同行已经在这方面走在了前列。

我国蜂产品科技附加值低已经成为制约我国蜂产品贸易的重要因素，也影响了整个产业的健康发展。当前我国蜂产品企业的整体加工水平还比较落后，蜂蜜浓缩十分普遍，蜂王浆、蜂花粉、蜂胶等产品的开发也十分落后。一直以来，我国都处于发达国家初级蜂产品供应国的地位，很多产品经过发达国家深加工后又返销我国，不改变这种局面，我国蜂产品贸易将长期受制于人。因此，应该逐渐淘汰蜂蜜浓缩工艺，提高蜂产品的加工技术水平，研发具有自主知识产权的加工设备和工艺技术，使我国在蜂产品深加工领域逐渐缩小与发达国家的差距。

五、养蜂机具

20世纪初，西方活框养蜂技术引入中国，距今已近百年。西方蜜蜂的适应性、驯化水平、饲养技术、生产设备、综合生产性能等各项技术指标的优异，使其饲养规模逐步扩大，西方蜜蜂取代东方蜜蜂在我国蜜蜂养殖生产中占据了主导地位，同时也带动了东方蜜蜂驯化饲养和养蜂工具技术水平的提升。但是，近百年来，除了根据生产需要在蜂箱中进行了一些辅助性的改动和增加了一些必备的简单器具（如取浆框、蜂王产卵控制器）外，我们在生产方式和生产设备的增效改良等方面，几乎没有取得突破性进展。我国蜂机具的发展，不仅与西方蜂业强国有着巨大的差距，而且与我国蜂业的整体快速发展也极不相称。同时还带来了诸如产品质量差、生产效率低、病虫害严重泛滥等诸多问题。

近年来，我国的蜂具事业有了较大发展，蜂机具的生产厂家和销售商逐渐增多，产品越来越丰富，新的蜂机具日益增多，为我国养蜂业带来了生机。表现较突出的是蜂王浆生产，有为方便移虫的控产器，王台条由单排变为61或63孔双排采浆条。巢础的生产已由过去的手工操作过渡到现在的机械化、半自动化生产。现在的巢础生产不仅电动压片、压花，电动切边，而且生产出多功能塑料巢础，塑料巢础已在我国开始生产应用。摇蜜机的材料由过去的白铁皮过渡到塑料，现在已经有了不锈钢摇蜜机，出现了管道化饲喂器，有从盒式饲喂器向管道化发展的趋势。脱粉器也向着高效无污染方向发展，金属丝脱粉器由铁丝变成不锈钢丝，现在又出现了铜丝，塑料脱粉片由过去的平口变到现在的喇叭形口，效率明显改变。采胶器具从无到有，出现了多种采胶板，包括塑料制、橡胶制、竹制等多种多样。

近年来，虽然我国的蜂具业有很大的发展，但基础比较差，与养蜂发达国家相比，有一定差距。我国没有脱离传统养蜂模式，以手工操作为主，劳动生产率较低。以采蜜为例，在我国一个蜂农养100箱蜂，可能有一定的困难，而蜂机具配套设施完备的欧美养蜂发达国家，1位养蜂人可以养几百，甚至上千群（繁忙季节请少数临时工）。

　　国外平均每位养蜂者养蜂数量是我国的几倍甚至十几倍，这与他们的粗放饲养方式有关，也与蜂机具有直接关系，养蜂发达的国家养蜂机械化、自动化程度高。目前我国的小摇蜜机，要手工操作，一次只摇 2 张蜜脾，多的也就 6 张，而国外的摇蜜机不仅仅是电动，一次可以摇很多张蜜脾，有一种风车式摇蜜机，一次可摇 200 张蜜脾。割蜜盖的工具，我们用的是钢片割蜜刀，国外不仅有电动割蜜盖刀、割蜜盖刨，还有大中型的割蜜盖机，自动传动，自动割盖，也有整箱割蜜盖机，将蜜脾整箱放上，整箱脾同时割盖。我们转地放蜂，要包装、装车、卸车，国外有专用的养蜂车，要转地，蜂群拉着就走，一系列先进的养蜂设施，使养蜂生产效率大大提高。

　　纵观世界养蜂生产机具发展的情况，各地区均是根据自身蜂业生产的实际现状来开展蜂机具生产设备研究开发。北美和欧洲地区蜜蜂养殖主要分专业和业余两种情况。专业养蜂一般规模比较大，小的几百近千群，大的达到几千群，育种蜂场、授粉用蜂、生产用蜂专业分工，其中农作物有偿授粉用蜜蜂占到蜂总量的 50% 以上。业余养蜂则规模较小，几群、几十群不等，其养蜂目的重在娱乐、观赏和教学，一般都放在房前房后或房顶等家庭私人空间内，且不得干扰影响邻里生活。首先各专业用蜂的蜂箱根据其生产特性有非常大的区别，但均配备非常齐全的辅助设施。国外蜂产品的生产是以成熟蜂蜜为主，因此生产季节都是多箱体养殖。取蜜时使用鼓风熏烟器从上至下将蜜蜂驱散，把封盖蜜脾与继箱一起搬上运输车，集中运至蜂蜜分离车间，将整继箱的蜜脾放上大型蜂蜜分离机，一次性完成割蜜盖、分离（摇）蜂蜜、蜂蜜过滤、巢脾清洗消毒防虫等作业，最后将整继箱的巢脾运送至库房保存。大型蜂场超长距离转场一般采用空运方法。比如，在加拿大进行东西部转地放蜂，首先在东西部各设一个蜂场，根据季节的变化，采用空运笼蜂的形式东西部倒箱转场实现转地放蜂。陆地运输则是专业的运输公司使用专业的运蜂车，由获取运蜂职业资质的职业司机进行运输，蜂场主不得随便自行运输蜜蜂。

　　业余养蜂由于其目的是娱乐、观赏和教学，使用的养蜂工具精致细腻且五花八门，个人创新意识非常强，如蜂箱就有标准型的、自制木桶的、水泥材质的、卡通形状的等，收获蜂蜜时往往是邀请家人亲朋或将蜜脾带至养蜂俱乐部与大家一起取蜜交流，共享收获蜂蜜的快乐。业余养蜂这部分群体因为是将蜜蜂当宠物来饲养，其更注重非常规、小众蜂产品的生产，如小盒巢蜜、无污染的天然蜂胶等。使用的养蜂工具小巧且档次很高，非常精致，高规格不锈钢等环保材料应用广泛。

　　国外蜂机具的研发生产主要具备几个特点：一是从实际应用出发，以提高生产效率、保证蜂产品质量为目的，解决具体实际问题；二是产品标准化水平高，保证了在使用过程中不会产生自相矛盾，降低生产效率；三是，蜂业从业者对蜂具设备的研发创新意识和积极性非常高，形成了广泛的群众基础。

　　我国养蜂机具应以发展中小型机具为主。制订各种蜂机具的标准，以标准化来规范蜂机具的原材料、加工工艺、规格尺寸、产品质量和先进性、系列化。研制适应不同作业条件的养蜂装卸机具，如随车吊、随车蜂箱提升机等。研制放蜂车系列，减少蜂箱装卸和改善野外生活条件。蜂产品采集机械化方面，研制不同类型的吹蜂机、割蜜盖机、分蜜机、熔蜡机、蜜泵等，装备取蜜中心或流动取蜜车。研制移虫、割王台盖、取王浆机具和便携式王浆冷冻贮藏设备。研制蜂胶采集器具，提高蜂胶的产量与纯度。生产蜂具的母机方面，恢复并改进巢础机蜂房轧辊的雕刻机床，提高巢础机的产量与质量。研制一步法、二步法生产巢础的流水线设备。研制提取蜂蜡的成套设备。

六、蜜蜂授粉技术

蜜蜂是自然界最主要的授粉昆虫，蜜蜂授粉在植物多样性保护及生态系统平衡维护方面发挥着极为重要的作用。同时，在全球现代农业系统中，粮食作物、油料作物、经济作物、牧草作物、瓜果类、蔬菜类和果树类等主要依赖于蜜蜂授粉，蜜蜂授粉在农业生产中的经济价值和社会效益十分显著。在农业发达国家蜜蜂授粉已经形成一项独具特色的产业，实现了商品化和规模化。近10年来中国蜜蜂授粉业也发展迅速。由于环境恶化、人类活动的干扰、植被的破坏以及病虫害暴发等原因，包括蜜蜂在内的多种授粉昆虫受到严重威胁，尤其是近几年来蜜蜂在北美和欧洲很多国家出现无故消失的现象，引起了很多国家和部门的高度重视。中国现有蜂群820万群，是当今世界第一养蜂大国，但中国主动应用蜜蜂授粉的意识并不是很强，养蜂业的发展主要还是以获取蜂产品为目的，蜜蜂授粉在现代农业生产中的潜能还有待于进一步的开发。

根据农业部的调查，2008年全国蜂群数量达820万群、蜂蜜产量超过40万t，养蜂业总产值达40多亿元。从数量上来说，中国是第一养蜂大国，但养蜂业的发展还是以获取蜂产品为主要目的，出租授粉占养蜂收入的比例很低。尽管中国大田作物租赁蜜蜂授粉的比例非常低，但大田作物蜜蜂授粉的经济价值依然存在，而且十分巨大。据农业部估计，每年蜜蜂授粉促进农作物增产的产值超过660亿元。中国养蜂业以生产蜂产品为主，为了获取更多的产品，约500万群蜜蜂为流动蜂群，即养蜂场跟着大宗蜜源植物的花期而在全国各地流动，这样，在生产大量蜂产品的同时，也可为大宗农作物授粉。例如，蜜蜂为荞麦等粮食作物，为油菜、向日葵和油茶等油料作物，为苹果、梨、柑橘、荔枝、龙眼和枇杷等果树，为紫苜蓿、紫云英、苕子和草木樨等牧草授粉的经济效益十分显著。另外，中国还有约300万群蜜蜂为固定蜂场，这些固定蜂场在生产蜂产品的同时，也同样为当地的多种作物、水果和蔬菜授粉。近10年来，中国设施农业发展迅猛，设施作物应用蜜蜂授粉的重要性也渐被人们所认识，尤其是在温室草莓、桃和杏等水果的生产过程中，租赁蜜蜂授粉的比例已经达到了80％以上，其他瓜果蔬菜的应用程度也在逐步提高。如果将各种作物、果树、蔬菜、牧草和各种野生蜜源植物计算在内，中国蜜蜂授粉的经济价值将是十分惊人的。此外，蜜蜂授粉能够产生巨大的生态效益。受经济发展和自然环境变化的影响，自然界中野生授粉昆虫的数量大量减少，家养蜜蜂对生态环境的作用更加突出。另外，蜜蜂授粉能够帮助野生植物顺利繁衍，修复植被，改善生态环境。其实，蜜蜂在植物多样性保护和维护生态系统平衡方面做出的生态贡献远远大于为农作物授粉所产生的经济价值。

尽管中国是世界第一养蜂大国，蜜蜂授粉也产生了较大的经济价值，但同农业发达国家相比，中国蜂业发展一直在以蜂产品生产为重心，对蜜蜂授粉服务于大农业生产的认识不足，主要表现在如下几个方面：

一是中国主动授粉（出租授粉）的蜂群很少。中国大田作物租赁蜜蜂授粉的蜂群占不到蜂群总数的 5%，这与美国、英国、法国、德国、澳大利亚和韩国等农业发达国家 50% 以上的蜂群用于专业授粉相比还有很大的差距。尽管中国蜜蜂在生产大宗蜂产品的同时，也为大宗农作物起到了较好的授粉作用，但其他零星分布的果树、蔬菜、牧草和粮油作物等大多数作物都没有充分利用蜜蜂授粉，严重影响了这部分农作物的产量。二是中国对蜜蜂授粉的重要性认识严重不足。尽管已有大量的研究结果表明，蜜蜂对多种粮食作物、油料作物、果树、蔬菜和牧草等授粉有较好的增产提质的作用。但在生产实践过程中，种植者主要考虑的还是品种和水肥等管理措施。甚至到目前为止还有一部分种植者认为，蜜蜂采走了花朵的精华，或者说蜜蜂咬坏了花朵，还要向蜂农收取所谓的损失费。他们没有意识到蜜蜂采蜜起到了为农作物传花授粉的作用，可以大大提高农作物的产量。在一些地区，行业管理部门不仅没有为流动蜂群提供便利条件，还要多次收取检疫费和进场费等，致使有些蜂农因为生产成本过高，放弃了放蜂的计划，最终导致当地作物授粉严重不足而减产。三是中国农作物使用农药的现象比较严重。在过去几十年中，化学农药的使用一直是中国农作物病虫害防治最有效的手段，其严重的副作用也逐渐显现出来。农药的大量使用，在杀死作物害虫的同时，也杀死了大量的授粉昆虫，影响了作物授粉受精，严重破坏了农田生态平衡。化学农药残留在作物体内形成一定的累积，也不利于消费者的身体健康。同样，蜜蜂对化学农药非常敏感，尤其是一些毒性较大的农药或缓释性农药，对蜜蜂的毒害非常大，这种现象在中国设施农业生产中更为常见。人们经常见到蜜蜂在温室内，宁愿在巢内饿死，也不会飞出蜂箱去采集，这主要是温室内过度用药的缘故。四是中国设施果菜滥用化学激素。近 10 年来，随着中国种植结构的不断调整，设施农业迅猛发展，现在各类设施栽培面积达 400 万 hm²。但中国设施农业生产的产品品质不高、效益低下，在国际市场上竞争力不强。缺乏昆虫授粉是中国设施农业生产效率低下的主要因素之一。茄果类和瓜果类在中国设施栽培中占有很大的比重，但在生产过程中绝大部分采用喷施化学激素来促进坐果。激素喷花的生产成本很低，坐果也比较理想，但是生产者没有认识到采用 2，4-D、吲哚乙酸、赤霉素等激素处理的花朵，没有经过正常的授粉受精，只是激素刺激子房发育长大成果实，果实没有种子，品质较差。另外，激素处理会增加番茄等作物灰霉病等发生的概率，又会造成激素污染果实，影响食品的安全。在很多农业发达国家已经禁止使用激素喷花的方法，严重影响了中国设施农业农产品的质量，阻碍了蜜蜂授粉的进程。

第四节　产业市场无序冲击蜂产业

一、蜂产品自身问题

1. 假冒伪劣

据统计，我国蜂产品产量近几年呈波动性上升趋势。其中蜂蜜产量由 2005 年的 29.3 万 t 上升为 2008 年的 40 万 t，涨幅约 25%；蜂王浆产量、蜂胶产量、蜂蜡产量基本稳定，分别为 4 000t、400t 和 5 000t；蜂花粉产量由 2005 年的 3 000t 上升为 2008 年的 4 000t。但是实际流通数量远大于以上数字，特别是蜂蜜和蜂胶产品。

在蜂产品销量不断上升的同时，蜂产品质量却出现了下降现象。例如中国蜂产品协会 2004 年对全国市场蜂蜜产品进行的质量调查，有 50% 以上的蜂蜜产品不能达到国家标准，主要原因在于产品掺假和药残超标。蜂胶软胶囊类产品的销量增势较快，成为蜂胶市场的主打产品；液体类蜂胶产品的销售大幅下滑。但是蜂胶产品属于蜂产品中的高附加值产品，有些企业为了追求高利润，竟然在产品中使用西药、杨树芽胶来欺骗消费者。另外，蜂王浆产品中高王浆酸含量的产品在减少。

2. 产品雷同，新产品研发的科技投入不足

见前述。

二、蜂产品宣传混乱

在蜂产品热销的同时，个别企业和个人出于一己之利的目的，在媒体上发表不负责任，甚至是欺骗性的言论来攻击同行、误导消费者。譬如，2004 年的"蜂胶是抗生素"事件、2009 年的汪氏"野玫瑰蜜"事件等，给整个产业造成了极其恶劣的影响。

三、蜂产品市场混乱

目前，我国蜂产品市场比较混乱。由于蜂产品市场的进入门槛比较低，便于一般游资进入，从而造成了我国蜂产品加工企业杂而多的局面。目前，我国 2 000 多家蜂产品企业中，大多数都是年销售额不足千万元的小企业，其中大多数为私人企业。一些商家为了短期利益，质量上掺杂使假，把大量劣质产品以低价抛入市场进行恶意竞争，严重扰乱了蜂产品市场的正常秩序和可持续发展。所有这些不规范、不合理的行为，都需要从国家法律法规层面上进行制止和规范。

对源头产品的控制能力差。当前，我国大多数蜂产品加工企业的标准化生产基地

还未建立或规模有限，从而不能有效控制源头产品的品质。在收购环节，企业缺乏必要的检测手段。对收购环节产品质量的监测力度小。收购时往往仅测量蜂产品的水分等指标，对于抗生素、总黄酮等指标很难进行检测。同时，由于很多企业规模小，管理不规范，运输、加工之前很可能由于操作不规范造成产品再次污染。

四、蜂产品市场管理

为了解决蜂产品市场的各种问题，国家从立法上开始对市场进行规范。2011 年 10 月 20 日实施《GB 14963—2011 蜂蜜》，本标准代替《GB 14963—2003 蜂蜜卫生标准》及《GB 18796—2005 蜂蜜》中的对应指标。2008 年 8 月实行了《GB/T 21528—2008 蜜蜂产品生产管理规范》；《GB 9697—2008 蜂王浆》于 2009 年 1 月正式实行；各种标准的实行，对规范蜂产品加工生产、提高蜂产品质量起到了积极的作用，但是标准并不能彻底解决质量问题。由于有些标准的缺陷和检测手段的落后，现在仍然有包装精美、价格低廉的各种假蜂蜜堂而皇之在大超市的货架上与真蜂蜜比高低；仍然有假劣的蜂胶产品在市场低价销售。不仅侵害了消费者的利益、阻碍了蜂产品市场的良性发展，更给整个蜂产品加工产业的进一步发展埋下了隐患。

目前我国正逐渐对外开放蜂产品市场，国外优质蜂产品大量涌入国内市场，给国内蜂产品生产加工企业也带来了巨大挑战。顾振宇调查发现，并不是蜂产品产量越高，蜂农和蜂产品加工出口企业收益就越高。以蜂王浆为例：20 世纪 70 年代出口蜂王浆是 100 多美元/kg，80 年代降到 80 多美元/kg，90 年代又降到 30 美元/kg，现在蜂王浆出口价格已跌到 10～15 美元/kg。实际上有些蜂农是增产不增收，这就打击了蜂农的生产积极性，降低了加工企业的利润空间，减弱了企业的发展动力。

我国养蜂立法进度缓慢。很长时间以来，我国仍沿用 1986 年农业部颁发的《养蜂管理暂行规定》，但是随着计划经济向市场经济的转变，原规定已经不适合当时蜂业的发展，并且实际上已经被搁置，造成我国蜂业无法可依、无规可循的被动局面。蜂产品质量因单纯追求利润而不断下降，市场混乱，蜂农利益得不到保护。进入 21 世纪，养蜂立法才有了一定的发展。2005 年 12 月 29 日，全国人大常委会颁布了《中华人民共和国畜牧法》，首次将蜂业管理纳入调整范围，为蜂业事业的进一步发展奠定了法律基础。但是，我国蜂业领域仍然缺乏可执行的法规，虽然《中华人民共和国畜牧法》对于蜂业管理进行了强调，但还是缺乏更具体的实施办法。

综上所述，完善行业法规制度、争取产业扶持政策、保护蜜源植物、提高饲养技术、加强生产良种研究和蜂具改革及其示范推广，将蜜蜂与农业紧密结合，并净化市场，是今后我国蜂业发展亟待解决的瓶颈问题。

（赵芝俊）

参 考 文 献

安建东,陈文锋.2011.全球农作物蜜蜂授粉概况[J].中国农学通报(1):374-382.

陈黎红,吴杰,等.2009.中国养蜂业与阿根廷养蜂业的差异[J].中国牧业通讯(6):40-42.

陈黎红,张复兴,等.2012.解读《养蜂管理办法(试行)》[J].中国蜂业(10):10-11.

陈黎红,张复兴.2011.《全国养蜂业"十二五"发展规划》亮点解析[J].中国牧业通讯(6):32-35.

刁青云,吴杰,等.2008.中国蜂业现状及存在问题[J].世界农业(10):59-61.

杜相富.2006.解读《畜牧法》中的养蜂条款[J].四川畜牧兽医,33(5):20-21.

高凌宇.2010.蜂产品加工产业的发展对策探讨[J].农产品加工(9):74-77.

刘新生,李化龙,等.2007.气象要素对蜂业生产的影响及其对策[J].中国蜂业(10):43-44.

柳萌,等.2011.中国养蜂业现代化发展的路径探析[J].中国生态农业学报(4):961-962.

宋心仿.2010.我国蜂业发展存在的问题与对策(二)[J].中国蜂业(2):45.

宋心仿.2010.我国蜂业发展存在的问题与对策(六)[J].中国蜂业(7):47.

宋心仿.2010.我国蜂业发展存在的问题与对策(五)[J].中国蜂业(6):46-47.

宋延明,常志光.2005.我国养蜂机具的现状与发展方向[J].中国养蜂(2):24-25.

王强,等.2010.我国蜜蜂病虫害综合防控体系建设[J].农业现代化研究(5):600-603.

吴杰,刁青云.中国蜂业可持续发展战略研究[M].北京.中国农业出版社.

张石胜,张少斌.2010.依法利用蜜源植物资源的探讨[J].蜜蜂杂志(6):25-26.

谢勇.2012.蜂机具助推蜂业规模化产业化发展[J].中国蜂业(18):58-60.

闫继红,刁青云,等.2005.浅论中国蜂业的可持续发展[J].农业技术经济(1):54-57.

颜志立,等.再论我国养蜂业的适度规模经营[J].蜜蜂杂志(5):17-20.

颜志立.2006.20年的跨越———从《养蜂管理暂行规定》到《畜牧法》[J].蜜蜂杂志,26(3):3-5.

杨少婷,等.2000.谈蜜蜂饲养管理技术的发展[J].中国养蜂(3):15.

余林生,等.2009.生态环境对蜜蜂与蜂产品安全生产的影响[J].中国蜂业(10):45-47.

张厚瑄.1993.气候变暖对养蜂生产的影响[J].养蜂科技(3):21-22.

中国农业科学院蜜蜂研究所现代化研究室.1998.饲养技术和养蜂机具系统研究的形成与发展[J].中国养蜂(5):13-14.

周贤森,等.2007.莫愁前程无知己天下谁能不识君——让法律成为蜂业上新台阶的强力推进器[J].蜜蜂杂志(7):10-12.

第十章　中国蜂业可持续发展战略对策

第一节　科研与技术支撑保障

一、深入研究为蜂业发展提供技术支撑

提升产业技术水平，是蜂产业可持续发展的迫切需要，也是广大养蜂生产者的热切愿望。目前，为蜂产业发展提供技术储备，重点要解决以下三方面问题。

（一）为产业的可持续发展提供技术储备

从发展角度上讲，蜂产业应该走以蜜蜂授粉为主，获得蜂产品为辅的发展道路，因为蜂产业的最大作用和收益在于通过授粉促进农业的增产和农业生态的可持续发展，单靠获得蜂产品，不能也不可能保障蜂产业的持续稳定和健康发展。蜜蜂授粉对经济的影响远远大于蜂产品为社会创造的价值，作为农业生产正常进行的基本要素，对农业经济的发展有着间接但却举足轻重的作用，发展蜜蜂授粉比生产蜂产品的意义更加重大。国内外大量研究以及农业生产实践证明，通过蜜蜂授粉可以使作物产量和品质得到不同程度的提高。因此，加强蜜蜂授粉技术研究、大力推广蜜蜂授粉，既可以产生增加蜂农收入的直接效益，又可以带来促进农业增产的间接效益。要建立、完善蜜蜂授粉技术体系，通过开展授粉蜂种调查与筛选，获得重要的农作物最佳传粉蜂种，并且掌握主要蜂种的生物学特性、遗传结构和繁育技术。通过研究野生蜂种人工繁育技术，开展油菜、苹果等农作物蜂类授粉蜂群管理技术操作规程研究，制定不同农作物的特定蜂种传粉技术方案，提高蜂类传粉效率。掌握不同蜂种为温室农作物传粉的生物学特性，同时，开展不同作物蜂类传粉的生态学、行为学和生理学等方面研究，解决1～2种重要经济作物蜂传粉效率低下难题。研究主要病虫害以及农药对传粉蜂类授粉性能的影响，查明主要病虫害的致病机理及对不同宿主蜂的危害机制，制定主要病虫害的防治措施；根据农药对授粉蜂的致死和亚致死效应，制定合理的花期药剂施用技术和蜂群规避措施。开展蜂类传粉效果评价体系的研究，从而了解蜜蜂授粉带来的经济效益，建立蜜蜂传粉效果评价体系。

（二）为解决未来一个阶段蜂产业发展突出问题提供技术储备

当前就是要解决蜜蜂规模化饲养技术组装与配套技术问题，这是提高养蜂效益、

增加蜂农收益的关键技术。

实现规模化，蜜蜂良种是关键，优良蜜蜂品种的育成会给养蜂发展带来根本性的变化。通过传统和分子标记辅助选育手段，培育高产、优质和授粉效率高的东、西方蜜蜂优良蜂种，将有效地提高我国蜜蜂产品的产量和品质。实现规模化，要研究创新饲养管理技术，使其适应规模化养蜂一人多养的要求，从蜂群管理方面提高效率；其次要致力研究和使用先进养蜂机具，为规模化养蜂提供保障。开展西方蜜蜂规模化饲养技术研究与示范，借鉴国外养蜂的先进理念，简化操作、利用机械、扩大人均蜜蜂饲养量。根据我国天气、蜜源和蜂群发展的规律，扩大蜜蜂饲养规模，降低劳动强度，提高蜂产品品质。中华蜜蜂规模化饲养技术的研究：从地方良种选育、简化饲养管理操作、蜂机具研发等方面，提高中蜂饲养规模，降低劳动强度，提高生产效率。通过中华蜜蜂规模化饲养技术研究，扩大中蜂饲养，有利于中蜂种群扩大和中蜂资源保护。实现规模化，从我国蜜蜂病虫害的主要瓶颈问题入手，密切关注蜂业主产区当年蜜蜂病虫害疫情的发生、流行，并提出综合防控的技术措施；开展蜜蜂寄生螨病、白垩病和中蜂囊状幼虫病的流行病学调查，掌握其病原和流行规律，并在此基础上，改变传统的蜜蜂寄生螨病、白垩病和中蜂囊状幼虫病的防治方法，提出综合防控技术，并进行示范推广；同时开展对蜜蜂寄生螨病、白垩病和中蜂囊状幼虫病的风险评估。在筛选和总结的基础上力争研制出 2～3 种高效低毒低残留的绿色蜂药，及其配套的综合防治技术，减少化学药品在蜂群的使用量和使用频率，为养蜂业的健康发展、蜂产品质量的提高提供技术保障。

规模化养蜂是以工业生产方式组织养蜂过程，并采用先进科学饲养管理技术和机械设备，进行高效率养蜂生产的一种现代化生产方式，可使蜂场的劳动生产率、设备利用率和养蜂生产水平有所提高。要实现规模化，在育种技术、饲养技术、蜂病防治技术等突破基础上，将这些技术围绕规模化来组装。主推蜜蜂品种，集成饲养技术，包括规范的技术规程、管理措施、病虫害（疫病）防治措施和配套的蜂机具等，形成蜜蜂规模化饲养技术组装与配套技术，才能提高养蜂效益，稳定增加蜂农收益。

（三）为蜜蜂产业宏观管理与支持政策提供依据

蜂产业是一个经济效益、社会效益和生态效益兼具的重要而又有特色的产业。蜂产业不仅为社会提供了大量的产品和就业岗位，也对贫困地区的农民脱贫致富、实现小康生活具有不可替代的作用。更为重要的是，蜜蜂授粉作为一种公共产品为农业的可持续发展做出了重要贡献。但因为受传统观念和产业本身分散性生产特点的影响，长期以来缺乏政府和社会的广泛关注和有力支持，导致蜂农文化水平低、从业人员老龄化问题严重；生产受自然灾害影响很大，产量和收益年际间波动大；蜜蜂授粉作用的社会认知程度低，产业发展缺乏全面的统计分析、研究支持、科学规划与措施保障，影响了蜂产业的全面与健康发展。因此，摸清我国蜂产业发展的基本状况和各种限制因素，积极借鉴国外的先进经验，切实解决影响我国蜂产业发展的各种问题，充分发挥蜜蜂授粉的公共产品功能，促进蜂农增收和脱贫致富，对实现农业的可持续发展有重要的作用和意义。

（余林生）

二、建立完善现代养蜂技术体系

建立完善的现代化养蜂技术体系，实现养蜂产业大跨度的提升，需要科学研究和技术提供动力。

蜜蜂生物学的研究是现代养蜂技术体系最重要的基础研究，这项科学研究的深度和广度决定了现代养蜂技术体系的完善程度。蜜蜂生物学在广义上包括蜜蜂生态学、蜜蜂遗传学、蜜蜂行为学、蜜蜂发育生物学、蜜蜂进化生物学、蜜蜂分类学、蜜蜂生理学、蜜蜂分子生物学等学科。总体上，蜜蜂生物学的研究还处于较低水平，很多蜜蜂生物学的分支科学还没有形成。重视蜜蜂生物学的基础研究，有利于提高和完善现代养蜂技术体系的水平。

中华蜜蜂规模化饲养管理技术需要地方良种支撑。开展中华蜜蜂资源的考察分析和中华蜜蜂种群遗传学的深入研究，为中华蜜蜂地方良种的培育和中华蜜蜂资源保护提供理论基础。中华蜜蜂蜂箱的研发是提高中华蜜蜂规模化饲养管理技术水平的因素之一，巢温分布特性和巢温变化规律也是蜂箱设计的重要依据。国家蜂产业技术体系饲养与机具功能研究室蜂巢与蜂箱岗位科学家和绍禹教授调查全国中华蜜蜂类型和野生蜂巢，为地方中华蜜蜂蜂箱的研发奠定了基础。

现代动物养殖离不开动物功能饲料的研发，蜜蜂规模化饲养管理技术也需要不同功能的蜜蜂饲料。国家蜂产业技术体系饲养与机具功能研究室营养与饲料岗位科学家胥保华教授在此领域做了大量的基础工作。蜜蜂饲料的研发还处于起步阶段，开发出的蜜蜂饲料处于初级水平。蜜蜂饲料的研发需要蜜蜂营养学研究提供理论基础。

规模化蜜蜂饲养管理技术需要保证蜜蜂在胚胎、幼虫、蛹和成虫各阶段良好发育，这项技术需要蜜蜂发育生物学作为理论基础。蛋白质组学的研究进展能够揭示蜜蜂在发育过程中的蛋白质表达规律。温度对蜜蜂发育影响是很大的，调节巢温技术手段是蜜蜂增长阶段、越夏阶段和越冬阶段重要管理措施。研究巢温变化规律和温度对蜜蜂发育的影响，可为巢温调节技术提供理论基础。

蜜蜂病虫害的防疫和防控技术是蜜蜂规模化饲养管理技术体系实施的保证。建立蜜蜂病虫害的防疫和防控技术需要以蜜蜂流行病学研究为基础。

（周冰峰）

三、建立完善加工流通技术体系

近几十年来，我国蜂产品加工业从无到有、从小到大，得到了快速的发展。我国目前共有不同规模的蜂产品加工经营企业 2 000 多家，年产值近百亿元。我国的蜂产品占国际市场的份额越来越大，而且随着人民生活水平的提高及保健意识的增强，我国的蜂产品消费量也逐年增长。以蜂蜜为例，2001 年国内消费量约 14.4 万 t（含食品、饮料等所有用蜜，下同），人均消费蜂蜜约 110 克。到了 2012 年，国内消费量达 33.8 万 t，人均消费量已达 250 克以上，十年间翻了一番多。我国已从蜂产品生产大国向蜂产品加工、流通、消费大国迈进。但从我国蜂产品加工流通环节来看，与世界先进国家相比有着较大的差距。目前，我国蜂产品质量和安全现状不容乐观，尤其是一些小作坊式的企业生产管理混乱、质量安全意识淡漠，产品相关问题较严重。因此，亟待建立和完善我国蜂产品加工流通技术体系。

我国蜂产品加工流通技术体系的建立尚处于起步阶段，没有现成的法规可以遵循。而蜂产品加工流通技术体系又涉及许多方面的内容，如蜂产品原料、加工技术，蜂产品贮藏、运输、销售等环节。因此，我们要依靠 GMP（良好操作规范）、HACCP（危害分析与关键控制点）、ISO 9000 系列标准（质量管理和质量保证体系系列标准）、ISO 14000 系列标准（环境管理和环境保证体系系列标准）、ISO 22000：2005 体系（食品安全管理体系）、SSOP（卫生标准操作程序）、良好农业规范（GAP）、良好卫生规范（GHP）、良好分销规范（GDP）和良好兽医规范（GVP）等建立蜂产品加工流通技术体系。

（一）建立蜂产品原料质量安全技术体系

蜂产品是否安全，其原料是前提和基础。我国蜂产品原料仍存在着较大的质量安全问题，尤其是农兽药残留问题仍较突出，应该采取切实可行的办法加以解决，实行原料生产过程质量控制：包括产地管理，蜂种选育和利用，蜂病诊断和蜂场用药的规范，严格休药期管理，生产用具管理，并以优质优价鼓励蜂农生产优质产品，建立原料基地等。

同时，要加大蜂业的组织化规模，积极倡导产供销联合，推行"小规模、大群体"思路，大力发展以蜂产品加工企业为龙头，以养蜂合作社和养蜂大户等为主体的蜂业联合体，发展订单蜂业，走"公司＋蜂农"或"公司＋合作社＋蜂农"的产业化经营模式，减少生产的盲目性，提高产品质量安全，增加经济效益。龙头企业应肩负起蜂产品质量安全的责任，应该为蜂农服务。组织蜂农培训、蜂用兽药的统一采购和应用、养蜂基地建设、残留监控检测和溯源体系建立等，逐步实现从田头到餐桌的蜂产品质量安全的全程管理。

（二）建立蜂产品加工流通质量安全技术体系

HACCP 是在食品生产中保证食品安全和卫生的预防性管理系统，是以进行危害分析和关键控制点为两大监督支柱的食品卫生质量管理系统，强调预防为主，将食品质量管理的重点从依靠最终产品检验即检验不合格为主要基础的控制观念，转变为在生产环境下鉴别并控制住潜在危害即预防产品不合格的预防性方法。它为蜂产品生产提供了一个比传统检验更为科学的安全卫生质量控制方法，具有易学好用、经济实用和更加科学的特点。HACCP 是以下"七个原理"为基础的：

1. 危害分析（HA）

危害分析与预防控制措施是 HACCP 原理的基础，也是建立 HACCP 计划的第一步。蜂产品加工企业应结合产品的工艺特点，对蜂产品中存在的危害因素进行详细的分析。

2. 确定关键控制点（CCP）

关键控制点是有效控制危害的加工点、步骤或程序，通过有效的控制，可防止各种危害的发生。CCP 或 HACCP 是由蜂产品加工过程的特异性来决定的。如果出现诸如工厂位置、配合、加工过程、仪器设备、配料供方、卫生控制和其他支持性计划以及用户的改变，CCP 都有可能改变。

3. 确定与各 CCP 相关的关键限值（CL）

所制定的关键限值应该合理、适宜、可操作性强、符合实际。如果关键限值过严，即使还没有发生影响到食品安全的危害，也会采取纠偏措施，势必会造成不必要的工作；而关键限值过松，又会使不安全的产品销到用户手中，造成不良后果。

4. 确立 CCP 的监控程序

蜂产品企业应制定监控程序，应用监控结果来调整及保持蜂产品的生产加工处于受控状态，以确定蜂产品的性质或加工过程是否在关键限值范围之内。

5. 偏离关键控制点时，应立即采取纠正措施进行纠正

6. 验证程序

它是用来确定 HACCP 体系是否按照 HACCP 计划运转，或者计划是否需要修改，以及再被确认生效使用的方法、程序及检测、审核的手段。

7. 记录保持程序

蜂产品企业在实行 HACCP 体系的全过程中，必须有完整的技术文件和日常的监测记录。记录应包括体系文件、HACCP 体系的记录、HACCP 小组的活动记录、HACCP 前提条件的执行、监控、检查和纠正记录等。

总之，通过建立完善加工流通技术体系，做到生产过程、加工过程和流通环节，即蜂产品全过程的产品质量安全控制和溯源管理。同时，应采用各种形式，大力宣贯与蜂产品质量相关的法律法规和标准等，提高行业诚信自律意识和标准化水平。

（胡福良）

四、建立完善蜜蜂授粉技术体系

1. 加大蜜蜂授粉配套技术研究

蜜蜂授粉是一项系统工程，涉及一系列配套技术的研究。加大蜜蜂、熊蜂、壁蜂和切叶蜂等各类蜜蜂资源的开发力度，选育出适合为不同类型作物授粉的蜂种；支持蜜蜂授粉机具、病虫害防控和饲养管理等方面配套技术的开发与深入研究；加大蜜蜂授粉的生态效益评价和对农作物增产的机理研究力度；挖掘蜜蜂授粉对农作物增产的潜力。

2. 加强蜜蜂授粉技术集成与示范体系

依托国家蜂产业技术体系综合试验站，建立一批专业化的蜜蜂授粉示范基地，逐步实现蜜蜂授粉产业化。选择油菜、棉花、苹果、向日葵、草莓、西瓜、柑橘、枣等蜜蜂授粉增产提质作用明显的农作物品种，推广蜜蜂授粉技术。在蜜蜂授粉主要区域，将蜜蜂授粉技术列入农技推广示范的范围，加快普及应用步伐。普及授粉蜜蜂饲养技术，探索建立蜜蜂有偿授粉机制。通过召开经验交流会、现场会等形式，总结推广经验，用典型引路，不断提升蜜蜂授粉水平。

3. 建立中介服务组织发展蜜蜂授粉应用体系

据李海燕统计，中国蜜蜂授粉产生的价值达 3 042.21 亿元，农户是授粉的主要服务对象，78.87%的农户认识到蜜蜂授粉能够增加农作物产量，62.37%的农户将蜜蜂授粉看作是像化肥农药一样的必要农业投入，68.04%的农户认为政府应该开展蜜蜂资源保护工程并愿意为此支付一定的费用。但只有16.49%的农户打算在农业生产中租蜂授粉并为此支付一定的费用。

蜜蜂授粉事业的发展，政府应该起主导作用，扶持养蜂合作组织、培育新型的蜜蜂授粉主体，形成一批专业化的授粉蜂场，建立专业化授粉公司和授粉服务中介机构，完善市场信息咨询、技术服务体系，指导做好授粉蜂的品种选择、饲养管理和授粉蜂数量达标等工作。统一租蜂授粉，实行分工合作，利益共享。

（邵有全）

五、建立完善蜜蜂育种技术体系

优良蜂种是优质、高产和高效养蜂业的首要条件，也是实现我国养蜂现代化的重要前提。优良蜜蜂品种的育成会给养蜂生产发展带来根本性的变化，依靠现代科学技术的新成果，切实做好蜂种保护，充分利用我国蜂种资源，加强蜂种选育将是我国养蜂业可持续发展重要的不可缺少的基础工作。

（一）加强蜜蜂种质资源的保护利用，提高资源共享水平

由于国际间的学术交流日益频繁，蜜蜂种质资源的交流也越来越多，蜜蜂种质资源日益呈现出收集范围全球化、资源管理系统化、保存设施现代化、技术规程标准化、共享服务信息化的发展趋势，资源创新利用速度明显加快。

我国已经建立了蜜蜂遗传资源中心，收集保存世界蜜蜂种质资源，并开展我国蜜蜂种质资源的评价、改良和测试。在技术上，为避免重复保存蜜蜂种质资源，提高保存效率，对不同地区起源的蜜蜂品种进行遗传多样性和系统学研究。在现有研究的基础上，分子标记技术将更有效地指导保护野生蜂种质资源，为进一步有效进行种质交换和利用提供支持。

我国的蜜蜂种质资源也已被纳入国家自然科技资源共享平台项目，其目标是使蜜蜂种质资源的搜集、保存、鉴定、评价现代化和系统化及标准化，通过种质资源数据信息全国共享网络平台，建立起跨部门、跨地区、跨领域的资源共享体系，实现蜂资源信息和实物的社会共享，构建一个全国蜂种质资源研究工作网络和基地，共同解决资源研究中的关键问题，加快蜂种质资源的创新利用。

（二）加强蜜蜂种质资源的创新利用，满足生产需求

通过资源评价、常规选育、航天育种、生物技术育种等途径，培育优良的抗病、抗虫等抗逆性蜜蜂品种将是今后蜜蜂种质资源创新利用的最重要目标。

1. 常规选育

常规选育是目前蜜蜂选育种的主要手段。在生产实践中该方法既操作方便又效果显著。在将来，常规选育仍将是蜜蜂种质资源创新利用的重要手段。

2. 航天育种

航天育种是利用太空的辐射等，使蜜蜂的性状发生突变，经过选择，从而获得更优异的蜜蜂新品种。

3. 生物技术育种

目前，蜜蜂遗传标记的研究基础薄弱，特别是形态标记、细胞学标记、生理生化标记的资料较缺乏，给蜜蜂的连锁遗传分析、基因定位和遗传作图等工作带来困难。而分子遗传标记的出现大大拓展了该领域的研究空间（苏松坤等，2002）。DNA 分子标记技术在蜜蜂遗传研究上具有重要应用价值，并已取得了可喜的进展，展现了广阔的应用前景。DNA 分子标记技术在蜜蜂种质资源研究上的应用使得人们从自然界中获得、鉴定、保存了更多的蜜蜂资源，并能对这些资源进行合理的评估、保护和利用。第一手材料的丰富性和准确性是深入遗传学研究和高效遗传育种工作的基础。

由于蜜蜂本身生理和遗传背景等方面的原因，使得常规的遗传育种效率不高，蜜蜂的遗传改良进程缓慢。利用高信息量的 DNA 分子标记，构建高密度的蜜蜂分子连锁图，标记蜜蜂重要经济性状的 MAS（分子标记辅助选择）对蜜蜂进行遗传改良。

这一系列分子生物技术的快速发展和应用，为蜜蜂遗传学研究和异常育种展示了美好的前景。

（三）加强对东方蜜蜂的保护与利用

东方蜜蜂是我国土生土长的地方优良蜂种，除新疆外，全国各地均有分布，称为"中华蜜蜂"，简称"中蜂"。在我国，中蜂被驯化的时间长，适应性强，农民对中蜂饲养有丰富的经验和技术，是农村发家致富、勤劳致富、科学致富的好门路、好项目、好品种。

然而，自1896年西方蜜蜂的优良品种如意大利蜂和卡尼鄂拉蜂引进和大量繁育以来，东方蜜蜂受到了严重威胁，分布区域缩小了75%以上，种群数量减少80%以上（杨冠煌，2005）。目前，黄河以北地区，只在一些山区保留少量东方蜜蜂，如长白山区、太行山区、燕山山区、吕梁山区、祁连山区等，东方蜜蜂处于濒危状态，蜂群数量减少95%以上（霍伯雄，2003）；新疆、大兴安岭和长江流域的平原地区东方蜜蜂已灭绝，半山区也处于濒危状态，大山区如神农架山区、秦岭、大别山区、武夷山区、浙江南部、湖南南部、江西东部和南部山区、南岭、十万大山等地区处于易危和稀有状态，蜂群减少60%以上；只在云南怒江流域、四川西部、西藏还保存自然生存状态（杨冠煌，2005）。1991年饲养东方蜜蜂数量不足100万群，占饲养蜜蜂总群数的26.6%（李位三，1991），且多数分布在南方地区，北方地区现存数量较少，一些地区东方蜜蜂数量甚至处于濒临灭绝的边缘（王凤鹤等，2007）。东方蜜蜂的灭绝会降低山林植物授粉总量，使多种植物授粉受到影响，植物多样性减少，以植物为生存的昆虫种类减少，使鸟类减少等，从而引发病虫害大量发生（杨冠煌，2001）。因此，保护东方蜜蜂资源问题就日益突出。为此，我们必须采取有效措施对东方蜜蜂进行保护。

1. 加强政府监管力度

为使东方蜜蜂保护工作能够有组织、有计划地实施，政府应将东方蜜蜂保护工作纳入正常的工作日程，加大对东方蜜蜂保护工作的投入，可由有关专家负责解决保种工作中的技术问题。

2. 重视野生东方蜜蜂的保护

目前我国南方的广大山区，还生活栖息着不少的野生东方蜜蜂，它们是宝贵的东方蜜蜂资源，要像保护其他野生动物一样保护东方蜜蜂，严禁毁巢取蜜。

3. 建立东方蜜蜂保护区

目前公认的东方蜜蜂具有5个生态型，自然分布较广，分布于不同海拔高度的山区，呈半野生状态，具有种内生物多样性和复杂性，是一个完整的种质基因库。由于广大平原地区已被意蜂占据，并年复一年地向东方蜜蜂的最后栖息地（山区）逼近。另外，每年还有大量外来意蜂进入山区越冬或春繁。据了解，每年都有一些当地东方蜜蜂因遭到意蜂的袭击而垮掉。因此，人为干预是东方蜜蜂资源保护的必要手段。在全国选择合适的地区建立"东方蜜蜂保护区"，保护东方蜜蜂种质基因，合理规划东方蜜蜂的分布与生产，采取杜绝意蜂入境，缩小中、西蜂种间竞争，防止意蜂对东方蜜蜂的侵袭和自然交尾干扰，鼓励保护区内的群众饲养东方蜜蜂的措施。同时，还应加强养蜂区域化研究，实行不同蜂种分区饲养。对混养区要大力繁殖东方蜜蜂，增加其密度，以遏制东方蜜蜂分布区继续缩小的势头。

4. 加强东方蜜蜂饲养繁育技术培训

多数养蜂者属于祖传的业余养蜂爱好者，普遍具有如下特点：

一是对东方蜜蜂饲养缺乏足够的认识，且饲养东方蜜蜂系统管理知识较为缺乏，管理上也不重视。二是缺少技术，表现为管理粗放，任蜜蜂自然发展。三是缺乏投入，十几年一贯制，从蜂群发展数量到饲养方法无任何变化。目前还延续采用割巢毁脾取蜜的传统方式，利用的蜂具古老陈旧，严重影响了东方蜜蜂的发展和产蜜量的增加。

在新农村建设中，提高养蜂者饲养管理水平是当务之急，要对山区农民进行科技培训，通过印发东方蜜蜂活框饲养技术资料，组织宣传、技术培训等形式，引导其更新观念，打破传统思维，从思想上认识到养蜂利国、利民、又利己的意义，确定养蜂致富的观念，分期分批地对养蜂爱好者进行东方蜜蜂饲养管理技术培训，充分利用本地山区资源优势，因地制宜大力发展东方蜜蜂产业。

5. 加强东方蜜蜂良种选育、繁殖推广和蜂病研究

作为地方品种的东方蜜蜂，从来没有经过系统地选育和改良，体形偏小，分蜂性强，群势弱（多数群势 6～8 框蜂）（李位三，1987），生产性能一般，品种退化。

东方蜜蜂的繁育包括自然繁育和人工繁育两种途径。可从地方品种中选育优良蜂王，并向东方蜜蜂产区和中、意混养区提供优良产卵蜂王，避免近亲繁殖，以改善其种质。东方蜜蜂人工授精技术是蜂种定向培育的有效手段，利用人工授精技术，在较短的时期内选育出优良的东方蜜蜂新品种，并且大量推广和扩繁，是保护和扩大东方蜜蜂资源最直接有效的途径。选育抗东方蜜蜂囊状幼虫病的蜂王、高产蜂王。研究东方蜜蜂囊状幼虫病的发生规律和防治方法，保护东方蜜蜂的正常发展。

6. 着力提高东方蜜蜂生产效益

为了提高东方蜜蜂生产效益，增加蜂农收入，除做好选育和改良外，还要推广新法养蜂和蜂产品的开发等。在保证产品品质不下降的前提下，对于桶养蜜蜂的生产方式进行改革，使其既可提高产量，又能加快蜂群的繁殖（程青芳等，2002）。

（吴杰）

六、建立完善蜜蜂保护与生物安全技术体系

我国目前的蜜蜂饲养为非集约化养殖模式，蜂场数多，单个蜂场饲养的蜂群数

少。因我国南北纬度跨度大，蜜源开花具有明显的时间差异，蜂场为获得最高的经济效益，迁移距离大，一年内可在几个省份的几个甚至十余个场地饲养、生产。客观上造成了我国蜜蜂保护与生物安全风险加大，一旦蜂群发病，疫病极易随着蜂群的迁移，在全国范围内迅速传播扩散。如：1991年在我国确认了蜜蜂白垩病的发生后，在短短的数年间，该病随转地蜂场的迁移，扩散至全国各省，成为普遍发生的严重的蜜蜂传染病。

蜜蜂保护与生物安全技术体系就是为确保蜂群健康安全生产而采取的一系列的防范措施，目的是采用一切可行的措施阻断致病病原侵入蜜蜂群体。采取蜜蜂体外杀灭病原微生物、切断病原微生物传播途径、降低机体感染病原微生物的概率、提高蜂群抗病能力等一系列措施，达到降低蜂群受病原微生物侵染的目的。生物安全技术体系涉及蜜蜂饲养管理的全过程。目前我国几乎所有的蜜蜂养殖场地均没有完善的蜜蜂保护与生物安全技术体系来控制疾病，蜂群一旦发病，蜂农即用药治疗，甚至用药物预防蜜蜂疾病，造成蜂产品药物残留严重，抗生素污染是目前食品安全四大问题之一。2013年4月28日由最高人民法院审判委员会第1 576次会议、2013年4月28日由最高人民检察院第十二届检察委员会第5次会议通过，自2013年5月4日起施行的《最高人民法院、最高人民检察院关于办理危害食品安全刑事案件适用法律若干问题的解释》，已明确了：严重的兽药残留应当认定为刑法第一百四十三条规定的"足以造成严重食物中毒事故或者其他严重食源性疾病"；国务院有关部门公告禁止使用的农药、兽药以及其他有毒、有害物质，应当认定为"有毒、有害的非食品原料"。因此，建立完善蜜蜂保护与生物安全技术体系是当务之急的大事。

（一）蜜蜂保护与生物安全技术体系的建设思路

1. 政府主导，全员参与

蜜蜂保护与生物安全技术体系的建设是一项系统工程。首先需制定、修改、完善政策与法律、法规，并规定一系列有效预防和控制措施。这些应当包含：建立在蜂群健康、蜂产品对消费者安全的前提下蜜蜂的规范化饲养管理规程、蜂产品的规范化生产、蜜蜂病虫害检疫规程、蜜蜂疫病诊断规程、蜜蜂疫病治疗允许使用的药物种类、安全剂量、蜂群的规范化用药程序、蜜蜂引种要求、蜜蜂转基因育种规范化程序、转基因蜜、粉源作物的采集等，特别是对于一些早期制定的，已明显不符合现阶段实际的标准、规范、规定等，应及时废除、重新制定或修订，作为强制性要求，要求蜂业行政管理部门、研究部门、执业兽医师、生产者执行。以解决目前无法可依、有法不依、无药可用，但生产上又存在的药物乱用、滥用的现象。

2. 完善机构，建设队伍

2006年，国家成立了中国动物疫病预防控制中心以及各地市动物疫病预防控制中心，承担全国动物疫情分析、重大动物疫情防控、应急、畜禽产品质量安全检测和全国动物卫生监督等工作，对我国畜禽养殖、生产安全起了重要的保障作用。但在实际操作中未涵盖蜜蜂疫病，缺乏对蜜蜂疫病防控管理和技术支持体系，蜜蜂疫病仍处于监控体系之外。至今对全国的蜜蜂疫病发生情况未进行过系统检查，各级诊断实验室的疫情诊断工作未包含蜜蜂疫病的诊断，我国的蜜蜂疫病的发生情况不明、监督不到位、技术支持不力、防控措施不规范，故而蜜蜂疫病处于放任自流的状态，时常大面积发生、流行，对蜂业持续、平稳发展影响极大。今后应发挥各地动物疫病预防控制中心的作用，开展蜜蜂疫病的监控、诊断、治疗、预防指导工作，降低蜂病的发生率，为蜂业服务。

目前我国蜜蜂保护的专业人才奇缺，虽然在《中华人民共和国畜牧法》中已明确将蜜蜂养殖归于畜牧业，但兽医专业人才培养方面尚无相关课程要求，一线的执业兽医师无法对蜜蜂病虫害确诊、处方，更谈不上指导饲养者如何防控蜜蜂病虫害。目前的现状是：蜂群得病后，由于得不到专业人员的技术指导，饲养者即行诊断、治疗，全由蜂农靠经验进行，药物的选择缺乏科学性，极具盲目性，使用剂量、使用方法不合理，结果导致抗生素对蜂产品的严重污染。

3. 规范饲养，防患未然

规范、健康的饲养是保证蜜蜂安全的基本条件，而我国目前的饲养管理所追求的是高产——不顾蜜蜂健康生存的高产，在利益最大化的养殖模式下，蜂群过度使役，蜜蜂的体质弱，极易患病。20世纪90年代波及全国范围的"爬蜂病"就是一起典型的病例，为了追求蜂王浆的高产，所有饲养管理措施无所不用其极，完全违背了蜜蜂生物学的基本要求，造成严重的损失，其教训不可谓不深刻。

规范养殖的核心内容就是按蜜蜂生物学要求，给蜜蜂提供优良的生活环境与条件，提高蜜蜂个体的体质、群体的抗逆性，使蜂群有能力抵抗疫病的侵染。

（二）保证蜜蜂健康体质应关注以下几个方面

1. 蜂种

在良种培育过程中，对良种的要求除了突出的生产性状外，必须同时考虑其抗病性。在良种的评价中，应包含对我国蜜蜂主要病害的抵抗性指标，不能仅以生产性状作为评价指标。

育种工作者应深入研究蜜蜂的遗传规律，采用先进技术，选育出新型实用蜂种，为蜂业发展服务。至今为止蜜蜂属只发现9个种，被人类广泛应用的只有2个种。而蜜蜂却为自然界的60％以上的植物传花授粉，是生态平衡链条中重要的一环，任何造成蜜蜂物种损失的结果都是环境与人类承担不起的。

2. 饲料

蜜蜂健康的定义是"蜜蜂在生理及行为等方面都处于完满的状况，而不仅仅是指没有疾病或不虚弱"。众所周知，食物营养对生物体的健康是最基本的保障，在蜜蜂的饲养管理过程中，保证蜜蜂有充足、优质的饲料是蜜蜂健康的基本需求，也是饲养管理的关键之一。蜜蜂近亿年的进化史告诉我们，它的进化是与植物的进化协同的，植物为吸引蜜蜂为其传花授粉，分泌了花蜜，而植物的雄性细胞（花粉）同时也成了蜜蜂的食物，蜜蜂躯体上许多特化的结构和行为适应了对植物花蜜、花粉的采集与蜂蜜的酿造。这意味着蜜蜂是不适合其他食物的，我们也创造不出营养完全等同于蜂蜜、花粉的人工配合饲料。因此，蜜蜂的最优质饲料，就是蜂蜜、花粉。我们在生产上采用的摇尽每一滴蜂蜜，脱下每一颗花粉、生产尽可能多的蜂王浆（蜂群生长、繁殖自然需求的数十倍甚至数百倍），代之以饲喂白糖、人工花粉的做法，剥夺了蜜蜂对所依赖食物的进食，满足不了蜜蜂对正常营养的摄取，蜜蜂发育不良、体质严重降低，疫病就容易发生，极大地危害了蜜蜂的健康。

3. 蜜蜂的劳动负担

蜜蜂饲养与其他食用动物饲养最大的区别在于，不是以其酮体为食用对象，而是同时以其劳动、加工的产品（蜂蜜、花粉、蜂胶）或其分泌物（蜂王浆、蜂蜡）为最终产品。因此，与其说我们养蜂，不如说我们在管理一个劳动力群体。任何付出体力劳动的生物体，都有它的劳动极限，劳动能力不可能无限制的提高。过度的使役，再加上营养不良，必将造成体质下降，行为能力下降、健康状况下降，促其"过劳死"。

这就提醒我们，对蜂群的索取应有限度，高产是有代价的。从蜜蜂保护和生物安全的角度看，不应该以牺牲蜜蜂的健康作为获得高产的代价。现在是提倡"蜜蜂福利"的时候了，只有关注"蜜蜂福利"，让蜜蜂健康生存与健康生产，才能兼顾蜜蜂的健康和产品的安全。

4. 良好的环境

我国在认识环境卫生对防控蜜蜂疫病的重要性上还存在一定的差距。由于我国环境污染日益严重，转地饲养过程中，蜜蜂摆放场地的卫生条件不佳，给蜜蜂疫病传播留下内在因素，这给控制和消灭蜜蜂传染病带来一定难度。由于环境污染严重，病原微生物毒力易发生变化，加上抗生素的滥用，细菌对抗生素的耐药性日益增强，常导致药物防治得不到满意的效果。

对蜜蜂有害的污染物可通过大气、水、土壤、食物四大途径危及蜂群，可以在较短时间内使整个蜂场的蜂群受到危害。

当环境污染物浓度较低时，由于对蜂群影响不易察觉，极易被忽略，随着污染程度的加重或影响时间的延长，往往出现疫病的突然暴发。若环境被数种污染物同时污染，则对蜂群造成的影响更大，蜂群会产生多病害发生的情况。特别是土壤被污染，病原微生物会在土壤中长期存活甚至繁殖，残留时间长，治理难度大，在短时间内难以净化。

我国大面积的蜜源种植、生长地域相对固定，蜂场迁移路线也相对固定，多年来许多蜂场在转地过程中，基本选择相同的地点（域）摆放蜂群，由于蜂农对场地的消毒意识淡薄，发生疫病的蜂场从不清理因疫病死亡的蜜蜂个体，放蜂场地污染严重，造成蜜蜂病原在我国主要蜜源地域的土壤中广泛存在，蜂群极易受到病原的侵染，一旦发病条件适宜，病害将发生或暴发。

5. 控制病原，减少侵染

（1）消毒。蜜蜂养殖场地和蜂具的消毒十分重要，做好此项工作，可以极大地杀灭有害微生物，防止病原微生物的滋生，减少病原物，降低蜂群发病。蜂群越冬前对越冬场地（越冬室）或陈列场地进行一次彻底的消毒；转地摆蜂的场地在蜂群进场前和搬场后应予以消毒，场地消毒过程中，尽可能使用对蜜蜂及人员无毒无味的消毒剂；平时对蜂场的大扫除做到每月两次，清除病、死蜂个体，可以大大减少蜂场病原微生物的种群数量，降低蜂群发病的概率。蜂箱、巢脾、其他蜂具应进行经常性消毒，可根据蜂具的材质使用消毒剂清洗浸泡、火焰灼烧、气体（烟雾）熏蒸等消毒方法。患病蜂群的巢脾应化蜡处理，不能用于下一年的蜜蜂养殖。使用液体消毒剂要注意控制温度，用低于50℃的水稀释消毒剂，以免降低消毒效果。还应注意的是，多数液体消毒剂在温度低于17℃时，消毒效果明显降低；干粉消毒剂则不存在这些问题。

（2）患病蜜蜂处理。有条件的蜂场发现病群应立即隔离治疗；蜂场扫除的死蜂个体应深埋或焚烧。

（3）其他动物及昆虫清除。蜜蜂的螨害、虫害等生物多数带毒，它们的存在对蜂场生物安全构成了巨大的威胁。如蜂螨是十余种蜜蜂病毒的带毒者，而其本身却不致病，成为蜜蜂病毒病的高效媒介；蜜蜂总科中的其他属、种也可携带蜜蜂病原微生物，要建立其他动物及昆虫的清除和杀灭计划和制度。

（4）车辆控制。运输蜜蜂的车辆起运前必须经过严格彻底的冲洗消毒。

（5）水源的控制。给饲喂蜜蜂洁净的饮用水，切断在污水中繁殖、生存的病原微生物进入蜂群的途径。

6. 人员控制，杜绝传播

目前我国的养蜂场条件较为艰苦，设施较简陋，人员住宿与摆蜂场地之间一般无严格的界限予以区分，也尚未将接触蜂群的人员作为蜜蜂疫病的一个重要的传播途径。摆蜂场地人员随意进出，各蜂场间养蜂人员互相串门，随意开箱，检查蜂群前后没有消毒隔离措施等现象普遍，在控制疫病传播方面，这是一个十分严重的漏洞。养蜂场地为了减少病原传播，应做好住宿地与摆蜂场地严格区分，进入摆蜂场地的人员做好以下的控制。

（1）工作人员控制。只有生产人员与管理人员才允许进入蜂场，所有人员在进入饲养区前需穿着专用衣帽进入生产区工作，专用衣帽要定时消毒。访问其他蜂场后要更换衣物，严格消毒，防止交叉感染。

（2）外来人员控制。严格限制外来人员进入养殖场地，尽量减少外来人员的参观；非本场人员，如确实需要进入生产区的，需更换专用衣帽后方可进入生产区，并由场内工作人员引导，按指定的路线行走，不得到处走动随意翻动蜂箱。

7. 控制投入品，减少污染

任何投入物体从场外进入场内都有可能携带病原，而给蜂群带来威胁，因此，必须注意控制和严格消毒。例如：饲料、药品、工具、设备、易耗品等，最好是崭新的并且经过消毒（熏蒸、高温、火焰等）才能带入生产区。场内禁止使用有可能污染的物品，不在蜂场食用外来的蜂产品。

（1）水源、饲料控制。蜜蜂饮用水标准应与人饮用水标准一致，在养殖区为蜂群提供清洁饮用水（或盐水，补充蜂群对矿质元素的需求），防止蜜蜂随意采水，带回病原微生物；饮水器应定时清洗、消毒。饲料是直接与蜂群接触最频繁的物质，饲料必须排除污染物，不用被污染的饲料，提倡使用蜂场自产的洁净饲料。

（2）引种控制。引种前要严格检疫，不得带入危险的（或本地未发生的）病虫害；要对引入蜜蜂群体或蜂王进行隔离试养并与本地（场）疾病进行比对，如果健康差异过大，或对本地病虫害易感，要重新选择引入的蜂种。严格实施隔离程序确保安全引种。

8. 规范检疫，防止扩散

各级检疫部门切实按照农业部制定的《蜜蜂检疫规程》要求，做好蜜蜂疫病的检疫工作，杜绝带病蜂群（种）的迁移，防止蜜蜂疫病的扩散。

9. 合理防控，降低发病

使用药物目的是为了减少继发感染，当蜂场发生疫病时应合理（品种、剂量、给药途径）使用药物，来帮助减少该疫病所带来的损失。蜂群一旦使用抗生素治疗蜜蜂疫病，必须严格实行休药期，使得暂时残留在动物体内、巢脾上贮存的蜂蜜内和吸附于巢脾上的药物降解至完全消失或对人体无害的浓度。不遵守休药期规定，造成药物在蜂箱内大量蓄积，使产品中的残留药物超标，或出现不应有的残留药物，也会对人体造成危害。

基于食品安全考虑，场内应尽量不用、少用抗生素，禁止使用抗生素进行预防性治疗，提倡健康养殖，使用绿色蜂药。

广大蜂农在长期的蜜蜂饲养过程中，采用中草药防控蜜蜂各种疫病和进行蜂场、蜂具的消毒，是我国独有的措施，应当将散落在民间的配方收集、整理、验证，加强科学研究，提高组方的科学性，研制高效、易用的剂型，走出一条有中国特色的蜜蜂疫病防控道路。

（梁勤）

七、建立完善产品质量监控与溯源技术体系

（一）建立完善蜂产品质量监控体系

1. 现代蜂产品质量监控体系

目前保证食品质量安全的方法有 ISO（如 ISO 9000 质量管理体系、ISO 14000 环境体系、ISO 22000 标准）、GMP、GHP、HACCP、TQM 等。GHP 是良好卫生规

范，GMP 是良好操作规范，HACCP 侧重于危害分析与关键控制点，三者相互补充。

"风险分析"是在食品安全标准产生过程中开发的（FAO/WHO，1997 年），由风险评估、风险管理和风险交流组成。风险分析包括食品安全问题的确认、风险评估、建立公共安全的目标、食品安全目标、风险管理决策的执行和风险交流等步骤。

蜂产品溯源体系是贯穿蜂产品产供销的各个环节中的质量安全跟踪技术，其相关信息能够被顺向追踪（生产源头→消费终端）或者逆向回溯（消费终端→生产源头），从而使蜂产品的整个生产经营活动始终处于有效监控之中。

2. 蜂产品质量监控环节与措施

（1）养蜂生产过程。场地宽敞卫生、气候环境优良、蜜源植物丰富，建立引种、运输、检查、日常管理、生产、包装、运输、消毒、治疗和用药记录等管理档案，蜂产品采收和贮运管理。各种蜂产品的生产期都要遵守休药期制度，记录产品采收日期、产品种类、数量、采集人、用具和盛具清洗和消毒、贮存等，在蜜蜂产品包装上应当在醒目位置用正楷字标记上所生产的蜜蜂产品品名、生产日期、重量、生产者姓名、蜂场名称所属省市县名和产地。

（2）蜂产品加工过程（HACCP 体系在蜂产品加工中的应用）。在蜂蜜加工过程对原料验收、选料配料、预热融化、原蜜投料、过滤（粗、中、精过滤）、浓缩、中间检验、成品配置作了具体规定；并对加工过程中的生物危害、化学危害、物理危害进行分析，对蜂蜜卫生及污染物作出要求；确立原料采购、过滤过程、真空浓缩等关键控制点的危害分析与控制。

3. 蜂产品 QS 认证制度和监管方法

（1）蜂产品 QS 认证制度。2006 年 9 月，《蜂产品生产许可证审查细则》和《蜂花粉及蜂产品制品生产许可证审查细则（2006 版）》由国家质量监督检验检疫总局先后予以发布。这一监督管理制度自 2008 年起全面实施并纳入 QS 标识的监督管理体系。按照制度要求，QS 认证内容：一是对企业实施生产许可制度；二是企业的出厂产品都要接受强制检验；三是对于满足食品质量安全市场准入条件的企业所生产的产品，实施 QS 标识制度。

满足要求的蜂产品加工企业想要获得 QS 标识需要完成以下程序：首先，蜂产品加工企业向市级或者省级质量技术监督局提交办理《食品生产许可证》的申请。其次，省级质量技术监督局统一受理《食品生产许可证》申请，并就申请企业的食品生产必备条件进行审查、取证。最后，经审查符合发证条件的企业由省级质检部门统一汇总，在 15 个工作日之内将企业名单及相关材料呈报国家质检总局。

（2）QS 标识监督管理方法。

1）政策标准和检测项目。蜂产品 QS 标识监督管理体系中所参照的国家和行业标准，按照蜂产品种类包括如下标准：蜂蜜有 GB 14963、GH 18796、NY 5134；蜂王浆有 GB 9697；蜂胶有 GB/T 24283、SB/T 10096、NY 5136；蜂蜡有 GB/T 24314、SB/T 10190；蜂花粉有 NY 5137、GH/T 1014；蜂王浆冻干粉有 GB/T

21532、NY 5135。

　　针对每一类产品，检验过程分为发证检验、监督检验和出厂检验，检测项目略有差异，但基本类似。

　　蜂蜜产品质量检验项目为：感官、水分、果糖和葡萄糖含量、蔗糖、灰分、羟甲基糠醛、酸度、淀粉酶活性、铅、锌、四环素族抗生素残留量、菌落总数、大肠菌群、致病菌、霉菌、标签、净含量；

　　蜂王浆产品质量检验项目为：感官、水分、10-羟基-2-癸烯酸、蛋白质、灰分、酸度、总糖、淀粉、标签、净含量；

　　蜂花粉产品质量检验项目为：感官、水分、杂质、灰分、维生素C、蛋白质、碎蜂花粉率、单一品种蜂花粉率、铅、砷、汞、六六六、DDT、菌落总数、大肠菌群、致病菌、霉菌、标签、净含量；

　　蜂产品制品质量检验项目为：感官、水分、果糖和葡萄糖含量、蛋白质、总黄酮含量、10-羟基-2-癸烯酸、铅、砷、汞、甜味剂（糖精钠、甜蜜素、安赛蜜）、防腐剂（山梨酸、苯甲酸）、色素（柠檬黄、日落黄、胭脂红、苋菜红、亮蓝等）、菌落总数、大肠菌群、致病菌、霉菌、标签、净含量、执行标准规定的其他项目。

　　2）监管机制。中国已经建立了相对完善的QS标识认证体系的监督管理机制，设有专门机构进行QS标识体系的认证和职管，即各级质量技术监督局和质量监督检验检疫局。其中，质量技术监督局承担监察职能，负责监督管理、质量控制以及违法查处工作；质量监督检验检疫局则承担辅助性的检验检疫和分析鉴定工作。

　　QS标识认证体系对已获得认证的蜂产品通过两级渠道进行监督管理。一级渠道是通过国务院产品质量监督抽查计划和省级统一质量监督抽查计划，对企业蜂产品质量进行抽查；另一级是通过市级定期质量监督抽查计划、跟踪质量监督抽查和日常巡查对其进行常规检查和质量控制。

　　国务院产品质量监督抽查计划和省级统一质量监督抽查计划，是根据国家级、省级文件精神，由质检总局制定年度抽检计划，对获得《食品生产许可证》的企业进行不定期随机抽样、检验，并将抽查结果进行公布和处理。该项检查由国家级、省级质检总局指定相关部门或委托具有法定资质的产品质量检验机构承担。抽查计划每年年初制定并公布，随机性很强。

　　市级定期质量监督抽查计划、跟踪质量监督抽查和日常巡查是地方质量安全监督管理部门进行监管的常规渠道。

　　国家和地方两级渠道相互补充形成一个完整的监管机制，其中地方性的监管方案一般由市级监管部门制定。

　　3）处罚手段。在检查过程中出现抽检不合格报告的企业，将立刻收到监督管理部门的责令整改通知书，企业应当自收到责令整改通知书之日起，查明不合格产品产生的原因，查清质量责任，根据不合格产品产生的原因和负责后处理的部门提出的整改要求，制定整改方案，在30日内完成整改工作，并向负责后处理的部门提交整改报告，提出复查申请。企业在整改复查合格前，不得继续生产销售同一规格型号的产品，对库存的不合格产品进行全面清理，对已出厂、销售的不合格产品下架、召回。另外，被抽查企业对检验结果有异议的，可以自收到检验结果之日起 15 日内向组织监督抽查的部门或者其上级质量技术监督部门提出书面复检申请。

整顿或者复检完毕，由监督管理部门派出的核查组验收合格后，企业方可开工生产。另外，在国家和省级监督抽查连续两次不合格的企业，将被依法吊销生产许可证。

（二）建立完善蜂产品质量溯源体系

1. 蜂产品质量溯源的意义

蜂产品是一种特色农产品，是国内外人们都非常喜爱的营养保健食品。我国是蜂产品产出大国，蜂产品质量安全突出的是药物残留和掺假问题，但我国一直缺乏对生产流通全过程进行有效的质量控制、监管和溯源的机制。

面对我国目前严峻的蜂产品安全问题，引入溯源概念，建立和实施跟踪与溯源制度，对蜂产品原料、生产和加工、包装、贮藏、运输、销售等全程安全控制和跟踪与溯源具有现实意义。当前研究建立我国"从蜂场到餐桌"产品供应链跟踪与溯源体系，已是蜂产品安全管理发展的必然趋势，这将保护我国蜂产品行业核心竞争力和国民健康的膳食水平，保障我国蜂产品进出口贸易利益，形成蜂产品溯源和预警体系，提高蜂产品安全应急处理能力，最终全面实现蜂产品安全保障从被动应付型向主动保障型的转变。

2. 国内外蜂产品质量安全可追溯工作概况

让食品具有可追溯性以保障质量安全已成为国际共识，各国举措不尽相同，有的是在管理上出台一些政策、制度、法规、条例，有的着手建立溯源体系，有的推动溯源系统实施，等等。

美国的农产品可追溯系统主要是企业自愿建立，政府主要起到推动和促进作用。2003 年 5 月美国食品药品管理局（FDA）公布了《食品安全跟踪条例》，2004 年启动了国家动物标识系统（NAIS）。欧盟的农产品可追溯系统应用最早，尤其是活牛和牛肉制品的可追溯系统。欧盟把农产品可追溯系统纳入到法律框架下。2002 年 1 月欧盟颁布了 178/2002 号法令，规定每一个农产品企业必须对其生产、加工和销售过程中所使用的原料、辅料及相关材料提供保证措施和数据，确保其安全性和可追溯性。澳大利亚国家牲畜标识计划（NLIS）是澳大利亚的家畜标识和可追溯系统，通过实行该系统澳大利亚畜产品得以顺利出口欧盟。日本在农产品可追溯系统应用方面走在前列，不仅制定了相应的法规，而且在零售阶段，大部分超市已经安装了产品可追溯终端，供消费者查询信息使用。英国、加拿大、巴西等国家也都相应开展了农产品可追溯工作。

我国在 2000 年后开始建立可追溯管理体系，并且把保障食品安全作为追溯体系实施监管的重点。在研究和实施过程中,逐步制定了一些相关的标准和指南。如国家质检总局出台了《出境水产品溯源规程(试行)》,中国物品编码中心编制了《牛肉制品溯源指南》。陕西标准化研究院编制了《牛肉质量跟踪与溯源系统实用方案》。我国一些地方和企业初步建立了部分食品可追溯制度。我国也进行了农产品可追溯系统的初步试点。农业部、国家质检总局、中国物品编码中心以及地方质量技术监督局等部门和一些企业进行诸如蔬菜、水果、畜产品、水产品、农副产品质量安全可溯源系统的探索和建立工作。

在蜂产品中实施溯源工作各国也开展了一些,如欧盟第六框架项目(TRACE),提出了蜂蜜销售链溯源过程中应记录信息的标准,所记录的内容是为了达到良好溯源目的,在蜂蜜销售链中应记录的详细信息。欧盟关于溯源法规-Regulation(EC)No 178/2002第18条可追溯性,其中覆盖了蜂蜜产品,同时适用于花粉、蜂王浆、蜂胶、巢蜜等。

2003—2006年,希腊-匈牙利联合提出并执行了"TraceHoney"项目——匈牙利、希腊食品网络可追溯性和透明度研究,提出了蜂蜜生产、加工和销售链条管理的试点研究。阿根廷全国农业食品卫生和质量局(SENASA)提出了以蜂蜜提炼房为核心的溯源系统;提炼房、养蜂生产者和蜜桶都需经过SENASA注册。商业化的Apitrack溯源系统已经在经营中,正重点在北美推广。加拿大安大略省农业、食品和农村事务部也在开展溯源试点工作。

伴随着我国食品溯源工作的进程,我国蜂产品追溯研究也在起步和发展中,2008年首次在国家公益性行业(农业)科研专项中设置了子项目"蜂蜜产品可溯源监控技术研究";在农业部现代农业蜂产业技术体系建设任务中设置了"蜂产品质量可溯源技术体系的研究与示范"研究,由中国农业科学院蜜蜂研究所、中国农业科学院农业信息技术研究所专家组成了项目研究团队开展溯源技术研究;由安徽农业科学院起草的《农产品追溯要求 蜂蜜》国家标准已通过审定;中国养蜂学会将溯源工作纳入其标准化基地建设中;中国蜂产品协会也在企业中开展溯源系统建立工作等。总之,目前蜂产品溯源工作的实施正受到各方面重视,这将有助于推动我国蜂产品质量安全监控水平的提升。

3. 蜂产品质量安全溯源技术

使食品质量安全具有可追溯性必须有良好的技术来支持,满足这个需要的技术属于溯源技术,也可以说是溯源的方法和手段。相对来讲,食品质量安全溯源技术是食品安全研究的一个新的领域,"从土地到餐桌"整个食品链的追溯体系涉及的内容繁多。目前食品溯源技术或手段可以分为两类:一类是标识溯源技术——"外标识式"产品溯源信息化管理系统:电子标签、条形码、无线射频识别等;另一类是"内源式"新型的综合性溯源技术,如化学或生物溯源识别分析技术:同位素溯源技术、矿物元素溯源技术、指纹溯源技术、有机物溯源识别技术、虹膜特征技术、DNA溯源技术等。

(1)"外标识式"电子信息管理溯源技术。标识式溯源技术实际上是应用于建立以溯源为目的的产品信息化可追溯管理系统中的复合技术，也可认为是一种"物理"技术。比如美国农产品可追溯系统、欧盟的牛和肉制品的可追溯系统；澳大利亚的家畜标识和可追溯系统；日本的农产品可追溯系统；英国的家畜跟踪系统；我国各部门的蔬菜、水果、畜产品、水产品、农副产品质量安全可溯源系统。

标识式信息化可追溯管理系统一般包括以下技术，①产品标识技术：如一维条码、二维条码、RFID（射频识别）等。②产品识别数据载体技术：如光学存储、磁性存储体、电子存储等。③数据采集技术：如字母数字标签、磁性标签、射频识别电子标签、生物标签。不同数据采集技术也不同，要求高速，高精度，便捷。④数据处理技术：包括数据分析、计算、使用、管理、存储、备份和复制等。⑤信息载体技术：如线性条形码、二维代码、射频识别、智能标签等。⑥条码识别技术：在数据库中跟踪需要溯源产品的技术，是实现食品安全溯源的主导信息技术，包括条码识读、数据采集、条码生成等条码识别技术。

(2)"内源式"综合溯源识别分析技术。"内源式"综合溯源识别分析技术是一种追踪和识别产品内在的某些成分或因子达到追溯产地来源的溯源技术，一般以分析仪器为工具对产品中某些成分或因子进行检测分析，鉴别其产品来源和产地，同时也进行品种和种类以及是否掺假造假等真实性识别。化学分析溯源技术主要有同位素溯源技术、矿物元素溯源技术、指纹溯源技术、有机物溯源识别技术，生物溯源技术主要由虹膜特征技术、DNA溯源分析技术等。

在化学和生物分析溯源技术中，同位素溯源技术是应用最多的化学分析溯源技术。早在20世纪80年代后期，美国、西德、日本、新西兰等国就对许多食品都进行了同位素分析。美国克鲁格和里斯曼的实验室每年都做3 000多个食品同位素样品，监测市场上食品的纯度、真假和来源。许多发达国家也已逐渐将同位素溯源技术发展成解决食品掺假问题的一个手段和技术，尤其在鉴别果汁加水、加糖分析，葡萄酒中加劣质酒、甜菜糖、蔗糖等的分析，以及蜂蜜加糖分析等方面。此外，还可鉴别不同植物混合油、高价值食用醋中加入廉价醋酸等掺假分析。目前同位素技术已是国际用于追溯不同来源食品和实施产地保护，鉴别食品成分掺假、食品污染物来源的一种有效工具。

对于化学和生物分析溯源技术，欧盟第六框架计划的食品溯源研究在FP5-7中设置了分析工具溯源技术研究组，主要研究对基于来自植物或动物产品中的天然可示踪成分的化学和生物分析证据，其研究目标：发展可信赖的方法建立食品溯源技术模式和产生可验证跟踪和追溯技术（指标）规范。

目前这种以分析技术为基础的溯源手段，主要是日用产品目标群：矿泉水：研究土壤和地下水相关性，溯源水的产地；蜂蜜：产地鉴别，品种鉴别；橄榄油：产地（有机或常规的）鉴别，鉴别有无掺加其他地区的；肉类：牛羊等畜产品的产地和品种鉴别；谷物：产地（有机或常规）和品种鉴别等。

　　我国化学和生物分析溯源技术也受到了农业、食品、药品领域关注，如利用同位素质谱进行农畜产品产地溯源和蜂蜜掺假识别；用红外技术进行中药质量控制、真伪鉴别，以及酒、茶等产地或品种鉴别；利用 DNA 指纹图谱特征对枸杞、黄芪、人参等产地、品种鉴别等。

　　"内源式"综合溯源识别分析技术主要包括：

　　1）基于稳定同位素质谱和微量元素分析与建模技术。是综合溯源识别分析技术中最重要的技术。利用食品组分与地质和同位素存在相关性，研究不同地区土壤、地下水、原食品的稳定同位素和多元素组成，建立样品地域模型，以进行产品产地溯源。

　　2）基于指纹分析和代谢轮廓方法。主要分析工具包括光谱、色谱、质谱分析仪。利用单筛选技术如近红外光谱（NIR）、中红外光谱（MIR）、拉曼光谱（Raman），以及多信息技术组合如近红外（NMR）与液质联用（LC-MS）或气质联用（GC-MS）组合技术，研究食品生产过程中产生的有机化合物特殊光谱信号和初级食品在生长或生产过程中产生的由于各种自然现象（气象、气候、疾病等）干扰的特殊光谱信号，用指纹图谱技术建立准确的光谱模型，以鉴别食品生产的确切地域或特殊生产方式。

　　3）基于生产食品特殊 DNA 和蛋白品分析品种溯源方法。主要利用特殊基因 PCR 扩增、基因型分析、mRNA 基因表达谱、蛋白表达谱等技术并借助于公共数据库，进行物种、亚物种、种类和生产方式变更的鉴别。

　　4）化学计量学研究建立和评价复杂的化学计量学模式识别方法及验证方法。以化学实验数据为基础，从化学量测数据中最大限度地提取有用的化学信息，用数学、统计学和计算机技术的原理和方法来处理化学数据，优化化学量测过程。

　　5）建立分析工作包。溯源分析技术是一种综合技术，建立分析工作包很重要，包括原始数据色谱图、光谱图、稳定同位素比值、微量元素含量、DNA/蛋白组学，进行特殊数据处理→参数设置→并入溯源综合系统。

　　目前我国蜂产品溯源技术研究分两类：①以"标识式"产品信息化可追溯管理系统研究为主，研究适合我国蜂产品溯源监管的标识技术、产品识别数据载体技术、数据采集技术、信息载体技术和信息管理技术等。②"内源式"溯源识别分析技术研究在尝试中，目前主要包括：利用稳定同位素质谱和微量元素分析与建模技术，主要鉴别蜂产品产地；利用红外光谱技术、液相色谱质谱联用技术，主要进行蜂产品真实性识别，同时研究各种技术组合分析和评价，进行蜂产品溯源和真实性识别分析技术研究。

　　（3）不同溯源技术的功能作用。食品溯源技术相对来讲是食品安全研究的一个新的领域，标识式电子信息化可追溯系统和内源式综合溯源分析技术研究角度和采用方法不同，都是为了解决产地溯源、真实性鉴别、品种鉴别等与质量监控有关的问题。

　　标识式电子信息化可追溯系统在产品溯源中主要具有记录基本信息，追溯信息写入并标识，自动数据处理、在线打印，设置预警和政府监管平台，产品、信息追溯，产地、企业档案管理等功能。

标识式电子信息化可追溯系统在运行实施时，其确保溯源产品或系统真实有效性存在着局限性，因为它过分依赖溯源参与者的诚信度和主观能动性，有时也发生客观干扰性，如当标识损坏脱落时，链条会被迫中断，可追溯受到干扰。

内源式综合溯源分析技术以分析技术平台为基础，主要具有鉴别产品产地和进行产品真实识别（包括品种或种类识别、掺假造假识别）等，同时当标识式追溯系统出现质疑或需要验证时，利用以分析技术为基础形成的技术可以对电子信息溯源系统进行验证，对未建立电子标识系统企业的产品实施溯源性鉴别。

4. 蜂产品溯源技术应用与发展

目前我国蜂产品电子信息化可追溯系统技术有了初步研究成果，例如在国家行业项目和农业蜂产业技术体系支持下初步建立了针对蜂蜜的质量安全可追溯系统（图10-1），并分别在北京、四川、广东、牡丹江、新疆、浙江等地方进行了示范和推广，这个系统含有应用于蜂蜜产品的电子溯源信息系统关键技术，包括：编码标识技术，可在应用范围内保证唯一性；信息采集技术，可解决数据采集、保存、标识、识别问题（数据采集：记录——自动、手动），数据保存载体：文本、电子化、条码；数据交换和传递：表格单据、电子文件、网络、条码；数据库技术；Web Service 技术；嵌入式、控件和传输与通信开发技术等。另外，中国蜂产品协会、农产品质量标准研究中心等机构也在进行蜂产品溯源系统开发工作。

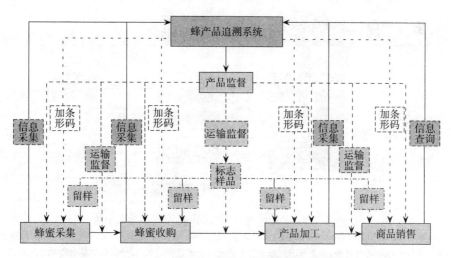

图 10-1 蜂产品电子信息化追溯管理系统

蜂蜜产品和信息可追溯电子信息化系统，可以实施记录基本信息，追溯信息写入并标识，自动数据处理、在线打印，设置预警和政府监管平台，产品、信息追溯，蜂场、企业档案管理等一些功能。

随着电子信息化管理技术的发展，蜂产品电子信息化管理可追溯系统技术将会越来越先进，功能和作用将会越来越完善、方便、可靠、实用、经济和快捷，除了目前在蜂蜜质量监控上应用外，将会延伸至其他蜂产品如蜂王浆、蜂胶等的质量安全监控中去。

蜂产品溯源分析技术在我国目前尚在起步阶段，包括产地鉴别以及品种和掺假真实性识别检测技术等，这是通过化学、生物学方法分析食品中有机或无机成分、同位素含量与比率、DNA 图谱特征成分或指标，结合化学计量学研究，建立起区分蜂产品产地来源和品种、真实性标准特征指纹图谱或模型，质谱、光谱技术、分离技术、分子生物学技术将会更多应用在溯源检测中，组合或联用技术也将在蜂产品溯源检测中得到发展，因为一种单一技术或许存在着局限性，要求更多技术组合起来，如红外（NMR）与液质联用、（LC-MS）或气质联用（GC-MS）等将在追溯农产品产地来源、品种和真实性鉴别中发挥重要作用。

例如，中国农业科学院蜜蜂研究所开展了蜂蜜溯源分析技术研究，运用同位素和等离子光谱、红外光谱、色质联用等手段，针对性地开展了产地溯源、蜂蜜品种识别和蜂蜜掺假识别检测技术研究，并借助于化学计量学建立了评价技术，形成了包含基于化学计量学的蜂蜜产地溯源稳定同位素和矿质元素判别技术；蜂蜜品种和真实性溯源红外光谱识别技术；蜂蜜溯源性品种和真实性液质联用指纹图谱技术；蜂蜜真实性溯源-飞行时间质谱识别技术；分析与评价融合技术的综合分析系统（图 10-2）。

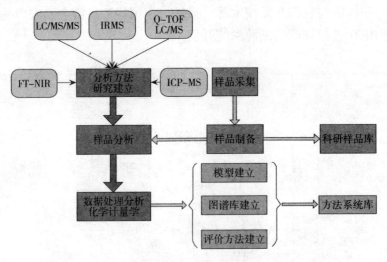

图 10-2　蜂产品溯源与真实性识别检测技术综合系统

LC/MS/MS：液相色谱-质谱/质谱联用技术；IRMS：稳定同位素比值质谱仪；Q-TOF LC/MS，液相色谱
串联四极杆飞行时间质谱法；FT-NIR：傅立叶变换近红外光谱法；ICP-MS：电感耦合等离子体质谱法

蜂产品溯源技术还在不断摸索和开发中，信息可追溯电子信息化系统和溯源分析技术有着各自的特点，也有着各自的局限性，有条件时将这两种技术在应用中互补不失为好办法，目前中国农业科学院蜜蜂研究所和农业信息研究所组成的科研团队正在进行这方面的探索研究工作，探索设计了一种组合技术框架和运行模式（图 10-3、图 10-4）。

目前，面对我国食品安全问题频频发生的现状，食品溯源工作呈现前所未有的必

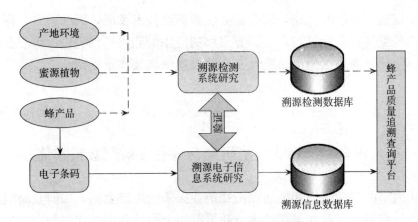

图 10-3 信息管理系统和检测溯源系统平台

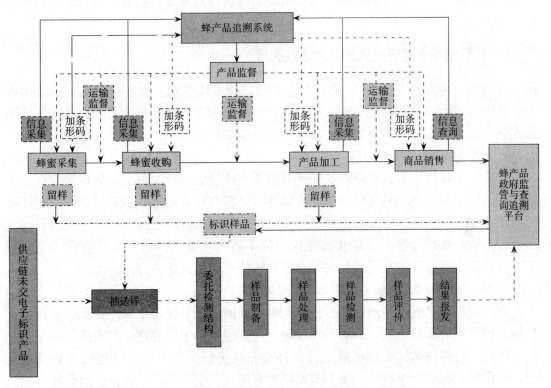

图 10-4 电子信息化追溯系统和溯源分析技术结合模式

要性和迫切性，为我国食品市场质量安全监控所需，国家非常重视这方面工作，农业部加强了对农产品有赖于食品溯源技术的发展的溯源工作管理力度，拟建立全方位的国家级农产品溯源管理平台，标识式电子信息管理可追溯系统是一种主要手段，首先重点支持在"三品、一标"农产品（注：指经过认证的：无公害食品、绿色食品、有机食品以及地理标识产品）。今后在"三品、一标"蜂产品中建立溯源系统也应是我们的工作重点，逐步覆盖我国市场所有蜂产品。

　　综上所述，蜂产品溯源研究和实施工作已经起步，我们要跟上国家对食品溯源工作要求的步伐做好自己的工作，跟踪食品溯源前沿技术发展，因地适宜，探索适合蜂产品溯源的各类技术，使其在今后溯源工作的应用中能够更加先进、可靠、快速、准确、经济、便捷，为我国蜂产品质量安全监控提供高效技术支持。

（赵静　吴黎明）

八、建立完善蜂业经济研究与蜂业发展配套技术体系

如何从战略的高度认识和规划我国蜂产业未来的发展道路，如何及时跟踪和破解蜂业发展中的难题，以及如何在具体的政策措施上引导和促进我国蜂产业的健康快速发展等都是迫切需要解决的问题，这就需要有完善的蜂业经济研究以及与之配套的体系作为支撑。

（一）我国蜂业经济研究与配套体系现状

蜂业经济研究始于 2008 年国家现代蜂产业技术体系建立之时，在此之前，国内无论是国家层面，还是省地层面，均没有任何以蜂产业经济研究为主要任务的成建制研究机构，也没有专门的研究人才和有一定影响的研究成果。

1. 蜂业经济研究基础薄弱

在理论上，这主要包括以蜂业经济及其相关的概念、理论框架和原理等为核心内容的理论体系和与该学科发展相关的方法体系还没有建立。在实践上，具有创新性的科研成果也比较缺乏。主要包括对蜂产业发展的家底不清，如全国历年的蜂群数量、变化等不清，蜜源植物的数量及其变化趋势不清，从业人员数量及其变化不清，等等。在应用上，蜂产业发展的重大问题和政策研究更是缺乏。

2. 缺乏蜂产业发展的政策支持与保障体系

蜂产业作为具有正外部性和准公共产品性质的产业，决定了蜂产业无法依靠市场机制实现资源的有效配置，迫切需要政府通过宏观干预手段对这一产业进行补贴和扶持。国际上许多发达国家早已通过价格补贴和优惠贷款等方式对其进行了扶持。然而，在我国，由于认识不清，加上国家财力有限，多少年来，一直没有出台任何相关的扶植政策。这也是造成目前我国蜂产业发展缓慢的一个重要的原因。

3. 缺乏与生产发展相关管理与技术支撑体系

在蜂产业领域，如何依靠科学管理与有效服务来支持和促进蜂产业的发展一直是一个没有解决的问题。主要表现在：全国自上而下基本上还没有建立起相关的管理机构，多数地区也没有专门的人员来管理和服务于蜂产业发展。另外，全国上下也没有建立起蜂产业技术研发与推广体系。造成蜂产业发展在管理上缺位，技术上不到位，产业发展举步维艰。

建立和完善蜂业经济研究与蜂业发展配套技术体系已经迫在眉睫。

（二）蜂产业经济研究与蜂业发展配套技术体系建设的实践

1. 蜂产业经济研究开端良好

国家现代蜂产业技术体系经济岗位作为现代蜂产业技术体系的重要组成部分，是国内建立的第一个以蜂产业经济研究为主要内容的成建制的研究团队。在体系建立初期，该团队就十分注重从理论高度研究和把握蜂产业经济的基本定位和科学内涵。其研究工作主要从如下方面来展开：一是把握发展趋势，揭示发展规律。即通过纵向（历史的）和横向（国际的）的比较分析，把握蜂产业发展的基本趋势，揭示蜂产业发展的一般规律，特别是总结归纳蜂产业发展的特殊性及其有别于其他产业的发展规律。二是总结发展经验，服务产业发展。即运用经济学及管理学的理论与方法，揭示和分析蜂产业发展中存在的问题，探求导致这些问题的背后原因，提出解决这些问题的思路、对策和方法。三是瞄准关键制约因素，破解发展难题。即从全局和战略高度研究解决涉及产业长远发展的突出问题，通过相关的政策建议与措施安排，以弥补市场调节的自发性和盲目性，为我国蜂产业的健康、快速和可持续发展创造条件。四是加速研究成果落地，增强政策影响。即通过以研究为基础的政策建议与政策方案的提供，为政府的宏观决策提供有效支持，充分发挥研究成果的政策影响力。

在具体的研究计划安排与工作推进过程中，考虑到目前我国蜂产业经济研究和学科建设还处于起步阶段，如缺乏以概念、理论框架和原理为核心内容的理论与方法体系，也缺乏具有规范性和创新性的科研成果。同时，还存在研究基础薄弱，产业家底不清，以及研究力量不足等问题。自 2009 年国家蜂产业技术体系建立并专门设立蜂业经济岗位以来，我们的蜂业经济研究工作主要从以下几个方面来展开：

一是开展国内外蜂产业发展基本状况、经验教训与发展趋势研究。具体包括蜂产业发展的历程、现状、问题和经验研究，以及跟踪监测国内外蜂产业发展的动态与趋势，目的是摸清产业发展现状，把握蜂产业发展特点、趋势、症结和关键制约等。

二是开展蜂产品生产过程中的经济问题研究。主要包括产业与产品结构、生产与供给、消费与需求，以及生产要素变化及经济效益评估分析。如跟踪评估我国养蜂业各种生产要素投入量、结构、价格变化与趋势，测算要素生产率等指标，进行成本收益分析等；开展蜂产业发展中的技术进步因素及其对产业发展的影响等。

三是开展蜂产品流通、价格与市场变化、趋势分析及蜂产品的国际竞争力研究。主要是密切跟踪国内外蜂产品生产与市场走势，剖析蜂产品生产、消费、贸易、价格变化及影响因素等；同时深入分析蜂产品的国际竞争力与我国的比较优势。

四是开展蜂产业发展中的经营与组织模式、管理体制与产业一体化问题研究。主要包括开展我国蜂产业发展的管理体制与运行机制研究；我国蜂产业的组织化状况（合作社、协会等）及其余产业发展的关系研究；以及我国蜂产业发展中的主要组织模式、效率比较与模式选择；推进蜂产业组织一体化的难点与对策，以及一体化与蜂产品质量控制、产业升级的关系；开展发达国家蜂产业发展的组织模式借鉴研究。

五是开展蜂产业发展道路与支持政策研究。主要包括研究蜜蜂授粉的公共产品性质及其对蜂产业发展的重要意义，我国的蜂产业发展的道路选择；研究分析蜂产业支持政策的理论与现实依据；对国内外现有或拟实施的支持政策进行调研、评价，并提出相关改进建议；研究提出蜂产业可持续发展战略与对策措施。

六是开展具有前瞻性和具有区域特色问题的研究。诸如开展中蜂保护区建设、蜜蜂授粉产业化模式、蜜蜂授粉与地方特色产业发展和蜂产品质量安全区建设等带有地方特色的相关问题研究。

除了上述 6 个方面的研究外，还在全国 12 个省 57 个县，每个县选择 10～12 户蜂农，总计选择了 680 户蜂农进行跟踪调研，为蜂产业经济研究奠定基础数据资料。同时也建立了蜂产品进出口贸易数据库和主要国家蜂产业研发机构数据库。

2. 蜂产业发展战略与政策支持框架初步形成

如何完善政策研究，并形成政策支持体系，真正发挥政策对产业发展的支撑作用。从 2010 年开始，国家农业部就开始着手制定和颁布了"十二五"蜂产业发展规划，这是指导我国蜂产业发展的基本指南，对于我国蜂产业的发展必将起到重要的作用。从 2010 年开始，国家也通过实施绿色通道政策，支持养蜂业的发展。与此同时，在全国的不少省份，如北京市、江西省上饶市等也都根据自身经济与财力的情况颁布实施了相关支持政策，取得了良好的效果。

从政策研究的角度，蜂产业经济岗位研究团队针对目前限制我国蜂产业发展的关键制约因素，从战略和全局高度提炼了几个政策落地重点。具体包括：一是养蜂车及其对产业发展的影响与支持政策研究。其中包括理论依据、产业需求、微观效果、支持框架与总体效果预测等内容。二是蜜蜂良种应用情况、存在问题及其政策推进重点研究。其中包括目前我国蜜蜂良种采用情况、存在问题、影响估计、改进路径与预期收益等内容。三是蜂产品质量安全区建设与灾害补偿与风险救助机制研究。从质量安全示范区建设的动因（迎接蜂产品国际贸易壁垒的挑战、提升发展区域优势产业、搭建资源积聚、规范发展的平台）、制度特征与政策启示和效果等方面进行了深入的研究。同时还总结了浙江灾害补偿和风险救助的经验。这些研究为构建我国蜂产业政策支持框架奠定了良好的基础。

3. 蜂产业管理机构与技术推广体系在探索中完善

近年来，随着对蜂产业发展重要性认识的逐步深入，我国不少地方政府也加强了对养蜂业的重视，一些地方探索性地设立了蜂产业管理机构，如新疆维吾尔自治区在农业厅设立了养蜂业管理中心，主管本区域内的蜂产业发展。浙江省杭州市桐庐县，在畜牧局下设立了蜂业管理科，主管本县的蜂产业发展，取得了明显成效。但限于各种原因，全国大多数蜂业主产区到目前为止还没有成立专门的机构，也没有专人负责蜂产业的发展，使得其蜂产业发展仍然游离于政府的管辖之外，既得不到应有的支持，也不能有效地监管。

在技术研发与推广体系建立方面，从国家现代蜂产业技术体系建立开始，就着重构建从技术研发到试验示范，到最终的技术推广体系，在一定程度上改变了我国蜂产业技术研发体系缺乏、力量不足和发展乏力的问题。目前，已经基本建立起了从育种、饲养、蜂保、机具到加工完整的研发体系，也通过在全国重点产区建立综合试验站的方式，建立起了稳定的试验示范基地和队伍，为蜂业技术的中试、二次开发和推广应用奠定了良好基础。但从体系的完整性上来说，除此之外，全国重点省区，基本上还没有建立起与其他如粮棉油产业类似的技术推广体系，在一定程度上限制了技术的传播与应用。因此，加强蜂产业技术推广体系任务艰巨。

（三）完善蜂产业经济研究与蜂业发展配套技术体系的工作重点

1. 通过稳定支持，形成和完善蜂产业经济研究机构和团队，强化和提升研究能力，特别是通过对针对性和阶段性重点问题的研究，为蜂产业发展提供强有力的支持。

2. 加快蜂产业支持政策体系的形成，特别是就影响蜂产业发展的关键问题，如事关蜂产业综合生产能力提升的良种培育与推广、蜂产业老龄化与产业升级的养蜂车补贴与推广、缓解养蜂业自然与市场风险的灾害救济与保险等开展有针对性的研究，并在此基础上提出可行的政策方案，为破解蜂产业发展瓶颈，促进产业升级与可持续发展奠定坚实基础。

3. 尽快建立蜂产业管理机构，并完善蜂产业技术推广体系。蜂产业发展离不开有效的管理，也离不开有效的服务，更离不开技术的支撑。因此，未来的发展重点应该是尽快建立机构，明确工作职能和工作重点。另外，需尽快完善技术推广体系，落实推广经费，真正发挥技术促进产业发展的第一生产力的作用。

（赵芝俊）

第二节　政策与法规体系保障

一、完善蜂业政策支撑体系

（一）提供财政税收支持

各级政府部门应从战略高度、发展角度来认识蜂产业，不断加大对蜂产业的资金扶持力度，通过建立蜂业发展基金，完善税收优惠政策，为蜂产业发展提供强大的财政支撑。

1. 建立蜂业发展基金

资金来源要严格本着"取之于蜂、用之于蜂"的原则，建议从每年蜂蜜、蜂王浆出口招标收入中（据了解现每年蜂蜜出口招标收入为 7 000 多万元）提取 3%～5% 的产品改进费；从购销单位及购销大户收购的蜂蜜、蜂王浆、蜂花粉中提取 1% 的产品技术改进费，作为蜂业产业化试点基金，专项有偿滚动使用。以此为启动资金，经过三至五年的发展，可使蜂产品质量得到改观。

2. 完善税收优惠政策

为鼓励蜂产品加工企业的发展，延伸蜂业的产业链，政府可以出台出口退税与土地优惠政策，并在贷款、项目审批等方面给予蜂产业重点支持，积极实施蜂产业集聚化战略，筹建蜂产品加工园区，不断提高蜂产业的效率和竞争力。

（二）提供贸易出口补贴政策支持

建立完善的补贴机制，对提高我国蜂业的国际竞争力有着不可或缺的重要作用，因此，在我国财力许可的范围内，建立健全补贴机制是提升我国蜂业国际竞争力的当务之急。部分省份如我国第一大蜂产品生产基地——浙江省实施了蜂产品风险补贴政策，这些措施已经取得了一定的成效。

1. 重点补贴科技创新企业

补贴政策应涵盖风险资助项目，鼓励高科技企业加快蜂产品的深度技术开发。以蜂蜜为原料的医药、保健和美容产品在欧美和日本等国十分畅销，拥有极其广阔的市场前景，加速深度开发新技术、新产品是我国蜂业加强国际核心竞争力的必由之路。同时，在条件较好的地区，政府部门应采取优惠措施，打造国际性的蜂产品生产基地、加工集散基地，形成产业集聚效应，从而创造提升蜂业国际竞争力的良好环境。

2. 建设有稳定财政投入的全国性蜂业补贴机制

根据目前我国蜂农分散、流动作业、规模较小等情况，只有把全国的蜂农组织起来，积极发展产供销一体化经营，达到均衡发展，才能提高我国蜂业的整体实力。在这个转变过程中，应根据我国目前的经济实力，借鉴美国的经验，通过国家财政为出口企业建立发展资金，为蜂农提供风险保障基金或者销售差额补贴，保障蜂农在各种风险的威胁下仍然能够得到较为合理的收益。

3. 通过补贴手段增加对企业国际营销的支持力度

建议政府减轻出口企业的负担，增强企业国际营销的能力。当前企业难以承受蜂产品昂贵的检验检疫费用和认证费用。此外，政府部门还需建立蜂产品出口的预警机制，及早收集信息并及时向蜂农和相关企业发出警报，争取蜂产品出口自我保护的主动权，把自然风险、社会风险，尤其是市场风险给蜂业带来的损失降到最低。只有这样，才能把我国养蜂业发展成为一项保护自然资源、改善生态环境、提高农业生产综合效益、具有国际核心竞争力的绿色产业。

（三）加强蜂产品价格调控和指导

1. 蜂产品价格波动对蜂业发展的影响

价格是市场调节中最活跃的因素，从蜂产品价格波动情况看，其价格处于低迷状态时，蜂产品定价也是按成本费用消极定低价。自1970年至今，我国蜂产品价格同其他农副产品价格相比，总趋势是下降的，特别是自20世纪90年代以来，蜂产品收购价格偏低尤为突出。其主要原因是"互相残杀"式内贸流通以及"无序竞争"的外贸出口,再者是蜂产品价格与质量又形成不协调的矛盾。

蜂产品价格一波动,必然会导致产品质量下降。因为价格一下降就会严重影响企业的经济效益,企业就难以进行质检设备投入和技术改造,以保证产品质量和服务质量。由于利益的驱动,一些所谓的代理商、自产自销商等商家,以次充优,以劣充好现象多。蜂王浆、蜂蜜以次充优现象特别严重,甚至有的蜂蜜完全是假蜜。长此以往,势必严重打击消费者的信心,损毁蜂产品的声誉。

2. 加强蜂产品价格调控的政策建议

中国养蜂学会、中国蜂产品协会每年主办一次"全国蜂产品信息交流会",应利用这一平台,根据各地代表交流的蜂产品信息,回顾过去,分析将来,综合国内外蜂产品供求行情,总结出新一年我国主要蜂产品购销指导价格,以便本行业内部参考。我国蜂产品行业跨部门比较多,如外贸、供销、商业、食品、医药、化妆、农林、畜牧部门等,没有专门的行业主管。在市场经济条件下,如各自为政,难免乱套。历年来每年春季蜂产品上市,从事蜂产品经营的厂家会开价,而厂家有时候又联合几个厂家开会出台蜂蜜、蜂王浆收购价,而厂家的出台价是否合理有待商榷。因此,建议中国养蜂学会、中国蜂产品协会应做好这方面的协调工作。

(四) 建立产业化的经营体制

过去,我国蜂业主要是采取小农户的分散经营方式,具有诸多弊端,制约了我国蜂业的可持续发展。现在,我国提出要建立新型农业生产方式的政策,我国蜂业也应适应形势,逐步建立产业化的经营体制。

1. 鼓励发展规模饲养

应根据目前客观条件和社会的进步等要求,制订近期、中长期要求达到的饲养规模,这不但要求养蜂户达到相应的饲养规模,一个县或市也要制订一个发展规模。形成一定的饲养规模后不但可提高经济效益,而且更便于技术指导、服务和管理。为此,在信贷资金、技术指导等方面应给予优惠政策,以利于扩大规模,实现规模饲养。

2. 鼓励兴办龙头企业和加工企业

国家应重点扶持养蜂家庭农场的发展,并且尽快建立"农户+合作社+龙头企业"的一条龙生产经营模式。在资金投向上要向蜂业龙头企业和深加工企业倾斜,在税收政策上给予优惠,以利于龙头企业促进自身实力提高,带动农户的发展。从而克服过去小农户分散经营带来的弊端,促进蜂业产业化经营体制的形成。

3. 鼓励发展股份合作社

股份制合作社的优势在于:一是聚集生产要素,合理配制资源;二是扩大经营规模,提高管理水平;三是带动蜂业经济,致富于蜂农。对于股份合作制应在宣传导向上予以支持,在资金、政策上给予扶持。

二、教学培训提供人力保障

（一）培养蜂业专门人才

作为一门学科，蜂学既是一个研究的问题，同时又是一个教育的问题。要积极制定和实施蜂业科学的教育计划。在专门教育方面，从大学本科蜂学专业的课程教育开始，开办蜂学学科点。同时，逐步建立和健全专业化的研究生学位教育，培养博士、硕士研究生，为发展新的蜂学研究领域，培养适应 21 世纪可持续发展的蜂学工作者创造条件。

与此同时，要博采众长，在推进国内蜂学的学科建设、科研专家的培养过程中，应加强蜂学领域的国际合作与交流。国外在蜂学领域的基础研究比中国起步早，研究深度高，有很多方面值得借鉴和学习，而中国在蜜蜂饲养技术和应用研究方面较为深入、细致。尽管近年来国内学者和蜂农也积极参与了一些国际活动，并于 1993 年在中国北京成功地组织了第 33 届国际养蜂大会，但是，必须看到，我国在蜂学领域与国际同行开展实质性的合作研究还很少。因此，应该保持自己的优势，借鉴国外的研究方法，加强与国际同行的合作，开展蜂学领域基础性并有应用前景的研究项目，注重创新，填补空白，为世界养蜂业作出自己应有的贡献。

（二）蜂农的技术培训和职业道德教育

1. 蜂农的科普教育及技术培训

针对当前我国蜂农文化素质普遍不高的实际情况，蜂业协会等我国各级蜂业主管部门有必要对他们开展科学技术普及教育。可聘请农技推广人员等有关专家和技术人员，充分利用电视广播等媒介，在冬闲季节巡回讲课、办培训班，传授先进的生产技术、防疫知识，解答蜂农在养蜂过程中遇到的难题，逐步提高蜂农的文化素质和生产技术水平。

各蜂业管理部门应根据实际情况，对我国广大蜂农进行绿色蜂产品生产技术培训。从饲养技术、蜂产品生产技术、蜂药使用等基础着手，逐渐使蜂农了解国际形势和养蜂政策法规等方面的内容，提高广大蜂农的素质，并通过培训颁发绿色蜂产品生产许可证等有效证件，使绿色蜂产品生产规范化。各地方政府应重视蜂业科技人才的引进和培养工作，积极为蜂业专业人才的脱颖而出和才能发挥创造宽松的成才环境。

2. 蜂农的职业道德教育

职业道德是指人们在职业实践中形成的行为规范，对各行各业人员的职业行为具有重要的约束作用。蜂农也应该具备相应的职业道德，在市场经济条件下，蜂农生产出的蜂产品，一部分要到市场去交易。部分人在利益的驱动下，抛开道德约束，贪图眼前利益，将劣质甚至有毒的蜂产品生产销售到市场上，损害广大消费者的利益。蜂农作为蜂产品的生产者，要坚守道德的防线，树立新时期蜂农形象。认真学习《中华人民共和国农产品质量安全法》《中华人民共和国消费者权益保护法》等法律知识，学习现代农业科技知识，坚持实行标准化、规范化生产，提高蜂产品品质。现代农业生产不仅是提高产量和经济效益，更重要的是生态效益、社会效益。遵守职业道德带来的是无形的信誉和长远的效益，是适应现代农业产业化要求的重要举措。

三、制定技术操作规程

1. 推行蜂机具革新

蜂机具的革新是推动蜂业发展的重要动力之一。以生产蜂王浆的工具为例，塑料台基条（在 20 世纪 80 年代以来生产王浆的基本工具）发明以前，蜂农以蜂蜡为原料手工制作台基，每群蜂的王浆年产量低于 1kg。80 年代中后期，高产全塑台基条开始推广应用，王浆生产的劳动效率大大提高，同时推动王浆高产蜂种的培育和高产配套技术研究的蓬勃发展，到 90 年代中期每群蜂的王浆年产量可达 5kg 以上，最高达 7.7kg，短短十多年时间，王浆产量提高 5 倍。可见，蜂机具革新对养蜂生产力水平的影响是多么巨大。

目前，我国养蜂业中仍普遍采用木制蜂箱，一套蜂箱约需消耗 $0.12m^3$ 木材，我国约有 700 万箱蜜蜂，一套蜂箱的使用寿命以 10 年计算，这样每年用于制作蜂箱的木材约需 8.4 万 m^3。如果采用塑料蜂箱，不仅有利于蜂群的早春繁殖，提高蜂群的生产力和劳动效率，而且对于保护我国宝贵的森林资源和生态环境具有重要意义。目前，我国养蜂业的机械化水平还很低，劳动效率可提高的空间很大，我们必须注重蜂机具的革新，在以不牺牲大量不可再生资源的前提下提高生产力，实现蜂业的可持续发展。

2. 统一技术规程

要依照国家蜂产品质量标准和生产技术规程，推广统一专用品种、统一技术规程和统一质量标准，实行专收、专储、专加工，实现良种、成套技术规程和产品质量的标准化，发展"订单蜂业"产销对接，把标准化蜂业示范基地建成优质、绿色安全基地和蜂业龙头企业的原料供应基地及优势蜂产品出口基地，打造产地品牌。

四、制修订行业标准

（一）我国蜂业行业标准现状

我国蜂产品种类丰富，对蜂蜜、蜂王浆、蜂花粉、蜂胶、蜂蜡等均已制定了相应的国家标准和行业标准。到 2012 年年底，现行有效的与蜂产品相关的国家标准和行业标准共 204 项，其中国家标准 78 项，部门公告的检验方法标准 5 项，行业标准 121 项。检测范围涵盖了 9 种杀虫剂、35 种兽药、7 项微生物和 2 项重金属元素指标，共计有安全指标 53 项。农兽药限量指标值范围从不得检出、0.01mg/kg 至 0.1mg/kg 不等，禁用药物主要以激素类、抗生素类、杀虫剂类及其他有毒化合物类为主。

从目前国内蜂产品标准体系看，相关标准与发达国家相比还有很大差距，检测方法还存在缺失。从检测能力来看，能够提供全项检测的机构屈指可数，专业性蜂产品检测机构仅一家——农业部蜂产品质量监督检验测试中心（北京），承担检测任务的大多为政府职能部门下属的管理、研究单位建立的检测实验室，检测的局限性明显。而从蜂产品检测的需求量来看，伴随着我国蜂产品产量的逐年上升，政府、企业、蜂农等各类主体对蜂产品检测的需求量正在不断上升，出口产品检测要求、标准还在不断提高。尤其是南方省份，作为我国蜂产品生产和出口的重点地区，蜂产品检测需求相对更大。因此，蜂产品检测市场总体上呈现供给不足、需求旺盛的态势，这就要求加快建设区域性的蜂产品专业检测中心，不断突破蜂产品检测技术瓶颈，以满足政府监管和经济活动的需求。

（二）完善蜂业行业标准的建议

1. 提高对蜂业标准化工作重要性的认识

国家相关部门应加强宣传，提高人们对蜂业标准化工作重要性的认识。要想让人们认识到蜂业标准化工作的重要性，必须应用多种形式，有计划、有组织地宣传蜂业标准化知识及其经济效果，多层次、多渠道地开展蜂业标准化的宣传工作。应将蜂业标准化工作与蜂业产业化、新产品开发、社会化服务相结合，这样可促进蜂业标准的修订和贯彻实施。

2. 重点完善蜂蜜产品的行业标准

（1）完善蜂药、重金属、微生物残留检测标准。农药种类中毒杀芬、呋喃丹、林丹等杀虫剂属于禁止使用农药；氟氯苯氰菊酯、氟胺氰菊酯属于蜜蜂饲养中允许使用农药（NY5138—2002），其限量指标分别为 0.01mg/kg 和 0.05mg/kg；双甲脒属于允许使用农药，限量指标较为宽松；蜂蜜中兽药只有四环素族抗生素和磺胺类的限量指标为 0.05mg/kg，其余兽药的残留限量指标均为不得检出。另外，我国在《NY 5138—2002 无公害食品　蜜蜂饲养兽药使用准则》中规定了允许使用的药物，但部分药物缺乏限量要求及配套的检测方法，导致无标准可依或者无法监测。

我国蜂蜜中卫生指标主要包括重金属铅、锌和微生物，无公害蜂蜜标准和国家蜂蜜卫生标准限量值一致。重金属指标的制定主要依据我国蜂蜜生产加工现状和包装材料。我国蜂蜜出口一般均需经过加工而不是原蜜销售，为防止加工中蜂蜜受金属污染而制定要求。在蜂蜜实际生产过程中受重金属污染概率不高，国外一般对于重金属指标不制定限量值。同样的，对于微生物指标的标准也具有我国特点。由于蜂蜜本身具有高渗透压、低 pH、氧化过程中产生过氧化氢、蛋白质含量低、低氧化还原电位、黏度高和存在一些抗氧化剂和其他一些抗菌物质的特点，此环境条件不利于微生物的繁殖。但在我国常常由于蜂蜜中的含水量未达到要求，或者与其他物质混合后加工成食品、药品，或者贮存条件不好等，增加了微生物污染的风险。因此，我国蜂蜜制定了 7 项微生物卫生指标。

（2）完善真假蜂蜜检测标准。由于我国蜂蜜生产的集约化程度低，加上蜜源地域广泛，蜂农大规模组织蜂群迁移成本高；随着近年来对健康生活要求的提高，市场对具有保健性质的蜂蜜需求量大；同时蜂蜜掺假手段多样，检测难度大，制假成本低而效益回报高。这增加了蜂产品掺假制假的机会，成为制约我国蜂蜜产业发展的一个瓶颈问题，国内市场的混乱无序必将影响蜂蜜的出口贸易和多年来建立起来的贸易伙伴的信赖。

美国、日本虽然没有专门的蜂蜜标准，但对于蜂蜜掺假问题非常关注，一旦发现蜂蜜掺有其他物质而未标注，将予以扣留或退货。美国通过蜂蜜中的碳同位素和蛋白质同位素两数值相差绝对值小于 1 来判断是否为真蜜。我国没有专门的蜂蜜产品标签标识标准，对于欧盟、美国、日本等国家关注的问题也没有特别的规定。成分标准与欧盟也存在差距。因此，为更好地规避蜂蜜出口技术壁垒，有必要进一步完善蜂蜜产品标签标识标准，提高真假鉴别技术。

3. 加强与国际标准的接轨

（1）国内与国际标准的差异。我国兽药残留限量标准数量虽然多于欧盟、美国，但对于我国蜂蜜生产实际来说仍然是不足。我国养蜂规模小、组织化程度低且分散，兼之养殖户质量安全意识不强，滥用、乱用兽药现象仍存在，应根据我国养殖生产实际及国情，扩大兽药残留标准指标种类，并提高限量值，制订各使用兽药的安全间隔期。同时配套建立检测方法。

农药残留限量标准不足是我国蜂蜜产品残留控制的薄弱环节。根据对主要出口国市场标准的分析比较，我国制订有限量的农药残留指标共 9 项，远远少于出口国的要求。为此，应依靠技术进步，加快农药残留制标工作，尽快建立我国蜂蜜产品的农药残留技术法规体系。

根据比较发现，日本的指标限量值 70% 处于仪器检测限（小于 0.01mg/kg），欧盟 50% 以上指标限量值小于 0.01mg/kg，因此，有必要加大资金投入，加快提高我国检测技术，防止出口后退货或被销毁。同时密切关注国外有关"不得检出"项的检测限，防止不同国家检测技术上的差异造成"不得检出"的检测限差异。

（2）与国际标准接轨的建议。应加强系统地、连续地跟踪、收集、翻译、报道国外对于蜂蜜产品的最新质量要求动态，建立国外蜂蜜产品安全要求动态信息数据库，及时反馈给有关管理部门和生产企业，以便及时作出应变措施，提供质量控制参考，帮助扩大出口。开展国外有关蜂蜜标准制定程序和制定原则的研究。推进我国标准制修订工作程序的完善。

加强与国际标准化组织（IS）、欧洲技术标准委员会（EC）、联合国粮农与世界卫生组织（FAO/WHO）共属的食品法典委员会（CAC）建立联系，使中国的蜂产品标准与国际标准体系接轨，并争取将蜂王浆等产品标准上升为国际标准。

五、建立健全蜂业法规

(一)加强法制建设，形成蜂产品质量安全法律体系

部分蜂产品生产、加工、经营者的质量忧患意识比较淡薄，仅仅将生产经营作为一种经济活动来认识，实际上蜂产品的质量与安全不仅仅是一种经济行为，更主要的是一种法律行为。国家相继出台了《中华人民共和国食品法》《中华人民共和国农产品质量安全法》等法律法规，现在又颁发了《中华人民共和国畜牧法》，重点对蜂产品质量安全提出了要求，相关部门也正在为其实施制定系统且实用的细则。如果不严格按照相关法规、标准和规范来生产操作，不仅生产不出合格的产品，影响经济效益，更为重要的是随意生产任意操作，一定程度地触犯相关法律法规，细究起来就有犯法或违规嫌疑。

因此，针对当前蜂产品质量安全方面法律法规少的实际，应加快蜂产品立法，尽快形成蜂产品质量安全法律体系。同时，要加快蜂产品质量安全标准体系建设，使之覆盖生产、加工、流通各领域，对一些主要蜂产品要实行强制性标准。加强法制建设，建立健全蜂业法制、政策。规范竞争秩序，使蜂业生产、销售有法可依。通过政府管理机构和广播、电视等新闻媒体对广大蜂农进行蜂业法律、制度的宣传，避免蜂农滥用药物防治蜂病，严禁假冒伪劣的蜂产品进入市场。对从事违法生产、经营、使用蜂药的现象，按照有关规定进行严肃查处。各级政府加强沟通，相互配合，齐抓共管，确保蜂业的健康发展。

(二)建议加快制定《蜂业管理条例》

为了促进蜜蜂业健康发展，1986年10月，农牧渔业部颁发了《养蜂管理暂行规定》，该规定对我国的蜜蜂业发展起到了积极的推动作用。然而，这仅是一部"部颁""暂行"规定，一定程度上缺乏国家法律的权威性和强制性，并且具有一定的局限性和时效性。该规定中许多条款已远远不适应新时期的发展。急切盼望尽快制定和颁布符合新时期新形势的《蜂业管理条例》。

2007年5月国家颁布并实施了《中华人民共和国畜牧法》，其中有四条专对蜜蜂作了规定，从而使蜜蜂首次被写入法律条文，对蜂业起到了鼓励支持作用，体现了国家对蜂业的重视。《中华人民共和国畜牧法》中以四条款确立了蜂业的法律地位，对发展蜂业提出原则性规定，但没有具体管理办法。为了更好地执行《中华人民共和国畜牧法》，推动蜂业更好更快发展，特建议尽快制定《蜂业管理条例》，可作为贯彻执行《中华人民共和国畜牧法》的实施细则。

六、建立完善科技服务体系

(一)建立一级种蜂场

蜂种的优劣不仅关系到蜂群的生长速度和抗病能力，也影响到蜂产品的质量和市

场竞争力。加快建立规范化、标准化的育种基地，加强新品种的选育和培育，既是促进养蜂业持续、健康、稳定发展的当务之急，也是建设现代蜂业、实现科技兴蜂的内在要求。

1. 着力打造核心种业企业

首先，对我国种蜂场的经营状况进行评估，从中筛选出一些作为重点扶持对象，着力打造核心种蜂业基地。种蜂场是在与市场的不断接轨中实现自我调整，树立商业信誉，不断去适应市场的需求，从而得以生存和发展壮大。坚持以企业为主体，这也与国家扶持种业的新动向是一致的。

2. 尽快出台种蜂场扶持办法

当今种蜂场盈利空间已经十分有限，甚至亏损，而作为产业发展的源头，种业又十分重要，因此，种蜂场必须实行政府扶持。从种质资源保护角度来讲，保种属于公益性的行为，也理应得到政府的支持。蜂产业所具有的场地流动性强、生产随意性大、管理松散性突出等行业特殊性，使蜜蜂新品种的选育本身所凝结的创新价值很难像其他农作物种子一样，通过申请发明专利或者知识产权加以保护，种质资源很容易外泄。

一方面，要在保种、育种的工作上进一步明确责任，确定企业应承担的任务和政府应扶持的环节。建议采取"政府购买服务"的方式，由育种场承担保种任务，由政府每年给予一定的补助。另一方面，要制订合理的补助办法。建议采取"固定补助和以奖代补"相结合的办法，固定补助建议按照种蜂场资质按年度给予补贴，主要用于基础设施建设、仪器设备购买、蜂种引进等。在此基础上按照种蜂场年度推广蜂种数量给予一定的奖励。

3. 坚持以科技创新为动力

在市场竞争日益加剧的今天，种业的发展离不开科技进步和技术创新，科技创新也是种业企业发展的坚强后盾和潜力所在。以浙江江山健康种蜂场为例，其创新意识强，而且配置了先进的育种仪器和设备，并派人专门赴国家级专业研究所学习育种技术，从而研发出顺应市场需求的蜂胶高产型蜂种"江山二号"，每只售价 380 元，明显高于普通蜂王价格。另外，浙江江山健康种蜂场还十分注重与国外的交流与合作，引进法国的优良蜂种，研究成功高产蜜型蜂种"江山三号"。因此，重视种质的创新和运用新技术，提升品种选育的自主创新能力，提高育种效率，实现科研的高投入与高产出的良性循环，不断培育出满足市场需求的优良新品种，也是新形势下育种场崛起的必由之路。与此同时，建议农业部相关部门适当简化蜂种进出口手续，尽快明确引进蜂种作为母本的新品种鉴定办法，帮助企业解决实际问题，以促进蜂种业的对外交流与合作。

（二）加强科普宣传，推广养蜂标准化技术

目前，大部分蜂农仍然采用传统的养蜂技术，致使技术水平与产品质量不高。同时，蜂农因缺乏对蜂产品标准、质量及有机蜂产品的足够认识，以致在发生蜂病时乱

用药，加重了对产品的污染。因此，我们应对蜂农进行养蜂标准化技术培训与推广。与此同时，蜂业应依靠科技，发展蜂产品深加工与标准化生产。蜂产品企业应与科研院校等单位继续建立长期的合作关系，自主研发新产品，提高蜂产品的附加值。蜂产品企业要积极引进和推广科研新成果，把蜂产品科研成果转化为具有针对性的保健品和医药品，并实行标准化生产，减少资源的浪费及对环境的污染。

（三）加快创新产品研制，争创名牌产品

加大对蜂产品开发的科技投入，努力开发具有地方特色的特种蜂产品，加强蜂产品的宣传和品牌战略。国内蜂产品生产加工企业要加大科技投入，加强科研开发，注重产学研结合，利用医药制剂及生物工程的研究优势，不断开发出高附加值的创新产品，提高产品的档次，促进产品的升级换代。要根据国外消费者的服用习惯，适应快节奏的生活方式，开发一些服用方便的新剂型，如片剂、胶囊、粉剂、颗粒剂、口服液等。在包装上也要改变多年不变的"老面孔"，采用新型的包装材料，做到防碎、防霉、保质保鲜，同时也要注意包装的美观和文化内涵。蜂产品生产、流通企业还要树立品牌意识，争创名牌产品，以名牌产品参与国际市场竞争，提高市场占有率，提高我国出口蜂产品的声誉。

（四）加快新型蜂药的开发研究与推广

基于抗生素药物对蜂产品造成的危害，加快对低残留、低污染蜂药的研制，积极开展对中草药制剂的开发，固定专业蜂药厂进行蜂药生产和供应，适当进口国外优良蜂药来弥补我国蜂药方面的不足。

（五）加强信息技术在蜂业方面的应用

利用信息技术对全国的主要蜜源植物的流蜜期、大小年和具体的流蜜时间和当年的流蜜情况进行预测预报，为蜂农提供准确可靠的蜜源信息，统筹安排，全面指导养蜂生产，避免养蜂生产中的盲目转地行为，减少物耗能耗。利用广播、电视、杂志、报刊、互联网等现代传媒技术，推广养蜂生产新技术和新方法，提高劳动效率；及时为蜂农提供蜂业市场信息，根据市场需求，生产适销对路的产品和提供蜜蜂授粉服务，将有限的蜂业资源配置到最佳位置，尽量避免由于市场变化而造成对蜂业的不良影响，保持整个蜂业的健康稳定发展。

（六）科技兴蜂，提高效益

组织科技人员对蜂业的重大课题进行联合攻关，合理开发配置各种资源，快速繁育蜂业新品种，努力提高良种应用率，促进蜂农增收，蜂业增效。推广适应区域特色的蜂业生产技术，提高蜂产品产量。大力推进新技术、新工艺，提高产品技术含量。建立和完善技术服务体系，加强技术培训和科普宣传，努力促进蜂业科技成果转化为生产力。

七、建立健全蜂业管理机构

1. 强化蜂业管理部门职能

我国农业部下属的畜牧业管理司以及地方政府畜牧管理系统是分管我国蜂业的主要机构。近年来，畜牧管理部门积极参与养蜂业法制建设，国家相继出台了《中华人民共和国畜牧法》《养蜂管理办法（试行）》等法律和部门规章，奠定了养蜂业的法律基础；同时，参与制定和出台了《全国养蜂业"十二五"发展规划》，并采取了扶持种蜂场、资源场建设和蜂农应急救灾培训、推动标准化养蜂生产等措施，为推进养蜂业的发展做出了积极的贡献。但在蜂产业进出口协调管理、蜂产品质量安全监管等方面，与内、外部管理部门之间的关系尚未理顺，这些都需要在今后进一步的整合和磨合，使其管理职能得到不断强化。

2. 积极发挥我国养蜂协会的作用

我国各地尤其是蜂产业主产区，基本都成立了省级、地市级或者县级养蜂协会。这些组织在促进蜂农之间的联合以及产、供、销各个环节之间的联合，传播和推广蜂业科技知识，深化蜂产品加工，增加农民收入，提高政府管理效率等方面，发挥了极大的作用，为提升蜂产业整体竞争力做出了重要的贡献。但目前还存在一些问题，如自身实力较弱，运行机制不完善、影响面不广，行业监管跟不上等，因此，必须进行支持和引导。

一是尽快完善协会的蜂农人身财产保障服务体系。养蜂生产基本上是在全国范围内移动，不稳定因素较多。但在市场经济条件下，区域性的蜂业行业协会，所协调的只是本区域的各行业主体之间的关系，难以在全国范围内进行行业协调，因此，难免经常会发生一些意外事件，如交通事故、蜂群被盗、被毒事故、与当地人发生民事纠纷等，人身与财产安全得不到保证。为了消除或减轻蜂农的后顾之忧，协会应当尽快建立蜂农人身财产保障服务体系，帮助蜂农维护合法权益。

二是建立经济支持保障服务体系。养蜂生产要想有个好收成，既要靠技术和管理，也要靠天气、花源和市场。受天气和市场波动等因素的影响，蜂农会时常出现歉收亏损现象。为了有效缓解天灾人祸给蜂农造成的经济损失，协会可以成立养蜂互助基金会，或者与金融部门合作，或者动员协会内的龙头企业抽出资金借贷给一些确有重大经济困难的蜂农，帮助他们渡过难关，解决农民筹资难、贷款难等一系列问题，实现双向互惠，共同发展。

三是制定行业技术标准，实施品牌战略。要想进一步提高养蜂技术水平，提高蜂产品的市场竞争力，创造出自己的品牌并走向市场，协会必须制定蜂产品质量标准与技术操作规程，并把标准化技术推广到千家万户，提高产品的优质率，生产出自己的品牌，并通过"蜂疗诊所"和"蜜蜂系列专卖店"等把产品尽快推向市场，形成规模经济。

四是加强组织引导和管理服务。目前，行业协会尚处以发展阶段，要大力扶持和培育行业协会的先进典型，充分发挥其示范和引导作用。对已形成技术优势、资本优势、市场优势、竞争优势的行业成立行业协会，发挥对该行业的规划、协调、自律、维权等职能，为非公经济健康发展提供组织保障。

3. 大力发展蜂业合作社

目前，我国蜂业合作社还处于起始阶段。蜂业合作社成立以来，会员不断增加，产销渠道畅通，但少数蜂农对蜂业合作社的作用及意义缺乏足够的认识。因此，发展蜂业合作社，必须坚持政府引导，市场运作。要不断加大对蜂业合作社的保护和扶持力度，研究制定一系列优惠政策，重点在资金、税收等方面给予优惠和倾斜。要充分发挥蜂业合作社的功能优势，积极做好产前向导、产中保姆、产后红娘式的服务工作，着力解决好养殖户在生产中遇到的各种难题，促进农民与市场接轨。

一是建立质量保证金制度。由于我国的蜂产品以出口为主，欧盟、日本等进口国对蜂产品质量要求非常高，特别是药物残留的标准制定得非常严格。因此，蜂产品质量是蜂业合作社的立足之本。因此，建议蜂业专业合作社在成立时就确定加入合作社的社员必须交纳一定数量的质量保证金，保证在生产过程中严格按照国家蜂产品生产技术规范组织生产，确保交售给合作社的蜂产品质量安全。

二是建立利润分配制度。建立和完善社员利润分配制度是增加社员实际收入，保护社员切身利益，提高合作社凝聚力，促进合作社健康发展的必然条件。合作社在以当时市场价格收购社员蜂产品的基础上，年终按交易额和不同蜂蜜种类进行二次返利，以提高社员的收入水平。

三是建立公积金制度。合作社按社员交纳的蜂蜜数量，每吨提取一定比例作为公积金，并分为两部分，一部分记入社员个人公积金账户，另一部分作为合作社的发展和福利资金。同时，明确社员提取使用个人公积金的有关规定。

四是建立互助风险储备基金制度。由于蜂业生产是一个特殊行业，常年走南闯北、追花夺蜜，为了确保社员在发生意外时，能通过合作社风险互助机制，尽快恢复生产。因此，合作社要按照主管部门出一点、合作社匹配一点、社员出一点的原则建立互助风险储备基金，制定互助风险储备基金管理办法。

五是建立优质蜂产品生产基地。合作社为建立无公害蜂产品基地，采取了"合作社＋蜂农＋基地"的发展模式，并对生产资料供应、技术培训、包装、运输、销售等生产经营过程进行统一管理，使合作社进入规范化、制度化的运行轨道。

六是建立蜂产品溯源体系。按照国际惯例和市场需要，在生产过程中建立档案记录和质量安全追溯体系。合作社通过统一向社员提供产品标签（包括生产社员姓名、产品名称、波美度、产地、重量、生产日期等内容），并要求社员必须严格执行标签填写规定，确保产品质量具有可追溯性。

4. 大力发展民营官助的民间组织

民间社会组织在提高农民素质、规范公共秩序、倡导合作精神、增强社会责任等方面具有不可替代的优越性。发展蜂产业可以充分借助民间组织的力量，在产品质量安全监督、产销衔接等方面，发挥其应有的作用。目前，在一些地方，民间组织作为政府管理机构的有益补充，已经在实践中发挥了纽带作用。如浙江桐庐示范区联合蜂场，其不是在相关部门注册成立的正式组织，但受到政府部门的高度重视和大力支持，担当了质量安全监管体系中重要的一环。一方面，其与政府的监督管理形成互促共进的局面，如帮助发放蜂药、传递政策信息、监管日常生产等；另一方面，帮助蜂农向政府反映生产经营中遇到的问题、表达蜂农各项诉求、帮助推销产品等。同时，联合蜂场还与企业形成友好协作，帮助企业寻求货源，其在整个质量安全监管体系中的角色十分活跃。因此，联合蜂场作为官助民营的社会组织形态，在蜂产品质量安全监管体系中具有较强的互补管理功能和约束力。

促进民间组织更好地发挥其作用，重点是要培养起组织的领导人员，为他们搭建创业创新的舞台，出台相应的激励政策，鼓励他们领导好、管理好自己的社团组织，重视并发挥他们在蜂产业发展中的协调、监督和"智囊"作用，使社会组织与市场、政府之间形成互补、互动的关系。

八、建立完善技术监督体系

1. 建立健全蜂产品质量安全监督检测体系

要建立健全蜂业监测机构，并加强对质检机构的管理，充分发挥蜂业监测机构的监督职能，广泛开展对蜂产品、蜂种、蜂药等质量的监督检查和监督服务。目前我国有4家蜂产品质量监督检测机构，远不能满足蜂产品生产和市场发展需要。应在养蜂重点省设立蜂产品质量安全检测机构，及时解决蜂产品生产、加工、流通过程中出现的问题。政府管理部门及行业协会应结合执法部门、有检测能力的单位，对进入市场的蜂产品进行质量安全检测，坚决杜绝不合格产品进入流通渠道。与此同时，建立与国际市场相适应的蜂产品质量标准和检测检验体系，提高国际竞争力。依据《GB 14963—2011 食品安全国家标准　蜂蜜》和《GB 9697—2008 蜂王浆》等国家标准，制定并实施严于国家标准的地方标准，以提高我国蜂产品的市场竞争力。

2. 建立健全管理体系

改变蜂产品质量安全管理部门分割的局面，建立起权、责统一，权、利分离的管理机构。管理机构要积极争取国家有关部门对我国蜂产品质量安全的重视，给予必要的政策、资金支持；要负责对养蜂产前、产中、产后全过程进行质量管理和监督，及时解决出现的技术和质量问题，并与执法部门结合，严厉打击不法分子。

3. 加强对兽药的管理检测

对兽药的使用进行严格管理，严禁使用违禁兽药、假劣兽药、过期兽药。对兽药的使用过程严格监管，做好用药记录，并在蜂产品出售时，向购买者提供完整准确的用药记录，规范蜂产品生产过程，严把兽药使用关。加强对蜂场（户）定期和不定期的监督检查，检查其用药情况，检测蜂体内药物残留。

4. 建立蜂产品安全标准化示范区

逐步建立一批蜂产品安全标准化示范区，扩大有机产品、绿色产品、无公害产品生产基地的规模。一是原料收购部门要把好原料收购关，对以次充好的不合格原料坚决不予收购；对质量好的原料采取优质优价的办法，拉大质量等级差价，提高蜂农生产优质蜂产品的积极性。就蜂蜜而言，要从价格政策上鼓励蜂农生产成熟蜜。二是生产加工企业要尽快建立质量保证体系。严格安全卫生管理制度，根据国际市场的要求，生产出合格的产品。三是加大对蜂产品品质检验技术开发和研究的扶持力度。建立蜂产品质量标准体系。加强对出口蜂产品的质量检测工作，严格控制不合格蜂产品的出口。四是尽快更换破旧的蜂蜜周转桶。与收购单位或外贸公司有协议的蜂农可直接从协议单位获取包装容器；对无协议的蜂农，各地养蜂站应负责将新桶平价卖给他们，以保证生锈旧桶不再周转。

（赵芝俊）

参 考 文 献

曹九明 . 2011. 构建蜂业产业群的可能性探讨［J］. 中国蜂业（11）：39-41.

陈桂平，杨琳芬，张串联，等 . 2011. 品牌建设对蜂产业发展的必要性［J］. 蜜蜂杂志（11）：38-39.

陈黎红，张复兴，吴杰，Siriwat Wongsiri, Romanee Sanguandeekul. 2012. 欧洲蜂业发展现状对中国的启示［J］. 中国农业科技导报（3）：16-21.

陈廷珠，李树军 . 2011. 山西蜂业转型跨越发展的思路与对策［J］. 中国蜂业（2）：38-40.

邓仁根，赵芝俊，余艳锋 . 2010. 江西省蜂业发展现状与趋势分析［J］. 中国农业资源与区划（4）：54-57.

董博 . 2004. 对蜂产品市场运作方式、问题及对策的研究［J］. 商业经济（12）：95-96.

高凌宇，刘朋飞 . 2010. 我国蜂产业市场发展回顾［J］. 中国蜂业（7）：42-44.

高芸 . 2012. 中国蜂蜜贸易研究与趋势预测［J］. 中国蜂业（12）：44-46.

顾永承 . 2005. 浅谈我国蜂产品价低的原因及对策［J］. 蜜蜂杂志（2）：12-13.

何薇莉，柳萌，谢文闻 . 2010. 中国蜂产业链分析及发展趋势［J］. 农业系统科学与综合研究（4）：475-477.

姬聪慧 . 2011. 2011 年度蜂产业发展趋势与建议［J］. 四川畜牧兽医（3）：14-15.

姜水法 . 1997. 推进蜂业产业化，实现蜂业现代化——对蜂业产业化的几点思考［J］. 蜜蜂杂志（10）：29-30.

姜水法 . 1998. 加强蜂业标准化工作，促进蜂业现代化建设［J］. 蜜蜂杂志（11）：27-28.

李赛男，王芳，赵元凤 . 2010. 美国蜂产业发展特点及对中国的启示［J］. 世界农业（7）：77-79.

李位三 . 2011. 我国蜂业是低碳经济产业［J］. 蜜蜂杂志（5）：20-22.

刘文其，杜蜜 . 2011. 蜂业专业合作社的探索与实践［J］. 中国蜂业（6）：39-40.

毛小报，柯福艳，张社梅 . 2010. 浙江省山区、半山区蜜蜂养殖产业发展实证分析［J］. 浙江农业科学（5）：1150-1155.

毛小报，张社梅，柯福艳 . 2010. 浙江省蜂产业研究状况、成就、问题及对策［J］. 中国蜂业（3）：45-46.

孟全省，王冲，杨万锁 . 2005. 陕西蜂业产业化发展刍议［J］. 商场现代化（26）：330-331.

宋心仿 . 2008. 建议制订和颁布中华人民共和国蜂业管理条例的提案［J］. 蜜蜂杂志（10）：16-17.

苏松坤，陈盛禄 . 2002. 中国蜂业可持续发展战略［J］. 养蜂科技（1）：8-10.

苏松坤，胡福良，陈盛禄 . 2009. 朝气蓬勃的浙江省蜂产业技术体系［J］. 中国蜂业（12）：13-15.

王芳，李赛男，赵芝俊 . 2010. 蜂农质量安全生产行为实证研究［J］. 中国蜂业（9）：47-50.

吴小波，汪志平，曾志将 . 2008. 兰溪市蜂业合作社发展探讨［J］. 蜜蜂杂志（3）：38-39.

吴小波，汪志平 . 2007. 浅谈兰溪市的蜂业发展［J］. 蜜蜂杂志（12）：37-38.

胥保华 . 2008. 山东蜂业的现状及发展对策［J］. 山东农业大学学报：社会科学版（4）：71-72.

徐连宝，陆浩 . 2003. 试论我国蜂业企业的错位经营策略［J］. 蜜蜂杂志（11）：28-30.

杨慧芳 . 2007. 蜂产品价格对蜂业发展影响的分析［J］. 中国蜂业（8）：38-39.

杨劲松，白红玲 . 2004. 发展蜂业绿色食品，推进农业产业化进程［J］. 中国养蜂（3）：33.

杨晓明 . 2006. 提升我国蜂业国际竞争力的补贴政策问题分析［J］. 商业研究（16）：178-182.

张贵谦 . 2010. 甘肃蜂业发展的思考及建议［J］. 中国蜂业（3）：47-49.

朱金明 . 2008. 论蜂业发展的创新思维［J］. 蜜蜂杂志（2）：10-12.

邹志坚 . 2005. 蜂产品质量安全现状与对策［J］. 四川畜牧兽医（11）：8.

图书在版编目（CIP）数据

中国现代农业产业可持续发展战略研究．蜂业分册/
国家蜂产业技术体系编著．—北京：中国农业出版社，
2016.9
ISBN 978-7-109-22083-6

Ⅰ.①中…　Ⅱ.①国…　Ⅲ.①现代农业－农业可持续
发展－发展战略－研究－中国②养蜂业－产业发展－中国
Ⅳ.①F323②F326.33

中国版本图书馆 CIP 数据核字（2016）第 212155 号

中国农业出版社出版
（北京市朝阳区麦子店街 18 号楼）
（邮政编码 100125）
责任编辑　刘　玮

中国农业出版社印刷厂印刷　　新华书店北京发行所发行
2016 年 9 月第 1 版　　2016 年 9 月北京第 1 次印刷

开本：787mm×1092mm 1/16　　印张：19
字数：400 千字
定价：120.00 元
（凡本版图书出现印刷、装订错误，请向出版社发行部调换）